流 体 力 学

（上册）

高志球　王宝瑞　编著

U0209985

　　本书由中国科学院大气物理研究所大气边界层物理和大气化学国家重点实验室，江苏高校品牌专业建设工程项目(PPZY2015A016)，2015年江苏省高等教育教改研究立项课题(2015JSJG032)联合资助出版

科学出版社

北　京

内 容 简 介

　　本书主要论述流体力学的基础概念和基本规律。全书分上、下册，上册主要讨论流体的基本性质、流体运动学、流体动力学和理想流体的简单运动。下册重点介绍涡旋运动、不可压缩流体的黏性运动及流体的波动。并在附录中介绍了场论、哈密顿算符和曲线坐标系等知识。

　　本书可作为大气科学、海洋科学等相关专业的本科生教材，也可作为相关专业的研究生和科研人员的基础理论参考书。

图书在版编目（CIP）数据

流体力学.（上册）/高志球，王宝瑞编著. —北京：科学出版社，2017.12
ISBN 978-7-03-056211-1

Ⅰ. ①流… Ⅱ. ①高… ②王… Ⅲ. ①流体力学-高等学校-教材
Ⅳ. ①O35

中国版本图书馆 CIP 数据核字（2017）第 325097 号

责任编辑：胡　凯　王腾飞/责任校对：彭　涛
责任印制：张克忠/封面设计：许　瑞

科学出版社 出版

北京东黄城根北街 16 号
邮政编码：100717
http://www.sciencep.com

保定市中画美凯印刷有限公司 印刷
科学出版社发行　各地新华书店经销
＊

2017 年 12 月第　一　版　　开本：787×1092　1/16
2017 年 12 月第一次印刷　　印张：22　1/4
字数：528 000

定价：79.00 元
（如有印装质量问题，我社负责调换）

前　言

流体力学是力学的一个分支，它以流体为研究对象，是研究流体宏观运动规律以及流体与相邻固体之间相互作用规律的一门学科。

流体力学的研究方法有理论、数值和实验三种。理论研究方法是通过对流体性质及流动特性的科学抽象，提出合理的理论模型，并应用已有的普遍规律，建立控制流体运动的闭合方程组，将原来的具体流动问题转化为数学问题，并在一定的初始条件和边界条件下求解。理论研究方法首先由欧拉 (Euler) 创立，并逐步完善，发展成理论流体力学，成为流体力学的主要组成部分。但由于数学上存在的局限性，许多实际流动问题难以精确求解。而随着高速计算机的出现，人们逐渐开辟了用数值方法研究流体运动的新方向。数值方法就是把流场划分为许多微小的网格或小区域，在各网格点或各小区域中求支配流动方程式的近似解，通过反复计算提高近似精度，进而得到最终解。这一领域已取得了许多重要进展，并逐渐形成一门专门学科 —— 计算流体力学，这是研究流体力学的一种重要手段。实验研究方法在流体力学中占据重要地位，通过对具体流动的观察与测量来归纳流动规律。理论分析结果需要经过实验来验证，而实验又需用理论来指导，流体力学的实验研究主要是模拟实验。上述三种方法必须互相结合，才能更有效地解决流体力学问题。

流体力学与人类生活、工农业生产密切相关，广泛涉及工程技术和科学研究的各个领域，特别是它与大气科学密切相关，已渗透到大气科学的各个领域，成为大气科学的重要理论基础之一。实际上研究大气和海洋运动规律的动力气象学、动力气候学和动力海洋学，都是流体力学领域中的不同分支。

本书是在王宝瑞教授编写的《流体力学》(气象出版社，1988 年) 的基础上增加了 300 余道题解而形成。本书由中国科学院大气物理研究所大气边界层物理和大气化学国家重点实验室和南京信息工程大学联合资助出版。为了保证书稿质量，多位流体力学的专家学者和研究生参加了书稿编写的研讨会，以确保书稿的正确性和完整性，对此，我表示衷心感谢。特别感谢李煜斌教授、惠伟先生和博士研究生童兵卓有成效的帮助。感谢科学出版社王腾飞编辑的支持。

书中难免有疏漏之处，恳请读者批评指正。

高志球

2017 年 4 月

目　　录

第1章 流体的基本性质

1.1 连续介质假设

流体包括液体和气体，它们都是由大量不断运动着的质点、原子、分子、离子所组成，分子间经常发生碰撞，交换着动量、能量。流体的宏观运动从本质上决定于分子的微观运动，因而从这个角度讲，流体实际是一种不连续的离散系。如果每个分子的运动都能描述出来，那么整个流体运动就可确定，这样原则上似乎可以把流体当成由分子构成的质点系，根据牛顿运动定律列出分子运动的微分方程组，在一定的初始条件及边界条件下，只需求解该微分方程组即可。但是由于分子数目巨大 (在标准状况下，1m^3 气体含有 2.7×10^{25} 个分子)，以及分子力的性质尚未完全了解，因而从数学上求解这一方程组实际上是不可能的。由于流体的宏观运动规律是大量分子微观运动的统计平均，因而并不需要了解每个分子的微观运动状况。所以，把流体看作由分子组成的质点系既不可能也无必要。

流体力学处理问题的尺度比分子的平均自由程 (标准状况下，空气分子的平均自由程 $\overline{\lambda} = 7 \times 10^{-8}\text{m}$) 要大很多，而且流体中又有大量的分子，因此，可将流体看成无空隙的连续介质。为了建立**连续介质模型**的概念，设想将流体分割成为许多很小的流体元，称为**流体质点**，它们连续分布组成整个流体。这就是连续介质模型的定义。每个分子都属于流体质点中的一个。流体质点所具有的宏观物理性质应是其中分子相应物理性质的统计平均，这样便不需要了解每个流体分子的微观运动状况。由于在任意短的时间内，都有很多分子出入于每个流体质点，我们必须将流体质点的尺寸选得足够大，即比分子的平均自由程大很多，使其中包含大量分子，从而在对它进行统计平均时就可得到稳定的数值，以表征流体质点的宏观性质。进行统计平均的时间也应选得足够长，使得在这段时间内拥有大量的分子碰撞次数，以保证统计平均值的稳定性。从宏观上来说，流体质点的尺度应比宏观问题中出现的运动特征的尺度要充分地小，从而可把它近似地看成几何上没有维度的一个点；进行统计平均的时间选得比特征时间短得多，因而可把进行平均的时间看成是一个瞬间。在通常遇到的实际问题中，上述的宏观小 (短) 微观大 (长) 的要求是可以同时满足的。例如，在标准状况下，海平面空气分子间的平均距离约为 $3.3 \times 10^{-9}\text{m}$，若取边长为 10^{-6}m 的正立方体作为流体质点，其中包含 2.7×10^7 个空气分子。另外，在标准状况下，1m^3 的气体分子在 1s 内要碰撞 10^{35} 次。因此，从宏观上说，如选 10^{-6}s 这一很短的时间作为时间尺度，则在体积等于 10^{-18}m^3 的微体元内分子仍然要碰撞 10^{11} 次，这个时间从微观上看来是足够长了。因此，在一般情况下，均可采用连续介质假设，由此所得的理论结果与实际情况符合得较好。

把由离散的分子构成的实际流体抽象成由无数流体微团且没有空隙地连续分布而构成的连续介质，这样的一种物理模型称之为**连续介质假设模型**。使用该模型可以简化流体运动为数学分析，描述流体物理性质的各种物理量均可视为以 (r, t) 为自变量的空间和时间的连续函数。

流体质点是宏观质点,每个质点均包含大量分子,每个分子均属于某一流团,流体质点所具有的宏观物理性质是所含分子相应物理性质的统计平均,流体质点的理解可以从长度尺度和时间尺度进行考虑。

从微观角度讲,流体质点的尺度 l 是大尺度,即 $l \gg \bar{\lambda}$,所包含的分子数应足以保证统计平均得以实施;从宏观角度讲,流体质点是小尺度,即 $l \ll L$,即与所研究宏观运动的特征尺度 L 相比很小,可以视为无维度的点。

如果从进行统计平均的时间尺度来讲,流体质点所选用的时间内需包含大量分子的分子碰撞次数,以保证统计平均值的稳定性,可见相对微观时间来讲,其时间尺度是"长"的;但是,与所研究问题中特征时间相比应该充分地短,以保证在宏观问题的研究中可将进行统计平均的时间看成一个瞬时,其时间尺度应该是"短"的。

连续介质假设是流体力学的基本假设,在此基础上,本书可以把描述流体物理性质的各种物理量直接应用牛顿力学的各项基本规律和有关的数学工具。一般情况下,上述所讨论的微观大 (长) 和宏观小 (短) 的条件是可以同时满足的,因此连续介质的理想物理模型是可以研究流体的宏观运动的。

例如在标准状况下,海平面空气分子间平均距离为 $3.3 \times 10^{-7} \text{cm} = 3.3 \times 10^{-9} \text{m}$,取边长为 10^{-6}m 立方体为流体质点,流体质点 $\Delta \tau = (10^{-6} \text{m})^3 = 10^{-18} \text{m}^3$,分子 $\Delta \tau_0 = (3.3 \times 10^{-9} \text{m})^3 = 3.594 \times 10^{-26} \text{m}^3$。因此每个流团含分子数 $n = \Delta \tau / \Delta \tau_0 \approx 2.8 \times 10^7$ 个。选 $\Delta t = 10^{-6} \text{s}$,则标准状况下,$1 \text{m}^3$ 内气体分子碰撞频率为 10^{35} 次/s,于是在流团范围 $\Delta \tau$ 内,在 $\Delta t = 10^{-6} \text{s}$ 的时间内分子碰撞次数为

$$10^{35}\text{次}/(\text{s} \cdot \text{m}^3) \times 10^{-18} \text{m}^3 \times 10^{-6} \text{s} = 10^{11}\text{次}$$

在稀薄气体中,分子间的距离可以和问题的特征尺度相比拟,此时连续介质假设不能成立。对空气而言,100km 以下的大气可视为连续介质,更高层的大气则属稀薄大气。例如在洲际导弹飞行的高空中,空气十分稀薄,空气分子很少,在 120km 高空处空气分子的平均自由程约为 1.3m。在此情况下,连续介质假设将不再适用。对于一般情况下如将激波视为物理量场的间断面 (不连续面),则仍可采用该模型。对地球大气而言,除了高层稀薄大气外,均可使用该模型。

引入克努森数(Knudsen number) 这一特征数,其表征气体分子平均自由程与特征尺度之比,即 $Kn = \dfrac{\bar{\lambda}}{L}$,则仅当 $\dfrac{\bar{\lambda}}{L} \ll 1$ 时连续介质模型方可应用,各高度大气的克努森数可以参阅表 1.1.1。

表 1.1.1 不同海拔下的克努森数

海拔/km	分子自由程 $\bar{\lambda}$	$Kn = \bar{\lambda}/L$
0	$< 10^{-6}$	$< 10^{-5}$
50	$\sim 10^{-3}$	$\sim 10^{-2}$
100	$\sim 10^{-1}$	~ 1
120	1.3	$\sim 10^1$
150	10^2	$\sim 10^3$
200	10^5	$\sim 10^6$

注: $L = 10 \text{cm}$。

可见，50km 左右平流层以下的大气仍可采用连续介质模型，更高层大气则为稀薄气体了。

这里仅讨论连续介质模型适用的情况，并假设流体运动是连续性的，即运动中流体不能出现突变，流体运动速度也是连续变化的，即流体运动具有连续性。流体质点是连续介质且满足运动连续性条件为流体力学的基本假设。

1.2　基本量纲与单位

1.2.1　物理量及单位制

研究物理现象及其规律性经常和物理量的量度相联系。量度某一个量就要将它与另一个被取定为标准的同类量进行比较，量度中所规定的标准量就称为单位。

确定单位的原则是使用时方便。例如选 "米" 为量度长度的单位，一般较为方便。这样确定的单位称为主单位。但某些特殊长度的测量往往需要从主单位出发，制定长度的倍单位和分单位。由主单位乘以整数所得的各单位，称为倍单位；由主单位除以整数所得的各单位，称为分单位。对于倍单位和分单位，可选用主单位名称以外的名称，也可在该物理量的主单位的名称前加上一些词头，例如下文所述国际单位制的词头，这种命名法在实际应用中很方便。

各种物理量都以一定的关系相互联系着，若将其中某些量取作基本量并给它们规定某些量度单位，则其余各量的量度单位将以确定的形式通过基本量的量度单位来表示。对基本量所规定的单位称为基本单位，而其余的则称为导出单位。基本量的单位与全部导出量的单位的总和就叫物理量的量度单位制，简称单位制。例如在力学中常选长度、质量和时间作为基本量。在国际单位制中则规定了相应的基本单位为米、千克和秒。

1.2.2　量纲

量纲也叫因次，表示导出量对基本量依赖关系的表达式，称为导出量的量纲公式或简称为导出量的量纲。只有在确定的量度单位制中方能谈论量纲，在不同的量度单位制中，同一个量的量纲公式可以包含不同数目的自变量，并具有不同的形式。例如在国际单位制中如取长度、质量及时间的符号分别为 L、M 及 T，则面积的量纲为 L^2，速度的量纲是 L/T，力的量纲为 ML/T^2。本书采用符号 $[a]$ 来表示任一量 a 的量纲，于是力 F 的量纲可记作

$$[F] = ML/T^2$$

可以证明在国际单位制中所有物理量的量纲公式都具有幂次单项式的形式，即

$$[a] = L^l M^m T^t$$

类似地，还可引入单位的量纲，如果在某个导出量的量纲公式中，不用导出量本身，也不用表示它的那些基本量，而将它们的量度单位代进去，则可得导出单位的量纲公式，或简称为导出单位的量纲。例如力的单位 (牛顿) 的量纲是

$$[N] = kg \cdot m/s^2$$

引入量纲,便于导出单位和进行单位换算,并可了解导出单位的物理意义,还可以根据量纲检查物理公式,只有量纲相同的量才可以相互加减和用符号相连接,任何物理方程中,等号两边的量纲和量纲表达式必须相等。

1.2.3 有量纲量和无量纲量

一个量,若其数值依赖于所采用的量度单位制,则此量称为**有量纲量**或名数;一个量,若其数值与所采用的量度单位制无关,则此量称为**无量纲量**或不名数,例如长度、质量、时间等是有量纲量。两个长度之比、长度的平方与面积之比、能量与力矩之比以及平面角 (简称角) 等都是无量纲量。

把量区分为有量纲和无量纲,在某种程度上讲是有条件的。例如角可以用弧度或用度等单位来量度,因此表示某一角大小的数值依赖于量度单位的选取,按上述定义,角应视为有量纲量,但是,如果在所有的量度单位制中均规定用弧度来量度角度,则角即可视为无量纲量。因此,有量纲量与无量纲量的概念是相对的,可以说一个量,若在所有被采用的量度单位制中其量度单位都相同,则称之为无量纲量;一个量,若在实验或理论研究中实际上或潜在地允许有不同的量度单位,则称之为有量纲量。由此定义看来,有些量,在一些情况下可视为有量纲量,而在另一些情况下,则可以视为无量纲量。

1.2.4 国际单位制

国际单位制是 1960 年第十一届国际计量大会 (CGPM) 通过的一种通用的适合于一切计量领域的单位制,其国际简称为 SI 制,我国简称国际制。它包括 SI 单位、SI 词头和 SI 单位的十进倍数单位与分数单位三部分。SI 单位包括 SI 基本单位、SI 辅助单位和 SI 导出单位。按照国际规定,国际制的基本单位、辅助单位、具有专门名称的导出单位以及直接由以上单位构成的组合形式的单位 (系数为 1) 都称为 SI 单位,它们有主单位含义,并构成一贯单位制。

国际制是在米制基础上发展起来的,其基本单位是根据科学公式或自然常数选定的;导出单位是通过系数为 1 的单位定义方程式,由 SI 基本单位 (包括 SI 辅助单位) 表示的。SI 单位的十进倍数单位与分数单位,是由 SI 词头与 SI 单位组合而成。国际制基本单位、辅助单位、具有专门名称的导出单位与国际制词头等分别列表于后。

自 1970 年以来,世界上许多国家已决定采用 SI 制,特别是工业发达的国家,20 世纪 80 年代 SI 制已在世界各国通用。我国于 1984 年 2 月 27 日由国务院发布了《关于在我国统一实行法定计量单位的命令》,公布了《中华人民共和国法定计量单位》。决定自发布命令之日起,在全国范围内逐步废除非法定计量单位,全面推行法定计量单位。

中华人民共和国法定计量单位 (简称法定单位) 是以国际制为基础,还选用了一些非国际制的单位,它包括:

(1) 国际单位制的基本单位 (表 1.2.1);

(2) 国际单位制的辅助单位 (表 1.2.2);

(3) 国际单位制中具有专门名称的导出单位 (表 1.2.3);

(4) 国家选定的非国际单位制单位 (表 1.2.4);

(5) 由以上单位构成的组合形式的单位;

(6) 由词头和以上单位所构成的十进制倍数和分数单位 (词头见表 1.2.5)。

法定单位的定义、使用方法等可参阅原国家计量局颁布的《中华人民共和国法定计量单位使用方法》。

表 1.2.1　国际单位制的基本单位

量的名称	单位名称	单位符号
长度	米	m
质量	千克 (公斤)	kg
时间	秒	s
电流	安 [培]	A
热力学温度	开 [尔文]	K
物质的量	摩 [尔]	mol
发光强度	坎 [德拉]	cd

表 1.2.2　国际单位制的辅助单位

量的名称	单位名称	单位符号
[平面]角	弧度	rad
立体角	球面度	sr

表 1.2.3　国际单位制中具有专门名称的导出单位

量的名称	单位名称	单位符号	其他表示式例
频率	赫 [兹]	Hz	s^{-1}
力, 重力	牛 [顿]	N	$kg \cdot m/s^2$
压力, 压强, 应力	帕 [斯卡]	Pa	N/m^2
能 [量], 功, 热量	焦 [耳]	J	$N \cdot m$
功率, 辐 [射能] 通量	瓦 [特]	W	J/s
电荷 [量]	库 [仑]	C	$A \cdot s$
电位, 电压, 电动势	伏 [特]	V	W/A
电容	法 [拉]	F	C/V
电阻	欧 [姆]	Ω	V/A
电导	西 [门子]	S	A/V
磁通 [量]	韦 [伯]	Wb	$V \cdot s$
磁通 [量] 密度, 磁感应强度	特 [斯拉]	T	Wb/m^2
电感	亨 [利]	H	Wb/A
摄氏温度	摄氏度	℃	K
光通量	流 [明]	lm	$cd \cdot sr$
[光]照度	勒 [克斯]	lx	lm/m^2
[放射性]活度	贝可 [勒尔]	Bq	s^{-1}
吸收剂量, 比授 [予] 能, 比释动能	戈 [瑞]	Gy	J/kg
剂量当量	希 [沃特]	Sv	J/kg

表 1.2.4　国家选定的非国际单位制单位

量的名称	单位名称	单位符号	换算关系和说明
时间	分	min	$1\min = 60s$
	[小] 时	h	$1h = 60\min = 3600s$
	天 [日]	d	$1d = 24h = 86\ 400s$
平面角	[角] 秒	$('')$	$1'' = (\pi/648\ 000)\mathrm{rad}(\pi\ 为圆周率)$
	[角] 分	$(')$	$1' = (\pi/10\ 800)\mathrm{rad}$
	度	$(°)$	$1° = (\pi/180)\mathrm{rad}$
旋转速度	转每分	r/min	$1\mathrm{r/min} = (1/60)\mathrm{s}^{-1}$
长度	海里	n mile	1n mile=1852m(只用于航程)
速度	节	kn	1kn=1 n mile/h=(1852/3600)m/s (只用于航行)
质量	吨	t	$1t = 10^3\mathrm{kg}$
	原子质量单位	u	$1u \approx 1.660\ 565\ 5 \times 10^{-27}\mathrm{kg}$
体积	升	L(l)	$1L = 10^{-3}\mathrm{m}^3$
能	电子伏	eV	$1\mathrm{eV}=1.602\ 177 \times 10^{-19}\mathrm{J}$
级差	分贝	dB	—
线密度	特 [克斯]	tex	$1\mathrm{tex}=10^{-6}\mathrm{kg/m}$

表 1.2.5　用于构成十进制倍数和分数单位的词头

所表示的因数	词头名称	词头符号	所表示的因数	词头名称	词头符号
10^{18}	艾 [可萨]	E	10^{-1}	分	d
10^{15}	拍 [它]	P	10^{-2}	厘	c
10^{12}	太 [拉]	T	10^{-3}	毫	m
10^{9}	吉 [咖]	G	10^{-6}	微	μ
10^{6}	兆	M	10^{-9}	纳 [诺]	n
10^{3}	千	k	10^{-12}	皮 [可]	p
10^{2}	百	h	10^{-15}	飞 [母托]	f
10^{1}	十	da	10^{-18}	阿 [托]	a

注: 1. 周、月、年 (年的符号为 a) 为一般常用时间单位。

2. "[ ]"内的字,是在不致混淆的情况下,可以省略的字。

3. "( )"内的字为前者的同义语。

4. 角度单位度、分、秒的符号不处于数字后时,用括号。

5. 升的符号中,小写字母"l"为备用符号。

6. r 为 "转" 的符号。

7. 人民生活和贸易中,质量习惯称为重量。

8. 公里为千米的俗称,符号为 km。

9. 10^4 称为万, 10^8 称为亿, 10^{12} 称为万亿,这类数词的使用不受词头名称的影响,但不应与词头混淆。

1.3 流体的基本性质

1.3.1 流动性

流体的抗拉强度极小,只有在适当的约束下,才能承受压力。处于静止状态的流体不能承受任何剪切力的作用, 即在不论怎样小的剪切力作用下, 流体将发生连续不断的变形, 直到剪切力消失时流体的变形运动才会停止, 流体的这一特性称之为流动性。

1.3.2　压缩性

流体体积在外力作用下可以改变的特性即称为流体的压缩性。一切流体均具有某种程度的压缩性, 也就是说作用于一定量的流体上的压缩应力改变时总会使体积产生变化。虽然各种流体的压缩性相差很大, 但某种流体体积的相应变化 (压缩过程中未引起相变) 是直接与压缩应力的改变相关的。流体的压缩程度可由体积弹性模量 E_V 描述:

$$E_V = -\frac{\delta p}{\delta V / V} \tag{1.3.1}$$

式中, δp 为压力变化, δV 为相应的体积变化, V 为原有的体积, 式中的负号是为保证 E_V 为正值而引入的。由式 (1.3.1) 可知, E_V 的量纲与 p 相同。因流体密度 $\rho = m/V$, $\delta p = -\rho \dfrac{\delta V}{V}$, 故式 (1.3.1) 可改写为

$$E_V = \rho \frac{\partial p}{\partial \rho} \tag{1.3.2}$$

理论上 E_V 取决于体积或密度变化的方式或过程, 与压缩过程中 p 与 ρ 有关。

对不同的流体, E_V 具有不同的数值。E_V 越大, 流体就越不容易被压缩。液体的弹性模量是很高的, 例如水在温度不变的条件下, 每增加 1atm (1atm 为 1 个标准大气压, 约 101.325kPa), 它的体积比原来减少 0.005% 左右。其他液体的压缩性与水类似, 也是非常小的。因此, 在大多数情况下液体的压缩性可忽略不计, 而作为不可压缩流体来处理。但当液体中压力变化很大或很突然的情况下, 液体的压缩性就必须考虑了。

气体的压缩性比液体大得多。例如空气在温度不变的条件下, 当压力由 1atm 增为 1.1atm 时, 其体积的减小率为 0.1。大多数气体在一定参数范围内近似地满足完全气体状态方程

$$p = \rho R T \tag{1.3.3}$$

对这类气体, 在温度不变的条件下

$$\left(\frac{\partial p}{\partial \rho}\right)_T = RT = \frac{p}{\rho} \tag{1.3.4}$$

$$E_V = p \tag{1.3.5}$$

即气体等温体积弹性模量等于其初始压力, 因此一般说来, 气体不能当作不可压缩流体处理。但当气体的运动速度远比声速低时, 气体的压缩性便可不计。实验表明常温下的空气在高度变化不超过 100m 的条件下, 当空气的流动速度为 50m/s 时, 其体积变化率为 1%, 当气流速度为 100m/s 时, 其体积变化率为 4%, 当气流速度为 150m/s 时, 其体积变化率为 10%。

真实流体都是可压缩的, 所谓**不可压缩流体**只是一种抽象的理论模型, 它是对流场中密度变化较小的实际流体的一种近似。当研究流体运动时, 并设流体运动过程是等温的, 可以证明:

$$\Delta \rho / \rho \approx \frac{\gamma}{2} \cdot \frac{V^2}{a^2} = \frac{1}{2} \gamma M a^2 \tag{1.3.6}$$

式中, Ma 称为马赫数(Mach 数), $Ma = V/a, \gamma = c_p/c_V$ 为比定压热容与比定容热容之比, $a = \sqrt{\dfrac{\gamma E_V}{\rho}}$ 为流体中的声速。

不同流体的压缩性不相同, 当马赫数足够小时, 流体可视为可压缩的。

在压力变化 δp 很大时, 则液体的压缩性必须考虑。气体的压缩性一般较大, 一般不能当不可压缩流体处理。例如, 当空气在温度不变的条件下, 当压力由 1atm 增加到 1.1atm 时, 体积减小率为 0.1, 但当气体的运动速度 $V \ll a$(a 为声速) 时, 则可不考虑可压缩性。

实验表明, 常温下气体高度变化小于 100m 的条件下, 速度 V 和体积变化率 $\delta V_0/V_0$ 之间的对应关系如表 1.3.1 所示。

表 1.3.1   速度与体积变化率对应关系

$V/(\text{m/s})$	$\delta V_0/V_0$
50	1%
100	4%
150	10%

以空气为例, $a = 335\text{m/s}$, $\gamma = 1.4$, 如果流动速度 $V < 100\text{m/s}$, 则 $Ma < 0.3$, $Ma^2 < 0.09$; 根据式 (1.3.6) 可得, $\Delta\rho/\rho < 0.063$。如果以这一密度变化的相对值作为不考虑压缩性的上限, 则当流动速度大于 100m/s 时, 空气的压缩性必须考虑。

例 气体绝热弹性模量

解 对于不计摩擦的绝热过程, 即等熵绝热过程, 根据热力学理论有以下过程方程:

$$\frac{p}{\rho^\gamma} = c \,(\text{常数})$$

取上式的对数, 有

$$\ln p - \gamma \ln \rho = \ln c$$

微分后得

$$\frac{\delta p}{p} - \gamma \frac{\delta \rho}{\rho} = 0$$

于是

$$E_V = \rho \left(\frac{\partial p}{\partial \rho} \right) = \gamma p$$

1.3.3 黏性

黏性是流体对剪切变形阻碍的量度, 可以通过下列实验来说明这一问题, 如图 1.3.1 所示。

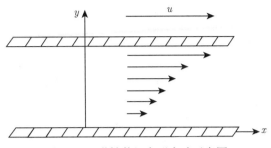

图 1.3.1　黏性剪切变形实验示意图

设有两无界平行平板, 其间充满静止流体, 保持下板不动, 使上板以速度 u 做匀速直线运动, 这样可看到板间流体很快处于流动状态, 靠近上板处的流体质点将以速度 u 移动, 靠近下板处的流体质点则静止不动, 而其间的流体质点的流速随距上板的距离的增加而减小。通过这一事实可知, 运动的平板带动了紧靠着它的流体质点, 而靠近运动平板的流体层又将运动传递给与其相邻的流体层, 这就说明在运动平板与流体之间以及相邻流体层之间的接触面上存在着切向力的作用, 这就是流体黏性的宏观表现。单位面积上的这种切向力称为切应力, 亦可称为剪应力或黏性应力。

牛顿归纳了上述实验, 得到**牛顿黏性定律**。

两相邻流体层之间单位面积上的切向力 (即切应力)τ 与垂直于流动方向的速度梯度成正比, 即

$$\tau = \mu \frac{\partial u}{\partial y} \tag{1.3.7}$$

式中, μ 是与运动性质无关的物质常数, 它取决于流体的物理性质与温度, 称为黏度, 或称为动力黏度。方程 (1.3.1) 仅对平行直线流动成立, 在一般情况下, 则需以流体的剪切变形率代替上式中的速度梯度, 这时动力黏度 μ 就定义为切应力与相应剪切变形率之比。

牛顿黏性定律指出, 对给定的剪切变形率而言, 切应力与动力黏度成比例。即黏性越强的流体其黏度越大, 对确定的流体而言, 切应力则与剪切变形率成正比。不论流体的黏性如何, 只要流体无剪切变形率发生, 就无黏性应力存在。因此在静力学的研究中可以不考虑切应力, 这使流体静力学问题大大简化。

一切实际流体均有程度不同的黏性, 对于黏性较小, 且剪切变形率也较小的情况, 若黏性应力与其他类型的作用力相比可略去不计时, 则可近似地把流体看作无黏性的, 并定义这种无黏性的流体为**理想流体**。这种理论模型只是实际流体在一定条件下的一种近似。

实验表明气体的黏度随温度的升高而增加, 而一般液体的黏度则随温度升高而减少, 且减少率也是随温度升高而下降的。这是由于黏性与分子内聚力的作用以及由于分子热运动引起的流体宏观定向运动动量的迁移这两个力学过程有关。决定气体黏性的主要因素是由分子热运动引起的动量迁移过程。分子热运动随温度的升高而加剧, 故气体的黏性表现出随温度升高而增加的特点。液体分子排列得更紧密, 存在着比气体大得多的内聚力, 目前一般认为内聚力是决定液体黏性的主要因素, 以解释液体黏性随温度的升高而减弱的事实。但由于对分子力的认识尚不成熟, 因而液体黏性随温度变化的物理实质尚有待进一步探讨。

气体与液体的黏度一般与压力无关, 但在极高的压力条件下, 气体及极大部分液体的黏

度将与压力有关。

剪切力的量纲

$$[\tau] = \mathrm{FL}^{-2} = \mathrm{ML}^{-1}\mathrm{T}^{-2}$$

动力黏度 μ 的量纲为

$$[\mu] = [\tau] / \left[\frac{\partial u}{\partial y} \right] = \mathrm{M/LT}$$

其 SI 单位为 "帕斯卡·秒"。

$$1\text{帕}\cdot\text{秒} = 1\text{牛顿}\cdot\text{秒}/\text{米}^2 = 1\text{千克}/(\text{米}\cdot\text{秒})$$

即

$$1\mathrm{Pa}\cdot\mathrm{s} = 1\mathrm{N}\cdot\mathrm{s/m}^2 = 1\mathrm{kg}/(\mathrm{m}\cdot\mathrm{s})$$

由于在许多有关黏性流动问题中需要将黏性力与惯性力相比较, 而黏性力与 μ 成比例, 惯性力与 ρ 成比例, 故比值 μ/ρ 常在问题中出现。比值 $\nu = \mu/\rho$, 称为运动黏度。ν 的量纲是 $[\nu] = \mathrm{L}^2\mathrm{T}^{-1}$, 其 SI 单位是二次方米每秒。在讨论绕流或管流等黏性流动问题时, 运动黏度 ν 常是一个重要的特征参数。但在比较各种不同流体的黏性时, 运动黏度 ν 却不能作为一项物理特征。例如, $\mu_{\text{水}} = 100\mu_{\text{空气}}$, 但 $\nu_{\text{水}} < \nu_{\text{空气}}$, 因为 $\rho_{\text{空气}}$ 只是 $\rho_{\text{水}}$ 的几百分之一。

对于理想物理模型, 应理解以下概念。理想流体即黏性应力可不计的流体的近似, 即 $\mu = 0$; 牛顿流体, μ 为与流体的运动状况 (剪切变形率) 无关的物质常数, 如水、大气等, 即黏性定理成立。对于非牛顿流体, 即 μ 与变形率有关。

1.3.4 导热性

流体的导热性也是分子热运动引起的能量运输过程的结果。常用的热传导经验公式是傅里叶公式(Fourier 公式)

$$\boldsymbol{q} = -\lambda \nabla T \tag{1.3.8}$$

式中, $\boldsymbol{q}$ 为单位时间通过单位面积的热量, 热量传递的方向与温度梯度相反, 且称 $\boldsymbol{q}$ 为热流密度矢量, 其中 λ 为**热传导系数**, 其单位为瓦特每米开尔文, 一般说来, λ 依赖于介质的种类以及介质的温度和压力。对其量纲进行分析可得

$$[\lambda] = \mathrm{WL}^{-1}\mathrm{K}^{-1}$$

单位时间穿过面元 $\mathrm{d}\sigma$ 的热量为 $\mathrm{d}Q$, 则有

$$\mathrm{d}Q = \boldsymbol{q} \cdot \mathrm{d}\boldsymbol{\sigma} = -\lambda \frac{\partial T}{\partial n} \mathrm{d}\sigma \tag{1.3.9}$$

式中, $\boldsymbol{n}$ 为面元 $\mathrm{d}\sigma$ 的正法向。

通过某一曲面的热流量率为

$$Q = \int_\sigma -\lambda \frac{\partial T}{\partial n} \mathrm{d}\sigma \tag{1.3.10}$$

一般流体力学中，就是以连续介质模型作为基本假设，在此基础上再考虑流体的压缩性、黏性和导热性，并由此来研究流体的运动及流体与固体间的相互作用。

  习　题

1.1 连续介质假设

1.1.1　何为 "连续流体"？为什么要把实际流体简化抽象为 "连续介质"？ "连续介质" 假设的适用条件是什么？

1.2 基本量纲与单位

1.2.1　国际单位制的基本单位和辅助单位是什么？国际制中压力单位是什么？我国的法定单位与 SI 单位有何关系？

1.2.2　若 30N 的力作用于质量为 11.68kg 的物体面产生的加速度为多少 m/s^2？

1.2.3　在 295.3K 及标准大气压下，$\frac{1}{27}$m^3 的空气位于 $g = 9.81$m/s^2 之处，求：①质量，以 N 表示；②密度，以 kg/m^3 表示；③比热容，以 m^3/kg 表示。已知普适气体常数 $R = 8.31$J/(mol·K)，$g_c = 0.99$。

1.2.4　一圆槽容器 0.23m^3 装有一气体，气体分子量为 24，气体的温度和压力分别为 299.82K 和 1.38×10^5Pa，求该气体以 kg/m^3 为单位的密度，以及 m^3/kg 为单位的比热容。已知普适气体常数为 $R = 8.31$J/(mol·K)。

1.2.5　一容积为 0.33m^3 的容器，在压力为 1112.5Pa 的情况下，装有 6.75kg 的空气，求空气的温度是多少 K？

1.2.6　若压力 p 以 Pa 为单位，密度 ρ 以 kg/m^3 为单位，在 273K 时，所得实验数值为 $\rho = 1.276p \times 10^{-7}$，今以国际制单位表示，求空气的 R 值。

1.2.7　根据下列牛顿黏滞性定理

$$\tau = \mu \frac{\mathrm{d}u}{\mathrm{d}y}$$

试证动力黏性系数 μ 的量纲为 ML^{-1}T^{-1}(在 MLT 系统) 或 FL^{-2}T(在 FLT 系统)。上式中 τ 表示剪应力，u 为 x 方向的流速，y 为垂直于 u 的距离。

1.2.8　在标准大气压和 294.26K 之下，空气的动力黏性系数 $\mu = 1.83 \times 10^{-5}$N·s/m^2，空气的运动黏性系数为多少 m^2/s？运动黏性系数 ν 定义为 $\nu = \dfrac{\mu}{\rho}$。

1.3 流体的基本性质

1.3.1　应如何理解 "流体微团" 这一概念？

1.3.2　实际流体有哪些基本特性？

1.3.3　什么是 "不可压缩流体"？什么叫 "理想流体"？在什么条件下可以采用这种理论模型来描写实际流体？

1.3.4　若欲将一已知水体积减少 0.5%，求所需增加的压力为多少帕斯卡 (Pa)？设水之体积弹性模量 $E_V = 2.1 \times 10^9$Pa。

1.3.5　对完全气体的等温过程 ($p = c\rho$) 及等熵过程 ($p = c\rho^\gamma$) 分别导出其体积弹性模量 E_V 的表示式。并计算在标准大气压下空气的等熵体积弹性模量 E_S 是多少？

1.3.6　一气体适用范德瓦耳斯状态方程：

$$\left(p + \frac{a}{V^2}\right)(V - b) = RT$$

求 E_V 的值，以 a, b, p 和 V 表示。

1.3.7 计算 2L 水当其压力由 1atm 增加到 100atm 时的体积变化，取等温体积弹性模量为 2×10^4atm。

1.3.8 应用理想气体定律，计算空气在 1atm、2atm、10atm 下，100℃ 时的运动黏性系数，以 m^2/s 表示。

第 2 章 流体运动学

流体运动学运用几何观点研究流体的运动规律，它只研究流体运动的几何特性，而不涉及运动如何产生和怎样变化的情况。

2.1 描述流体运动的两种方法

描述流体运动的方法有两种：其一称为**拉格朗日 (Lagrange) 方法**，它以个别流体质点的运动作为着眼点，观察某一确定流体质点在运动过程中其特征参量随时间变化情况，并通过逐次地由一个流体质点转到另一个流体质点，进而确定所有流体质点的特征参量随时间的变化规律。第二种是**欧拉 (Euler) 方法**，该方法以流体流过某一确定的空间点处的特征参量作为着眼点，观察先后流过该空间点的各个流体质点的特征参量的变化情况，通过逐次地由一个空间点转到另一个空间点，进而给出每一瞬时占据流场每一确定空间点的流体质点的特征参量，下面分别介绍这两种方法的内容及数学表达方法。

2.1.1 拉格朗日方法

拉格朗日方法研究的内容为：①某一确定流体质点在运动过程中特征参量随时间的变化规律；②由一个流体质点转到另一个流体质点时各特征参量的变化规律。为研究某一确定流体质点的特征参量的变化规律，首先必须解决区分不同流体质点的方法。通常采用初始时刻流体质点的位置坐标作为区分不同流体质点的标志。以 a, b, c 表示流体质点的初始坐标，不同的 a, b, c 代表不同的流体质点。a, b, c 就是流体质点的标号。这样流体质点在运动过程中的空间位置不仅与时间 t 有关，而且由于在同一时刻不同的流体质点应处于不同的空间位置，因此流体质点的位置矢量 $\boldsymbol{r}$ 应是独立变数 a, b, c, t 的函数。即

$$\boldsymbol{r} = \boldsymbol{r}(a, b, c, t) \tag{2.1.1}$$

在直角坐标系中有

$$\begin{cases} x = x(a, b, c, t) \\ y = y(a, b, c, t) \\ z = z(a, b, c, t) \end{cases} \tag{2.1.2}$$

变量 a, b, c, t 称为拉格朗日变数。在研究某一确定流体质点的运动规律时，式 (2.1.1) 中的 t 改变，而 a, b, c 视为常数不变；如从某一流体质点转到另一流体质点时就要把 a, b, c 看作变量。在式 (2.1.1) 中令 t 不变，而令 a, b, c 改变，则得某一时刻不同流体质点的位置分布情况。应注意，位置矢量 $\boldsymbol{r}$ 是流体质点标号的函数，而不是空间坐标的函数，因此 $\boldsymbol{r}$ 的定义域不是场。

流体质点的速度和加速度分别是对确定质点而言的位置矢量 r 的变化率和速度矢量 V 的变化率。由式 (2.1.1) 可得速度及加速度表示式为

$$V = \frac{\partial r(a,b,c,t)}{\partial t} \tag{2.1.3}$$

$$a = \frac{\partial^2 r(a,b,c,t)}{\partial t^2} = \frac{\partial V(a,b,c,t)}{\partial t} \tag{2.1.4}$$

在直角坐标系中有

$$\begin{cases} u = \dfrac{\partial x(a,b,c,t)}{\partial t} \\[2mm] v = \dfrac{\partial y(a,b,c,t)}{\partial t} \\[2mm] w = \dfrac{\partial z(a,b,c,t)}{\partial t} \end{cases} \tag{2.1.5}$$

及

$$\begin{cases} a_x = \dfrac{\partial^2 x(a,b,c,t)}{\partial t^2} \\[2mm] a_y = \dfrac{\partial^2 y(a,b,c,t)}{\partial t^2} \\[2mm] a_z = \dfrac{\partial^2 z(a,b,c,t)}{\partial t^2} \end{cases} \tag{2.1.6}$$

2.1.2　欧拉方法

欧拉方法是用 "场" 的观点表述流体的运动, 它要求给出任一瞬时 t 占据每一空间点流体质点的特征参量。研究的内容是: ①在某一空间点上流体质点的各个特征参量随时间的变化规律; ②由一空间点转到另一空间点处各特征参量的变化规律。由于在不同时刻经过某一确定空间点的流体质点是互不相同的, 它们所具有的各特征参量应是时间 t 的函数, 而在同一时刻不同的流体质点处于不同的空间点上, 它们所具有的各特征参量亦应是空间点位矢 r 的函数。因此在欧拉方法中流体质点的各特征参量应是时间 t 和空间点位矢 r 的函数。例如速度可表示为

$$V = V(r,t) \tag{2.1.7}$$

用直角坐标系中分量形式表示, 则有

$$\begin{cases} u = u(x,y,z,t) \\ v = v(x,y,z,t) \\ w = w(x,y,z,t) \end{cases} \tag{2.1.8}$$

式中, u, v, w 表示速度在 x, y, z 方向的分量。

$$p = p(r,t) \quad 或 \quad p = p(x,y,z,t) \tag{2.1.9}$$

$$T = T(r,t) \quad 或 \quad T = T(x,y,z,t) \tag{2.1.10}$$

独立变数 x, y, z, t 称为欧拉变数, 式 (2.1.7)~式 (2.1.10) 分别给出了速度、压力及温度的空间分布随时间的变化规律。即按欧拉方法的观点看, 研究流体的运动, 就是从数学上研究表征流体运动的各特征参量所对应的矢量场及标量场。因此采用欧拉方法可广泛地利用场论知识。若某一场函数与空间点坐标 x, y, z 无关, 则称之为**均匀场**, 即取 $r(x, y, z)$ 为定值, 否则称之为**非均匀场**。若某一场函数与时间 t 无关, 则称之为**定常场**, 即取 t 为定值, 否则称之为**非定常场**。

应注意区别欧拉变数中空间点坐标 (x, y, z) 与拉格朗日变数中流体质点的位置坐标 (x, y, z) 的不同, 前者是独立变数, 而后者则是时间 t 的函数。

现在来讨论一下如何从式 (2.1.7) 出发求质点加速度的问题。加速度是某一确定流体质点速度矢量的变化率。因此求某质点的加速度时, 必须跟踪该质点, 观察它沿轨线运动过程中速度矢量的变化情况。此时该质点之速度矢量 $\boldsymbol{V}(x, y, z, t)$ 内所包含的空间点坐标 x, y, z 不再是任意的空间点, 而必须是该质点在轨线上所处的空间点。质点轨线的参数方程即质点的运动方程 $\boldsymbol{r} = \boldsymbol{r}(t)$ 或 $x = x(t), y = y(t), z = z(t)$。于是速度矢量表示为

$$\boldsymbol{V} = \boldsymbol{V}(x(t), y(t), z(t), t)$$

将 $\boldsymbol{V}$ 看作复合函数对 t 求导, 而考虑到 $u = \dfrac{\mathrm{d}x}{\mathrm{d}t}, v = \dfrac{\mathrm{d}y}{\mathrm{d}t}, w = \dfrac{\mathrm{d}z}{\mathrm{d}t}$。于是得到

$$\boldsymbol{a} = \frac{\mathrm{d}\boldsymbol{V}}{\mathrm{d}t} = \frac{\partial \boldsymbol{V}}{\partial t} + \frac{\partial \boldsymbol{V}}{\partial x} \cdot \frac{\mathrm{d}x}{\mathrm{d}t} + \frac{\partial \boldsymbol{V}}{\partial y} \cdot \frac{\mathrm{d}y}{\mathrm{d}t} + \frac{\partial \boldsymbol{V}}{\partial z} \cdot \frac{\mathrm{d}z}{\mathrm{d}t}$$

$$= \frac{\partial \boldsymbol{V}}{\partial t} + u \frac{\partial \boldsymbol{V}}{\partial x} + v \frac{\partial \boldsymbol{V}}{\partial y} + w \frac{\partial \boldsymbol{V}}{\partial z}$$

即

$$\frac{\mathrm{d}\boldsymbol{V}}{\mathrm{d}t} = \frac{\partial \boldsymbol{V}}{\partial t} + (\boldsymbol{V} \cdot \nabla)\boldsymbol{V} \tag{2.1.11}$$

或改写为

$$\frac{\mathrm{d}\boldsymbol{V}}{\mathrm{d}t} = \frac{\partial \boldsymbol{V}}{\partial t} + V \frac{\partial \boldsymbol{V}}{\partial s} \tag{2.1.12}$$

其中 V 为速度矢量之模, $\dfrac{\partial \boldsymbol{V}}{\partial s} = (\boldsymbol{s}^0 \cdot \nabla)\boldsymbol{V}$, 而 $\boldsymbol{s}^0$ 为轨线上的切向单位矢。式 (2.1.11) 左端为质点的加速度矢量 $\boldsymbol{a}$, $\boldsymbol{a} = \dfrac{\mathrm{d}\boldsymbol{V}}{\mathrm{d}t}$ 称为速度矢量的随体 (个别) 导数, 或称为物质导数, 它表示某一流体质点速度矢量的变化率。式 (2.1.11) 右端第一项 $\dfrac{\partial \boldsymbol{V}}{\partial t}$ 称为速度矢量的局地导数, 它表示在确定的空间点上由于速度场的不定常性所引起的速度矢的变化率。右端第二项 $(\boldsymbol{V} \cdot \nabla)\boldsymbol{V}$ 称之为速度矢的变位 (迁移) 导数, 或称为平流导数, 这部分速度矢的变化率是由于流体质点在不均匀的速度场中发生位移而引起的。

上述将随体导数分解为局地导数与变位导数之和的方法对任意矢量场 $\boldsymbol{A}$ 和任意标量场 T 都是适用的, 即可将

$$\frac{\mathrm{d}}{\mathrm{d}t} = \frac{\partial}{\partial t} + (\boldsymbol{V} \cdot \nabla) \tag{2.1.13}$$

作为算符作用于任意场函数。例如:

$$\frac{\mathrm{d}\boldsymbol{A}(x, y, z, t)}{\mathrm{d}t} = \frac{\partial \boldsymbol{A}}{\partial t} + (\boldsymbol{V} \cdot \nabla)\boldsymbol{A}$$

$$\frac{\mathrm{d}T(x,y,z,t)}{\mathrm{d}t} = \frac{\partial T}{\partial t} + (\boldsymbol{V} \cdot \nabla)T$$

拉格朗日方法与欧拉方法是观察同一客观事物的两条不同途径, 它们实质上是等价的, 且两者之间可以相互转换。

2.1.3 由欧拉方法向拉格朗日方法转变

已知

$$\boldsymbol{B} = \boldsymbol{B}(a,b,c,t) \tag{2.1.14}$$

由

$$\begin{cases} x = x(a,b,c,t) \\ y = y(a,b,c,t) \\ z = z(a,b,c,t) \end{cases} \tag{2.1.15}$$

当

$$J = \frac{\partial(x,y,z)}{\partial(a,b,c)} \neq 0, \infty \tag{2.1.16}$$

式中, J 表示雅可比 (Jacobian) 行列式, 即

$$J = \frac{\partial(x,y,z)}{\partial(a,b,c)} = \begin{vmatrix} \dfrac{\partial x}{\partial a} & \dfrac{\partial x}{\partial b} & \dfrac{\partial x}{\partial c} \\ \dfrac{\partial y}{\partial a} & \dfrac{\partial y}{\partial b} & \dfrac{\partial y}{\partial c} \\ \dfrac{\partial z}{\partial a} & \dfrac{\partial z}{\partial b} & \dfrac{\partial z}{\partial c} \end{vmatrix}$$

则上式可反解得单值解

$$\begin{cases} a = a(x,y,z) \\ b = b(x,y,z) \\ c = c(x,y,z) \end{cases} \tag{2.1.17}$$

将式 (2.1.17) 代入式 (2.1.14) 可得

$$\boldsymbol{B} = \boldsymbol{B}\left(a(x,y,z), b(x,y,z), c(x,y,z), t\right) \tag{2.1.18}$$

2.1.4 由拉格朗日方法向欧拉方法转变

已知

$$\boldsymbol{B} = \boldsymbol{B}(a,b,c,t) \tag{2.1.19}$$

由

$$\begin{cases} \dfrac{\mathrm{d}x}{\mathrm{d}t} = u(x,y,z,t) \\ \dfrac{\mathrm{d}y}{\mathrm{d}t} = v(x,y,z,t) \\ \dfrac{\mathrm{d}z}{\mathrm{d}t} = w(x,y,z,t) \end{cases} \tag{2.1.20}$$

积分该微分方程

$$
\begin{cases}
x = x(c_1, c_2, c_3, t) \\
y = y(c_1, c_2, c_3, t) \\
z = z(c_1, c_2, c_3, t)
\end{cases}
\tag{2.1.21}
$$

根据初始条件求解式 (2.1.21) 中的积分常数 c_1, c_2, c_3, 代入式 (2.1.21), 可得

$$
\begin{cases}
x = x(a, b, c, t) \\
y = y(a, b, c, t) \\
z = z(a, b, c, t)
\end{cases}
\tag{2.1.22}
$$

将式 (2.1.22) 代入式 (2.1.19) 可得

$$
\boldsymbol{B} = \boldsymbol{B}\left(x(a, b, c, t), y(a, b, c, t), z(a, b, c, t), t\right)
\tag{2.1.23}
$$

拉格朗日方法是质点动力学表述方法的自然延续, 它用于有限个数目质点的运动或描述固体的变形是方便的。由于在一般情况下, 固体的变形较小, 在任意时刻 t, 质点的位矢 $\boldsymbol{r}$ 与初始位矢 $\boldsymbol{r}_0$ 相距不远, 因而较易于跟踪考察某一质点的运动。在流体运动过程中, 质点的位矢 $\boldsymbol{r}$ 变化很大, 一般情况下, 要跟踪考察一个质点的运动情况是十分困难的。在实际应用中, 只要给出每一瞬时流体质点特征参量的空间分布, 就可完全确定流体的运动。例如研究气象要素的空间分布及其随时间的变化规律。因此流体力学中除了在少数情况下 (例如研究台风的移动路径), 一般不采用拉格朗日方法, 只采用欧拉方法。

例 1 设流体如同刚体一样绕定轴做匀加速转动, 已知角加速度为 β。试分别用欧拉方法和拉格朗日方法求流体运动的速度和加速度, 并讨论匀速转动时的情况。

解

(1) 欧拉方法

已知转动角速度 $\boldsymbol{\omega} = \beta t \boldsymbol{k}$, 于是流体速度场应由 $\boldsymbol{V} = \boldsymbol{\omega} \times \boldsymbol{r}$ 决定, 故得

$$
\boldsymbol{V} = -\beta t y \boldsymbol{i} + \beta t x \boldsymbol{j}
$$

即

$$
\begin{cases}
u = -\beta t y \\
v = \beta t x \\
w = 0
\end{cases}
$$

再根据 $\boldsymbol{a} = \dfrac{\mathrm{d}\boldsymbol{V}}{\mathrm{d}t} = \dfrac{\partial \boldsymbol{V}}{\partial t} + (\boldsymbol{V} \cdot \nabla)\boldsymbol{V}$ 可求得加速度为

$$
\boldsymbol{a} = -\beta(y + \beta t^2 x)\boldsymbol{i} + \beta(x - \beta t^2 y)\boldsymbol{j}
$$

即

$$
\begin{cases}
a_x = -\beta(y + \beta t^2 x) \\
a_y = \beta(x - \beta t^2 y) \\
a_z = 0
\end{cases}
$$

对于匀速转动情况, 由于角速度 $\boldsymbol{\omega} = \omega_0 \boldsymbol{k}$, 用类似的方法可求得

$$\boldsymbol{V} = -\omega_0 y \boldsymbol{i} + \omega_0 x \boldsymbol{j}$$

$$\boldsymbol{a} = -\omega_0^2 x \boldsymbol{i} - \omega_0^2 y \boldsymbol{j}$$

由以上结果可知, 流体做变速转动时, 其速度 $\boldsymbol{V}$ 和加速度 $\boldsymbol{a}$ 分别是空间坐标和时间的函数, 对应于非定常非均匀场。而当流体做匀速转动时, $\boldsymbol{V}$ 和 $\boldsymbol{a}$ 仅为空间坐标函数, 而与时间 t 无关, 这对应于定常的非均匀场。

(2) 拉格朗日方法

如图 E2.1.1 所示, 以初位置 $(r_0, \theta_0, \varphi_0)$ 为标号的流体质点的位矢为

$$\boldsymbol{r} = \boldsymbol{r}(r_0, \theta_0, \varphi_0, t) = r_0 \sin\theta_0(\cos\varphi \boldsymbol{i} + \sin\varphi \boldsymbol{j}) + r_0 \cos\theta_0 \boldsymbol{k}$$

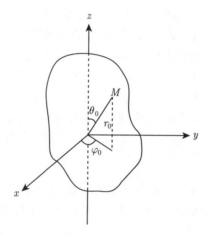

图 E2.1.1　流体绕定轴做匀加速转动示意图

在定轴匀加速转动过程中, 该流体质点的角位移为

$$\varphi = \varphi_0 + \frac{1}{2}\beta t^2$$

故有

$$\begin{cases} x = r_0 \sin\theta_0 \cos\left(\varphi_0 + \dfrac{1}{2}\beta t^2\right) \\[2mm] y = r_0 \sin\theta_0 \sin\left(\varphi_0 + \dfrac{1}{2}\beta t^2\right) \\[2mm] z = r_0 \cos\theta_0 \end{cases}$$

根据式 (2.1.5) 及式 (2.1.6) 可得

$$\begin{cases} u = -r_0 \beta t \sin\theta_0 \sin\left(\varphi_0 + \dfrac{1}{2}\beta t^2\right) \\[2mm] v = r_0 \beta t \sin\theta_0 \cos\left(\varphi_0 + \dfrac{1}{2}\beta t^2\right) \\[2mm] w = 0 \end{cases}$$

及

$$\begin{cases} a_x = -r_0\beta\sin\theta_0\sin\left(\varphi_0 + \frac{1}{2}\beta t^2\right) - r_0\beta^2 t^2\sin\theta_0\cos\left(\varphi_0 + \frac{1}{2}\beta t^2\right) \\ a_y = r_0\beta\sin\theta_0\cos\left(\varphi_0 + \frac{1}{2}\beta t^2\right) - r_0\beta^2 t^2\sin\theta_0\sin\left(\varphi_0 + \frac{1}{2}\beta t^2\right) \\ a_z = 0 \end{cases}$$

对于匀速转动情况, 由于 $\varphi = \varphi_0 + \omega_0 t$, 同理可得

$$\begin{cases} u = -r_0\omega_0\sin\theta_0\sin(\varphi_0 + \omega_0 t) \\ v = r_0\omega_0\sin\theta_0\cos(\varphi_0 + \omega_0 t) \\ w = 0 \end{cases}$$

及

$$\begin{cases} a_x = -r_0\omega_0^2\sin\theta_0\cos(\varphi_0 + \omega_0 t) \\ a_y = -r_0\omega_0^2\sin\theta_0\sin(\varphi_0 + \omega_0 t) \\ a_z = 0 \end{cases}$$

例 2　已知流场 $\boldsymbol{V} = xt\boldsymbol{i} + yt\boldsymbol{j} + zt\boldsymbol{k}$, 流场中温度分布为 $T = \dfrac{At^2}{x^2 + y^2 + z^2}$, A 为已知常数, 求初始位置为 (a, b, c) 的流体质点之温度随时间的变化率。

解　根据题意可知欲求 $t = 0$ 时, 位于点 (a, b, c) 处的确定质点温度的随体变化率 $\dfrac{\mathrm{d}T}{\mathrm{d}t}$, 且

$$\frac{\mathrm{d}T}{\mathrm{d}t} = \frac{\partial T}{\partial t} + u\frac{\partial T}{\partial x} + v\frac{\partial T}{\partial y} + w\frac{\partial T}{\partial z} = \frac{2At}{x^2 + y^2 + z^2}(1 - t^2)$$

以该质点 t 时刻的位置坐标代入上式中的 x, y, z, 即可得该质点温度的随体时变率。

现在来求该质点 t 时刻的位置坐标, 由

$$\begin{cases} \dfrac{\mathrm{d}x}{\mathrm{d}t} = xt \\ \dfrac{\mathrm{d}y}{\mathrm{d}t} = yt \\ \dfrac{\mathrm{d}z}{\mathrm{d}t} = zt \end{cases}$$

积分得

$$\begin{cases} \ln x = \dfrac{1}{2}t^2 + C_1 \\ \ln y = \dfrac{1}{2}t^2 + C_2 \\ \ln z = \dfrac{1}{2}t^2 + C_3 \end{cases}$$

根据初条件可定出上述积分常数 C_1, C_2, C_3，于是得

$$\begin{cases} x = a\mathrm{e}^{\frac{1}{2}t^2} \\ y = b\mathrm{e}^{\frac{1}{2}t^2} \\ z = c\mathrm{e}^{\frac{1}{2}t^2} \end{cases}$$

将上式代入 $\dfrac{\mathrm{d}T}{\mathrm{d}t}$ 的表示式可得

$$\frac{\mathrm{d}T}{\mathrm{d}t} = \frac{2At}{(a^2 + b^2 + c^2)\mathrm{e}^{t^2}}(1 - t^2)$$

本题亦可先将该质点 t 时刻位置坐标表示式直接代入温度分布函数中，将温度 T 函数由欧拉变数形式转换为拉格朗日变数形式，即

$$T = \frac{At^2}{x^2 + y^2 + z^2} = \frac{At^2}{(a^2 + b^2 + c^2)\mathrm{e}^{t^2}}$$

再由上式对 t 求偏导得

$$\left(\frac{\partial T}{\partial t}\right)_{a,b,c} = \frac{2At}{(a^2 + b^2 + c^2)\mathrm{e}^{t^2}}(1 - t^2)$$

2.2 轨线与流线

2.2.1 轨线

流体质点运动的轨迹就是**轨线**，也称轨迹或迹线。轨线描绘了某一流体质点在不同时刻所处的空间位置及运动方向的图像，显然轨线的概念是与拉格朗日观点密切相关的。拉格朗日方法中质点的运动方程 $\boldsymbol{r} = \boldsymbol{r}(a, b, c, t)$ 即为质点轨线的参数方程，由此消去时间 t 并给定 a, b, c 之值，可得某流体质点的轨线方程。

若已知欧拉变数表示的速度场 $\boldsymbol{V} = \boldsymbol{V}(x, y, z, t)$，亦可求得轨线方程。轨线的微分方程为

$$\mathrm{d}\boldsymbol{r} = \boldsymbol{V}(x, y, z, t)\mathrm{d}t \tag{2.2.1}$$

其中 $\mathrm{d}\boldsymbol{r}$ 为轨线的线元矢量，上式的分量式为

$$\begin{cases} \mathrm{d}x = u(x, y, z, t)\mathrm{d}t \\ \mathrm{d}y = v(x, y, z, t)\mathrm{d}t \\ \mathrm{d}z = w(x, y, z, t)\mathrm{d}t \end{cases} \tag{2.2.2}$$

从而得

$$\frac{\mathrm{d}x}{u(x, y, z, t)} = \frac{\mathrm{d}y}{v(x, y, z, t)} = \frac{\mathrm{d}z}{w(x, y, z, t)} \tag{2.2.3}$$

应注意上式中 t 为独立变量，x, y, z 是 t 的函数。积分上式并消去时间 t 即得轨线方程，即可由欧拉变数变为拉格朗日变数。

2.2.2　流线

速度场 $\boldsymbol{V} = \boldsymbol{V}(x, y, z, t)$ 是矢量场。由场论的知识可知，可以利用矢量线描述一个矢量场的几何形态。速度场的矢量线就是**流线**。流线就是这样的曲线，对某一确定时刻而言，该曲线上任一点的切线方向与流体在该点的速度方向一致。例如在气象工作中所绘制的气流图，是地面或高空某一高度上气流的流线图。

设 $\mathrm{d}\boldsymbol{r}$ 为流线的线元矢量，根据流线定义，流线的微分方程为

$$\mathrm{d}\boldsymbol{r} \times \boldsymbol{V} = 0 \tag{2.2.4}$$

即

$$\frac{\mathrm{d}x}{u(x, y, z, t)} = \frac{\mathrm{d}y}{v(x, y, z, t)} = \frac{\mathrm{d}z}{w(x, y, z, t)} \tag{2.2.5}$$

式中，t 为参数，积分时作常数处理，积分上式即得流线方程。

轨线与流线是两个含义不同的概念。在非定常流场中，一般来说轨线和流线不重合，而在定常流场中二者重合。今用直观的几何作图法来说明这一问题。在图 2.2.1 中要画通过点 M 的流线，本书取固定时刻 t，从 M 点引出速度 $\boldsymbol{V}$，在它上边截取一小段 $\overline{MM_1}$；过 M_1 点引出同一时刻 t 的速度 $\boldsymbol{V}_1$，在它上边又截取一小段 $\overline{M_1M_2}$，$\cdots\cdots$ 连接 $M, M_1, M_2, M_3, \cdots$，即可得到 t 时刻过 M 点的流线 $MM_1M_2M_3\cdots$。欲作在 t 时刻流经 M 点的流体质点的轨线图，可选一个任意小的时间间隔 $\mathrm{d}t$，取 $\overline{MM_1'} = |\boldsymbol{V}\mathrm{d}t| = \overline{MM_1}$，在时刻 $t + \mathrm{d}t$，M_1' 点的速度已不再是 $\boldsymbol{V}_1$，而是 $\boldsymbol{V}_1'$，再取 $\overline{M_1'M_2'} = |\boldsymbol{V}_1'\mathrm{d}t|$，这样依次取 $M_3', M_4', \cdots$，连接各点的轨线 $MM_1'M_2'M_3'\cdots$，显然与流线不重合。

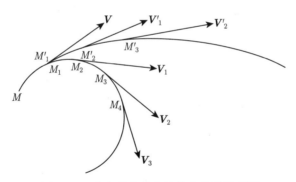

图 2.2.1　非定常流场中轨线和流线说明图

轨线或流线相同的流场不一定相同，因流线及轨线只描述了流体质点方向，未对运动的快慢做出规定。

2.2.3　流管

在流场中作一任意封闭曲线 l(不与流线重合)，过 l 上每一点作出该时刻的流线，由这些流线所形成的管状曲面称作流管，见图 2.2.2。

流管与流线一样是瞬时概念。流管的形状与位置，在定常流动时不随时间变化，而在非定常流动时，一般将随时间变化。根据流管的定义，流体不可能穿过流管侧面，流管也不能相交。

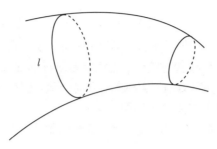

图 2.2.2 流管示意图

轨线、流线及流管的概念对于直观理解问题以及理论上处理某些问题均具有重要的意义。下边通过例题说明已知速度场求轨线及流线的方法。

例 已知速度场为 $\boldsymbol{V} = (x+t)\boldsymbol{i} + (-y+t)\boldsymbol{j}$, 求 $t=0$ 时过点 $M(-1,-1)$ 的流线及轨线, 画出流动图形。

解 由于 $w=0$, 说明流体在 z 方向没有运动, 而且 u,v 均与变量 z 无关。所以, 所有平行于 Oxy 坐标平面的平面上的流动都是相同的。欲求流线, 可将题设的速度场代入流线微分方程 (2.2.5), 得

$$\frac{\mathrm{d}x}{x+t} = \frac{\mathrm{d}y}{-y+t}$$

视 t 为常数, 积分上式得

$$(x+t)(t-y) = C$$

上式即为任一时刻的流线方程。式中 C 为积分常数。$t=0$ 时, 流线方程为

$$xy = C'$$

此时的流动图形如图 E2.2.1 所示, 为一双曲线。流线上某点的方向可用该点的坐标代入已知速度场的表示式中, 求出速度分量 u 及 v(代数值) 来确定。

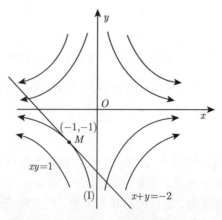

图 E2.2.1 流动图形

流线方程中的任意常数 C 可由给定的条件来确定。例如,欲求 $t=0$ 时,过点 $M(-1,-1)$ 的流线,只要将 $x=-1, y=-1$ 代入流线方程 $xy=C'$ 中,即可定出 $C'=1$,所求的流线方程就是 $xy=1$,见图 E2.2.1 所示的曲线 (I)。

为求轨线方程,将已知速度场 $\boldsymbol{V}$ 代入轨线微分方程 (2.2.3) 得

$$\frac{\mathrm{d}x}{\mathrm{d}t} = x + t$$

$$\frac{\mathrm{d}y}{\mathrm{d}t} = -y + t$$

这是两个常系数线性非齐次方程,其通解为

$$x = C_1 \mathrm{e}^t - t - 1$$

$$y = C_2 \mathrm{e}^{-t} + t - 1$$

式中, C_1 及 C_2 为积分常数,由初条件可得 $C_1 = C_2 = 0$。因此所求轨线参数方程为

$$x = -t - 1$$

$$y = t - 1$$

消去 t,得轨线方程为

$$x + y = -2$$

即 $t=0$ 时,处于点 $(-1,-1)$ 的流体质点的轨线方程为一直线,如图 E2.2.1 所示。

2.3　柯西–亥姆霍兹速度分解定理

由理论力学可知,刚体的运动一般可分解为随基点的平动和绕基点的转动两种基本运动。流体与刚体不同,有流动性的特点,显然流体的一般运动比刚体更为复杂。为了分析整个流体的运动,可以从分析流场中任意微小流体微团的运动着手,这就是所谓微元分析法。应注意流体微团是由大量流体质点所组成的具有线性尺度效应的微小流体块。

考虑某确定时刻的流场,设 M_0 点为流场中任意一点,某坐标为 (x_0, y_0, z_0),速度为 $\boldsymbol{V}_0$,取一无限小流体微团 τ 包围 M_0 点,M_0 点称为微团 τ 的基点,流体微团内另外一点 M 为 M_0 点邻域内的任意一点,M 对 M_0 而言的矢径为 $\delta \boldsymbol{r}$,即 M 点的坐标为 $(x_0+\delta x, y_0+\delta y, z_0+\delta z)$,$\delta \boldsymbol{r}$ 为无穷小量,M 点的速度为 $\boldsymbol{V}$(图 2.3.1)。

将 M 点的速度在 M_0 点邻域内展成泰勒 (Taylor) 级数,并略去高阶小量后得

$$\boldsymbol{V} = (\boldsymbol{V})_{r=r_0} + \left(\frac{\partial \boldsymbol{V}}{\partial x}\right)_{r=r_0} \delta x + \left(\frac{\partial \boldsymbol{V}}{\partial y}\right)_{r=r_0} \delta y + \left(\frac{\partial \boldsymbol{V}}{\partial z}\right)_{r=r_0} \delta z \tag{2.3.1}$$

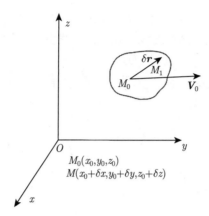

$$M_0(x_0, y_0, z_0)$$
$$M(x_0 + \delta x, y_0 + \delta y, z_0 + \delta z)$$

图 2.3.1 流体速度分解

式中, 下标 $r = r_0$, 表示各项在 M_0 点取值, 为方便起见以后省去式 (2.3.1) 中的下标 $r = r_0$。于是

$$\boldsymbol{V} = \boldsymbol{V}_0 + \frac{\partial \boldsymbol{V}}{\partial x}\delta x + \frac{\partial \boldsymbol{V}}{\partial y}\delta y + \frac{\partial \boldsymbol{V}}{\partial z}\delta z \qquad (2.3.2)$$

即

$$\begin{cases} u = u_0 + \dfrac{\partial u}{\partial x}\delta x + \dfrac{\partial u}{\partial y}\delta y + \dfrac{\partial u}{\partial z}\delta z & \textcircled{1} \\[3mm] v = v_0 + \dfrac{\partial v}{\partial x}\delta x + \dfrac{\partial v}{\partial y}\delta y + \dfrac{\partial v}{\partial z}\delta z & \textcircled{2} \\[3mm] w = w_0 + \dfrac{\partial w}{\partial x}\delta x + \dfrac{\partial w}{\partial y}\delta y + \dfrac{\partial w}{\partial z}\delta z & \textcircled{3} \end{cases} \qquad (2.3.3)$$

为了使式 (2.3.3) 具有明显的物理意义, 对其各项

$$\begin{aligned} &\textcircled{1} \pm \frac{\partial v}{\partial x}\delta y, \pm \frac{\partial w}{\partial x}\delta z \\[2mm] &\textcircled{2} \pm \frac{\partial u}{\partial y}\delta x, \pm \frac{\partial w}{\partial y}\delta z \\[2mm] &\textcircled{3} \pm \frac{\partial u}{\partial z}\delta x, \pm \frac{\partial v}{\partial z}\delta y \end{aligned} \qquad (2.3.4)$$

可将其改写为

$$\begin{cases} u = u_0 + \dfrac{\partial u}{\partial x}\delta x + \dfrac{1}{2}\left(\dfrac{\partial u}{\partial y} + \dfrac{\partial v}{\partial x}\right)\delta y + \dfrac{1}{2}\left(\dfrac{\partial u}{\partial z} + \dfrac{\partial w}{\partial x}\right)\delta z + \dfrac{1}{2}\left(\dfrac{\partial u}{\partial z} - \dfrac{\partial w}{\partial x}\right)\delta z - \dfrac{1}{2}\left(\dfrac{\partial v}{\partial x} - \dfrac{\partial u}{\partial y}\right)\delta y \\[3mm] v = v_0 + \dfrac{1}{2}\left(\dfrac{\partial v}{\partial x} + \dfrac{\partial u}{\partial y}\right)\delta x + \dfrac{\partial v}{\partial y}\delta y + \dfrac{1}{2}\left(\dfrac{\partial v}{\partial z} + \dfrac{\partial w}{\partial y}\right)\delta z + \dfrac{1}{2}\left(\dfrac{\partial v}{\partial z} - \dfrac{\partial u}{\partial y}\right)\delta x - \dfrac{1}{2}\left(\dfrac{\partial w}{\partial y} - \dfrac{\partial v}{\partial z}\right)\delta z \\[3mm] w = w_0 + \dfrac{1}{2}\left(\dfrac{\partial w}{\partial x} + \dfrac{\partial u}{\partial z}\right)\delta x + \dfrac{1}{2}\left(\dfrac{\partial w}{\partial y} + \dfrac{\partial v}{\partial z}\right)\delta y + \dfrac{\partial w}{\partial z}\delta z + \dfrac{1}{2}\left(\dfrac{\partial w}{\partial y} - \dfrac{\partial v}{\partial z}\right)\delta y - \dfrac{1}{2}\left(\dfrac{\partial u}{\partial z} - \dfrac{\partial w}{\partial x}\right)\delta x \end{cases}$$
$$(2.3.5)$$

上式中令

$$\begin{cases} A_{11} = \dfrac{\partial u}{\partial x}; & A_{12} = A_{21} = \dfrac{1}{2}\left(\dfrac{\partial v}{\partial x} + \dfrac{\partial u}{\partial y}\right) \\[3mm] A_{22} = \dfrac{\partial v}{\partial y}; & A_{23} = A_{32} = \dfrac{1}{2}\left(\dfrac{\partial w}{\partial y} + \dfrac{\partial v}{\partial z}\right) \\[3mm] A_{33} = \dfrac{\partial w}{\partial z}; & A_{31} = A_{13} = \dfrac{1}{2}\left(\dfrac{\partial u}{\partial z} + \dfrac{\partial w}{\partial x}\right) \end{cases} \tag{2.3.6}$$

即 $\boldsymbol{A} = (A_{kl})$; $k, l = 1, 2, 3$, 所以

$$\begin{cases} \omega_x = \dfrac{1}{2}\left(\dfrac{\partial w}{\partial y} - \dfrac{\partial v}{\partial z}\right) = \dfrac{1}{2}(\nabla \times \boldsymbol{V})_x = \Omega_{zy} = -\Omega_{yz} \\[3mm] \omega_y = \dfrac{1}{2}\left(\dfrac{\partial u}{\partial z} - \dfrac{\partial w}{\partial x}\right) = \dfrac{1}{2}(\nabla \times \boldsymbol{V})_y = \Omega_{xz} = -\Omega_{zx} \\[3mm] \omega_z = \dfrac{1}{2}\left(\dfrac{\partial v}{\partial x} - \dfrac{\partial u}{\partial y}\right) = \dfrac{1}{2}(\nabla \times \boldsymbol{V})_z = \Omega_{xy} = -\Omega_{yx} \end{cases} \tag{2.3.7}$$

及

$$\Omega_{xx} = \Omega_{yy} = \Omega_{zz} = 0 \tag{2.3.8}$$

即

$$\boldsymbol{\Omega} = \begin{bmatrix} 0 & \Omega_{xy} & \Omega_{xz} \\ \Omega_{yx} & 0 & \Omega_{yz} \\ \Omega_{zx} & \Omega_{zy} & 0 \end{bmatrix} = \begin{bmatrix} 0 & \Omega_{xy} & -\Omega_{zx} \\ -\Omega_{xy} & 0 & \Omega_{yz} \\ \Omega_{zx} & -\Omega_{yz} & 0 \end{bmatrix} = \begin{bmatrix} 0 & \omega_z & -\omega_y \\ -\omega_z & 0 & \omega_x \\ \omega_y & -\omega_x & 0 \end{bmatrix} \tag{2.3.9}$$

所以式 (2.3.0) 可改写为

$$\begin{cases} u = u_0 + A_{11}\delta x + A_{21}\delta y + A_{31}\delta z + (\boldsymbol{\omega} \times \delta \boldsymbol{r})_x \\ v = v_0 + A_{12}\delta x + A_{22}\delta y + A_{32}\delta z + (\boldsymbol{\omega} \times \delta \boldsymbol{r})_y \\ w = w_0 + A_{13}\delta x + A_{23}\delta y + A_{33}\delta z + (\boldsymbol{\omega} \times \delta \boldsymbol{r})_z \end{cases} \tag{2.3.10}$$

上式的矢量形式为

$$\boldsymbol{V} = \boldsymbol{V}_0 + \boldsymbol{V}_D + \boldsymbol{V}_r \tag{2.3.11}$$

其中

$$\boldsymbol{V}_0 = u_0\boldsymbol{i} + v_0\boldsymbol{j} + w_0\boldsymbol{k} \tag{2.3.12}$$

$$\boldsymbol{V}_D = (A_{11}\delta x + A_{21}\delta y + A_{31}\delta z)\boldsymbol{i} + (A_{12}\delta x + A_{22}\delta y + A_{32}\delta z)\boldsymbol{j} + (A_{13}\delta x + A_{23}\delta y + A_{33}\delta z)\boldsymbol{k} \tag{2.3.13}$$

$$\boldsymbol{V}_r = \boldsymbol{\omega} \times \delta \boldsymbol{r} \tag{2.3.14}$$

式 (2.3.10) 或式 (2.3.11) 即为柯西–亥姆霍兹 (Cauchy-Helmholtz) 速度分解定理的数学表达式。

柯西–亥姆霍兹速度分解定理指出, 流体微团 M_0 点邻域内任意一点 M 的速度可分解为下列三部分: ① 与 M_0 点相同的平动速度 $\boldsymbol{V}_0$; ② 绕 M_0 点旋转在 M 点引起的转动线速度 $\boldsymbol{V}_r$; ③ 变形运动在 M 点引起的变形线速度 $\boldsymbol{V}_D$。

需注意应用流体速度分解定理分解某点速度的结果只在该点的邻域内适用, $\boldsymbol{\omega} = \dfrac{1}{2}(\nabla \times \boldsymbol{V})$ 及 $\boldsymbol{A}$ 都是刻画某一点邻域内流体微团转动特性及变形特性的局部性特征量。

刚体力学中对整个刚体范围内皆成立的分解定理 $\boldsymbol{V} = \boldsymbol{V}_0 + \boldsymbol{V}_D + \boldsymbol{V}_r$ 是整体性定理, 且刚体中 $\boldsymbol{\omega}$ 是刻画刚体的一个整体性特征量。

2.4　流体微团的变形运动

流体速度分解定理中的变形线速度是 τ 中任一点 M 因流团的变形运动引起的相对于基点的变形线速度。

2.4.1　变形率张量

1. 定义

流体微团的变形运动包括线变形及剪切 (角) 变形两部分。**线变形** 由流体微团过 M_0 点的任意三条正交流体线元的伸长 (缩短) 来描述, 与此相应的是流体微团体积的膨胀 (压缩) 或三边长的比例变化。**剪切变形** 由流体微团过 M_0 点的任意三个正交流体面元中每一流体面元上的两条正交流体线元间夹角的变化来描述, 与此相应的是流体微团形状的变化。因此, 流体微团的变形运动可用 3 个线变形率 (A_{11}, A_{22}, A_{33}) 和 3 个剪切变形率 (A_{12}, A_{23}, A_{31}) 作为特征量来表征。由这 6 个独立的变形率作为分量构成的二阶对称张量 $\boldsymbol{A}$ 称为**变形率张量**, 记为

$$\boldsymbol{A} = (A_{ij}) = \begin{bmatrix} A_{11} & A_{12} & A_{13} \\ A_{21} & A_{22} & A_{23} \\ A_{31} & A_{32} & A_{33} \end{bmatrix} \tag{2.4.1}$$

或记为并矢形式

$$\begin{aligned} \boldsymbol{A} =& \boldsymbol{i}(A_{11}\boldsymbol{i} + A_{12}\boldsymbol{j} + A_{13}\boldsymbol{k}) \\ &+ \boldsymbol{j}(A_{21}\boldsymbol{i} + A_{22}\boldsymbol{j} + A_{23}\boldsymbol{k}) \\ &+ \boldsymbol{k}(A_{31}\boldsymbol{i} + A_{32}\boldsymbol{j} + A_{33}\boldsymbol{k}) \\ =& \boldsymbol{i}A_1 + \boldsymbol{j}A_2 + \boldsymbol{k}A_3 \end{aligned} \tag{2.4.2}$$

2. 基本性质

变形率张量具有以下基本性质:

(1) 变形率张量是由 9 个元素构成, 因而是一个二阶张量, 张量阶数 m 由下式决定 (三维空间):

因为, 总元素数 $= 3^m$, 所以 $m = 2$。

又因为

$$A_{ij} = A_{ji}, \quad i \neq j, \quad i, j = 1, 2, 3$$

故 9 个元素中, 仅有 6 个独立变量。$\boldsymbol{A}$ 为二阶对称张量, $A_{ij} = A_{ji}; i \neq j; i, j = 1, 2, 3$。

(2) 二阶对称张量与二阶有心曲面存在一一对应关系, 故可用二阶有心曲面对称张量的几何表示。即 $\boldsymbol{A}$ 与变形二次曲面 $\phi(x', y', z', t) = C$ 之间存在一一对应关系。

$$\phi(x', y', z', t) = \frac{1}{2} \left[A_{11}x'^2 + A_{22}y'^2 + A_{33}z'^2 + 2A_{12}x'y' + 2A_{23}y'z' + 2A_{31}x'z' \right] \tag{2.4.3}$$

函数 $\phi(x', y', z', t)$ 称为变形二次函数。故 $\phi(x', y', z', t) = C$ 表示变形二次函数。C 为常数, t 为参变量, 在某一确定时刻过点 M 的变形二次曲面为

$$\phi(x', y', z', t) = C_1$$

式中, C_1 由 M 点的坐标决定。

3. 标准形式

可利用变形二次曲面研究二阶对称张量的某些性质, 这里选择一坐标系 x_1', y_1', z_1', 并使在此坐标系内变形曲面具有标准形式

$$A_{11}x'^2 + A_{22}y'^2 + A_{33}z'^2 = 1 \tag{2.4.4}$$

相应的有

$$\boldsymbol{A} = \begin{bmatrix} A_{11}' & 0 & 0 \\ 0 & A_{22}' & 0 \\ 0 & 0 & A_{33}' \end{bmatrix} \tag{2.4.5}$$

此即 $\boldsymbol{A}$ 的标准形式, 它仅具有对角元素, 该坐标轴 x', y', z' 称为变形主轴。沿变形主轴只有线变形, 而无剪切变形发生, 即 $A_{kl} = 0; k \neq l; k, l = 1, 2, 3$。处于主轴上的流体质点在变形时只沿主轴方向运动, 于是作为主轴流体质点线元夹角在变形过程中不受剪切变形运动的影响。

沿主轴的变形率 A_{11}, A_{22}, A_{33} 称为变形率张量 $\boldsymbol{A}$ 的主值 λ 的 3 个根。所以, 变形张量主值为

$$\begin{cases} \lambda_1 = A_{11} \\ \lambda_2 = A_{22} \\ \lambda_3 = A_{33} \end{cases}$$

沿主轴的变形线速度为

$$\boldsymbol{V} = \delta\boldsymbol{r} \cdot \boldsymbol{A} = \boldsymbol{r}' \cdot \boldsymbol{A} = \lambda\boldsymbol{r}' = \lambda\delta\boldsymbol{r} \tag{2.4.6}$$

4. 主轴与主值

1) 主值的确定

根据

$$\boldsymbol{V}_D = \boldsymbol{r}' \cdot \boldsymbol{A} = \lambda\boldsymbol{r}' \tag{2.4.7}$$

即

$$\begin{cases} u_D = A_{11}x' + A_{21}y' + A_{31}z' \\ v_D = A_{12}x' + A_{22}y' + A_{32}z' \\ w_D = A_{13}x' + A_{23}y' + A_{33}z' \end{cases} \tag{2.4.8}$$

于是

$$\begin{cases} (A_{11} - \lambda)x' + A_{21}y' + A_{31}z' = 0 \\ A_{12}x' + (A_{22} - \lambda)y' + A_{32}z' = 0 \\ A_{13}x' + A_{23}y' + (A_{33} - \lambda)z' = 0 \end{cases} \tag{2.4.9}$$

上式即为确定 $r'(x', y', z')$ 的线性齐次方程组。为使之有非零解, 必须

$$\begin{vmatrix} A_{11} - \lambda & A_{21} & A_{31} \\ A_{12} & A_{22} - \lambda & A_{32} \\ A_{13} & A_{23} & A_{33} - \lambda \end{vmatrix} = 0 \tag{2.4.10}$$

即

$$\lambda^3 - \lambda^2(A_{11} + A_{22} + A_{33}) + \lambda \left(\begin{vmatrix} A_{22} & A_{23} \\ A_{32} & A_{33} \end{vmatrix} + \begin{vmatrix} A_{11} & A_{13} \\ A_{31} & A_{33} \end{vmatrix} + \begin{vmatrix} A_{11} & A_{12} \\ A_{21} & A_{22} \end{vmatrix} \right) - \begin{vmatrix} A_{11} & A_{21} & A_{31} \\ A_{12} & A_{22} & A_{32} \\ A_{13} & A_{23} & A_{33} \end{vmatrix} = 0 \tag{2.4.11}$$

解上式可得 λ 的 3 个根, 即 $\boldsymbol{A}$ 的主值 $\lambda_1, \lambda_2, \lambda_3$。

2) 主轴的确定

由于过原点直线的方向余弦与该线段上任一点的坐标分类成比例, 故可以主轴方向余弦 (l, m, n) 代之, $r'(x', y', z')$, 于是有

$$\begin{cases} (A_{11} - \lambda)l + A_{21}m + A_{31}n = 0 \\ A_{12}l + (A_{22} - \lambda)m + A_{32}n = 0 \\ A_{13}l + A_{23}m + (A_{33} - \lambda)n = 0 \\ l^2 + m^2 + n^2 = 1 \end{cases} \tag{2.4.12}$$

将主值 $\lambda_1, \lambda_2, \lambda_3$ 分别代入上式中的 λ 值, 可求得变形主轴的方向余弦 (l, m, n)。取变形主轴为坐标轴, 则有

$$\phi = \frac{1}{2} \left(A_{11}x'^2 + A_{22}y'^2 + A_{33}z'^2 \right) \tag{2.4.13}$$

$$\begin{cases} u_D = A_{11}x' = \lambda_1 x' \\ v_D = A_{22}y' = \lambda_2 y' \\ w_D = A_{33}z' = \lambda_3 z' \end{cases} \tag{2.4.14}$$

即

$$\begin{cases} A_{11} = \lambda_1 \\ A_{22} = \lambda_2 \\ A_{33} = \lambda_3 \end{cases} \tag{2.4.15}$$

5. 基本不变量

$$
\begin{cases}
\boldsymbol{I}_1 = \dfrac{\partial u}{\partial x} + \dfrac{\partial v}{\partial y} + \dfrac{\partial w}{\partial z} = \nabla \cdot \boldsymbol{V} = \lambda_1 + \lambda_2 + \lambda_3 = A_{11} + A_{22} + A_{33} \\[2mm]
\boldsymbol{I}_2 = \begin{vmatrix} A_{22} & A_{23} \\ A_{32} & A_{33} \end{vmatrix} + \begin{vmatrix} A_{11} & A_{13} \\ A_{31} & A_{33} \end{vmatrix} + \begin{vmatrix} A_{11} & A_{12} \\ A_{21} & A_{22} \end{vmatrix} = \lambda_1\lambda_2 + \lambda_2\lambda_3 + \lambda_3\lambda_1 \\[2mm]
\boldsymbol{I}_3 = \begin{vmatrix} A_{11} & A_{21} & A_{31} \\ A_{12} & A_{22} & A_{32} \\ A_{13} & A_{23} & A_{33} \end{vmatrix} = \lambda_1\lambda_2\lambda_3
\end{cases}
\tag{2.4.16}
$$

2.4.2　变形线速度

变形率张量 $\boldsymbol{A}$ 是刻画变形运动状态的特征量, 由式 (2.3.13) 知, 只要变形率张量 $\boldsymbol{A}$ 为已知, 则流体中任一点邻域内各点的变形运动线速度就可由下式决定:

$$
\begin{aligned}
\boldsymbol{V}_D|_M ={}& \delta\boldsymbol{r} \cdot \boldsymbol{A}|_{M_0} = (\delta x \boldsymbol{i} + \delta y \boldsymbol{j} + \delta z \boldsymbol{k}) \\
& \cdot [\boldsymbol{i}(A_{11}\boldsymbol{i} + A_{12}\boldsymbol{j} + A_{13}\boldsymbol{k}) + \boldsymbol{j}(A_{21}\boldsymbol{i} + A_{22}\boldsymbol{j} + A_{23}\boldsymbol{k}) \\
& + \boldsymbol{k}(A_{31}\boldsymbol{i} + A_{32}\boldsymbol{j} + A_{33}\boldsymbol{k})]
\end{aligned}
\tag{2.4.17}
$$

或

$$
\boldsymbol{V}_D|_M = (\delta x, \delta y, \delta z) \begin{bmatrix} A_{11} & A_{12} & A_{13} \\ A_{21} & A_{22} & A_{23} \\ A_{31} & A_{32} & A_{33} \end{bmatrix}\Bigg|_{M_0}
\tag{2.4.18}
$$

根据式 (2.4.3), 变形线速度可表示为

$$
\begin{aligned}
\boldsymbol{V}_D ={}& \delta\boldsymbol{r} \cdot \boldsymbol{A} = \boldsymbol{r}' \cdot \boldsymbol{A} = (\delta x \boldsymbol{i} + \delta y \boldsymbol{j} + \delta z \boldsymbol{k}) \\
& \cdot [\boldsymbol{i}(A_{11}\boldsymbol{i} + A_{12}\boldsymbol{j} + A_{13}\boldsymbol{k}) + \boldsymbol{j}(A_{21}\boldsymbol{i} + A_{22}\boldsymbol{j} + A_{23}\boldsymbol{k}) \\
& + \boldsymbol{k}(A_{31}\boldsymbol{i} + A_{32}\boldsymbol{j} + A_{33}\boldsymbol{k})]
\end{aligned}
\tag{2.4.19}
$$

或

$$
\boldsymbol{V}_D = (\delta x, \delta y, \delta z) \begin{bmatrix} A_{11} & A_{12} & A_{13} \\ A_{21} & A_{22} & A_{23} \\ A_{31} & A_{32} & A_{33} \end{bmatrix} = \nabla\phi(x', y', z', t)
\tag{2.4.20}
$$

$\boldsymbol{V}_D$ 表示 M 点沿相应变形二次曲面在该点之法向运动。只需已知任一点 M_0 的变形率张量 $\boldsymbol{A} = (A_{kl})$, 则相应变形量引起的其邻域内各点的变形运动情况, 即可以通过各点的变形二次曲面的几何形状来描述。

变形线速度 $\boldsymbol{V}_D$ 与相应变形二次曲面在该点的法向相同方向, 但不一定与曲线上该点之位矢相合。但只有在该变形二次曲面的几何主轴上, $\boldsymbol{V}_D$ 与 $\boldsymbol{r}$ 的方向才是一致的。

2.4.3　变形率张量的分解

现在来讨论变形率张量 $\boldsymbol{A}$ 各分量的物理意义。

1. 线变形率

线变形率是流体微团内任一流体质点线元的相对伸长 (压缩) 速度。沿 x, y, z 坐标轴的线变形率分别用 A_{11}, A_{22}, A_{33} 表示。t 时刻在流体微团内取 B 点和 C 点，B 点与 C 点距 M_0 点分别为 δx 及 δy，在时刻 $t + \mathrm{d}t$，微团移到 $M_0'B'$ 和 C' 各点 (图 2.4.1)。

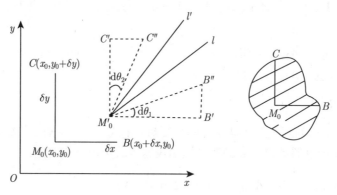

图 2.4.1　线变形率分解图

M_0B 的伸长量 $\mathrm{d}(\delta x) = (u_{DB} - u_{DM_0})\mathrm{d}t = \dfrac{\partial u}{\partial x}\delta x \mathrm{d}t$。

M_0B 的相对伸长速度 $= \dfrac{1}{\delta x}\dfrac{\mathrm{d}(\delta x)}{\mathrm{d}t} = \dfrac{\partial u}{\partial x}\delta x \mathrm{d}t / \delta x \mathrm{d}t = \dfrac{\partial u}{\partial x} = A_{11}$。

同理有

$$\begin{cases} A_{11} = \dfrac{\partial u}{\partial x} = \dfrac{1}{\delta x}\dfrac{\mathrm{d}(\delta x)}{\mathrm{d}t} \\[3mm] A_{22} = \dfrac{\partial v}{\partial y} = \dfrac{1}{\delta y}\dfrac{\mathrm{d}(\delta y)}{\mathrm{d}t} \\[3mm] A_{33} = \dfrac{\partial w}{\partial z} = \dfrac{1}{\delta z}\dfrac{\mathrm{d}(\delta z)}{\mathrm{d}t} \end{cases} \tag{2.4.21}$$

由此可知，变形率张量的对角分量 A_{11}, A_{22}, A_{33} 分别表示沿 x, y, z 轴的流体质点线元 $\delta x, \delta y, \delta z$ 的相对伸长 (压缩) 速度。

微团的线变形率只是 M_0 点坐标 (x_0, y_0, z_0) 及时间 t 的函数。流体体元体积的相对膨胀速度为

$$\begin{aligned} \frac{1}{\delta \tau}\frac{\mathrm{d}(\delta \tau)}{\mathrm{d}t} &= \frac{1}{\delta x \delta y \delta z}\frac{\mathrm{d}(\delta x \delta y \delta z)}{\mathrm{d}t} \\[2mm] &= \frac{1}{\delta x \delta y \delta z}\left[\frac{\mathrm{d}(\delta x)}{\mathrm{d}t}\delta y \delta z + \frac{\mathrm{d}(\delta y)}{\mathrm{d}t}\delta x \delta z + \frac{\mathrm{d}(\delta z)}{\mathrm{d}t}\delta x \delta y\right] \\[2mm] &= \frac{1}{\delta x}\frac{\mathrm{d}(\delta x)}{\mathrm{d}t} + \frac{1}{\delta y}\frac{\mathrm{d}(\delta y)}{\mathrm{d}t} + \frac{1}{\delta z}\frac{\mathrm{d}(\delta z)}{\mathrm{d}t} \\[2mm] &= \frac{\partial u}{\partial x} + \frac{\partial v}{\partial y} + \frac{\partial w}{\partial z} \end{aligned}$$

$$=A_{11} + A_{22} + A_{33}$$
$$=\nabla \cdot \boldsymbol{V} \tag{2.4.22}$$

流体质点面元的相对膨胀速度为

$$\frac{1}{\delta\sigma} \frac{\mathrm{d}(\delta\sigma)}{\mathrm{d}t} = \begin{cases} \dfrac{1}{\delta x \delta y} \dfrac{\mathrm{d}(\delta x \delta y)}{\mathrm{d}t} = \dfrac{\partial u}{\partial x} + \dfrac{\partial v}{\partial y} \\[3mm] \dfrac{1}{\delta y \delta z} \dfrac{\mathrm{d}(\delta y \delta z)}{\mathrm{d}t} = \dfrac{\partial v}{\partial y} + \dfrac{\partial w}{\partial z} \\[3mm] \dfrac{1}{\delta z \delta x} \dfrac{\mathrm{d}(\delta z \delta x)}{\mathrm{d}t} = \dfrac{\partial w}{\partial z} + \dfrac{\partial u}{\partial x} \end{cases} \tag{2.4.23}$$

2. 剪切变形率

流体微团剪切变形的产生是由于微团内各点对基点 M_0 的旋转角速度不均匀引起的。

剪切变形率是流体微团中两任意正交流体质点线元夹角改变率的一半,为说明这一点,参见图 2.4.1。

t 时刻微团内流体质点线 M_0B 及 M_0C 为互相正交的,在 $t+\mathrm{d}t$ 时刻,该夹角由直角改变为 $\angle B''M_0'C''$,该夹角的改变率由图 2.4.1 可知为 $\dfrac{\mathrm{d}\theta_1 + \mathrm{d}\theta_2}{\mathrm{d}t}$,线元 M_0B 在 $\mathrm{d}t$ 时间内旋转的角度为

$$\mathrm{d}\theta_1 \approx \tan\mathrm{d}\theta_1 = \frac{\overline{B'B''}}{\overline{M_0'B'}} = \frac{\overline{B'B''}}{\overline{M_0B} + \overline{M_0B}\text{的伸长量}}$$

$$= \frac{(v_{DB} - v_{DM_0})\mathrm{d}t}{\delta x + \dfrac{\partial u}{\partial x}\delta x \mathrm{d}t} \approx \frac{\dfrac{\partial v}{\partial x}\delta x \mathrm{d}t}{\delta x}$$

即

$$\frac{\mathrm{d}\theta_1}{\mathrm{d}t} = \frac{\partial v}{\partial x} \tag{2.4.24}$$

同理可得

$$\frac{\mathrm{d}\theta_2}{\mathrm{d}t} = \frac{\partial u}{\partial y} \tag{2.4.25}$$

$\dfrac{\partial v}{\partial x}$ 及 $\dfrac{\partial u}{\partial y}$ 分别表示沿 x, y 坐标轴的线元绕 z 轴旋转的角速度,于是有

$$\frac{\mathrm{d}\theta_1 + \mathrm{d}\theta_2}{\mathrm{d}t} = \frac{\partial v}{\partial x} + \frac{\partial u}{\partial y} \tag{2.4.26}$$

故得

$$A_{12} = \frac{1}{2}\left(\frac{\partial v}{\partial x} + \frac{\partial u}{\partial y}\right) = \frac{1}{2}\left(\frac{\mathrm{d}\theta_1 + \mathrm{d}\theta_2}{\mathrm{d}t}\right) \tag{2.4.27}$$

这样就说明了剪切变形率 A_{12} 的意义是 xOy 平面上两互相正交的流体质点线元间夹角改变率的一半,通常称之为绕 z 轴的剪切变形率。

类似地

$$A_{23} = \frac{1}{2} \left(\frac{\partial w}{\partial y} + \frac{\partial v}{\partial z} \right) \tag{2.4.28}$$

$$A_{31} = \frac{1}{2} \left(\frac{\partial u}{\partial z} + \frac{\partial w}{\partial x} \right) \tag{2.4.29}$$

分别为绕 x 轴及 y 轴的剪切变形率。

微团的剪切变形率也只是点 M_0 的坐标 (x_0, y_0, z_0) 及时间 t 的函数。

2.5 流体微团的旋转运动

流体微团绕点 M_0 的旋转运动由特征量 $\boldsymbol{\omega} = \frac{1}{2} \nabla \times \boldsymbol{V} = \frac{1}{2} \boldsymbol{\Omega}$ 所表征,或者由二阶反对称特征量 $(\Omega_{k,l}) = \boldsymbol{\Omega}(k, l = 1, 2, 3)$ 来表征。$\boldsymbol{\omega}$ 为流体微团的平均旋转角速度,它和 $\boldsymbol{\Omega}$ 都是点 M_0 的坐标 (x_0, y_0, z_0) 及时间 t 的函数。只要已知 $\boldsymbol{\omega}$,则 M_0 点邻域内任一点 M 的转动线速度 $\boldsymbol{V}_r$ 皆可按下式决定:

$$\boldsymbol{V}_r = \boldsymbol{\omega} \times \delta \boldsymbol{r} = \frac{1}{2} \nabla \times \boldsymbol{V} \times \delta \boldsymbol{r} \tag{2.5.1}$$

式中,$\delta \boldsymbol{r}$ 为对 M_0 点之位矢。因为流体微团有变形,流体微团内各点绕 M_0 点转动的角速度不均匀,也就是在微团中自 M_0 点引出的各条直线以不相等的角速度绕 M_0 点旋转,因此描述流体微团的旋转运动的特征量是流体微团的平均旋转角速度 $\boldsymbol{\omega} = \frac{1}{2} \nabla \times \boldsymbol{V}$。而微团的平均旋转角速度的大小可以由微团内某一直角的等分角线的旋转来度量。如图 2.4.1 所示,可以用直角 $\angle BM_0C$ 的等分角线 l 的旋转来度量微团的旋转。设在时刻 t,等分角线处于位置 l,在时刻 $t + \mathrm{d}t$,移动至 l'。旋转的方向以逆时针为正,顺时针为负。则等分角线的角度变化为

$$\angle l M_0' l' = \left[\frac{1}{2} \left(\frac{\pi}{2} - \mathrm{d}\theta_1 - \mathrm{d}\theta_2 \right) + \mathrm{d}\theta_1 \right] - \frac{\pi}{4} = \frac{1}{2} (\mathrm{d}\theta_1 - \mathrm{d}\theta_2)$$

式中,$\mathrm{d}\theta_1$ 及 $\mathrm{d}\theta_2$ 分别为 M_0B 及 M_0C 在 $\mathrm{d}t$ 时间内的旋转角。由图 2.4.1 可知,等分角线的旋转角速度为

$$\omega_z = \frac{\angle l M_0' l'}{\mathrm{d}t} = \frac{1}{2} \frac{\mathrm{d}\theta_1 - \mathrm{d}\theta_2}{\mathrm{d}t} = \frac{1}{2} (\omega_B + \omega_C) \tag{2.5.2}$$

式中,ω_B 及 ω_C 分别为流体质点线 M_0B 及 M_0C 的旋转角速度。因

$$\mathrm{d}\theta_1 = \frac{\partial v}{\partial x} \mathrm{d}t, \quad \mathrm{d}\theta_2 = \frac{\partial u}{\partial y} \mathrm{d}t$$

即

$$\omega_B = \frac{\partial v}{\partial x}, \quad \omega_C = -\frac{\partial u}{\partial y} \tag{2.5.3}$$

将式 (2.5.3) 代入式 (2.5.2) 得

$$\begin{cases} \omega_z = \frac{1}{2} \left(\frac{\partial v}{\partial x} - \frac{\partial u}{\partial y} \right) \\ \omega_x = \frac{1}{2} \left(\frac{\partial w}{\partial y} - \frac{\partial v}{\partial z} \right) \\ \omega_y = \frac{1}{2} \left(\frac{\partial u}{\partial z} - \frac{\partial w}{\partial x} \right) \end{cases} \tag{2.5.4}$$

即微团的平均旋转角速度 $\omega = \frac{1}{2} \nabla \times V$ 可以用微团内某一直角的等分角线的旋转角速度来度量。

设 u, v, w 分别对三个坐标变量求导，可构成一个二阶张量 $\left(\dfrac{\partial u_k}{\partial x_l} \right)$，即流体速度矢量对坐标导数的张量。

$$\left(\frac{\partial u_k}{\partial x_l} \right) = \begin{bmatrix} \dfrac{\partial u}{\partial x} & \dfrac{\partial v}{\partial x} & \dfrac{\partial w}{\partial x} \\[2mm] \dfrac{\partial u}{\partial y} & \dfrac{\partial v}{\partial y} & \dfrac{\partial w}{\partial y} \\[2mm] \dfrac{\partial u}{\partial z} & \dfrac{\partial v}{\partial z} & \dfrac{\partial w}{\partial z} \end{bmatrix} = \nabla V \tag{2.5.5}$$

该二阶张量可表示为一个对称张量及一个反对称张量之和，即

$$\left(\frac{\partial u_k}{\partial x_l} \right) = (A_{kl}) + (\Omega_{kl}) \tag{2.5.6}$$

即

$$\left(\frac{\partial u_k}{\partial x_l} \right) = (A_{kl}) + (\Omega_{kl})$$

$$= \begin{bmatrix} A_{11} & A_{21} & A_{31} \\ A_{12} & A_{22} & A_{32} \\ A_{13} & A_{23} & A_{33} \end{bmatrix} + \begin{bmatrix} 0 & \Omega_{21} & \Omega_{31} \\ \Omega_{12} & 0 & \Omega_{32} \\ \Omega_{13} & \Omega_{23} & 0 \end{bmatrix}$$

$$= \begin{bmatrix} \dfrac{\partial u}{\partial x} & \dfrac{1}{2}\left(\dfrac{\partial v}{\partial x} + \dfrac{\partial u}{\partial y} \right) & \dfrac{1}{2}\left(\dfrac{\partial w}{\partial x} + \dfrac{\partial u}{\partial z} \right) \\[3mm] \dfrac{1}{2}\left(\dfrac{\partial v}{\partial x} + \dfrac{\partial u}{\partial y} \right) & \dfrac{\partial v}{\partial y} & \dfrac{1}{2}\left(\dfrac{\partial w}{\partial y} + \dfrac{\partial v}{\partial z} \right) \\[3mm] \dfrac{1}{2}\left(\dfrac{\partial w}{\partial x} + \dfrac{\partial u}{\partial z} \right) & \dfrac{1}{2}\left(\dfrac{\partial w}{\partial y} + \dfrac{\partial v}{\partial z} \right) & \dfrac{\partial w}{\partial z} \end{bmatrix}$$

$$+ \begin{bmatrix} 0 & \dfrac{1}{2}\left(\dfrac{\partial v}{\partial x} - \dfrac{\partial u}{\partial y} \right) & -\dfrac{1}{2}\left(\dfrac{\partial w}{\partial x} - \dfrac{\partial u}{\partial z} \right) \\[3mm] -\dfrac{1}{2}\left(\dfrac{\partial v}{\partial x} - \dfrac{\partial u}{\partial y} \right) & 0 & \dfrac{1}{2}\left(\dfrac{\partial w}{\partial y} - \dfrac{\partial v}{\partial z} \right) \\[3mm] \dfrac{1}{2}\left(\dfrac{\partial w}{\partial x} - \dfrac{\partial u}{\partial z} \right) & -\dfrac{1}{2}\left(\dfrac{\partial w}{\partial y} - \dfrac{\partial v}{\partial z} \right) & 0 \end{bmatrix} \tag{2.5.7}$$

例　已知流场：$u = xt, v = -2xy^2, w = 0$。(1) 求流场中 $M_1(x_1, y_1, z_1)$ 点的涡度、体膨胀速度及剪切变形率。(2) 求 M_1 点附近 $M_2(x_2, y_2, z_2)$ 点的转动线速度及变形线速度。

解　流场的涡度为

$$\Omega = \nabla \times V$$

故有

$$\Omega_x = \Omega_y = 0, \quad \Omega_z = \frac{\partial v}{\partial x} - \frac{\partial u}{\partial y} = -2y^2$$

M_1 点的涡度为 $\boldsymbol{\Omega}|_{M_1} = -2y_1^2 \boldsymbol{k}$, 流体的体膨胀速度 $\alpha_V = \nabla \cdot \boldsymbol{V}$, 于是有

$$\alpha_V = \frac{\partial u}{\partial x} + \frac{\partial v}{\partial y} = t - 4xy$$

M_1 点的体膨胀速度为

$$\alpha_V|_{M_1} = t - 4x_1 y_1$$

流场的剪切变形率为

$$A_{12} = \frac{1}{2}\left(\frac{\partial v}{\partial x} + \frac{\partial u}{\partial y}\right) = -y^2$$

$$A_{23} = A_{31} = 0$$

M_1 点的剪切变形速度为

$$A_{12} = -y_1^2, \quad A_{23} = A_{31} = 0$$

M_2 点的转动线速度由

$$\boldsymbol{V}_r = \boldsymbol{\omega} \times \delta \boldsymbol{r}$$

$$\boldsymbol{\omega} = \frac{1}{2}\boldsymbol{\Omega} = -y^2 \boldsymbol{k}$$

$$\boldsymbol{\omega}|_{M_1} = -y_1^2 \boldsymbol{k}$$

所以

$$\begin{aligned}
\boldsymbol{V}_r|_{M_2} &= \boldsymbol{\omega}|_{M_1} \times [(x_2 - x_1)\boldsymbol{i} + (y_2 - y_1)\boldsymbol{j} + (z_2 - z_1)\boldsymbol{k}] \\
&= -y_1^2 \boldsymbol{k} \times [(x_2 - x_1)\boldsymbol{i} + (y_2 - y_1)\boldsymbol{j} + (z_2 - z_1)\boldsymbol{k}] \\
&= \boldsymbol{i} y_1^2 (y_2 - y_1) - \boldsymbol{j} y_1^2 (x_2 - x_1)
\end{aligned}$$

变形线速度可根据式 (2.4.19) 求得

$$\begin{cases}
u_D|_{M_2} = t(x_2 - x_1) - 2y_1^2(y_2 - y_1) \\
v_D|_{M_2} = -2y_1^2(x_2 - x_1) - 4x_1 y_1(y_2 - y_1) \\
w_D|_{M_2} = 0
\end{cases}$$

2.6　流体运动的分类

常用的运动分类方法有以下三种:

(1) 以运动形式为标准,在整个流场中或某一区域内流体微团无旋转运动,即 $\nabla \times \boldsymbol{V} = 0$,则称这种运动为无旋运动;否则,称之为有旋运动或涡旋运动。

(2) 以时间为标准,所有与流体有关的物理量都不依赖于时间 t,即 $\dfrac{\partial}{\partial t} = 0$,则称这种运动为定常运动;否则,称为非定常运动。

(3) 以空间为标准,所有与流体有关的物理量只依赖于一个曲线坐标,则称这种运动为一维运动,依赖于两个曲线坐标称为二维运动,依赖于三个曲线坐标则称之为三维运动。

2.1 描述流体运动的两种方法

2.1.1　试比较在欧拉方法和拉格朗日方法中变量 x, y, z 有什么不同的含义?在求加速度时为什么欧拉方法为 $a_x = \dfrac{\mathrm{d}u}{\mathrm{d}t}$,而拉格朗日方法为 $a_x = \dfrac{\partial u}{\partial t}$?

2.1.2　用欧拉观点写出不可压缩流体、均质流体、不可压均质流体、定常运动密度的数学表达式。

2.1.3　已知一流体质点的运动方程为

$$x = 2 + 0.01\sqrt{t^5}$$
$$y = 2 + 0.01\sqrt{t^5}$$
$$z = 0$$

问此质点运动到横坐标 $x = 8$ 时,它的加速度是多少?

2.1.4　已知柱坐标系中二维流场为 $\boldsymbol{V} = \boldsymbol{V}(r, \theta, t)$,证明质点的径向及横向加速度分别由下式给出:

$$a_r = \frac{\partial V_r}{\partial t} + V_r \frac{\partial V_r}{\partial r} + \frac{V_\theta}{r} \frac{\partial V_r}{\partial \theta} - \frac{V_\theta^2}{r}$$

$$a_\theta = \frac{\partial V_\theta}{\partial t} + V_r \frac{\partial V_\theta}{\partial r} + \frac{V_\theta}{r} \frac{\partial V_\theta}{\partial \theta} + \frac{V_\theta V_r}{r}$$

2.1.5　设流体运动以欧拉变数给出

$$\begin{cases} u = ax + t^2 \\ v = by - t^2 \quad (a+b=0) \\ w = 0 \end{cases}$$

将此转换到拉格朗日变数中去,并用两种观点分别求加速度。

试说明分别表示的物理意义及它们之间的异同。

2.1.6　设流体像刚体一样做等加速转动 (定轴),已知角加速度为 α(常数),试分别用欧拉方法和拉格朗日方法求其速度和加速度,并讨论成为定常流动的情况。

2.1.7　设平面不可压缩流体的速度分布为

$$u = \frac{m}{2\pi} \frac{x}{x^2+y^2}, v = \frac{m}{2\pi} \frac{y}{x^2+y^2}$$

其中 m, k 为常数,分别试求加速度。

2.1.8 已知一非定常环流

$$\begin{cases} V_\theta = \dfrac{c}{r}\mathrm{e}^{-kt} \\ V_r = V_z = 0 \end{cases}$$

其中 c, k 为常数，试确定加速度分量。

2.1.9 已知流场 $\boldsymbol{V} = (6xy + 5xt)\boldsymbol{i} - 3y^2\boldsymbol{j} + (7xy^2 - 5zt)\boldsymbol{k}$。求流体在点 $(2,1,4)$ 和 $t = 3\mathrm{s}$ 时的速度和加速度。

2.1.10 已知速度场为

$$\begin{cases} u = 2t + 2x + 2y \\ v = t - y + z \\ w = t + x - z \end{cases}$$

求点 $(2, 2, 1)$ 在 $t = 3\mathrm{s}$ 时的加速度。

2.1.11 平面流动的速度场为

$$\boldsymbol{V} = \frac{5\cos\theta}{r^2}\boldsymbol{e}_r + \frac{5\sin\theta}{r^2}\boldsymbol{e}_\theta$$

求流体质点在点 $(3, 4)$ 的速度和加速度。

2.1.12 平面流动的流线方程式为

$$\frac{x^2}{2} + xy = c$$

式中 c 为常数，求流体质点在点 $(2, 3)$ 的速度和加速度。

2.2 物质导数

2.2.1 在一长管道中已知温度的变化规律为

$$T = T_0 - 2\mathrm{e}^{-x/L}\sin\frac{2\pi t}{\tau}$$

式中，T_0, L, τ 为常数，x 为距管道入口处的距离，流体在管道内以匀速 $\bar{u}$ 沿管流动，求流体质点的温度变化率。

2.2.2 已知流场为 $\boldsymbol{V} = -2x\boldsymbol{i} - 2y\boldsymbol{j} + 4z\boldsymbol{k}$，且该流场的温度由下式决定：$T = x + 3xy + z^2 + 5xyz$，求流体质点经过点 $(1, -2, 3)$ 时的温度变化率。

2.2.3 若某日北京气温为 $10℃$，南京与其相距约 $1000\mathrm{km}$，气温为 $15℃$，而北京向南京的气流速度为 $12\mathrm{m/s}$，在流动过程中假定空气温度不变，试问南京平均每日温度下降几度？

2.2.4 若已知温度场 $T = \dfrac{A}{x^2 + y^2 + z^2}t^2$，现有流体以 $u = xt, v = yt, w = zt$ 运动，试求该流体质点的温度随时间的变化率。设该质点在 $t = 0$ 时的位置为 (a, b, c)，式中 A 为常数。

2.2.5 已知一可压缩流场为 $\boldsymbol{V} = \dfrac{1}{\rho}(axi - bxyj)\mathrm{e}^{-kt}$，其中 a, b, k 为常数，采用国际单位制计算在 $t = 0$ 时，点 $(3,2,2)$ 的密度变化率？

2.2.6 一定常流场的速度势为

$$\phi = x^2 + y^2 - 2z^2$$

流场温度以下式表示：

$$T = x + 3xy + z^2 + 5xyz$$

求流体质点过点 $(1, -1, 3)$ 时的温度变化率。

2.3 轨线、流线及迹线

2.3.1 已知 $u = x^2 - y^2, v = -2xy$，求过点 $(1, 1)$ 的一条流线。

2.3.2　已知平面流场为 $u = \dfrac{x}{1+t}, v = y, w = 0$，求流线及轨线。

2.3.3　证明下列速度分布是不可压缩流体的一种可能的运动：$u = \dfrac{3x^2 - r^2}{r^5}, v = \dfrac{3xy}{r^5}, w = \dfrac{3xz}{r^5}$，其中 $r^2 = x^2 + y^2 + z^2$，证明该流场的流线是过 Ox 轴之平面与曲面 $(x^2+y^2+z^2)^3 = c(y^2+z^2)^2$ 的交线。

2.3.4　若已知速度分布：$u = \dfrac{3xz}{r^5}, v = \dfrac{3yz}{r^5}, w = \dfrac{3z^2 - r^2}{r^5}$。证明该流动是可能的，并求其流线，证明其速度势为 $\dfrac{\cos\theta}{r^2}$。

2.3.5　对下列各已知流场，试求其流线及轨线。

① $u = A, v = B, w = 0$

② $u = cx, v = -cy, w = 0$

③ $u = ay, v = -ax, w = 0$

④ $u = xt, v = y/t, w = 0$

⑤ $u = \dfrac{cx}{x^2+y^2}, v = \dfrac{cy}{x^2+y^2}, w = 0$

⑥ $u = -\dfrac{cy}{x^2+y^2}, v = \dfrac{cx}{x^2+y^2}, w = 0$

⑦ $V_r = \dfrac{\cos\theta}{r^2}, V_\theta = \dfrac{\sin\theta}{r^2}, V_z = 0$(柱坐标)

2.3.6　已知

$$\begin{cases} u = x + t \\ v = -y + t \\ w = 0 \end{cases}$$

求流线及轨线。

2.4 变形运动

2.4.1　求下列流场中 $M_1(x_1, y_1, z_1)$ 点的涡度、体膨胀速度及剪切变形率。

① $u = mx, v = -my, w = m (m > 0,$ 为常数$)$

② $u = x/\sqrt{x^2+z^2}, v = 0, w = z/\sqrt{x^2+z^2}$

③ $u = x, v = y, w = z$

2.4.2　对下列流场，计算坐标原点附近 $M_0(x_0, y_0, z_0)$ 点的转动线速度及变形线速度 (其中 m 为常数)。

① $u = mx, v = my, w = m$

② $u = mxy, v = myz, w = mz$

③ $u = my, v = -mx, w = m$

④ $u = my, v = 0, w = 0$

2.5 流场分类

2.5.1　试判断下列流场哪些是无旋的？哪些是有旋的？

① $u = cy, v = w = 0$

② $u = -cy, v = cx, w = 0$(其中 c 为常数)

③ $u = -2xy, v = x^2 - y^2, w = 0$

④ $u = -(2xy + x), v = (y^2 + y - x^2), w = 0$

⑤ $u = -\dfrac{2xyz}{(x^2 + y^2)^2}, v = \dfrac{(x^2 - y^2)^2}{(x^2 + y^2)^2}, w = \dfrac{y}{x^2 + y^2}$

⑥ $u = -\dfrac{cy}{(x^2 + y^2)^2}, v = \dfrac{cx}{(x^2 + y^2)^2}, w = 0$

⑦ $u = \dfrac{x}{r^5}, v = \dfrac{y}{r^5}, w = \dfrac{z}{r^5}$

2.5.2 对下列给定流场决定流动是几维的?

① $\boldsymbol{V} = [ae^{-bx}]\boldsymbol{i}$

② $\boldsymbol{V} = ax\boldsymbol{i} + bx^2\boldsymbol{j} - cx^2\boldsymbol{k}$

③ $\boldsymbol{V} = ax\boldsymbol{i} + by^2\boldsymbol{j} + cyt\boldsymbol{k}$

④ $\boldsymbol{V} = ax\boldsymbol{i} - by\boldsymbol{j} + (t - cz)\boldsymbol{k}$

⑤ $\boldsymbol{V} = a(x^2 + y^2)^{\frac{1}{2}} \cdot \left(\dfrac{1}{z^3}\right)\boldsymbol{k}$

2.5.3 试决定下列密度场是几维的? 是定常还是非定常的?

① $\rho = \rho_0 + \dfrac{p}{2}\left[\dfrac{r_0}{r_0 + (x^2 + y^2)^{1/2}} + e^{-kz}\right]$

② $\rho = a\left[1 + be^{-cx}\cos(\omega t)\right]$

2.6 综合

2.6.1 流体运动由拉格朗日变数表示为

$$x = ae^t, \quad y = be^{-t}, \quad z = c$$

① 证明当 $t = 0$ 时, 质点的初位置为 (a, b, c)。

② 当 $t = 1\mathrm{s}$ 时, 位于 $(e, 1/e, 1)(1, 1, 1)$ 的流体质点, 其初始位置位于何处?

③ 初位置为 $(0, 0, 0)$ 及 $(1, 1, 1)$ 的流体质点以怎样的速度和加速度运动。

④ 求轨线方程, 并绘图表之。

⑤ 求出欧拉变数。

⑥ 求流线方程, 并绘图表之。

2.6.2 流体运动由欧拉变数表示为

$$u = kx, \quad v = ky, \quad w = 0 \quad (k\ 为常数)$$

① 某一地点各时刻的流速是否相同? 某一质点的流速是否不变?

② 作出 $t = 0$ 时, 通过点 (a, b, c) 的流线。

2.6.3 已知不可压缩流体二维流场:

① $u = xt, v = -2xy^2$;

② $u = x^2t, v = -2xyt$。

求 $t = 1$ 时, 过 $(-2, 1)$ 点流线, 及此时处于该空间点流点的加速度和轨线。

2.6.4 设流场为 $u = my, v = w = 0$, 求: (1) 涡度、散度及剪切变形率, 作图求正方形流体微团, 由于平移、转动、剪切变形所产生的位置和形状变化; (2) 沿下列路径之速度环流 (题图 2.6.4)。

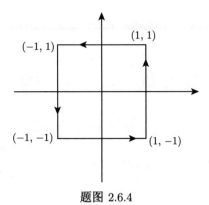

题图 2.6.4

第3章　流体动力学

3.1　雷诺转换定理

流体运动的研究总是与 4 个基本定律相联系:

(1) 质量守恒定律;

(2) 动量定理 (牛顿第二定律);

(3) 动量矩定理;

(4) 能量守恒定律 (热力学第一定律)。

这些基本定律是针对确定的物质系统而言的, 只有确定的系统在其状态发生变化的过程中保持其质量及组成成分不变, 即保持其同一性的前提下, 才能应用这些基本定律, 这种分析方法称为系统法, 一般力学中都在采用。但在流体运动的研究中, 欲保持系统的同一性, 还要跟踪该系统进行研究, 通常是很困难的。比较方便的分析方法是采用欧拉观点, 集中注意空间取定的体积范围内流体相应物理量的变化规律, 这就是所谓控制体积的方法。因此需要由已知的适用于系统的基本定律表达式导出对控制体积适用的形式, 雷诺转换定理就是解决这一问题的定理, 它给出了系统法与控制体积法的内在联系。

首先从系统和控制体积的确切定义开始来讨论这一原理。

3.1.1　系统与系统法

系统就是具有一定质量且始终由相同成分所组成的物质, 这一定义相当于热力学中的封闭系统。系统内的物质为一特定边界所封闭。它的边界可能是固定的, 也可能是运动的, 可能是刚性的, 也可能是可变形的, 甚至可能是设想的。在系统边界之外的一切统称为外界。一个系统的形状、位置和热力学性质均可能改变, 但它所包含的物质的量及成分一定不变。如图 3.1.1 所示, 封闭的气缸内所包含的气体有固定的量和始终不变的物质。当使气缸加热时, 气缸内气体因热量的传递温度升高, 因而推动活塞向外移动。在此过程中, 系统的形状改变, 系统的内能增加, 但系统内的物质始终是相同的。

系统法是一种限定物质质量、组成和成分不变并对其进行研究的方法, 它是一种基于拉格朗日观点, 要求系统在其状态变化过程中保持共同性。前面已有的质量守恒定律、动量守恒定律、能量守恒定律及热力学第二定律都是对系统而言的。

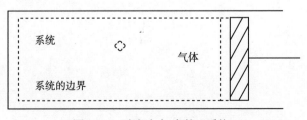

图 3.1.1　密闭气缸中的 "系统"

3.1.2　控制体积

控制体积是流体所通过的空间中一个取定的空间区域。该区域中所含流体的量，可能随时在改变，但它的形状和大小却始终维持不变。控制体积的几何边界称为控制表面，控制表面可以是实际存在的或者设想的，且控制表面的形状、大小也保持不变，且应为一封闭面，其几何边界即为控制表面。控制体内流体在不断变化，有流体流入或流出控制体。

控制体积法就是采用欧拉观点，集中注意空间取定体积范围内流体物理性质的变化规律。为采用控制体积法，研究流体运动规律，就需将上述基本定律转换为对控制适用的形式，这就是雷诺定理解决的问题。雷诺定理反映了两种方法的本质联系。

3.1.3　雷诺转换定理推导

如图 3.1.2 所示，在 t 时刻的流场 $\boldsymbol{V} = \boldsymbol{V}(x, y, z, t)$ 内选定一控制体积 τ_c，以实线封闭曲线表示控制面 σ_0，两个虚线封闭曲线分别表示含有质量为 m 的流体系统在时刻 t 及 $t + \Delta t$ 的边界。在时刻 t，所考虑的系统就是在控制体积内的流体，设 B 表示该流体系统内任意性质的物理量，例如质量、动量或能量等的总量，以 b 表示每单位质量流体的该物理量，则有

$$B = \int_{系统} b \rho \mathrm{d}\tau \tag{3.1.1}$$

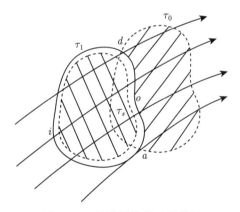

图 3.1.2　雷诺转换定理示意图

现在来讨论物理量 B 在控制体积中的时变率和物理量 B 在系统中时变率间的相互关系。按定义有

$$\left(\frac{\mathrm{d}B}{\mathrm{d}t}\right)_{系统} = \lim_{\Delta t \to 0} \frac{B_{t+\Delta t} - B_t}{\Delta t} \tag{3.1.2}$$

流体流经控制体积，经 Δt 时间后，部分流体穿过控制面的 aod 部分，流出控制体积之外，设这一部分流出的流体质量为 Δm_0。同时应有质量为 Δm_1 的流体经控制面 aid 部分流入控制体积，以填补空出来的部分。今将系统在时刻 t 及 $t + \Delta t$ 时所占有的体积分成三个部分，并分别以 τ_1、τ_s 和 τ_0 表示，其中 τ_s 表示系统在时刻 t 和 $t + \Delta t$ 时均在控制体积内的

体积。于是式 (3.1.2) 可以展开得

$$\left(\frac{\mathrm{d}B}{\mathrm{d}t}\right)_{\text{系统}} = \lim_{\Delta t \to 0} \frac{\left(\int_{\tau_0} b\rho\mathrm{d}\tau + \int_{\tau_s} b\rho\mathrm{d}\tau\right)_{t+\Delta t} - \left(\int_{\tau_1} b\rho\mathrm{d}\tau + \int_{\tau_s} b\rho\mathrm{d}\tau\right)_t}{\Delta t}$$

$$= \lim_{\Delta t \to 0} \frac{\left(\int_{\tau_s} b\rho\mathrm{d}\tau\right)_{t+\Delta t} - \left(\int_{\tau_s} b\rho\mathrm{d}\tau\right)_t}{\Delta t}$$

$$+ \lim_{\Delta t \to 0} \frac{\left(\int_{\tau_0} b\rho\mathrm{d}\tau\right)_{t+\Delta t} - \left(\int_{\tau_1} b\rho\mathrm{d}\tau\right)_t}{\Delta t} \tag{3.1.3}$$

上式右边第一项表示 B 在 τ_s 中的时变率, 当 $\Delta t \to 0, \tau_s \to \tau_0$, 故可改写为

$$\lim_{\Delta t \to 0} \frac{\left(\int_{\tau_s} b\rho\mathrm{d}\tau\right)_{t+\Delta t} - \left(\int_{\tau_s} b\rho\mathrm{d}\tau\right)_t}{\Delta t} = \frac{\partial}{\partial t}\int_{\tau_0} b\rho\mathrm{d}\tau \tag{3.1.4}$$

式中, $\int_{\tau_0} b\rho\mathrm{d}\tau$ 表示在 t 时刻, 在控制体积内 B 的瞬时量。式 (3.1.3) 中右边第二项, 表示在时刻 t 时 B 穿过控制面 aod 的瞬时流出率。而第三项表示 t 时刻 B 经 aid 进入控制体积的瞬时流入率。因而式 (3.1.3) 中最后两项表示在时刻 t 时 B 穿过整个控制表面的通量, 故其可以改写为

$$\lim_{\Delta t \to 0} \frac{\left(\int_{\tau_0} b\rho\mathrm{d}\tau\right)_{t+\Delta t}}{\Delta t} - \lim_{\Delta t \to 0} \frac{\left(\int_{\tau_1} b\rho\mathrm{d}\tau\right)_t}{\Delta t} = \oint_{\sigma_0} b\rho\boldsymbol{V}\cdot\mathrm{d}\boldsymbol{\sigma} \tag{3.1.5}$$

将式 (3.1.4) 及式 (3.1.5) 代入式 (3.1.3) 得

$$\frac{\mathrm{d}}{\mathrm{d}t}\int_{\tau} b\rho\mathrm{d}\tau = \frac{\partial}{\partial t}\int_{\tau_0} b\rho\mathrm{d}\tau + \oint_{\sigma_0} b\rho\boldsymbol{V}\cdot\mathrm{d}\boldsymbol{\sigma} \tag{3.1.6}$$

式 (3.1.6) 就是表示系统法与控制体积法两者内在联系的**雷诺转换定理**的数学表达式。它表明在时刻 t, 系统 B 的随体变率 $\frac{\mathrm{d}B}{\mathrm{d}t}$ 等于该时刻在控制体内 B 的变率, 即 B 的局地变率 $\frac{\mathrm{d}}{\mathrm{d}t}\int_{\tau_0} b\rho\mathrm{d}\tau$ 加上该时刻通过控制表面 B 的净流出率 (通量) $\oint_{\sigma_0} b\rho\boldsymbol{V}\cdot\mathrm{d}\boldsymbol{\sigma}$。式 (3.1.6) 可改写为

$$\frac{\mathrm{d}}{\mathrm{d}t}\int_{\tau} b\rho\mathrm{d}\tau = \int_{\tau_0} \frac{\partial}{\partial t}(b\rho)\mathrm{d}\tau + \oint_{\sigma_0} b\rho\boldsymbol{V}\cdot\mathrm{d}\boldsymbol{\sigma} \tag{3.1.7}$$

利用高斯定理, 式 (3.1.7) 可改写为

$$\frac{\mathrm{d}}{\mathrm{d}t}\int_{\tau} b\rho\mathrm{d}\tau = \int_{\tau_0} \left[\frac{\partial}{\partial t}(b\rho) + \nabla\cdot(b\rho\boldsymbol{V})\right]\mathrm{d}\tau \tag{3.1.8}$$

或

$$\frac{\mathrm{d}}{\mathrm{d}t}\int_{\tau}b\rho\mathrm{d}\tau = \int_{\tau_0}\left[\frac{\mathrm{d}(b\rho)}{\mathrm{d}t} + b\rho\nabla\cdot\boldsymbol{V}\right]\mathrm{d}\tau \tag{3.1.9}$$

为简便起见, 今后控制体积与控制表面分别以 τ 及 σ 表示之。在具体应用雷诺定理时, 式 (3.1.6)~ 式 (3.1.9) 各式中的 b 是单位质量流体所具有的某一物理量, 它可以是标量函数, 也可以是矢量函数。

3.2　连续性方程

连续性方程是流体力学基本方程之一, 是质量守恒定律在流体力学中的应用。下面从质量守恒定律出发推导连续性方程。

3.2.1　方程的建立

1. 系统法

1) 有限体元法

由质量守恒定律可知任一流体系统的总质量在运动过程中不生不灭。在时刻 t 取体积 τ 的流体系统, 其质量为 m, 见图 3.2.1, 即

$$m = \int_{\tau}\rho\mathrm{d}\tau$$

应有

$$\frac{\mathrm{d}m}{\mathrm{d}t} = \frac{\mathrm{d}}{\mathrm{d}t}\int_{\tau}\rho\mathrm{d}\tau = 0 \tag{3.2.1}$$

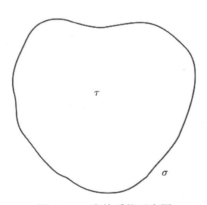

图 3.2.1　流体系统示意图

根据式 (3.1.7)~ 式 (3.1.9), 令 $b = 1$ 则可得积分形式的连续性方程如下:

$$\int_{\tau}\frac{\partial\rho}{\partial t}\mathrm{d}\tau + \oint_{\sigma}\rho\boldsymbol{V}\cdot\mathrm{d}\boldsymbol{\sigma} = 0 \tag{3.2.2}$$

即

$$\int_{\tau}\left[\frac{\partial\rho}{\partial t} + \nabla\cdot(\rho\boldsymbol{V})\right]\mathrm{d}\tau = 0 \tag{3.2.3}$$

或

$$\int_{\tau} \left[\frac{\mathrm{d}\rho}{\mathrm{d}t} + \rho \nabla \cdot \boldsymbol{V} \right] \mathrm{d}\tau = 0 \tag{3.2.4}$$

由于式 (3.2.3) 和式 (3.2.4) 中被积函数的连续性, 且体积 τ 是任选的, 因此可知被积函数必恒等于零, 即

$$\frac{\partial \rho}{\partial t} + \nabla \cdot (\rho \boldsymbol{V}) = 0 \tag{3.2.5}$$

或

$$\frac{\mathrm{d}\rho}{\mathrm{d}t} + \rho \nabla \cdot \boldsymbol{V} = 0 \tag{3.2.6}$$

这就是连续性方程的微分形式。

2) 微元法

由于

$$\delta m = \rho \delta \tau \tag{3.2.7}$$

对其取微分, 可得

$$0 = \frac{\mathrm{d}m}{\mathrm{d}t} = \frac{\mathrm{d}\rho}{\mathrm{d}t}\delta\tau + \frac{\mathrm{d}(\delta\tau)}{\mathrm{d}t}\rho \tag{3.2.8}$$

所以

$$\frac{1}{\rho}\frac{\mathrm{d}\rho}{\mathrm{d}t} + \frac{1}{\delta\tau}\frac{\mathrm{d}(\delta\tau)}{\mathrm{d}t} = 0 \tag{3.2.9}$$

故

$$\frac{\mathrm{d}\rho}{\mathrm{d}t} + \rho \nabla \cdot \boldsymbol{V} = 0 \tag{3.2.10}$$

2. 控制体积法

1) 有限体元法

上面我们对有限体积的流体系统根据质量守恒定律运用拉格朗日观点导出了连续性方程。类似地可以选无限小体元的流体系统, 运用拉格朗日观点导出连续性方程, 这种建立方程的方法统称为系统法。

现在再采用控制体积法导出连续性方程的微分形式, 即应用欧拉观点推导连续性方程。

在空间选取一无限小的控制体积 $\delta\tau$, 如图 3.2.2 所示, 首先计算通过控制体积的棱边 $\delta x, \delta y, \delta z$, 分别平行于坐标轴。

首先计算控制表面的质量净流出率。

MC 面: $-\rho u \delta y \delta z$

AB 面: $\left[\rho u + \dfrac{\partial (\rho u)}{\partial x} \delta x \right] \delta y \delta z$

MB 面: $-\rho v \delta x \delta z$

AC 面: $\left[\rho v + \dfrac{\partial (\rho v)}{\partial y} \delta y \right] \delta x \delta z$

MA 面: $-\rho w \delta x \delta y$

BC 面: $\left[\rho w + \dfrac{\partial (\rho w)}{\partial z} \delta z \right] \delta x \delta y$

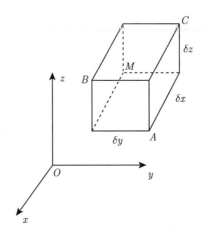

图 3.2.2　有限体元示意图

故通过整个控制表面的质量净流出率为

$$\left[\frac{\partial(\rho u)}{\partial x} + \frac{\partial(\rho v)}{\partial y} + \frac{\partial(\rho w)}{\partial z}\right]\delta x \delta y \delta z$$

控制体积 $\delta\tau$ 内质量的减少率为

$$-\frac{\partial\rho}{\partial t}\delta x \delta y \delta z$$

根据质量守恒定律，单位时间内流出控制体积的流体的质量应等于单位时间内控制体积内质量的减少，由此得

$$\frac{\partial\rho}{\partial t} + \frac{\partial(\rho u)}{\partial x} + \frac{\partial(\rho v)}{\partial y} + \frac{\partial(\rho w)}{\partial z} = 0 \tag{3.2.11}$$

此即直角坐标系中的连续性方程。如采用爱因斯坦求和哑符，上式可表示为

$$\frac{\partial\rho}{\partial t} + \frac{\partial}{\partial x_i}(\rho u_i) = 0 \tag{3.2.12}$$

一般可表示为

$$\frac{\partial\rho}{\partial t} + \nabla\cdot(\rho\boldsymbol{V}) = 0 \tag{3.2.13}$$

对流体的定常流动，有 $\dfrac{\partial\rho}{\partial t} = 0$，于是由式 (3.2.2) 及式 (3.2.5) 可得连续性方程为

$$\oint_\sigma \rho\boldsymbol{V}\cdot\mathrm{d}\boldsymbol{\sigma} = 0 \tag{3.2.14}$$

及

$$\nabla\cdot(\rho\boldsymbol{V}) = 0 \tag{3.2.15}$$

由此可知，在定常流动中，通过任意控制表面流体质量的净流出率等于零。即单位时间内流出控制表面的质量等于流进控制表面的质量。因此式 (3.2.14) 亦可表示为

$$\oint_\sigma \rho\boldsymbol{V}\cdot\mathrm{d}\boldsymbol{\sigma} = \int_i \rho\boldsymbol{V}\cdot\mathrm{d}\boldsymbol{\sigma} \tag{3.2.16}$$

式中, o, i 分别表示控制面上流出及流入的面积。而 $-\dfrac{\partial}{\partial t}\displaystyle\int \rho \mathrm{d}\tau$ 表示单位时间内控制体内质量的减少, 所以

$$\oint_\sigma \rho \boldsymbol{V} \cdot \mathrm{d}\boldsymbol{\sigma} = -\frac{\partial}{\partial t}\int \rho \mathrm{d}\tau \tag{3.2.17}$$

即

$$\oint_\sigma \boldsymbol{V} \cdot \mathrm{d}\boldsymbol{\sigma} + \frac{\partial}{\partial t}\int \rho \mathrm{d}\tau = 0 \tag{3.2.18}$$

由高斯公式可得

$$\frac{\partial \rho}{\partial t} + \nabla \cdot (\rho \boldsymbol{V}) = 0 \tag{3.2.19}$$

2) 微元法

在直角坐标系下

$$\oint_\sigma \rho \boldsymbol{V} \cdot \mathrm{d}\boldsymbol{\sigma} = -\left[\frac{\partial(\rho u)}{\partial x} + \frac{\partial(\rho v)}{\partial y} + \frac{\partial(\rho w)}{\partial z}\right]\delta\tau = \nabla \cdot (\rho \boldsymbol{V})\delta\tau \tag{3.2.20}$$

$$-\frac{\partial(\rho \delta\tau)}{\partial t} = -\frac{\partial \rho}{\partial t}\delta\tau - \rho\frac{\partial(\delta\tau)}{\partial t} = -\frac{\partial \rho}{\partial t}\delta\tau \tag{3.2.21}$$

所以

$$\frac{\partial \rho}{\partial t} + \nabla \cdot (\rho \boldsymbol{V}) = 0 \tag{3.2.22}$$

例 1 水定常流经水泵, 在入口圆管处速度分布廓线为抛物线, 即速度分布函数为 $V_{\mathrm{in}} = 3\left(1 - \dfrac{r^2}{R^2}\right)$, R 为入口圆管半径, r 为距管轴的距离。设入口管径为 25cm, 出口管径为 30cm, 并设出口处速度为均匀分布, 试决定出口处的速度。

解 根据式 (3.2.2), 对定常流有

$$\oint_\sigma \rho \boldsymbol{V} \cdot \mathrm{d}\boldsymbol{\sigma} = 0$$

取控制体积如图 E3.2.1 中虚线所示, 于是可得

$$-3\int_{A_1}\left(1 - \frac{r^2}{R^2}\right)\mathrm{d}\sigma + V_{\mathrm{out}}\int_{A_2}\mathrm{d}\sigma = 0$$

所以

$$V_{\mathrm{out}} = \frac{3\displaystyle\int_0^R \left(1 - \frac{r^2}{R^2}\right)2\pi r\mathrm{d}r}{A_2} = \frac{3\pi R^2}{2A_2}$$

代入已知数据可得出口处速度

$$V_{\mathrm{out}} = 1.04\mathrm{m/s}$$

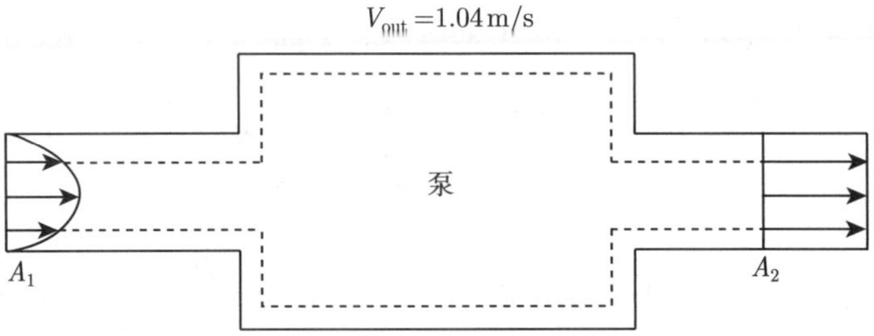

V_{out} =1.04m/s
泵
A_1
A_2

图 E3.2.1　水流经水泵控制体积示意图

例 2　用微元控体法推导一般正交曲线坐标系 (q_1, q_2, q_3) 中的连续性方程。

解　取微元控体 $MABC$，如图 E3.2.2 所示，首先计算通过控制表面的质量净流出率。

MB 面：$-\rho v_1 h_2 h_3 \mathrm{d}q_2 \mathrm{d}q_3$

AC 面：$\rho v_1 h_2 h_3 \mathrm{d}q_2 \mathrm{d}q_3 + \dfrac{\partial(\rho v_1 h_2 h_3 \mathrm{d}q_2 \mathrm{d}q_3)}{\partial q_1}\mathrm{d}q_1$

MC 面：$-\rho v_2 h_3 h_1 \mathrm{d}q_3 \mathrm{d}q_1$

AB 面：$\rho v_2 h_3 h_1 \mathrm{d}q_3 \mathrm{d}q_1 + \dfrac{\partial(\rho v_2 h_3 h_1 \mathrm{d}q_3 \mathrm{d}q_1)}{\partial q_2}\mathrm{d}q_2$

MA 面：$-\rho v_3 h_1 h_2 \mathrm{d}q_1 \mathrm{d}q_2$

BC 面：$\rho v_3 h_1 h_2 \mathrm{d}q_1 \mathrm{d}q_2 + \dfrac{\partial(\rho v_3 h_1 h_2 \mathrm{d}q_1 \mathrm{d}q_2)}{\partial q_3}\mathrm{d}q_3$

q_3
C
B
M
A
q_1
q_2

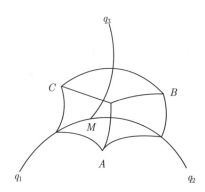

图 E3.2.2　一般正交曲线坐标系

通过整个控制表面的质量净流出率为

$$\left[\frac{\partial(\rho v_1 h_2 h_3)}{\partial q_1} + \frac{\partial(\rho v_2 h_3 h_1)}{\partial q_2} + \frac{\partial(\rho v_3 h_1 h_2)}{\partial q_3}\right]\mathrm{d}q_1 \mathrm{d}q_2 \mathrm{d}q_3$$

控制体元 $\delta\tau$ 内质量的减少率为

$$-\frac{\partial \rho}{\partial t} h_1 h_2 h_3 \mathrm{d}q_1 \mathrm{d}q_2 \mathrm{d}q_3$$

根据质量守恒定律可得

$$\frac{\partial \rho}{\partial t} + \frac{1}{h_1 h_2 h_3}\left[\frac{\partial(\rho v_1 h_2 h_3)}{\partial q_1} + \frac{\partial(\rho v_2 h_3 h_1)}{\partial q_2} + \frac{\partial(\rho v_3 h_1 h_2)}{\partial q_3}\right] = 0$$

或

$$\frac{\partial \rho}{\partial t} + \rho\frac{1}{h_1 h_2 h_3}\left[\frac{\partial(v_1 h_2 h_3)}{\partial q_1} + \frac{\partial(v_2 h_3 h_1)}{\partial q_2} + \frac{\partial(v_3 h_1 h_2)}{\partial q_3}\right] = 0$$

例 3　二维不可压缩定常流场的 y 分量为 $v = 2xy - y^2 + x^2$，在 y 轴上速度的 x 分量 $u = y$，求此流动的完整速度场。

解　二维不可压缩流场应满足连续性方程

$$\frac{\partial u}{\partial x} + \frac{\partial v}{\partial y} = 0$$

即

$$\frac{\partial u}{\partial x} = -\frac{\partial v}{\partial y} = -2x + 2y$$

将上式对 x 积分得

$$u = \int 2(y-x)\mathrm{d}x + f(y) = 2xy - x^2 + f(y)$$

因为 $x = 0$ 时，$u = y$，故知

$$u|_{x=0} = f(y) = y$$

于是

$$u = 2xy - x^2 + y$$

所以完整速度场为

$$\boldsymbol{V} = (2xy - x^2 + y)\boldsymbol{i} + (2xy - y^2 + x^2)\boldsymbol{j}$$

3.2.2　方程的定义

拉格朗日观点

$$\frac{\mathrm{d}m}{\mathrm{d}t} = 0 \tag{3.2.23}$$

$$\begin{cases} \dfrac{\mathrm{d}}{\mathrm{d}t}\displaystyle\int_\tau \rho\mathrm{d}\tau = 0 \\[2mm] \dfrac{\mathrm{d}}{\mathrm{d}t}(\rho\delta\tau) = 0 \end{cases} \tag{3.2.24}$$

欧拉观点

$$\begin{cases} \oint_\sigma \rho \boldsymbol{V} \cdot \mathrm{d}\boldsymbol{\sigma} = -\dfrac{\partial}{\partial t} \int_\tau \rho \delta \tau \\[4mm] \nabla \cdot (\rho \boldsymbol{V}) = -\dfrac{\partial \rho}{\partial t} \end{cases} \tag{3.2.25}$$

3.2.3　各种特殊条件下的连续性方程

1. 不可压缩流体

对不可压缩流体而言, $\dfrac{\mathrm{d}\rho}{\mathrm{d}t} = 0$。按拉格朗日观点, 不可压缩流体就是流体质块在运动过程中其相对体积膨胀 (或压缩) 速度等于零。

$$\nabla \cdot \boldsymbol{V} = 0 \tag{3.2.26}$$

即

$$\oint_\sigma \boldsymbol{V} \cdot \boldsymbol{\sigma} = 0 \tag{3.2.27}$$

也就是流入控制体的体积等于流出量。

按欧拉观点, 不可压缩流体对任一控制面的流体体积的净流出率等于零, 即单位时间流出控制面的流体体积等于流入控制面的流体体积。同时式 (3.2.26) 是对不可压缩流体速度分布的一种限制, 只有符合式 (3.2.26) 的流动才是可能的, 它所对应的流速分布可能是既无辐合也无辐散的流场, 也可能是在某一平面内的辐合 (散) 运动与在该平面垂直方向的辐散 (合) 运动的叠加。例如在大范围天气过程中, 常可将大气看做不可压缩流体, 此时根据连续性方程 $\nabla \cdot \boldsymbol{V} = 0$, 可很好地说明大气的水平辐合 (散) 运动与大气垂直运动的上下分布之间存在的相互联系。近地面大气的水平辐合及垂直上升运动常出现在低压地区的底层。且上升运动的速度随高度的升离而增加, 这是由于近地面有摩擦力, 在低压中心附近产生大气向低压中心的水平辐合运动, 即有 $\dfrac{\partial u}{\partial x} + \dfrac{\partial v}{\partial y} < 0$, 故由 $\dfrac{\partial u}{\partial x} + \dfrac{\partial v}{\partial y} = -\dfrac{\partial w}{\partial z} < 0$, 必有 $\dfrac{\partial w}{\partial z} > 0$, 即上升速度随高度而增加。

2. 定常流动

由定常流动定义可知, 对任何变量 B 均有

$$\frac{\partial B}{\partial t} = 0 \tag{3.2.28}$$

取 $B = \rho$ 代入式 (3.2.2) 可得

$$\oint_\sigma \rho \boldsymbol{V} \cdot \mathrm{d}\boldsymbol{\sigma} = 0 \tag{3.2.29}$$

3. 均质不可压缩流体

对于均质流体而言, 在任意时刻 t 均有

$$\rho(x, y, z) = c(t) \tag{3.2.30}$$

即该时刻空间各点的密度是一致的, 即

$$\rho = \rho(t) \tag{3.2.31}$$

又因为对于不可压缩流体, 有

$$\frac{\mathrm{d}\rho}{\mathrm{d}t} = 0 \tag{3.2.32}$$

所以

$$\rho = c \tag{3.2.33}$$

所以流场内任意时刻任意点的密度值 ρ 恒为常数。

4. 一维沿流管流动

对一维定常流动, 沿流管应用式 (3.2.16)。设流速与截面垂直, 且设密度 ρ 和流速 V 在任一截面内为定值, 见图 3.2.3。即对任意截面 1 和 2, 可得如下形式的连续性方程:

$$\rho_1 V_1 \sigma_1 = \rho_2 V_2 \sigma_2 \tag{3.2.34}$$

或

$$\frac{\partial(\rho V \sigma)}{\partial s} = 0 \tag{3.2.35}$$

即沿流管有

$$\rho V \sigma = c \tag{3.2.36}$$

所以

$$\frac{\delta\rho}{\rho} + \frac{\delta\sigma}{\sigma} + \frac{\delta V}{V} = 0 \tag{3.2.37}$$

$$\nabla \cdot (\rho \boldsymbol{V}) = 0 \tag{3.2.38}$$

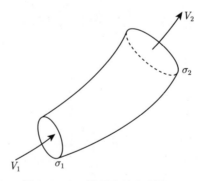

图 3.2.3 一维沿流管定常流动

假如流管内流体不可压缩, 则

$$\frac{\partial(V\sigma)}{\partial s} = 0 \tag{3.2.39}$$

即

$$V\sigma = c \tag{3.2.40}$$

所以

$$\frac{\delta V}{V} + \frac{\delta \upsilon}{\sigma} = 0 \tag{3.2.41}$$

$\nabla \cdot \boldsymbol{V} = 0$ 是对不可压缩流体运动速度分布附加的限制, 只有满足 $\nabla \cdot \boldsymbol{V} = 0$ 的流动才是可能的。对应的流动可能是无辐合也无辐散的, 也可能是一平面内的辐合或者辐散, 在该平面垂直方向的辐合或者辐散运动的叠加。

例 4　在大范围天气过程中, 常可将大气视为不可压缩流体, 由 $\nabla \cdot \boldsymbol{V} = 0$, 可很好地说明大气水平辐合 (散) 运动与大气垂直运动的上下分布之相互关系, 如图 E3.2.4 所示。

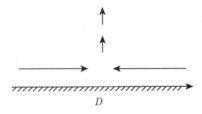

图 E3.2.4　天气过程中水平与垂直运动

3.2.4　连续性方程的应用

1. 判断不可压缩流体运动存在的可能

已知 $\boldsymbol{V} = \boldsymbol{V}(x, y, z, t)$, 判断 $\nabla \cdot \boldsymbol{V} = 0$。若等于 0, 则可能为不可压缩流体运动。

2. 求不可压缩流体速度分量

见例 5。

例 5　已知定常不可压缩平面流动的速度分布 $u = ax^2 - bx + cy(a, b, c$ 为常数), 求出另一速度分量, 可否获得唯一答案?

解　对于不可压缩平面流动, 存在

$$\frac{\partial u}{\partial x} = -\frac{\partial v}{\partial y}$$

所以

$$
\begin{aligned}
v &= -\int \frac{\partial u}{\partial x} \mathrm{d}y + f_1(x) \\
&= -\int (2ax - b)\mathrm{d}y + f_1(x) \\
&= (b - 2ax)y + f_1(x)
\end{aligned}
$$

$f_1(x)$ 为 x 的任意函数, 无其他条件确定, 答案不是唯一的。

3.3 质量力、表面力与应力张量

在流体中任取以界面 σ 包围的流体块, 其体积为 τ(图 3.3.1), 作用于该流体块的力可分为质量力和表面力两类。

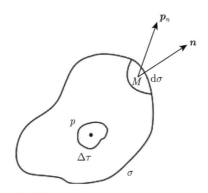

图 3.3.1 流体块中力的分析

3.3.1 质量力

不需要直接接触而作用于 τ 内各个质点上的力称为**质量力**或体力。质量力是所谓的长程力, 它随相互作用元素之间距离的增加而缓慢减小, 对于一般流体运动的特征距离而言, 它均能显示出来, 例如重力、电磁力、惯性力等均是质量力。质量力是一种分布力, 它分布在流体块的整个体积内, 流体块 τ 所受质量力与 τ 的周围或外围有无其他流体存在并无关系, 本书以质量力在空间的分布密度表示它, 在 τ 内任取一点 p, 包含 p 点之体元为 $\Delta\tau$, 设其质量为 Δm, 所受质量力是 $\Delta\boldsymbol{F}$。

质量力分为长程力和分布力。长程力作用强度随距离的增加而减少, 对一般流体运动而言, 特征长度均能表示, 如重力、电磁力、惯性力等。分布力是作用在构件上的外力, 如果作用面面积相对较大而不能简化为集中力时, 应简化为分布力。

当 $\Delta\tau \to p$ 点时, 比值 $\dfrac{\Delta\boldsymbol{F}}{\Delta m}$ 的极限存在, 则定义该极限值为该点的体力密度, 即有

$$\boldsymbol{f} = \lim_{\Delta m \to 0} \frac{\Delta\boldsymbol{F}}{\Delta m} = \frac{\mathrm{d}\boldsymbol{F}}{\mathrm{d}m} = \frac{\mathrm{d}\boldsymbol{F}}{\rho\mathrm{d}\tau} \tag{3.3.1}$$

$\boldsymbol{f}$ 表示 p 点上单位质量流体所受到的质量力, 一般 $\boldsymbol{f}$ 是 p 点坐标 (x, y, z) 及时间 t 的函数。作用于任一体元 $\mathrm{d}\tau$ 上的质量力是

$$\boldsymbol{f}\rho\mathrm{d}\tau \tag{3.3.2}$$

作用于有限体积 τ 上的质量力应是

$$\int_\tau \boldsymbol{f}\rho\mathrm{d}\tau \tag{3.3.3}$$

质量力与作用体积成正比, 若 $\mathrm{d}\tau$ 为体元, 体力密度 $\boldsymbol{f}$ 有限, 则作用在 $\mathrm{d}\tau$ 上的质量力是三阶无穷小量。

3.3.2 表面力

表面力是通过直接接触而作用于流体界面 σ 上的力，表面力是所谓的短程力，它直接起源于分子间的相互作用。表面力随相互作用元素间距离的增加而极迅速地减弱。只有当相互作用元素间的距离与分子间距离属同量级时表面力才显示出来，因而相互作用的元素必须直接接触，表面力才存在。根据作用与反作用原理，流体块 τ 内各部分之间的表面力都是相互作用而且又是相互抵消的，只有处于界面 σ 上的流体质点所受的，由界面 σ 外侧流体质点所施加的表面力存在。这就是作用在流体块 τ 的表面 σ 上的表面力。

流体内各部分之间，或流体与固体之间通过邻接表面的相互作用力均属表面力。例如大气对液面的压力，固体壁界对流体的作用力，流体内的摩擦力等均为表面力。

表面力也是一种分布力，它分布在相互接触的整个界面 σ 上。这一点在日常生活中经常可以遇到，例如，当人在逆风行走时，或人在游泳时，均感到空气或水对人体的作用力是分布在整个接触表面上的。通常以表面力在作用面上的分布密度来表示它，在 σ 上任取一点 M，包含 M 点之作用面元为 $\Delta\sigma$。设 $\Delta\sigma$ 的正法向单位矢为 n，对封闭面而言，规定 n 指向闭面之外侧。设作用于 $\Delta\sigma$ 上的表面力为 Δp，若当 $\Delta\sigma$ 向 M 点收缩时，比值 $\dfrac{\Delta p}{\Delta\sigma}$ 的极限存在，则定义该极限值表示该点上以 n 为正法向的单位面积上的表面力，记为 $p_n(M)$，即有

$$p_n(M) = \lim_{\Delta\sigma \to 0} \frac{\Delta p}{\Delta\sigma} = \frac{\mathrm{d}p}{\mathrm{d}\sigma} \tag{3.3.4}$$

$p_n(M)$ 称为表面力在 σ 面上的分布密度或称为 M 点的应力。注意上式中下标 n 表示作用面元之正法线方向，M 表示应力的作用点。具体说 $p_n(M)$ 表示 M 点处，正法向为 n 的单位面元的正法向一侧邻近流体质点通过该面元作用于负法向一侧邻近流体质点的表面力，由图 3.3.2 可知，$p_n(M)$ 与 $p_{-n}(M)$ 表示包含 M 点的法线为 n 的单位面元两侧流体相互作用的一对表面力，根据牛顿第三定律，有下列关系式成立：

$$p_n(M) = -p_{-n}(M) \tag{3.3.5}$$

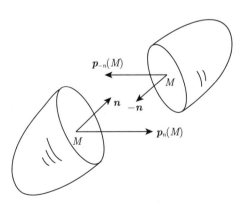

图 3.3.2 流体两侧一对表面力

一般 $p_n(M)$ 的方向与作用面元之法向 n 不重合，$p_n(M)$ 在面元法向的投影称为该点的法应力，记为 $p_{nn}(M)$；$p_n(M)$ 在作用面元内的投影称为该点的切应力或剪应力，记为

$p_{n\tau}(M)$。为简便起见，今后应力的表示式中将省略作用点 M 之标记。因此一般应有

$$p_n(M) = p_{nn}(M)n + p_{n\tau}(M)\tau \tag{3.3.6}$$

或者

$$p_n = p_{nn}n + p_{n\tau}\tau \tag{3.3.7}$$

式中，τ 表示作用面元的切向单位矢。注意这里出现两个下标，其中第一个下标表示应力作用面元的正法向，第二个下标则表示应力的投影方向。

定义了应力 p_n 后，$d\sigma$ 面元上的表面力为

$$p_n d\sigma$$

作用于有限面积上的表面力应是

$$\int_\sigma p_n d\sigma$$

作用于有限封闭面积 σ 上的表面力是

$$\oint_\sigma p_n d\sigma$$

表面力是和作用面积成正比的。若作用面是面积元素 $d\sigma$，而应力 p_n 有限，则作用在 $d\sigma$ 面元上的表面力是二阶无穷小量。

经过任一点 M 可以作无数个不同方位的面元，作用于这些不同方位的面元上表面力一般说来是不相同的。因此应力 p_n 是作用点的矢径 r 及作用面元的正法向单位矢 n 这两个矢量及时间 t 的函数。现在我们来证明，过同一点不同面元所对应的应力并不是毫不相关的，只要知道过该点三个互相正交面元上的应力，则任一以 n 为正法向的面元上的应力均可通过它们及 n 来决定，也就是说 3 个矢量或 9 个分量完全地描述了一点的应力状况。

3.3.3 应力矢量

在流体中取四面体体元 $MABC$，其侧面 MAB，MBC，MCA 分别垂直于 x 轴、y 轴和 z 轴，底面 ABC 的法向 n 是任意的，见图 3.3.3。

设 MAB，MBC，MCA，ABC 的面积分别为 $\Delta\sigma_x, \Delta\sigma_y, \Delta\sigma_z, \Delta\sigma$。现对体元 $MABC$ 应用达朗贝尔 (d'Alembert) 原理，则有

$$\left(f - \frac{dV}{dt}\right)\rho\Delta\tau + p_n\Delta\sigma + p_{-x}\Delta\sigma_x + p_{-y}\Delta\sigma_y + p_{-z}\Delta\sigma_z = 0 \tag{3.3.8}$$

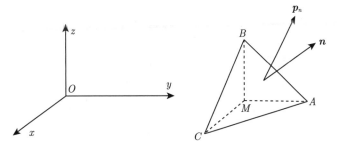

图 3.3.3　四面体体元应力矢量示意图

根据式 (3.3.5)

$$\begin{cases} \boldsymbol{p}_{-x} = -\boldsymbol{p}_x \\ \boldsymbol{p}_{-y} = -\boldsymbol{p}_y \\ \boldsymbol{p}_{-z} = -\boldsymbol{p}_z \end{cases} \tag{3.3.9}$$

另外

$$\begin{cases} \Delta\sigma_x = \cos(\boldsymbol{n}, x)\Delta\sigma = \alpha\Delta\sigma \\ \Delta\sigma_y = \cos(\boldsymbol{n}, y)\Delta\sigma = \beta\Delta\sigma \\ \Delta\sigma_z = \cos(\boldsymbol{n}, z)\Delta\sigma = \gamma\Delta\sigma \end{cases} \tag{3.3.10}$$

式 (3.3.8) 可以改写成

$$\left(\boldsymbol{f} - \frac{\mathrm{d}\boldsymbol{V}}{\mathrm{d}t}\right)\rho\Delta\tau + \boldsymbol{p}_n\Delta\sigma - \boldsymbol{p}_x\alpha\Delta\sigma - \boldsymbol{p}_y\beta\Delta\sigma - \boldsymbol{p}_z\gamma\Delta\sigma = 0 \tag{3.3.11}$$

当体元 $\Delta\tau$ 向 M 点收缩时, 即当 $\Delta\tau \to 0$, 由上式可得

$$\boldsymbol{p}_n = \boldsymbol{p}_x\alpha + \boldsymbol{p}_y\beta + \boldsymbol{p}_z\gamma \tag{3.3.12}$$

在直角坐标系中, 式 (3.3.12) 的分量形式为

$$\begin{cases} p_{nx} = p_{xx}\alpha + p_{yx}\beta + p_{zx}\gamma \\ p_{ny} = p_{xy}\alpha + p_{yy}\beta + p_{zy}\gamma \\ p_{nz} = p_{xz}\alpha + p_{yz}\beta + p_{zz}\gamma \end{cases} \tag{3.3.13}$$

可见作用于 M 点任一法向为 $\boldsymbol{n}$ 的面元上的应力矢量 $\boldsymbol{p}_n$ 由该点分别以 x 轴、y 轴和 z 轴为法向的三个互相正交面元上的应力矢量 $\boldsymbol{p}_x$, $\boldsymbol{p}_y$, $\boldsymbol{p}_z$, 按式 (3.3.12) 或式 (3.3.13) 决定。也就是说 3 个矢量 $\boldsymbol{p}_x$, $\boldsymbol{p}_y$, $\boldsymbol{p}_z$ 或 9 个标量的组合

$$\boldsymbol{p} = (p_{ij}) = \begin{bmatrix} p_{xx} & p_{xy} & p_{xz} \\ p_{yx} & p_{yy} & p_{yz} \\ p_{zx} & p_{zy} & p_{zz} \end{bmatrix} \tag{3.3.14}$$

即

$$\boldsymbol{p} = \boldsymbol{i}\boldsymbol{p}_x + \boldsymbol{j}\boldsymbol{p}_y + \boldsymbol{k}\boldsymbol{p}_z \tag{3.3.15}$$

完全地描述了一点的应力状态。式 (3.3.14) 所确定的九个量的组合构成一个二阶张量, 称为应力张量。应力张量的对角线元素是法应力, 而非对角元素则为切应力。在流场中每一点均对应于应力张量的确定值, 因此应力张量 $\boldsymbol{p} = \boldsymbol{p}(M)$ 在空间构成应力张量场, 它是描述流体中各点应力状态的物理量。

利用应力张量可将式 (3.3.12) 改写为

$$\boldsymbol{p}_n = \boldsymbol{n} \cdot \boldsymbol{p} \tag{3.3.16}$$

作用在任一法向为 $\boldsymbol{n}$ 之面元上的法应力可表示为图 3.3.4 所示情况。

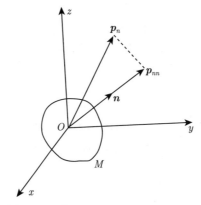

图 3.3.4　作用于面元上应力与法应力

$$p_{nn} = p_{nx}\alpha + p_{ny}\beta + p_{nz}\gamma \tag{3.3.17}$$

将式 (3.3.13) 代入上式则得

$$p_{nn} = p_{xx}\alpha^2 + p_{yy}\beta^2 + p_{zz}\gamma^2 + (p_{xy} + p_{yx})\alpha\beta + (p_{yz} + p_{zy})\beta\gamma + (p_{zx} + p_{xz})\gamma\alpha \tag{3.3.18}$$

利用作用于上述四面体 $MABC$ 上的力矩处于平衡可以证明应力张量为二阶对称张量, 即有

$$p_{ij} = p_{ji} \quad (i \neq j) \tag{3.3.19}$$

所以式 (3.3.18) 可写为

$$p_{nn} = p_{xx}\alpha^2 + p_{yy}\beta^2 + p_{zz}\gamma^2 + 2p_{xy}\alpha\beta + 2p_{yz}\beta\gamma + 2p_{zx}\gamma\alpha \tag{3.3.20}$$

3.3.4　应力张量

1. 概念

引入

$$\boldsymbol{p}(M) = (p_{ij}) = \begin{bmatrix} p_{11} & p_{12} & p_{13} \\ p_{21} & p_{22} & p_{23} \\ p_{31} & p_{32} & p_{33} \end{bmatrix} \tag{3.3.21}$$

或

$$\boldsymbol{p} = \boldsymbol{i}p_x + \boldsymbol{j}p_y + \boldsymbol{k}p_z \tag{3.3.22}$$

定义 $\boldsymbol{p}$ 为应力张量，描述流体应力状态的物理量。则

$$\boldsymbol{p}_n = \boldsymbol{n} \cdot \boldsymbol{p} \tag{3.3.23}$$

即

$$\boldsymbol{p}_n = (\alpha, \beta, \gamma) \begin{bmatrix} p_{11} & p_{12} & p_{13} \\ p_{21} & p_{22} & p_{23} \\ p_{31} & p_{32} & p_{33} \end{bmatrix} \tag{3.3.24}$$

所以

$$\boldsymbol{p}_n = (\alpha p_{11} + \beta p_{21} + \gamma p_{31}, \alpha p_{12} + \beta p_{22} + \gamma p_{32}, \alpha p_{13} + \beta p_{23} + \gamma p_{33}) \tag{3.3.25}$$

又因为

$$\boldsymbol{p} = (p_{ij}) = (\alpha \boldsymbol{i} + \beta \boldsymbol{j} + \gamma \boldsymbol{k}) \cdot (\boldsymbol{i}p_x + \boldsymbol{j}p_y + \boldsymbol{k}p_z) = \alpha p_x + \beta p_y + \gamma p_z \tag{3.3.26}$$

$$\begin{aligned} \boldsymbol{p}_n &= \boldsymbol{i}(\alpha p_{11} + \beta p_{21} + \gamma p_{31}) + \boldsymbol{j}(\alpha p_{12} + \beta p_{22} + \gamma p_{32}) + \boldsymbol{k}(\alpha p_{13} + \beta p_{23} + \gamma p_{33}) \\ &= \alpha(\boldsymbol{i}p_{11} + \boldsymbol{j}p_{12} + \boldsymbol{k}p_{13}) + \beta(\boldsymbol{i}p_{21} + \boldsymbol{j}p_{22} + \boldsymbol{k}p_{23}) + \gamma(\boldsymbol{i}p_{31} + \boldsymbol{j}p_{32} + \boldsymbol{k}p_{33}) \\ &= \alpha\boldsymbol{p}_1 + \beta\boldsymbol{p}_2 + \gamma\boldsymbol{p}_3 \end{aligned} \tag{3.3.27}$$

如果采用指标法来描述应力张量，则

$$\begin{aligned} \boldsymbol{p}_j &= n_i\boldsymbol{p}_{ij} \\ &= n_1\boldsymbol{p}_{1j} + n_2\boldsymbol{p}_{2j} + n_3\boldsymbol{p}_{3j} \\ &= \alpha\boldsymbol{p}_{1j} + \beta\boldsymbol{p}_{2j} + \gamma\boldsymbol{p}_{3j} \end{aligned} \tag{3.3.28}$$

即

$$\boldsymbol{p} = \alpha\boldsymbol{p}_1 + \beta\boldsymbol{p}_2 + \gamma\boldsymbol{p}_3$$

$$\boldsymbol{p}_j = \boldsymbol{p}_{nj}$$

$$\begin{aligned} \boldsymbol{p}_{nj} &= \boldsymbol{p}_1 = \alpha p_{11} + \beta p_{21} + \gamma p_{31} \\ &= \alpha p_{xx} + \beta p_{yx} + \gamma p_{zx} \end{aligned}$$

所以

$$\boldsymbol{p}_n = \alpha p_x + \beta p_y + \gamma p_z$$

所以，应力张量的各个分量分别为三个互相正交面上的应力矢量的各分量，对角元素为法应力，非对角元素为剪切应力。

2. 应力张量的性质

1) 二阶对称张量

$$p_{ij} = p_{ji} \quad (i \neq j)$$

2) 应力张量的几何描述

应力张量与应力二次曲面 $\phi = c$ 之间存在一一对应关系

$$\phi(x', y', z', t) = \frac{1}{2}(p_{11}x'^2 + p_{22}y'^2 + p_{33}z'^2 + 2p_{21}x'y' + 2p_{23}y'z' + 2p_{31}z'x')$$

所以

$$\nabla'\phi = \left(\boldsymbol{i}\frac{\partial}{\partial x'} + \boldsymbol{j}\frac{\partial}{\partial y'} + \boldsymbol{k}\frac{\partial}{\partial z'}\right)\phi$$
$$= \boldsymbol{i}(p_{11}x' + p_{21}y' + p_{31}z') + \boldsymbol{j}(p_{12}x' + p_{22}y' + p_{32}z') + \boldsymbol{k}(p_{13}x' + p_{23}y' + p_{33}z')$$

所以

$$\frac{1}{|\delta\boldsymbol{r}|}\nabla'\phi = \frac{1}{|\delta\boldsymbol{r}|}(x'\boldsymbol{p_1} + y'\boldsymbol{p_2} + z'\boldsymbol{p_3})$$
$$= \alpha\boldsymbol{p_1} + \beta\boldsymbol{p_2} + \gamma\boldsymbol{p_3}$$

合并式 (3.3.27), 所以

$$\boldsymbol{p_n} = \frac{1}{|\delta\boldsymbol{r}|}\nabla'\phi$$

即 $\boldsymbol{p_n}$ 沿 $\phi = c$ 法向 $\boldsymbol{n}$, 令

$$\delta\boldsymbol{r} = |\delta\boldsymbol{r}|\,\boldsymbol{n}$$
$$\delta\boldsymbol{r} = x'\boldsymbol{i} + y'\boldsymbol{j} + z'\boldsymbol{k}$$

则

$$\boldsymbol{p_n} = \boldsymbol{np} = \frac{\delta\boldsymbol{r}}{|\delta\boldsymbol{r}|}\boldsymbol{p} = \frac{1}{|\delta\boldsymbol{r}|}\nabla'\phi$$

只存在应力椭球的几何主轴方向上的 $\boldsymbol{n}$ 与 $\boldsymbol{np}$ 同向, 即 $\delta\boldsymbol{r}$ 与 $\boldsymbol{n_0}$ 同向, 亦即 $\boldsymbol{p_n} \parallel \boldsymbol{np} \parallel \boldsymbol{n}(\delta\boldsymbol{r})$。

3. 应力主轴

当

$$\boldsymbol{p_n} = \boldsymbol{np} = \frac{\delta\boldsymbol{r}}{|\delta\boldsymbol{r}|}\boldsymbol{p} = \lambda\boldsymbol{n}$$

则 $\boldsymbol{n}$ 之方向即为应力主轴。上式之分量式

$$\begin{cases} \alpha p_{11} + \beta p_{21} + \gamma p_{31} = \lambda\alpha \\ \alpha p_{12} + \beta p_{22} + \gamma p_{32} = \lambda\beta \\ \alpha p_{13} + \beta p_{23} + \gamma p_{33} = \lambda\gamma \end{cases}$$

其中

$$\begin{cases} \alpha = \dfrac{x'}{|\delta \boldsymbol{r}|} \\[2mm] \beta = \dfrac{y'}{|\delta \boldsymbol{r}|} \\[2mm] \gamma = \dfrac{z'}{|\delta \boldsymbol{r}|} \end{cases}$$

$$\begin{cases} (p_{11} - \lambda)x' + p_{21}y' + p_{31}z' = 0 \\ p_{12}x' + (p_{22} - \lambda)y' + p_{32}z' = 0 \\ p_{13}x' + p_{23}y' + (p_{33} - \lambda)z' = 0 \end{cases}$$

上列方程组有一个非空解的条件为

$$\begin{vmatrix} p_{11} - \lambda & p_{21} & p_{31} \\ p_{12} & p_{22} - \lambda & p_{32} \\ p_{13} & p_{23} & p_{33} - \lambda \end{vmatrix} = 0$$

则

$$\lambda^3 - \lambda^2(p_{11} + p_{22} + p_{33}) + \lambda \left(\begin{vmatrix} p_{22} & p_{23} \\ p_{32} & p_{33} \end{vmatrix} + \begin{vmatrix} p_{11} & p_{13} \\ p_{31} & p_{33} \end{vmatrix} + \begin{vmatrix} p_{11} & p_{12} \\ p_{21} & p_{22} \end{vmatrix} \right)$$

$$- \begin{vmatrix} p_{11} & p_{21} & p_{31} \\ p_{12} & p_{22} & p_{32} \\ p_{13} & p_{23} & p_{33} \end{vmatrix} = 0$$

$\lambda_1 = p_1, \lambda_2 = p_2, \lambda_3 = p_3$ 为应力主值。如选主轴方向为坐标轴，则

$$p_{ij} = 0 \quad (i \neq j)$$

即

$$\boldsymbol{p} = \begin{bmatrix} p_1 & 0 & 0 \\ 0 & p_2 & 0 \\ 0 & 0 & p_3 \end{bmatrix}$$

4. 不变量

下式中

$$\begin{cases} I_1 = p_{11} + p_{22} + p_{33} \\[2mm] I_2 = \begin{vmatrix} p_{22} & p_{23} \\ p_{32} & p_{33} \end{vmatrix} + \begin{vmatrix} p_{11} & p_{13} \\ p_{31} & p_{33} \end{vmatrix} + \begin{vmatrix} p_{11} & p_{12} \\ p_{21} & p_{22} \end{vmatrix} = p_{11}p_{22} + p_{22}p_{33} + p_{33}p_{11} - p_{12}^2 - p_{23}^2 - p_{31}^2 \\[2mm] I_3 = \begin{vmatrix} p_{11} & p_{21} & p_{31} \\ p_{12} & p_{22} & p_{32} \\ p_{13} & p_{23} & p_{33} \end{vmatrix} = p_{11}p_{22}p_{33} + 2p_{12}p_{23}p_{31} - p_{11}p_{23}^2 - p_{22}p_{31}^2 - p_{33}p_{21}^2 \end{cases}$$

由根与系数关系可得，基本不变量

$$
\begin{cases}
I_1 = p_1 + p_2 + p_3 \\
I_2 = p_1 p_2 + p_2 p_3 + p_3 p_1 \\
I_3 = p_1 p_2 p_3
\end{cases}
$$

以主应力表示 $\boldsymbol{p}_n$ 及 p_{nn}，设主轴为 x', y', z'，坐标 x, y, z 相对主轴之方向余弦见表 3.3.1。

表 3.3.1　主应力方向余弦

	x'	y'	z'
x	α_1	β_1	γ_1
y	α_2	β_2	γ_2
z	α_3	β_3	γ_3

任意方向 $\boldsymbol{n}$ 对主轴的方向余弦见表 3.3.2。

表 3.3.2　任意方向对主轴的方向余弦

	x'	y'	z'
$\boldsymbol{n}$	α	β	γ

所以，存在

$$
\begin{aligned}
\boldsymbol{p}_n &= \alpha p_1 + \beta p_2 + \gamma p_3 \\
\boldsymbol{p}_\alpha &= \alpha_1 p_1 + \beta_2 p_2 + \gamma_3 p_3 \\
\boldsymbol{p}_\beta &= \alpha_1 p_1 + \beta_2 p_2 + \gamma_3 p_3 \\
\boldsymbol{p}_\gamma &= \alpha_1 p_1 + \beta_2 p_2 + \gamma_3 p_3
\end{aligned}
$$

3.3.5　牛顿黏性假设

1. 牛顿黏性假设及其推导

第 1 章介绍了通过简单剪切流动实验得到的牛顿黏性定律：

$$
\tau = \mu \frac{\partial u}{\partial y}
$$

它给出了剪切流动中剪切应力与剪切变形率之间的关系。但在一般流动情形，应力张量与应变率张量之间的关系不能由实验得到，牛顿在上述简单剪切流动实验基础上作出了一些合理的假设，提出了所谓广义牛顿黏性定律，指出在一般流动情形，应力张量与应变率张量之间成如下线性关系：

$$
p_{ij} = -\left(p + \frac{2}{3} \mu \frac{\partial u_k}{\partial x_k} \right) \delta_{ij} + 2 \mu A_{ij}
$$

式中，$p = \dfrac{1}{3}(p_1 + p_2 + p_3)$，称为黏性流体中的压力，即压力定义为三个主应力的平均值，符号是由于规定法方向应力为拉力面。其中

$$
\delta_{ij} = \begin{cases} 1, & i = j \\ 0, & i \neq j \end{cases}, \quad i, j = 1, 2, 3
$$

称为 δ 符号, 且其满足

$$\delta_{ij} = \boldsymbol{i} \cdot \boldsymbol{j} = \begin{cases} 1, & i = j \\ 0, & i \neq j \end{cases}$$

也可表示为如下形式:

$$\boldsymbol{p} = \left(p + \frac{2}{3}\mu\nabla \cdot \boldsymbol{V} \right) \boldsymbol{I} + 2\mu\boldsymbol{A}$$

$$\boldsymbol{A} = A_{ij}$$

$$\boldsymbol{p} = (p_{ij})$$

$$\boldsymbol{I} = \begin{bmatrix} 1 & 0 & 0 \\ 0 & 1 & 0 \\ 0 & 0 & 1 \end{bmatrix} = (\delta_{ij}) = \boldsymbol{ii} + \boldsymbol{jj} + \boldsymbol{kk}$$

直角坐标系中分量形式

$$\begin{cases} p_{xx} = -\left(p + \frac{2}{3}\mu\dfrac{\partial u_k}{\partial x_k} \right) + 2\mu\dfrac{\partial u}{\partial x} \\[3mm] p_{yy} = -\left(p + \frac{2}{3}\mu\dfrac{\partial v_k}{\partial x_k} \right) + 2\mu\dfrac{\partial v}{\partial y} \\[3mm] p_{zz} = -\left(p + \frac{2}{3}\mu\dfrac{\partial w_k}{\partial x_k} \right) + 2\mu\dfrac{\partial w}{\partial z} \\[3mm] p_{xy} = p_{yx} = \mu\left(\dfrac{\partial u}{\partial y} + \dfrac{\partial v}{\partial x} \right) \\[3mm] p_{yz} = p_{zy} = \mu\left(\dfrac{\partial v}{\partial y} + \dfrac{\partial w}{\partial z} \right) \\[3mm] p_{xz} = p_{zx} = \mu\left(\dfrac{\partial u}{\partial z} + \dfrac{\partial w}{\partial x} \right) \end{cases}$$

凡满足广义牛顿黏性定律的流体均称为**牛顿流体**, 否则称为非牛顿流体, 水、空气皆为牛顿流体, 今后一般情况下仅讨论牛顿流体。

2. 特殊情况下的牛顿黏性假设

1) 不可压缩流体

由于存在 $\nabla \cdot \boldsymbol{V} = 0$, 所以

$$p_{ij} = -p\delta_{ij} + 2\mu A_{ij}$$

或者

$$\boldsymbol{p} = -p\boldsymbol{I} + 2\mu\boldsymbol{A} = -p(\boldsymbol{ii} + \boldsymbol{jj} + \boldsymbol{kk}) + 2\mu(\boldsymbol{i}e_1 + \boldsymbol{j}e_2 + \boldsymbol{k}e_3)$$

2) 理想流体

即不存在剪切应力的流体，$\mu = 0$，则 $p_{ij} = -p\delta_{ij}$，即

$$p_{ij} = \begin{cases} -p, & i = j \\ 0, & i \neq j \end{cases}$$

即

$$\boldsymbol{p} = -p\boldsymbol{I} = -p(\boldsymbol{ii} + \boldsymbol{jj} + \boldsymbol{kk})$$

$$\boldsymbol{p}_n = -\boldsymbol{n}p$$

式中，p 为 $|\boldsymbol{p}_n|$，称为理想流体的压力函数。因为

$$\boldsymbol{p}_n = \boldsymbol{n} \cdot \boldsymbol{p} = (\alpha, \beta, \gamma) \begin{bmatrix} -p & 0 & 0 \\ 0 & -p & 0 \\ 0 & 0 & -p \end{bmatrix} = (-\alpha p, -\beta p, -\gamma p)$$

$$\begin{aligned} \boldsymbol{p}_n &= (\alpha \boldsymbol{i}, \beta \boldsymbol{j}, \gamma \boldsymbol{k})(-p)(\boldsymbol{ii} + \boldsymbol{jj} + \boldsymbol{kk}) \\ &= -p(\alpha \boldsymbol{i} + \beta \boldsymbol{j} + \gamma \boldsymbol{k}) \\ &= -p\boldsymbol{n} \end{aligned}$$

或者

$$p_j = n_j p_{ij} = n_1 p_{1j} + n_2 p_{2j} + n_3 p_{3j} = \alpha p_{1j} + \beta p_{2j} + \gamma p_{3j}$$

$$\begin{cases} p_{n1} = p_1 = -\alpha p \\ p_{n2} = p_2 = -\beta p \\ p_{n3} = p_3 = -\gamma p \end{cases}$$

所以

$$p_j = -p n_j$$

$$\boldsymbol{p}_n = -p\boldsymbol{n}$$

3.4 动 量 方 程

本节建立对控制体适用的动量方程，这是有关流体运动的最重要的规律，利用它的积分形式可以研究包含流体与固壁或流体与流体之间相互作用力的问题，例如作用于弯管之力、射流引擎之推力以及机翼所受之举力与阻力等问题。从动量方程出发可以导出控制流体运动的运动微分方程。

3.4.1 积分形式的动量方程

1. 系统使用的动量方程

在流体中任取界面为 σ 的控制体 τ，见图 3.4.1。以 t 时刻该控制体所包含的流体质量作为研究的系统。则该系统在 t 时刻具有的动量为

$$\int_\tau \rho \boldsymbol{V} \mathrm{d}\tau$$

作用于该系统上的质量力与表面力分别为

$$\boldsymbol{F}_\tau = \int_\tau \rho \boldsymbol{f} \mathrm{d}\tau \quad \text{及} \quad \boldsymbol{F}_\sigma = \oint_\sigma \boldsymbol{p}_n \mathrm{d}\sigma$$

于是该系统的动量方程可表示为下列形式:

$$\frac{\mathrm{d}}{\mathrm{d}t} \int_\tau \rho \boldsymbol{V} \mathrm{d}\tau = \int_\tau \rho \boldsymbol{f} \mathrm{d}\tau + \oint_\sigma \boldsymbol{p}_n \mathrm{d}\sigma \tag{3.4.1}$$

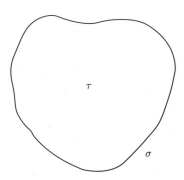

图 3.4.1　控制体示意图

2. 控制体使用的动量方程

应用雷诺公式 (3.1.6),令 $b = \boldsymbol{V}$,则得

$$\frac{\partial}{\partial t} \int_\tau \rho \boldsymbol{V} \mathrm{d}\tau + \oint_\sigma \rho \boldsymbol{V} \boldsymbol{V} \cdot \mathrm{d}\boldsymbol{\sigma} = \int_\tau \rho \boldsymbol{f} \mathrm{d}\tau + \oint_\sigma \boldsymbol{p}_n \mathrm{d}\sigma \tag{3.4.2}$$

或

$$\int_\tau \frac{\partial(\rho \boldsymbol{V})}{\partial t} \mathrm{d}\tau + \oint_\sigma \rho \boldsymbol{V} \boldsymbol{V} \cdot \mathrm{d}\boldsymbol{\sigma} = \int_\tau \rho \boldsymbol{f} \mathrm{d}\tau + \oint_\sigma \boldsymbol{p}_n \mathrm{d}\sigma \tag{3.4.3}$$

这就是对控制体适用的动量方程的积分形式。因此,对控制体而言,**动量定理**可表述为:控制体内流体动量的时变率等于作用于控制体内流体上的合外力与单位时间内通过控制面流入的流体动量之和。

应强调指出式 (3.4.2) 是对惯性系而言的,同时应注意上式中的速度以及对时间的导数都是相对控制体而言的。

若流动为定常的,且不计质量力,式 (3.4.2) 可改写为

$$\oint_\sigma \rho \boldsymbol{V} \boldsymbol{V} \cdot \mathrm{d}\boldsymbol{\sigma} = \boldsymbol{F}_\sigma \tag{3.4.4}$$

其中 $\boldsymbol{F}_\sigma = \oint_\sigma \boldsymbol{p}_n \mathrm{d}\sigma$ 是作用于控制面上的合面力。式 (3.4.4) 指出,在定常流动,不计质量力的条件下,通过控制面的流体动量净流出率等于作用在控制面上的合面力。

根据式 (3.4.4),可以由控制面上的速度分布直接求出控制体内流体所受之表面力的合力,而不需要了解控制体内部的速度分布,因而它在工程技术上有着广泛的应用。

3. 动量矩方程

利用式 (3.4.2) 可以很容易地导出动量矩方程。任取一点为力矩的参考点，r 为流体质点相对该参考点的矢径。以 r 矢乘以式 (3.4.2)，可得

$$\int_\tau \left[r \times \frac{\partial(\rho V)}{\partial t} \right] \mathrm{d}\tau + \oint_\sigma (r \times V)\rho V \cdot \mathrm{d}\sigma = \int_\tau r \times \rho f \mathrm{d}\tau + \oint_\sigma r \times p_n \mathrm{d}\sigma \tag{3.4.5}$$

或

$$\frac{\partial}{\partial t} \int_\tau (r \times \rho V)\mathrm{d}\tau = \int_\tau r \times \rho f \mathrm{d}\tau + \oint_\sigma r \times p_n \mathrm{d}\sigma - \oint_\sigma (r \times \rho V)V \cdot \mathrm{d}\sigma \tag{3.4.6}$$

这就是惯性系中积分形式的动量矩方程。因此，对控制体而言，**动量矩定理**可表述为：控制体内流体的动量矩对时间的变化率 (局地) 等于作用于控制体内流体上的合外力矩与单位时间内通过控制面流入的流体动量矩之和。

具体应用时应采用其分量形式

$$\frac{\partial}{\partial t} \int_\tau (r \times \rho V)_i \mathrm{d}\tau = \int_\tau (r \times \rho)_i f \mathrm{d}\tau + \oint_\sigma (r \times p_n)_i \mathrm{d}\sigma - \oint_\sigma (r \times \rho V)_i V \cdot \mathrm{d}\sigma \tag{3.4.7}$$

对定常流动，在不计质量力时，动量矩方程为

$$T = \oint_\sigma (r \times \rho V)V \cdot \mathrm{d}\sigma \tag{3.4.8}$$

式中，$T = \oint_\sigma r \times p_n \mathrm{d}\sigma$ 为表面力之合力矩。直角坐标中的分量方程为

$$\begin{cases} T_x = \oint_\sigma (r \times \rho V)_x V \cdot \mathrm{d}\sigma \\[2mm] T_y = \oint_\sigma (r \times \rho V)_y V \cdot \mathrm{d}\sigma \\[2mm] T_z = \oint_\sigma (r \times \rho V)_z V \cdot \mathrm{d}\sigma \end{cases} \tag{3.4.9}$$

设 V_t 是 V 在垂直于 z 轴的分量。α 为 V 与 $\delta\sigma$ 之夹角。

$$T_z = \oint_\sigma (r \times \rho V)_z V \cdot \delta\sigma$$

$$(r \times V)_z = rV_t$$

$$\rho V \cdot \delta\sigma = \rho V \cos\alpha \delta\sigma$$

所以

$$T_z = \oint_\sigma rV_t \rho V \cos\alpha \delta\sigma \tag{3.4.10}$$

设整个流动流经面积 A_1 流入控制体, 流经 A_2 流出控制体, 且在 A_1, A_2 上, $\rho V \cos \alpha$ 均匀分布。定义 $r_2 V_{t_2}$ 和 $r_1 V_{t_1}$ 分别为面积 A_2 和 A_1 上的平均值:

$$r_2 V_{t_2} = \frac{1}{A_2} \int_{A_2} r V_t \mathrm{d}\sigma$$

$$r_1 V_{t_1} = \frac{1}{A_1} \int_{A_1} r V_t \mathrm{d}\sigma$$

由连续性方程可知

$$\rho_1 A_1 V_1 \cos \alpha_1 = \rho_2 A_2 V_2 \cos \alpha_2 = \rho_1 Q_1 = \dot{m}$$

式中, Q_1 为体积流量率。则上式为

$$T_z = \rho_1 Q_1 (r_2 V_{t_2} - r_1 V_{t_1})$$

4. 特殊条件下的动量方程积分形式

1) 定常流动且不计质量力情况

$$\frac{\partial \boldsymbol{V}}{\partial t} = 0$$

$$\int_\tau \rho \boldsymbol{f} \mathrm{d}\tau = 0$$

所以

$$\oint_\sigma \rho \boldsymbol{V} \boldsymbol{V} \cdot \mathrm{d}\boldsymbol{\sigma} = \boldsymbol{F}_\sigma$$

即

$$\boldsymbol{F}_\sigma = \oint_\sigma \boldsymbol{p}_n \cdot \mathrm{d}\sigma \tag{3.4.11}$$

2) 沿流管截面物理量均匀分布情况

$$\begin{cases} F_{\sigma x} = \dot{m}(u_2 - u_1) \\ F_{\sigma y} = \dot{m}(v_2 - v_1) \\ F_{\sigma z} = \dot{m}(w_2 - w_1) \end{cases} \tag{3.4.12}$$

常利用式 (3.4.11) 和式 (3.4.12) 中已知的 $\oint_\sigma \rho \boldsymbol{V} \boldsymbol{V} \cdot \delta \boldsymbol{\sigma}$ 求 $\boldsymbol{F}_\sigma$。

5. 非惯性系中动量方程的积分形式

由

$$\begin{cases} \boldsymbol{V} = \boldsymbol{V}_0 + \boldsymbol{\omega} \times \boldsymbol{r} + \boldsymbol{V}_r = \boldsymbol{V}_f + \boldsymbol{V}_r \\ \boldsymbol{V}_f = \boldsymbol{V}_0 + \boldsymbol{\omega} \times \boldsymbol{r} \\ \boldsymbol{a} = \boldsymbol{a}_f + \boldsymbol{a}_r + \boldsymbol{a}_c \\ \boldsymbol{a}_f = \boldsymbol{a}_0 + (\dot{\boldsymbol{\omega}} \times \boldsymbol{r}) + \boldsymbol{\omega} \times (\boldsymbol{\omega} \times \boldsymbol{r}) \\ \boldsymbol{a}_c = 2(\boldsymbol{\omega} \times \boldsymbol{V}_r) \end{cases} \tag{3.4.13}$$

且

$$\boldsymbol{a} = \frac{\mathrm{d}\boldsymbol{V}}{\mathrm{d}t}, \quad \boldsymbol{a}_r = \frac{\mathrm{d}^*\boldsymbol{V}_r}{\mathrm{d}t}$$

$$\frac{\mathrm{d}\boldsymbol{V}}{\mathrm{d}t} = \boldsymbol{F}_\tau + \boldsymbol{F}_\sigma$$

其中 "$*$" 表示相对时变率。

所以

$$\frac{\mathrm{d}^*\boldsymbol{V}_r}{\mathrm{d}t} = \boldsymbol{F}_\tau + \boldsymbol{F}_\sigma - (\boldsymbol{a}_f + \boldsymbol{a}_c) \tag{3.4.14}$$

由式 (3.4.1) 可得

$$\frac{\partial^*}{\partial t}\int_\tau \rho\boldsymbol{V}_r\mathrm{d}\tau = \int_\tau \rho\boldsymbol{f}\delta\tau + \oint_\sigma \boldsymbol{p}_n\delta\sigma - \oint_\sigma \rho\,[\boldsymbol{a}_0 + (\dot{\boldsymbol{\omega}}\times\boldsymbol{r}) + \boldsymbol{\omega}\times(\boldsymbol{\omega}\times\boldsymbol{r}) + 2(\boldsymbol{\omega}\times\boldsymbol{V}_r)]\mathrm{d}\boldsymbol{\sigma} \tag{3.4.15}$$

即

$$\frac{\partial}{\partial t}\int_\tau \rho\boldsymbol{V}_r\mathrm{d}\tau = \boldsymbol{F}_\tau + \boldsymbol{F}_\sigma - \oint_\sigma \rho\,[\boldsymbol{a}_0 + (\dot{\boldsymbol{\omega}}\times\boldsymbol{r}) + \boldsymbol{\omega}\times(\boldsymbol{\omega}\times\boldsymbol{r}) + 2(\boldsymbol{\omega}\times\boldsymbol{V}_r)]\mathrm{d}\boldsymbol{\sigma} \tag{3.4.16}$$

上式即为非惯性系中适用于系统的动量方程的积分形式。

由式 (3.4.2) 可得

$$\frac{\partial^*}{\partial t}\int_\tau \rho\boldsymbol{V}_r\mathrm{d}\tau + \oint_\sigma \rho\boldsymbol{V}_r\boldsymbol{V}_r\cdot\delta\sigma = \boldsymbol{F}_\tau + \boldsymbol{F}_\sigma - \oint_\sigma \rho\,[\boldsymbol{a}_0 + (\dot{\boldsymbol{\omega}}\times\boldsymbol{r}) + \boldsymbol{\omega}\times(\boldsymbol{\omega}\times\boldsymbol{r}) + 2(\boldsymbol{\omega}\times\boldsymbol{V}_r)]\mathrm{d}\boldsymbol{\sigma} \tag{3.4.17}$$

上式即为惯性系中适用于控制体的动量方程积分形式，即可适用于任意运动的控制体。上式中的导数及速度矢 $\boldsymbol{V}_r$ 均系对控制体而言的，即所谓相对变化率及相对速度。

3.4.2　微分形式的动量方程

1. 方程的建立

1) 微元控制体积法

现在我们来推导微分形式的动量方程，即运动微分方程。取无限小立方体体元 $MABC$，其体积为 $\mathrm{d}\tau = \mathrm{d}x\mathrm{d}y\mathrm{d}z$(图 3.4.2)。

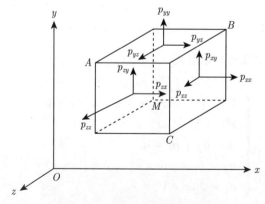

图 3.4.2　无限小控制体示意图

对该无限小控制体直接应用积分形式的动量方程。

先考虑 x 方向的分量: 小立方体内流体动量的局地变化率为

$$\frac{\partial(\rho u)}{\partial t}\mathrm{d}\tau$$

通过与 x 轴正交的两个面元 MA 及 BC 的动量净流出率为

$$\frac{\partial(\rho u^2)}{\partial x}\mathrm{d}x\mathrm{d}y\mathrm{d}z$$

通过与 y 轴正交的两个面元 MC 及 AB 的动量净流出率为

$$\frac{\partial(\rho uv)}{\partial y}\mathrm{d}x\mathrm{d}y\mathrm{d}z$$

通过与 z 轴正交的两个面元 AC 及 BM 的动量净流出率为

$$\frac{\partial(\rho uw)}{\partial z}\mathrm{d}x\mathrm{d}y\mathrm{d}z$$

因此通过小立方体的六个表面的 x 方向动量的净流出率为

$$\left[\frac{\partial(\rho u^2)}{\partial x}+\frac{\partial(\rho uv)}{\partial y}+\frac{\partial(\rho uw)}{\partial z}\right]\mathrm{d}\tau$$

小体元所受之质量力的 x 分量为

$$\rho f_x \mathrm{d}\tau$$

小体元所受之表面力的 x 分量为:

与 x 轴正交的二面元 MA 及 BC 上的表面力为

$$-p_{xx}\mathrm{d}y\mathrm{d}z+\left(p_{xx}+\frac{\partial p_{xx}}{\partial x}\mathrm{d}x\right)\mathrm{d}y\mathrm{d}z$$

与 y 轴正交的二面元 MC 及 AB 上的表面力为

$$-p_{yx}\mathrm{d}x\mathrm{d}z+\left(p_{yx}+\frac{\partial p_{yx}}{\partial y}\mathrm{d}y\right)\mathrm{d}x\mathrm{d}z$$

与 z 轴正交的二面元 AC 及 BM 上的表面力为

$$-p_{zx}\mathrm{d}x\mathrm{d}y+\left(p_{zx}+\frac{\partial p_{zx}}{\partial z}\mathrm{d}z\right)\mathrm{d}x\mathrm{d}y$$

因此作用在小体元界面上的总面力在 x 方向的分量为

$$\left(\frac{\partial p_{xx}}{\partial x}+\frac{\partial p_{yx}}{\partial y}+\frac{\partial p_{zx}}{\partial z}\right)\mathrm{d}\tau$$

根据式 (3.4.2) 可得

$$\frac{\partial(\rho u)}{\partial t}+\frac{\partial(\rho u^2)}{\partial x}+\frac{\partial(\rho uv)}{\partial y}+\frac{\partial(\rho uw)}{\partial z}=\rho f_x+\left(\frac{\partial p_{xx}}{\partial x}+\frac{\partial p_{yx}}{\partial y}+\frac{\partial p_{zx}}{\partial z}\right)$$

考虑到连续性方程, 上式可改写为

$$\frac{\mathrm{d}u}{\mathrm{d}t} = f_x + \frac{1}{\rho}\left(\frac{\partial p_{xx}}{\partial x} + \frac{\partial p_{yx}}{\partial y} + \frac{\partial p_{zx}}{\partial z}\right) \tag{3.4.18}$$

同理有

$$\frac{\mathrm{d}v}{\mathrm{d}t} = f_y + \frac{1}{\rho}\left(\frac{\partial p_{xy}}{\partial x} + \frac{\partial p_{yy}}{\partial y} + \frac{\partial p_{zy}}{\partial z}\right) \tag{3.4.19}$$

$$\frac{\mathrm{d}w}{\mathrm{d}t} = f_z + \frac{1}{\rho}\left(\frac{\partial p_{xz}}{\partial x} + \frac{\partial p_{yz}}{\partial y} + \frac{\partial p_{zz}}{\partial z}\right) \tag{3.4.20}$$

采用爱因斯坦求和哑符, 式 (3.4.18)~ 式 (3.4.20) 可改写为

$$\frac{\mathrm{d}u_i}{\mathrm{d}t} = \frac{\partial u_i}{\partial t} + u_i\frac{\partial u_i}{\partial x_i} = f_i + \frac{1}{\rho}\left(\frac{\partial p_{ij}}{\partial x_i}\right) \quad (i,j=1,2,3) \tag{3.4.21}$$

式 (3.4.18)~ 式 (3.4.20) 可表示为矢量形式

$$\frac{\mathrm{d}\boldsymbol{V}}{\mathrm{d}t} = \frac{\partial \boldsymbol{V}}{\partial t} + (\boldsymbol{V}\cdot\nabla)\boldsymbol{V} = \boldsymbol{f} + \frac{1}{\rho}\left(\frac{\partial \boldsymbol{p}_x}{\partial x} + \frac{\partial \boldsymbol{p}_y}{\partial y} + \frac{\partial \boldsymbol{p}_z}{\partial z}\right) \tag{3.4.22}$$

或

$$\frac{\mathrm{d}\boldsymbol{V}}{\mathrm{d}t} = \boldsymbol{f} + \frac{1}{\rho}\nabla\cdot\boldsymbol{p} \tag{3.4.23}$$

就是微分形式的动量方程, 即单位质量流体的运动微分方程。其分量形式为

$$\begin{cases} \dfrac{\mathrm{d}u}{\mathrm{d}t} + u\dfrac{\partial u}{\partial x} + v\dfrac{\partial u}{\partial y} + w\dfrac{\partial u}{\partial z} = f_x + \dfrac{1}{\rho}\left(\dfrac{\partial p_{xx}}{\partial x} + \dfrac{\partial p_{yx}}{\partial y} + \dfrac{\partial p_{zx}}{\partial z}\right) \\[2mm] \dfrac{\mathrm{d}v}{\mathrm{d}t} + u\dfrac{\partial v}{\partial x} + v\dfrac{\partial v}{\partial y} + w\dfrac{\partial v}{\partial z} = f_y + \dfrac{1}{\rho}\left(\dfrac{\partial p_{xy}}{\partial x} + \dfrac{\partial p_{yy}}{\partial y} + \dfrac{\partial p_{zy}}{\partial z}\right) \\[2mm] \dfrac{\mathrm{d}w}{\mathrm{d}t} + u\dfrac{\partial w}{\partial x} + v\dfrac{\partial w}{\partial y} + w\dfrac{\partial w}{\partial z} = f_z + \dfrac{1}{\rho}\left(\dfrac{\partial p_{xz}}{\partial x} + \dfrac{\partial p_{yz}}{\partial y} + \dfrac{\partial p_{zz}}{\partial z}\right) \end{cases} \tag{3.4.24}$$

上式含有 10 个未知量。

2) 由积分方程利用高斯定理直接导出

$$\int_\tau \frac{\partial(\rho\boldsymbol{V})}{\partial t}\mathrm{d}\tau + \oint_\sigma \rho\boldsymbol{V}\boldsymbol{V}\cdot\mathrm{d}\sigma = \int_\tau \rho\boldsymbol{f}\mathrm{d}\tau + \oint_\sigma \boldsymbol{p}_n\mathrm{d}\sigma \tag{3.4.25}$$

其中

$$\oint_\sigma \rho\boldsymbol{V}\boldsymbol{V}\cdot\mathrm{d}\sigma = \oint_\sigma n\cdot(\rho\boldsymbol{V}\boldsymbol{V})\delta\sigma = \oint_\sigma \nabla\cdot(\rho\boldsymbol{V}\boldsymbol{V})\delta\sigma$$

$$\oint_\sigma \boldsymbol{p}_n\delta\sigma = \oint_\sigma n\cdot\boldsymbol{p}\delta\sigma = \int_\tau \nabla\cdot\boldsymbol{p}\delta\tau$$

由式 (3.4.25) 可以求出

$$\int_\tau \left[\frac{\partial(\rho\boldsymbol{V})}{\partial t} + \nabla\cdot(\rho\boldsymbol{V}\boldsymbol{V}) - \nabla\cdot\boldsymbol{p} - \rho\boldsymbol{f}\right]\delta\tau = 0 \tag{3.4.26}$$

由 τ 的任意性, 即被积函数的连续性可得

$$\frac{\partial(\rho\boldsymbol{V})}{\partial t} + \nabla \cdot (\rho\boldsymbol{V}\boldsymbol{V}) = \nabla \cdot \boldsymbol{p} + \rho\boldsymbol{f} \tag{3.4.27}$$

式 (3.4.27) 展开

$$\frac{\partial(\rho\boldsymbol{V})}{\partial t} + \frac{\partial}{\partial x}(\rho u\boldsymbol{V}) + \frac{\partial}{\partial y}(\rho v\boldsymbol{V}) + \frac{\partial}{\partial z}(\rho w\boldsymbol{V}) = \rho\boldsymbol{f} + \frac{\partial\boldsymbol{p}_x}{\partial x} + \frac{\partial\boldsymbol{p}_y}{\partial y} + \frac{\partial\boldsymbol{p}_z}{\partial z} \tag{3.4.28}$$

所以

$$\boldsymbol{V}\frac{\partial\rho}{\partial t} + \rho\frac{\partial\boldsymbol{V}}{\partial t} + \boldsymbol{V}\left[\frac{\partial}{\partial x}(\rho u) + \frac{\partial}{\partial y}(\rho v) + \frac{\partial}{\partial z}(\rho w)\right] + \rho\left(u\frac{\partial\rho}{\partial x} + v\frac{\partial\rho}{\partial y} + w\frac{\partial\rho}{\partial z}\right)\boldsymbol{V}$$

$$= \rho\boldsymbol{f} + \frac{\partial\boldsymbol{p}_x}{\partial x} + \frac{\partial\boldsymbol{p}_y}{\partial y} + \frac{\partial\boldsymbol{p}_z}{\partial z}$$

即

$$\boldsymbol{V}\left[\frac{\partial\rho}{\partial t} + \nabla \cdot (\rho\boldsymbol{V})\right] + \rho\left(\frac{\partial\boldsymbol{V}}{\partial t} + \boldsymbol{V} \cdot \nabla\boldsymbol{V}\right) = \rho\boldsymbol{f} + \frac{\partial\boldsymbol{p}_x}{\partial x} + \frac{\partial\boldsymbol{p}_y}{\partial y} + \frac{\partial\boldsymbol{p}_z}{\partial z}$$

即

$$\frac{\mathrm{d}\boldsymbol{V}}{\mathrm{d}t} = \rho\boldsymbol{f} + \frac{\partial\boldsymbol{p}_x}{\partial x} + \frac{\partial\boldsymbol{p}_y}{\partial y} + \frac{\partial\boldsymbol{p}_z}{\partial z} \tag{3.4.29}$$

或者

$$\frac{\mathrm{d}\boldsymbol{V}}{\mathrm{d}t} = \boldsymbol{f} + \frac{1}{\rho}\nabla \cdot \boldsymbol{p} \tag{3.4.30}$$

即为单位质量流体的运动微分方程的应力形式。应注意这是对惯性参照系而言的运动方程, 即所谓绝对运动微分方程。在研究大气的运动规律时, 常需考虑地球的自转效应, 对旋转的地球这一非惯性参照系而言, 流体的运动方程, 即所谓相对运动微分方程为

$$\frac{\mathrm{d}^*\boldsymbol{V}_r}{\mathrm{d}t} = \boldsymbol{f} + \frac{1}{\rho}\nabla \cdot \boldsymbol{p} - \boldsymbol{\omega} \times (\boldsymbol{\omega} \times \boldsymbol{r}) - 2\boldsymbol{\omega} \times \boldsymbol{V}_r \tag{3.4.31}$$

式中, $\boldsymbol{\omega}$ 表示地球自转角速度。式 (3.4.31) 即为单位质量流体的相对运动微分方程。对地球上空的大气来说, 上式中的质量力 $\boldsymbol{f} = \boldsymbol{g}_{\mathrm{a}}$, 即为地球对单位质量大气的万有引力。我们将惯性离心力 $-\boldsymbol{\omega} \times (\boldsymbol{\omega} \times \boldsymbol{r})$ 与万有引力 $\boldsymbol{g}_{\mathrm{a}}$ 之矢量和记为 $\boldsymbol{g}$, 这就是通常所谓的重力, 即

$$\boldsymbol{g} = \boldsymbol{g}_{\mathrm{a}} - \boldsymbol{\omega} \times (\boldsymbol{\omega} \times \boldsymbol{r}) \tag{3.4.32}$$

因而对地球上空大气而言, 相对运动微分方程可写为

$$\frac{\mathrm{d}^*\boldsymbol{V}_r}{\mathrm{d}t} = \boldsymbol{g} + \frac{1}{\rho}\nabla \cdot \boldsymbol{p} - 2(\boldsymbol{\omega} \times \boldsymbol{V}_r) \tag{3.4.33}$$

绝对运动微分方程式 (3.4.29) 及相对运动微分方程式 (3.4.31) 中均含有应力张量 $\boldsymbol{p}$, 因而运动方程包含的未知函数多达 10 个, 这将使运动微分方程的求解十分困难。在第 1 章中我们曾介绍通过简单剪切流动实验得到的牛顿黏性定律 $\tau = \mu\dfrac{\partial u}{\partial y}$, 它给出了在剪切流动中

剪切应力与剪切变形率之间的关系。但在一般流动情形下，应力张量与变形率张量之间的关系是不能由实验直接得到的，将牛顿黏性定律推广到任意形式的流动，就是广义牛顿黏性假设。在这个假设条件下，应力张量 $\boldsymbol{p}$ 与变形率张量 $\boldsymbol{A}$ 须有线性关系，即 $\boldsymbol{p} = K\boldsymbol{I} + L\boldsymbol{A}$，其中 K 和 L 都是标量，$\boldsymbol{I}$ 是单位张量，即

$$\delta_{ij} = \begin{cases} 1, & i = j \\ 0, & i \neq j \end{cases}, \ i, j = 1, 2, 3 \tag{3.4.34}$$

经过分析和推证，可得到应力张量与变形率张量之间有如下线性关系：

$$p_{ij} = -\left(p + \frac{2}{3}\mu\nabla \cdot \boldsymbol{V}\right)\delta_{ij} + 2\mu\boldsymbol{A}_{ij} \tag{3.4.35}$$

式中，p 为黏性流体中的压力。式 (3.4.35) 亦可写为

$$\boldsymbol{p} = -\left(p + \frac{2}{3}\mu\nabla \cdot \boldsymbol{V}\right)\boldsymbol{I} + 2\mu\boldsymbol{A} \tag{3.4.36}$$

在直角坐标系中其分量形式为

$$\begin{cases} p_{11} = p_{xx} = -\left(p + \dfrac{2}{3}\mu\nabla \cdot \boldsymbol{V}\right)\boldsymbol{I} + 2\mu\dfrac{\partial u}{\partial x} \\[3mm] p_{22} = p_{yy} = -\left(p + \dfrac{2}{3}\mu\nabla \cdot \boldsymbol{V}\right)\boldsymbol{I} + 2\mu\dfrac{\partial v}{\partial y} \\[3mm] p_{33} = p_{zz} = -\left(p + \dfrac{2}{3}\mu\nabla \cdot \boldsymbol{V}\right)\boldsymbol{I} + 2\mu\dfrac{\partial w}{\partial z} \\[3mm] p_{12} = p_{xy} = p_{yx} = \mu\left(\dfrac{\partial u}{\partial y} + \dfrac{\partial v}{\partial x}\right) \\[3mm] p_{23} = p_{yz} = p_{zy} = \mu\left(\dfrac{\partial v}{\partial z} + \dfrac{\partial w}{\partial y}\right) \\[3mm] p_{31} = p_{zx} = p_{xz} = \mu\left(\dfrac{\partial w}{\partial x} + \dfrac{\partial u}{\partial z}\right) \end{cases} \tag{3.4.37}$$

对不可压缩流体，式 (3.4.36) 可改写为

$$\boldsymbol{p} = -p\boldsymbol{I} + 2\mu\boldsymbol{A} \tag{3.4.38}$$

凡应力张量与变形率张量之间的关系满足广义牛顿黏性定律的流体称为牛顿流体，例如常见的水与空气皆为牛顿流体，不满足该定律的流体则称为非牛顿流体，这里仅讨论牛顿流体。

根据理想流体的定义——不存在切应力的流体，可知理想流体有

$$\mu = 0 \tag{3.4.39}$$

此时式 (3.4.36) 变为

$$\boldsymbol{p} = -p\boldsymbol{I} \tag{3.4.40}$$

即

$$\boldsymbol{p}_n = -\boldsymbol{n}p \tag{3.4.41}$$

式中, p 为应力矢量 $\boldsymbol{p}_n$ 的模, 称为理想流体的压力函数。由式 (3.4.41), 并考虑到式 (3.4.30), 则有

$$\begin{cases} -p_n\alpha = -p_x\alpha \\ -p_n\beta = -p_y\beta \\ -p_n\gamma = -p_z\gamma \end{cases}$$

因此得

$$p = p_n = p_x = p_y = p_z \tag{3.4.42}$$

由于 $\boldsymbol{n}$ 是任意选取的, 上式即说明任意点应力矢量的大小与面元的方位无关, 仅是点的位量坐标的函数。即

$$p = p(x, y, z, t)$$

也就是说对理想流体, 只要用一个标量函数 p 就可完全刻画出任一点的应力状态。

2. N-S 方程

利用广义牛顿黏性公式 (3.4.36), 有

$$\frac{\partial p_{xx}}{\partial x} + \frac{\partial p_{yx}}{\partial y} + \frac{\partial p_{zx}}{\partial z}$$

$$= \frac{\partial}{\partial x}\left[-p - \frac{2}{3}\mu\nabla\cdot\boldsymbol{V} + 2\mu\frac{\partial u}{\partial x} \right] + \frac{\partial}{\partial y}\left[\mu\left(\frac{\partial v}{\partial x} + \frac{\partial u}{\partial y}\right) \right] + \frac{\partial}{\partial z}\left[\mu\left(\frac{\partial u}{\partial z} + \frac{\partial w}{\partial x}\right) \right]$$

$$= -\frac{\partial p}{\partial x} - \frac{2}{3}\mu\frac{\partial}{\partial x}(\nabla\cdot\boldsymbol{V}) + 2\mu\frac{\partial^2 u}{\partial x^2} + \mu\left(\frac{\partial^2 v}{\partial x\partial y} + \frac{\partial^2 u}{\partial y^2}\right) + \mu\left(\frac{\partial^2 u}{\partial z^2} + \frac{\partial^2 w}{\partial z\partial x}\right)$$

$$= -\frac{\partial p}{\partial x} - \frac{2}{3}\mu\frac{\partial}{\partial x}(\nabla\cdot\boldsymbol{V}) + \mu\frac{\partial}{\partial x}\left(\frac{\partial u}{\partial x} + \frac{\partial v}{\partial y} + \frac{\partial w}{\partial z}\right) + \mu\left(\frac{\partial^2 u}{\partial x^2} + \frac{\partial^2 u}{\partial y^2} + \frac{\partial^2 u}{\partial z^2}\right)$$

$$= -\frac{\partial p}{\partial x} - \frac{2}{3}\mu\frac{\partial}{\partial x}(\nabla\cdot\boldsymbol{V}) + \mu\frac{\partial}{\partial x}(\nabla\cdot\boldsymbol{V}) + \mu\nabla^2 u$$

$$= -\frac{\partial p}{\partial x} + \frac{1}{3}\mu\frac{\partial}{\partial x}(\nabla\cdot\boldsymbol{V}) + \mu\nabla^2 u$$

所以

$$\frac{\mathrm{d}u}{\mathrm{d}t} = f_x - \frac{1}{\rho}\frac{\partial p}{\partial x} + \frac{1}{3}\frac{\mu}{\rho}\frac{\partial}{\partial x}(\nabla\cdot\boldsymbol{V}) + \frac{\mu}{\rho}\nabla^2 u$$

故可以将式 (3.4.30) 改写为

$$\frac{\mathrm{d}\boldsymbol{V}}{\mathrm{d}t} = \boldsymbol{f} - \frac{1}{\rho}\nabla p + \frac{1}{3}\nu\nabla(\nabla\cdot\boldsymbol{V}) + \nu\nabla^2\boldsymbol{V} \tag{3.4.43}$$

上式称为**纳维–斯托克斯**(Navier-Stokes) 方程 (简称 N-S 方程)。对不可压缩实际流体, N-S 方程为

$$\frac{\mathrm{d}\boldsymbol{V}}{\mathrm{d}t} = \boldsymbol{f} - \frac{1}{\rho}\nabla p + \nu\nabla^2\boldsymbol{V} \tag{3.4.44}$$

在直角坐标系中上式的分量方程为

$$\begin{cases} \dfrac{\mathrm{d}u}{\mathrm{d}t} = f_x - \dfrac{1}{\rho}\dfrac{\partial p}{\partial x} + \nu\left(\dfrac{\partial^2 u}{\partial x^2} + \dfrac{\partial^2 u}{\partial y^2} + \dfrac{\partial^2 u}{\partial z^2}\right) \\[2mm] \dfrac{\mathrm{d}v}{\mathrm{d}t} = f_y - \dfrac{1}{\rho}\dfrac{\partial p}{\partial y} + \nu\left(\dfrac{\partial^2 v}{\partial x^2} + \dfrac{\partial^2 v}{\partial y^2} + \dfrac{\partial^2 v}{\partial z^2}\right) \\[2mm] \dfrac{\mathrm{d}w}{\mathrm{d}t} = f_z - \dfrac{1}{\rho}\dfrac{\partial p}{\partial z} + \nu\left(\dfrac{\partial^2 w}{\partial x^2} + \dfrac{\partial^2 w}{\partial y^2} + \dfrac{\partial^2 w}{\partial z^2}\right) \end{cases} \tag{3.4.45}$$

对理想流体而言, 绝对运动微分方程取如下形式, 即称为理想流体的欧拉方程。

$$\frac{\mathrm{d}\boldsymbol{V}}{\mathrm{d}t} = \boldsymbol{f} - \frac{1}{\rho}\nabla p \tag{3.4.46}$$

类似地, 相对运动微分方程式 (3.4.33) 可改写为

$$\frac{\mathrm{d}^*\boldsymbol{V}_r}{\mathrm{d}t} = \boldsymbol{g} - \frac{1}{\rho}\nabla p + \frac{1}{3}\nu\nabla(\nabla\cdot\boldsymbol{V}_r) + \nu\nabla^2\boldsymbol{V}_r - 2(\boldsymbol{\omega}\times\boldsymbol{V}_r) \tag{3.4.47}$$

对不可压缩实际流体, 相对运动的微分方程为

$$\frac{\mathrm{d}^*\boldsymbol{V}_r}{\mathrm{d}t} = \boldsymbol{g} - \frac{1}{\rho}\nabla p + \nu\nabla^2\boldsymbol{V}_r - 2(\boldsymbol{\omega}\times\boldsymbol{V}_r) \tag{3.4.48}$$

对不可压缩理想流体, 有

$$\frac{\mathrm{d}^*\boldsymbol{V}_r}{\mathrm{d}t} = \boldsymbol{g} - \frac{1}{\rho}\nabla p - 2(\boldsymbol{\omega}\times\boldsymbol{V}_r) \tag{3.4.49}$$

N-S 方程的应用条件为牛顿流体, 即满足

$$\boldsymbol{p} = -\left(p + \frac{2}{3}\mu\nabla\cdot\boldsymbol{V}\right)\boldsymbol{I} + 2\mu\boldsymbol{A}$$

μ 为常数的情况。

例 1 设有如图 E3.4.1 所示相距为 h 的两块无界平行平板, 两板间充满着温度保持为常数的水, 其黏度 μ 为已知, 设两板间水的速度为 $u = kz$(k 为已知常数), 试计算平板对水、水对平板的剪应力的大小和方向。

解 由 $u = kz$ 知, $\nabla\cdot\boldsymbol{V} = 0$, 即水作为不可压缩流体处理, 应力公式为

$$p_{ij} = -p\delta_{ij} + 2\mu A_{ij}$$

在上板处:

板对水之剪应力为 $p_{zx}|_{z=h} = \mu\dfrac{\mathrm{d}u}{\mathrm{d}z}\Big|_{z=h} = \mu k$, 方向沿正 x 方向。

水对板之剪应力为 $p_{-zx}|_{z=h} = -p_{zx}|_{z=h} = -\mu k$, 方向沿负 x 方向。

在下板处:

水对板之剪应力为 $p_{zx}|_{z=0} = \mu k$, 方向沿正 x 方向。

板对水之剪应力为 $p_{-zx}|_{z=0} = -p_{zx}|_{z=0} = -\mu k$, 方向沿负 x 方向。

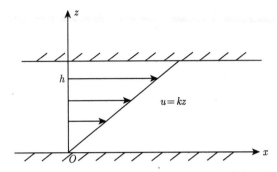

图 E3.4.1　相距为 h 的两块无界平行平板速度分布

例 2　已知流体中应力场为

$$
\boldsymbol{p} = \begin{bmatrix}
-p + 2\mu & 2\mu & 2\mu(y+z) \\
2\mu & -p - 2\mu & \mu(1 + 2x + 2y) \\
2\mu(y+z) & \mu(1 + 2x + 2y) & -p
\end{bmatrix}
$$

求流场中某点的应力矢量 $\boldsymbol{p}_n$，设已知 $\boldsymbol{n} = (0, b, c)$。

解　根据式 (3.3.16) 有

$$
\begin{aligned}
\boldsymbol{p}_n &= (0, b, c) \begin{bmatrix}
-p + 2\mu & 2\mu & 2\mu(y+z) \\
2\mu & -p - 2\mu & \mu(1 + 2x + 2y) \\
2\mu(y+z) & \mu(1 + 2x + 2y) & -p
\end{bmatrix} \\
&= (2\mu\,[b + c(y+z)], -b(p + 2\mu) + \mu c(1 + 2x + 2y), \mu b(1 + 2x + 2y) - pc)
\end{aligned}
$$

即

$$
\boldsymbol{p}_n = 2\mu\,[b + c(y+z)]\,\boldsymbol{i} + [-b(p + 2\mu) + \mu c(1 + 2x + 2y)]\,\boldsymbol{j} + [\mu b(1 + 2x + 2y) - pc]\,\boldsymbol{k}
$$

3. 非惯性系中的运动微分方程——相对运动微分方程

$$
\begin{cases}
\boldsymbol{a}_r = \boldsymbol{f} - \dfrac{1}{\rho}\nabla p + \dfrac{1}{3}\nu(\nabla \cdot \boldsymbol{V}_r) + \nu \cdot \nabla^2 \boldsymbol{V}_r - \boldsymbol{a}_f - \boldsymbol{a}_c \\[2mm]
\boldsymbol{a}_f = \boldsymbol{a}_0 + (\dot{\boldsymbol{\omega}} \times \boldsymbol{r}) + \boldsymbol{\omega}(\boldsymbol{\omega} \times \boldsymbol{r}) \\[2mm]
\boldsymbol{a} = \boldsymbol{a}_f + \boldsymbol{a}_r + \boldsymbol{a}_c \\[2mm]
\boldsymbol{a}_c = 2(\boldsymbol{\omega} \times \boldsymbol{V}_r) \\[2mm]
\boldsymbol{a}_r = \dfrac{\mathrm{d}^* \boldsymbol{V}_r}{\mathrm{d}t}
\end{cases}
\tag{3.4.50}
$$

$$
\frac{\mathrm{d}^* \boldsymbol{V}_r}{\mathrm{d}t} = \frac{\partial^* \boldsymbol{V}_r}{\partial t} + (\boldsymbol{V}_r \cdot \nabla)\boldsymbol{V}_r = \boldsymbol{f} - \frac{1}{\rho}\nabla p + \frac{1}{3}\nu(\nabla \cdot \boldsymbol{V}_r)
$$

$$+ \nu \cdot \nabla^2 \boldsymbol{V}_r - \boldsymbol{a}_0 - (\dot{\boldsymbol{\omega}} \times \boldsymbol{r}) - \boldsymbol{\omega}(\boldsymbol{\omega} \times \boldsymbol{r}) - 2(\boldsymbol{\omega} \times \boldsymbol{V}_r) \tag{3.4.51}$$

式中，$\boldsymbol{f}$ 为质量力；$-\dfrac{1}{\rho}\nabla p$ 为压力梯度力；$\dfrac{1}{3}\nu(\nabla \cdot \boldsymbol{V}_r)$ 为黏性力，以上三种力属于牛顿力。$-\boldsymbol{a}_0$ 为运动牵连惯性力；$-(\dot{\boldsymbol{\omega}} \times \boldsymbol{r})$ 为切向惯性力；$-\boldsymbol{\omega}(\boldsymbol{\omega} \times \boldsymbol{r})$ 为法向惯性力；$-2(\boldsymbol{\omega} \times \boldsymbol{V}_r)$ 为科里奥利力。

应注意：

(1) 上式系单位质量实际流体的相对运动微分方程，其中，$\dfrac{\mathrm{d}^* \boldsymbol{V}_r}{\mathrm{d}t}$ 为相对加速度 $\boldsymbol{a}_r$，即非惯性系中观察者看到的加速度，它是相对速度的相对时变。

$$\text{绝对时变量} = \text{相对时变量} + \text{牵连时变率}$$

即

$$\frac{\mathrm{d}^* \boldsymbol{A}}{\mathrm{d}t} = \frac{\mathrm{d}^* \boldsymbol{A}}{\mathrm{d}t} + \boldsymbol{\omega} \times \boldsymbol{A}$$

$\boldsymbol{\omega}$ 为运动坐标系之角速度矢量。应注意 $\dfrac{\mathrm{d}^* \boldsymbol{V}_r}{\mathrm{d}t} = \boldsymbol{a}_r$，所以 $\boldsymbol{V}_r$ 为随体变率，而非局地变率，故

$$\frac{\mathrm{d}^* \boldsymbol{V}_r}{\mathrm{d}t} = \left(\frac{\partial}{\partial t} + \boldsymbol{V}_r \cdot \nabla \right) \boldsymbol{V}_r \tag{3.4.52}$$

(2) 对地球上之旋转大气而言，$\boldsymbol{f} = \boldsymbol{g}_{\mathrm{a}}$ 为单位质量大气所受地球施加的万有引力。惯性离心力 $-\boldsymbol{\omega}(\boldsymbol{\omega} \times \boldsymbol{r}) = \omega^2 \boldsymbol{R}$。

令

$$\boldsymbol{g} = \boldsymbol{g}_{\mathrm{a}} + \omega^2 \boldsymbol{R}$$

$$g = g_{\mathrm{a}} + \omega^2 R = g_{\mathrm{a}} - r\omega^2 \cos\varphi$$

$$\theta = \frac{R\omega^2 \sin\varphi}{g} = \frac{r\omega^2}{2g} \sin\varphi$$

即

$$\varphi = 0°, \quad g_{\min} \doteq 9.78\mathrm{m/s}^2$$

$$\varphi = 90°, \quad g_{\max} \doteq 9.83\mathrm{m/s}^2$$

$$\varphi = 45°, \quad \theta_{\max} \approx 0.0017\mathrm{rad} \approx 6'$$

g 为重力。

故

$$\frac{\mathrm{d}^* \boldsymbol{V}_r}{\mathrm{d}t} = \boldsymbol{g} + \frac{1}{3}\nu(\nabla \cdot \boldsymbol{V}_r) + \nu \cdot \nabla^2 \boldsymbol{V}_r - 2(\boldsymbol{\omega} \times \boldsymbol{V}_r) - \frac{1}{\rho}\nabla p \tag{3.4.53}$$

(3) 理想旋转大气。

$$\frac{\mathrm{d}^* \boldsymbol{V}_r}{\mathrm{d}t} = \boldsymbol{g} - 2(\boldsymbol{\omega} \times \boldsymbol{V}_r) - \frac{1}{\rho}\nabla p \tag{3.4.54}$$

3.5 能量方程

在流体运动过程中，经常联系着机械能和热能的相互转换。流体力学的研究必然与能量的转换密切相关，没有能量转换的制约方程，就不可能组成控制流体运动的闭合方程组。本节由能量守恒这一普遍原理出发导出适用于控制体的能量方程。

3.5.1　积分形式的能量方程

1. 系统的能量方程

任取以界面 σ 包围的控制体 τ，取时刻 t 控制体所包含的流体质量作为系统，按能量守恒原理应有：该流体系统总能量的改变率等于作用于该系统上的质量力和表面力在单位时间内所做的功，加上在单位时间内从外界输入该系统的热量。

$$\frac{\mathrm{d}E}{\mathrm{d}t} = \int_\tau \boldsymbol{f}\cdot\boldsymbol{V}\rho\mathrm{d}\tau + \oint_\sigma \boldsymbol{p}_n\cdot\boldsymbol{V}\mathrm{d}\sigma + Q \tag{3.5.1}$$

系统的总能量为内能和动能之和，即

$$E = \int_\tau \rho\left(e+\frac{V^2}{2}\right)\mathrm{d}\tau \tag{3.5.2}$$

式中，e 为单位质量流体的内能，质量力与表面力在单位时间内所做的功分别为

$$\int_\tau \boldsymbol{f}\cdot\boldsymbol{V}\rho\mathrm{d}\tau \tag{3.5.3}$$

$$\oint_\sigma \boldsymbol{p}_n\cdot\boldsymbol{V}\mathrm{d}\sigma \tag{3.5.4}$$

根据傅里叶公式 $\boldsymbol{q}=-\lambda\nabla T$，单位时间内因热传导从外界通过界面传入系统的热量为

$$Q_1 = -\oint_\sigma \boldsymbol{q}\cdot\mathrm{d}\boldsymbol{\sigma} = \oint_\sigma \lambda\nabla T\cdot\mathrm{d}\boldsymbol{\sigma} \tag{3.5.5}$$

单位时间内以其他方式输入系统单位质量的热量设为 q'，则在单位时间内以其他方式输入系统的总热量为

$$Q_2 = \int_\tau \rho q'\mathrm{d}\tau \tag{3.5.6}$$

所以

$$Q = Q_1 + Q_2 \tag{3.5.7}$$

因此，系统的能量守恒原理可写作

$$\frac{\mathrm{d}}{\mathrm{d}t}\int_\tau \rho\left(e+\frac{V^2}{2}\right)\mathrm{d}\tau = \int_\tau \rho\boldsymbol{f}\cdot\boldsymbol{V}\mathrm{d}\tau + \oint_\sigma \boldsymbol{p}_n\cdot\boldsymbol{V}\mathrm{d}\sigma + \oint_\sigma \lambda\nabla T\cdot\mathrm{d}\boldsymbol{\sigma} + \int_\tau \rho q'\mathrm{d}\tau \tag{3.5.8}$$

从上式可以看出，系统总能量的随体变率等于作用于系统之质量力与表面力在单位时间内对系统所做的功，加上单位时间内输入该系统的热量。

2. 控制体的积分形式

根据雷诺转换公式，令 $b=e+\dfrac{V^2}{2}$，上式可改写为

$$\int_\tau \frac{\partial}{\partial t}\rho b\mathrm{d}\tau + \oint_\sigma \rho b\boldsymbol{V}\cdot\mathrm{d}\boldsymbol{\sigma} = \int_\tau \rho\boldsymbol{f}\cdot\boldsymbol{V}\mathrm{d}\tau + \oint_\sigma \boldsymbol{p}_n\cdot\boldsymbol{V}\mathrm{d}\sigma + \oint_\sigma \lambda\nabla T\cdot\mathrm{d}\boldsymbol{\sigma} + \int_\tau \rho q'\mathrm{d}\tau \tag{3.5.9}$$

式 (3.5.9) 就是适用于控制体的能量方程的积分形式。

对控制体而言的能量守恒原理可叙述为：单位时间内传给控制体内流体的热量及外界对控制体内流体所做之功与通过控制面流入的流体总能量之和等于控制体内流体总能量的时变率。

3. 特定条件下的积分形式

1) 绝热定常流动

对绝热定常流动，能量方程取如下形式：

$$\oint_\sigma \rho \left(e + \frac{V^2}{2} \right) \boldsymbol{V} \cdot \mathrm{d}\boldsymbol{\sigma} = \int_\tau \rho \boldsymbol{f} \cdot \boldsymbol{V} \mathrm{d}\tau + \oint_\sigma \boldsymbol{p}_n \cdot \boldsymbol{V} \mathrm{d}\sigma \tag{3.5.10}$$

上式指出，对绝热定常流动，通过控制面的流体总能量的净流出率等于单位时间内外界对控制体内流体所做的功。

2) 理想流体的绝热定常流动

对理想流体的绝热定常流动，并设质量力有势，由于

$$\oint_\sigma \boldsymbol{p}_n \cdot \boldsymbol{V} \mathrm{d}\sigma = - \oint_\sigma \boldsymbol{n} \cdot \boldsymbol{V} p \mathrm{d}\sigma \tag{3.5.11}$$

及

$$\begin{aligned}
\int_\tau \rho \boldsymbol{f} \cdot \boldsymbol{V} \mathrm{d}\tau &= - \int_\tau \nabla \Pi \cdot \boldsymbol{V} \rho \mathrm{d}\tau \\
&= - \int_\tau \nabla \cdot (\Pi \rho \boldsymbol{V}) \mathrm{d}\tau + \int_\tau \Pi \nabla \cdot (\rho \boldsymbol{V}) \mathrm{d}\tau \\
&= - \int_\tau \nabla \cdot (\Pi \rho \boldsymbol{V}) \mathrm{d}\tau \\
&= - \oint_\sigma \boldsymbol{n} \cdot \boldsymbol{V} \rho \Pi \mathrm{d}\sigma
\end{aligned}$$

即

$$\int_\tau \rho \boldsymbol{f} \cdot \boldsymbol{V} \mathrm{d}\tau = - \oint_\sigma \boldsymbol{n} \cdot \boldsymbol{V} \rho \Pi \mathrm{d}\sigma \tag{3.5.12}$$

上述推导中利用了 $\boldsymbol{f} = -\nabla \Pi$，及对定常流动有 $\nabla \cdot (\rho \boldsymbol{V}) = 0$。将式 (3.5.11) 和式 (3.5.12) 代入式 (3.5.10)，整理得

$$\oint_\sigma \boldsymbol{n} \cdot \boldsymbol{V} \left(e + \frac{V^2}{2} + \frac{p}{\rho} + \Pi \right) \rho \mathrm{d}\sigma = 0 \tag{3.5.13}$$

这就是理想流体绝热定常流动中质量力有势条件下的能量方程的积分形式。

3.5.2 微分形式的能量方程

1. 方程的建立

利用高斯公式可以从式 (3.5.8) 导出能量方程的微分形式，由于

$$\begin{aligned}
\oint_\sigma \boldsymbol{p}_n \cdot \boldsymbol{V} \mathrm{d}\sigma &= \oint_\sigma (\boldsymbol{n} \cdot \boldsymbol{p}) \cdot \boldsymbol{V} \mathrm{d}\sigma \\
&= \oint_\sigma \boldsymbol{n} \cdot (\boldsymbol{p} \cdot \boldsymbol{V}) \mathrm{d}\sigma
\end{aligned}$$

$$= \int_\tau \nabla \cdot (\boldsymbol{p} \cdot \boldsymbol{V}) \mathrm{d}\tau \tag{3.5.14}$$

$$\oint_\sigma \lambda \nabla T \cdot \mathrm{d}\boldsymbol{\sigma} = \int_\tau \nabla \cdot (\lambda \nabla T) \mathrm{d}\tau \tag{3.5.15}$$

又根据质量守恒, 应有

$$\frac{\mathrm{d}}{\mathrm{d}t} \int_\tau \rho \left(e + \frac{V^2}{2} \right) \mathrm{d}\tau = \int_\tau \rho \frac{\mathrm{d}}{\mathrm{d}t} \left(e + \frac{V^2}{2} \right) \mathrm{d}\tau \tag{3.5.16}$$

$$\int_\tau \rho \left[\frac{\mathrm{d}}{\mathrm{d}t} \left(e + \frac{V^2}{2} \right) - \boldsymbol{f} \cdot \boldsymbol{V} - \nabla \cdot (\boldsymbol{p}_n \cdot \boldsymbol{V}) - \frac{1}{\rho} \nabla \cdot (\lambda \nabla T) - q' \right] \mathrm{d}\tau = 0 \tag{3.5.17}$$

于是式 (3.5.8) 可写为

$$\int_\tau \rho \frac{\mathrm{d}}{\mathrm{d}t} \left(e + \frac{V^2}{2} \right) \mathrm{d}\tau = \int_\tau \rho \boldsymbol{f} \cdot \boldsymbol{V} \mathrm{d}\tau + \int_\tau \nabla \cdot (\boldsymbol{p} \cdot \boldsymbol{V}) \mathrm{d}\tau + \int_\tau \nabla \cdot (\lambda \nabla T) \mathrm{d}\tau + \int_\tau \rho q' \mathrm{d}\tau \tag{3.5.18}$$

由于 τ 的任意性, 且被积函数连续, 由式 (3.5.18) 可得

$$\frac{\mathrm{d}}{\mathrm{d}t} \left(e + \frac{V^2}{2} \right) = \boldsymbol{f} \cdot \boldsymbol{V} + \frac{1}{\rho} \nabla \cdot (\boldsymbol{p} \cdot \boldsymbol{V}) \mathrm{d}\tau + \frac{1}{\rho} \nabla \cdot (\lambda \nabla T) + q' \tag{3.5.19}$$

这就是微分形式的能量方程。

式 (3.5.19) 左端一项表示单位质量流体的总能量 (动能与内能之和) 的随体变化率, 右端第一项是质量力在单位时间内对单位质量流体所做的功, 第二项表示表面力在单位时间内对单位质量流体所做的功, 第三项表示在单位时间内因热传导而输入单位质量流体的热量。因此, 式 (3.5.19) 是对单位质量流体而言的能量方程。

利用矢量分析公式

$$\nabla \cdot (\boldsymbol{p} \cdot \boldsymbol{V}) = \boldsymbol{V} \cdot (\nabla \cdot \boldsymbol{p}) + \boldsymbol{p} : \boldsymbol{A} \tag{3.5.20}$$

其中

$$\boldsymbol{p} : \boldsymbol{A} = (p_{ij})(A_{ij}) = p_{11} A_{11} + p_{22} A_{22} + p_{33} A_{33} + 2(p_{12} A_{12} + p_{23} A_{23} + p_{31} A_{31})$$

可将式 (3.5.19) 改写为

$$\frac{\mathrm{d}}{\mathrm{d}t} \left(e + \frac{V^2}{2} \right) = \boldsymbol{f} \cdot \boldsymbol{V} + \frac{1}{\rho} \boldsymbol{V} \cdot (\nabla \cdot \boldsymbol{p}) + \frac{1}{\rho} \boldsymbol{p} : \boldsymbol{A} + \frac{1}{\rho} \nabla \cdot (\lambda \nabla T) + q' \tag{3.5.21}$$

又因为

$$\frac{\mathrm{d}}{\mathrm{d}t} \left(\frac{V^2}{2} \right) = \boldsymbol{f} \cdot \boldsymbol{V} + \frac{1}{\rho} \boldsymbol{V} \cdot (\nabla \cdot \boldsymbol{p}) \tag{3.5.22}$$

所以式 (3.5.21) 在直角坐标系中可写为

$$\frac{\mathrm{d}e}{\mathrm{d}t} = \frac{1}{\rho} \boldsymbol{p} : \boldsymbol{A} + \frac{1}{\rho} \nabla \cdot (\lambda \nabla T) + q' \tag{3.5.23}$$

上式也是微分形式能量方程的一种表示式。在直角坐标系中, 上式可写为

$$\rho \frac{\mathrm{d}e}{\mathrm{d}t} = p_{xx} \frac{\partial u}{\partial x} + p_{yy} \frac{\partial v}{\partial y} + p_{zz} \frac{\partial w}{\partial z} + p_{xy} \left(\frac{\partial v}{\partial x} + \frac{\partial u}{\partial y} \right) + p_{yz} \left(\frac{\partial w}{\partial y} + \frac{\partial v}{\partial z} \right)$$

$$+ p_{zx} \left(\frac{\partial u}{\partial z} + \frac{\partial w}{\partial x} \right) + \left[\frac{\partial}{\partial x} \left(\lambda \frac{\partial T}{\partial x} \right) + \frac{\partial}{\partial y} \left(\lambda \frac{\partial T}{\partial y} \right) + \frac{\partial}{\partial z} \left(\lambda \frac{\partial T}{\partial z} \right) \right] + \rho q' \quad (3.5.24)$$

利用广义牛顿黏性公式有

$$\boldsymbol{p} : \boldsymbol{A} = \left\{ - \left(p + \frac{2}{3} \mu \nabla \cdot \boldsymbol{V} \right) \boldsymbol{I} + 2\mu \boldsymbol{A} \right\} : \boldsymbol{A}$$

$$= - p \nabla \cdot \boldsymbol{V} - \frac{2}{3} \mu (\nabla \cdot \boldsymbol{V})^2 \boldsymbol{I} + 2\mu \boldsymbol{A} : \boldsymbol{A}$$

$$= - p \nabla \cdot \boldsymbol{V} - \frac{2}{3} \mu (\nabla \cdot \boldsymbol{V})^2 \boldsymbol{I} + 2\mu \boldsymbol{A}^2$$

即

$$\boldsymbol{p} : \boldsymbol{A} = (p_{ij}) \cdot (A_{ij}) = p_{11} A_{11} + p_{22} A_{22} + p_{33} A_{33} + 2(p_{12} A_{12} + p_{23} A_{23} + p_{31} A_{31})$$

$$= \left[- \left(p + \frac{2}{3} \mu \nabla \cdot \boldsymbol{V} \right) + 2\mu A_{11} \right] A_{11} + 2(2\mu A_{12}^2)$$

$$+ \left[- \left(p + \frac{2}{3} \mu \nabla \cdot \boldsymbol{V} \right) + 2\mu A_{22} \right] A_{22} + 2(2\mu A_{23}^2)$$

$$+ \left[- \left(p + \frac{2}{3} \mu \nabla \cdot \boldsymbol{V} \right) + 2\mu A_{33} \right] A_{33} + 2(2\mu A_{31}^2)$$

$$= - p(A_{11} + A_{22} + A_{33}) - \frac{2}{3} \mu (\nabla \cdot \boldsymbol{V})(A_{11} + A_{22} + A_{33})$$

$$+ 2\mu \left[A_{11}^2 + A_{22}^2 + A_{33}^2 + 2(A_{12}^2 + A_{23}^2 + A_{31}^2) \right]$$

$$= - p \nabla \cdot \boldsymbol{V} - \frac{2}{3} \mu (\nabla \cdot \boldsymbol{V})^2 + 2\mu A_{ij} \cdot A_{ij}$$

$$= - p \nabla \cdot \boldsymbol{V} + D \quad (3.5.25)$$

其中

$$D = - \frac{2}{3} \mu (\nabla \cdot \boldsymbol{V})^2 + 2\mu \boldsymbol{A}^2 \quad (3.5.26)$$

式中

$$\boldsymbol{A}^2 = \boldsymbol{A} : \boldsymbol{A} = (A_{ij})(A_{ij}) \quad (3.5.27)$$

2. 机械能耗损函数

D 表示黏性应力张量所做的功率，称为机械能的**耗损函数**，它表示单位体积流体在单位时间内由于黏性所耗损的机械能，这部分能量全部转化为热能。可以证明耗损函数满足

$$D \geqslant 0 \quad (3.5.28)$$

式中，等号仅在下列任一种情况中成立。

(1) 流体做没有变形的刚体式运动，即

$$A_{ij} = 0 \quad (i, j = 1, 2, 3)$$

(2) 流体做各向同性的膨胀或压缩流动，即

$$A_{11} = A_{22} = A_{33}$$

$$A_{ij} = 0 \quad (i \neq j)$$

对理想流体，由于 $\mu = 0$，则恒有 $D = 0$。

将式 (3.5.25) 代入式 (3.5.23)，可得能量微分方程的另一形式

$$\rho \frac{\mathrm{d}e}{\mathrm{d}t} = -\boldsymbol{p} \nabla \cdot \boldsymbol{V} + D + \nabla \cdot (\lambda \nabla T) + \rho q' \tag{3.5.29}$$

再根据连续性方程有

$$\boldsymbol{p} \nabla \cdot \boldsymbol{V} = -\frac{\boldsymbol{p}}{\rho} \frac{\mathrm{d}\rho}{\mathrm{d}t} = \rho \boldsymbol{p} \frac{\mathrm{d}}{\mathrm{d}t} \left(\frac{1}{\rho} \right)$$

于是式 (3.5.29) 可改写为

$$\rho \left\{ \frac{\mathrm{d}e}{\mathrm{d}t} + p \frac{\mathrm{d}}{\mathrm{d}t} \left(\frac{1}{\rho} \right) \right\} = D + \nabla \cdot (\lambda \nabla T) + \rho q' \tag{3.5.30}$$

由热力学已知

$$T \mathrm{d}s = \mathrm{d}e + p \mathrm{d}\alpha$$

式中，s 为单位质量流体的熵，α 为流体比热容 $\left(\alpha = \dfrac{1}{\rho} \right)$，由式 (3.5.30) 可得

$$\rho T \frac{\mathrm{d}s}{\mathrm{d}t} = D + \nabla \cdot (\lambda \nabla T) + \rho q' \tag{3.5.31}$$

这是用熵函数表示的能量微分方程。

又由于

$$h = e + p\alpha$$

即

$$\mathrm{d}h = \mathrm{d}e + p \mathrm{d}\alpha + \alpha \mathrm{d}p$$

所以

$$\rho \frac{\mathrm{d}h}{\mathrm{d}t} = \frac{\mathrm{d}p}{\mathrm{d}t} + D + \nabla \cdot (\lambda \nabla T) + \rho q'$$

3. 各种形式下的能量方程

由于

$$\frac{\mathrm{d}}{\mathrm{d}t} \left(\frac{V^2}{2} \right) = \boldsymbol{f} \cdot \boldsymbol{V} + \frac{1}{\rho} \boldsymbol{V} \cdot (\nabla \cdot \boldsymbol{p})$$

$$= \boldsymbol{f} \cdot \boldsymbol{V} + \frac{1}{\rho} \nabla \cdot (\boldsymbol{p} \cdot \boldsymbol{V}) - \frac{1}{\rho} \boldsymbol{p} : \boldsymbol{V}$$

$$= \boldsymbol{f} \cdot \boldsymbol{V} + \frac{1}{\rho} \nabla \cdot (\boldsymbol{p} \cdot \boldsymbol{V}) + \frac{p}{\rho} \nabla \cdot \boldsymbol{V} - \frac{1}{\rho} D$$

所以

$$\rho \frac{\mathrm{d}e}{\mathrm{d}t} = -p \nabla \cdot \boldsymbol{V} + D + \nabla \cdot (\lambda \nabla T) + \rho q' \tag{3.5.32}$$

1) 理想流体

$$\rho \frac{\mathrm{d}e}{\mathrm{d}t} = -\boldsymbol{p} \nabla \cdot \boldsymbol{V} + \nabla \cdot (\lambda \nabla T) + \rho q'$$

所以

$$\frac{\mathrm{d}}{\mathrm{d}t} \left(\frac{V^2}{2} \right) = \boldsymbol{f} \cdot \boldsymbol{V} + \frac{1}{\rho} \boldsymbol{V} \cdot (\nabla \cdot \boldsymbol{p})$$

由于是理想流体, $\boldsymbol{p} = -p\boldsymbol{I}$, 所以

$$\frac{\mathrm{d}}{\mathrm{d}t} \left(\frac{V^2}{2} \right) = \boldsymbol{f} \cdot \boldsymbol{V} - \frac{\boldsymbol{V}}{\rho} \cdot \nabla p \tag{3.5.33}$$

2) 理想不可压缩流体
由于

$$\frac{\mathrm{d}e}{\mathrm{d}t} = -\frac{1}{\rho} \nabla \cdot (\lambda \nabla T) + q'$$

所以

$$\frac{\mathrm{d}}{\mathrm{d}t} \left(\frac{V^2}{2} \right) = \boldsymbol{f} \cdot \boldsymbol{V} + \frac{1}{\rho} \nabla \cdot (\boldsymbol{p} \cdot \boldsymbol{V})$$

$$= \boldsymbol{f} \cdot \boldsymbol{V} - \frac{1}{\rho} \boldsymbol{V} \cdot \nabla p \tag{3.5.34}$$

其中

$$\nabla \cdot (\boldsymbol{p} \cdot \boldsymbol{V}) = \nabla \cdot (-pu\boldsymbol{i} - pv\boldsymbol{j} - pw\boldsymbol{k})$$

$$= - \left[\frac{\partial (pu)}{\partial x} + \frac{\partial (pv)}{\partial y} + \frac{\partial (pw)}{\partial z} \right]$$

$$= - \left(u \frac{\partial}{\partial x} + v \frac{\partial}{\partial y} + w \frac{\partial}{\partial z} \right) p - p \nabla \cdot \boldsymbol{V}$$

$$= -(\boldsymbol{V} \cdot \nabla)p - p \nabla \cdot \boldsymbol{V} \tag{3.5.35}$$

3) 理想流体质量力有势
由于

$$\boldsymbol{f} = -\nabla \varphi = -\nabla \varPi$$

则

$$\boldsymbol{f} \cdot \boldsymbol{V} = -\boldsymbol{V} \cdot \nabla \varPi = -\frac{\mathrm{d}\boldsymbol{r}}{\mathrm{d}t} \cdot \nabla \varPi = -\frac{\mathrm{d}\varPi}{\mathrm{d}t}$$

所以

$$\frac{\mathrm{d}}{\mathrm{d}t}\left(\frac{V^2}{2}+\Pi\right)=-\left(\frac{1}{\rho}\nabla p\right)\cdot \boldsymbol{V} \tag{3.5.36}$$

理想流体在有势质量力作用下，比机械能的变化率基于压力梯度的功率。若沿流动方向压力均匀分布，则机械能守恒。

3.6　流体力学基本方程组

3.6.1　基本方程组

本书根据质量守恒定律、动量定理和能量转换与守恒定理导出了连续性方程、运动微分方程和能量方程，组成了黏性流体动力学的基本方程组，现在分别归纳如下。

1. 应力形式的基本方程组

$$\begin{cases} \dfrac{\partial \rho}{\partial t}+\nabla\cdot(\rho\boldsymbol{V})=0 \\[2mm] \dfrac{\mathrm{d}\boldsymbol{V}}{\mathrm{d}t}=\boldsymbol{f}-\dfrac{1}{\rho}\nabla\cdot\boldsymbol{p} \\[2mm] \dfrac{\mathrm{d}e}{\mathrm{d}t}=\dfrac{1}{\rho}\boldsymbol{p}{:}\boldsymbol{A}+\dfrac{1}{\rho}\nabla\cdot(\lambda\nabla T)+q' \end{cases} \tag{3.6.1}$$

这是黏性流体动力学基本方程组的一般形式，它既适用于牛顿流体，也适用于非牛顿流体。其中

$$\boldsymbol{p}=-\left(p+\frac{2}{3}\mu\nabla\cdot\boldsymbol{V}\right)\boldsymbol{I}+2\mu\boldsymbol{A} \tag{3.6.2}$$

2. 牛顿流体的流体动力学基本方程组

$$\begin{cases} \dfrac{\partial \rho}{\partial t}+\nabla\cdot(\rho\boldsymbol{V})=0 \\[2mm] \dfrac{\mathrm{d}\boldsymbol{V}}{\mathrm{d}t}=\boldsymbol{f}-\dfrac{1}{\rho}\nabla p+\dfrac{1}{3}\nu\nabla(\nabla\cdot\boldsymbol{V})+\nu\nabla^2\boldsymbol{V} \\[2mm] \dfrac{\mathrm{d}e}{\mathrm{d}t}=-\dfrac{p}{\rho}\nabla\cdot\boldsymbol{V}+D+\nabla\cdot(\lambda\nabla T)+q' \end{cases} \tag{3.6.3}$$

在这些方程组中，未知量的数目大于方程的数目，因此这些方程组不封闭。例如在可压缩牛顿流体的基本方程组 (3.6.3) 中，未知函数为 $\rho, \boldsymbol{V}, p, e, T, q'$ 等 8 个标量函数，而方程只有 5 个，为了使方程组闭合，必须寻找新的方程。现在还找不到普遍适用的封闭方程，只能对所研究的流体作一些假设。

如果假设流体是完全气体，且热量仅以热传导方式进行传递，于是可提供下列 3 个补充方程：

$$p = \rho RT$$

$$e = c_V T$$

$$q' = 0$$

使方程组闭合。这个封闭方程组归纳如下：

$$\begin{cases} \dfrac{\partial \rho}{\partial t} + \nabla \cdot (\rho \boldsymbol{V}) = 0 \\[2mm] \dfrac{\mathrm{d}\boldsymbol{V}}{\mathrm{d}t} = \boldsymbol{f} - \dfrac{1}{\rho}\nabla p + \dfrac{1}{3}\nu\nabla(\nabla \cdot \boldsymbol{V}) + \nu\nabla^2 \boldsymbol{V} \\[2mm] \dfrac{\mathrm{d}e}{\mathrm{d}t} = \dfrac{1}{\rho}\boldsymbol{p}{:}\boldsymbol{A} + \dfrac{1}{\rho}\nabla \cdot (\lambda\nabla T) + q' \\[2mm] p = \rho RT \\[2mm] e = c_V T \\[2mm] q' = 0 \end{cases} \tag{3.6.4}$$

式中，$\boldsymbol{f}$ 为已知函数，μ, c_V, λ 为已知常数。这个封闭方程组适用的条件是：①牛顿流体；②完全气体；③热量以热传导方式传递。

3. 对于不可压缩的牛顿流体

由连续性方程和 N-S 方程就可以组成封闭方程组

$$\begin{cases} \nabla \cdot \boldsymbol{V} = 0 \\[2mm] \dfrac{\mathrm{d}\boldsymbol{V}}{\mathrm{d}t} = \boldsymbol{f} - \dfrac{1}{\rho}\nabla p + \nu\nabla^2 \boldsymbol{V} \end{cases} \tag{3.6.5}$$

在已知质量力 $\boldsymbol{f}$、密度 ρ 和黏度 μ 的条件下，方程组封闭，原则上可用式 (3.6.5) 求解适合给定初始条件和边界条件的速度场和压力场。

3.6.2 初始条件及边界条件

1. 初始条件

初始条件即在初始时刻，基本方程组之解应等于给定的函数值，即在 $t = t_0$ 时，

$$\begin{cases} \boldsymbol{V}(x, y, z, t_0) = \boldsymbol{V}_0(x, y, z) \\ p(x, y, z, t_0) = p_0(x, y, z) \\ \rho(x, y, z, t_0) = \rho_0(x, y, z) \\ T(x, y, z, t_0) = T_0(x, y, z) \\ e(x, y, z, t_0) = e_0(x, y, z) \end{cases} \tag{3.6.6}$$

式中，$\boldsymbol{V}_0, p_0, \rho_0, T_0, e_0$ 均为已知函数。

2. 边界条件

边界条件即流体运动边界处解应满足的条件。

1) 流体与固体分界面

设固壁是不可渗透的,一般流体在固壁上没有相对滑动,即满足无滑移条件 (黏附条件),这就要求在固壁处流体质点的速度矢量与相应固壁点的速度矢量相等,即

$$\boldsymbol{V}_流 = \boldsymbol{V}_固 \tag{3.6.7}$$

另外,实验表明,通常流体与固壁之间满足无温差条件 (无突跃温差),若已知固壁温度,则有

$$T_流 = T_固 \tag{3.6.8}$$

若已知固壁面传导给流体的热流密度 $q_固$ 值,则有

$$\left(-\lambda \frac{\partial T}{\partial \boldsymbol{n}'}\right) = q_固 \tag{3.6.9}$$

式中,$\boldsymbol{n}'$ 是流体界面的内法线单位矢 (从固壁面指向流体内部),定义由固体向流体传导的热量为正。

2) 两种液体分界面

分子运动论和实验结果证实,在两种液体 (分别以下标 1 和 2 表示) 分界面两边,速度、温度和压力都相等,即

$$\begin{cases} \boldsymbol{V}_1 = \boldsymbol{V}_2 \\ T_1 = T_2 \\ p_1 = p_2 \end{cases} \tag{3.6.10}$$

且剪应力和通过分界面的传热量也一定相等,即

$$\begin{cases} \mu_1 \left(\dfrac{\partial v}{\partial n}\right)_1 = \mu_2 \left(\dfrac{\partial v}{\partial n}\right)_2 \\ \lambda_1 \left(\dfrac{\partial T}{\partial n}\right)_1 = \lambda_2 \left(\dfrac{\partial T}{\partial n}\right)_2 \end{cases} \tag{3.6.11}$$

式中,n 是分界面垂直方向的坐标。

3) 液体与气体分界面

一般情况下,液体与气体分界面上的边界条件和两种液体分界面上的条件相同,最常见的液体与气体的分界面是液体与大气的分界面,即液体的自由面。如果忽略液体的表面张力,在自由面上,液体的压力应等于大气压力 p_0,且由于大气的动力黏度远小于液体,于是有

$$\begin{cases} p_液 = p_0 \\ \left(\dfrac{\partial V}{\partial n}\right)_液 \approx 0 \\ \left(\dfrac{\partial T}{\partial n}\right)_液 \approx 0 \end{cases} \tag{3.6.12}$$

流体动力学问题可归结为求解基本方程组 (3.6.1)，使之符合上述定解条件的数理方程定解问题。在以后各章中，我们将分别在不同条件下讨论相应的定解问题。

3.1 连续性方程

3.1.1 直接由体膨胀速度定义推证

$$\nabla \cdot \boldsymbol{V} = \frac{\partial u}{\partial x} + \frac{\partial v}{\partial y} + \frac{\partial w}{\partial z}$$

3.1.2 推证定常流动中沿流管的连续性方程为

$$\frac{\delta \rho}{\rho} + \frac{\delta \sigma}{\sigma} + \frac{\delta V}{V} = 0$$

3.1.3 采用无限小体元，用控制体积法求出连续性方程在下列各种坐标系中的一般表达式：
① 平面极坐标系 (r, θ) 中的连续性方程。
② 柱坐标系 (r, θ, z) 中的连续性方程。
③ 球坐标系 (r, θ, φ) 中的连续性方程。

3.1.4 设流体质点做垂直于固定轴线的圆运动，圆心位于该轴线上，试证明连续性方程为

$$\frac{\partial \rho}{\partial t} + \frac{\partial (\rho \omega)}{\partial \theta} = 0$$

式中，ω 是质点之角速度 $\dot{\theta}$，质点坐标由柱坐标 (r, θ, z) 表示 (题图 3.1.4)。

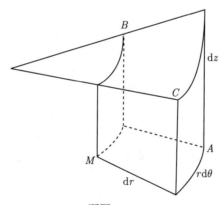

题图 3.1.4

3.1.5 设流体质点在包含 z 轴的平面上运动，试求出其连续性方程为

$$r \frac{\partial \rho}{\partial t} + \frac{\partial (\rho V_r r)}{\partial r} + r \frac{\partial (\rho V_z)}{\partial z} = 0 \ (\text{柱坐标})$$

3.1.6 用控制体积法推导平面辐射流动的连续性方程。

3.1.7 设有空间辐射流动且设速度大小仅为距辐射中心的距离及时间 t 的函数，试证其连续性方程为

$$\frac{\partial \rho}{\partial t} + V_r \frac{\partial \rho}{\partial r} + \frac{\rho}{r^2} \frac{\partial (V_r r^2)}{\partial r} = 0$$

3.1.8 设流体质点的轨迹位于共轴圆柱面上，试求连续性方程为

$$\frac{\partial \rho}{\partial t} + \frac{1}{r}\frac{\partial (\rho V_\theta)}{\partial \theta} + \frac{\partial (\rho V_z)}{\partial z} = 0$$

3.1.9　流体质点的轨迹位于与 z 轴共轴,并有共同顶点的锥上,试表示出连续性方程为

$$\frac{\partial \rho}{\partial t} + \frac{\partial (\rho V_r)}{\partial r} + \frac{2\rho V_r}{r} + \frac{1}{r\sin\theta}\frac{\partial (\rho V_\varphi)}{\partial \varphi} = 0 \text{ (球坐标)}$$

3.1.10　某瞬时水流通过具有自由面的蓄水通道,如题图 3.1.10 所示,已知通道面积 $A_1 = A_2 = 0.1\text{m}^2$。自由面截面积 $A_3 = 0.2\text{m}^2$,A_1, A_2 面上流速均匀,$V_1 = 0.1\text{m/s}, V_2 = 0.1\text{m/s}$,求该瞬时自由水面的变化率。

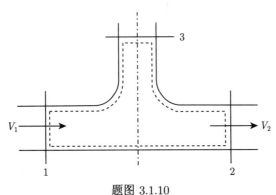

题图 3.1.10

3.1.11　下列流场中哪些是可能的二维不可压缩流动。

①$u = 3x^2 + y^2, v = x^3 - x(y^2 - 2y)$

②$u = xt + 2y, v = xt^2 - yt$

③$u = 4xy + y^2, v = 6xy + 3x$

④$u = 2x^2 + y^2, v = x^3 - x(y^2 - 2y)$

⑤$u = 2xy - x^2 + y, v = 2xy - y^2 + x^2$

⑥$u = (x + 2y)xt, v = -(2x + y)yt$

3.1.12　求下列速度场成为不可压缩流体可能流动的条件。

①$u = a_1x + b_1y + c_1z, v = a_2x + b_2y + c_2z, w = a_3x + b_3y + c_3z$

②$u = axy, v = byz, w = ayz + dz^2$

③$u = kxyzt, v = -kxyzt^2, w = k\dfrac{z^2}{2}(xt^2 - yt)$

3.1.13　决定下列流场中哪一个是可能的三维不可压缩流动?

①$u = x + y + z^2, v = x - y + z, w = 2xy + y^2 + 4$

②$u = y^2 + 2xy, v = -2yz - x^2yz, w = \dfrac{1}{2}x^2z^2 + x^2y$

③$u = 3xz/r^5, v = 3yz/r^5, w = (3z^2 - r^2)/r^5$,其中 $r^2 = x^2 + y^2 + z^2$

④$u = xyzt, v = -xyzt^2, w = (z^2/2)(xt^2 - yt)$

⑤$u = y^2 + 2xz, v = -2yz + x^2yz, w = \dfrac{1}{2}x^2z^2 + x^3y^4$

⑥$u = (3x^2 - r^2)/r^5, v = 3xy/r^5, w = 3xz/r^5$

⑦$u = 3xy/r^5, v = 3yz/r^5, w = (3z^2 - r^2)/r^5$

3.1.14　已知定常不可压缩二维流动的某一个速度分量,求另一个速度分量,可否获得唯一的答案?

①$u = ax^2 - bx + cy$

②$v = xt^2 - yt$

③$u = (x + 2y)xt$

3.1.15   已知不可压缩二维无旋流动的一个分量,求该流动的完整速度场。

①$u = 2xy$

②$v = y^2 + y - x^2$

3.1.16   下列所给的速度分量能否满足定常不可压缩的连续性方程。

$$u = 2x^2 - xy + z^2, \quad v = x^2 - 4xy + y^2, \quad w = -2xy - yz + y^2$$

3.1.17   二维不可压稳流的速度场的 x 分量为 $u = 3x^2 - y$。在 x 轴上,速度的 y 分量 $v = 2/x$,求此流动的完整速度场。

3.1.18   试证下列不可压缩流体的流动是不可能存在的

$$u = x, \quad v = y, \quad w = z$$

3.1.19   试证下列不可压缩流体的流动是可能存在的。

①$u = 2x^2 + y, v = 2y^2 + z, w = -4(x + y)z + xy$

②$u = -2xyz/(x^2 + y^2)^2, v = (x^2 - y^2)z/(x^2 + y^2)^2, w = u/(x^2 + y^2)$

③$u = yzt, v = xzt, w = xyt$

3.1.20   对定常不可压缩流动,下列 u, v 值是可能的吗?

①$u = 4xy + y^2, v = 6xy + 3x$

②$u = 2x^2 + y, v = -4xy$

3.1.21   求未知速度分量,使所得流场满足不可压缩连续性方程,并确定是否可得唯一的答案?

①$u = x^2 + 2y^2, v = yz + zx, w = ?$

②$u = 2xyz + y^2 + 5, v = ?, w = y^2 - yz^2 + 10$

③$u = ax^2 + by^2 + cz^2, v = -dxy - eyz - fzx, w = ?$

④$u = \ln\left(\dfrac{y^2}{b^2} + \dfrac{z^2}{c^2}\right), v = \ln\left(\dfrac{x^2}{a^2} + \dfrac{z^2}{c^2}\right), w = ?$

其中 a, b, c, d, e, f 为常数。

3.1.22   如题图 3.1.22 所示的收缩管,设无摩擦,确定与压力计的差为 1ft 时相应的液体流量。

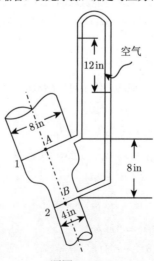

题图 3.1.22

3.1.23 如题图 3.1.23 所示，桶内液深为 5m，确定连接管的最大长度，使之不产生气穴。设液体的水温在 (a)20℃，(b)70℃，若管径为 20cm，在每一种情况下的流量为多少？

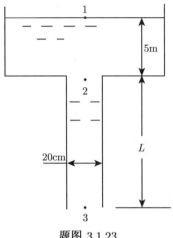

题图 3.1.23

3.1.24 两桶中液面深如题图 3.1.24 所示，桶 (a) 通过直径为 D 的圆孔液体中自由下落，而桶 (b) 则有一具有圆入口管道与之相连，经长度 L 后亦成为直径为 D 的射流，问哪一系统通过的流量较大。提示：先比较系统 (a) 中 1 点及 2 点与系统 (b) 中相应点的速度和流量。

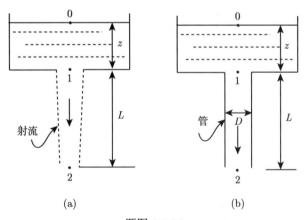

(a)   (b)

题图 3.1.24

3.1.25 如题图 3.1.25，确定收缩喷嘴的上游截面 A 处的压力。设流量为 $0.0284\mathrm{m^3/s}$，管径为 $0.1016\mathrm{m}$，喷嘴射流的直径为 $0.0508\mathrm{m}$。(a) 假定在 A，B 两截面处均有 $\alpha = 0.0283\mathrm{m^3/s}$。(b) 假定在 A 处 $\alpha = 0.0311\mathrm{m^3/s}$，在 B 处 $\alpha = 0.0288\mathrm{m^3/s}$。

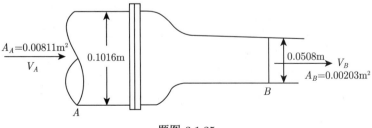

题图 3.1.25

3.1.26 用一虹吸管从水桶内抽水,若虹吸管直径为 6cm,且此桶内水面必须高 1m,计算在无气穴情况下所能得到的最大流量 (题图 3.1.26)。

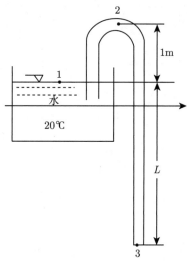

题图 3.1.26

3.1.27 不可压黏性流体沿水平同心环形的圆管做定常流动,上管内径为 a_1,外径为 a_2,试求距离管轴为 $r(a_1 < r < a_2)$ 处的流速,及在单位时间内由管流出的流量,已知长度为 l,两端的压力差为 $p_1 - p_2$,动力黏度为 μ。

3.1.28 验证下列流场满足不可压缩流体二维运动的连续性方程。

①$u = \dfrac{c}{y} \sin xy, v = -\dfrac{c}{x} \sin xy$

②$u = cx, v = -cy$

③$u = -c(x/y), v = c \ln xy$

3.1.29 某种气体流入开始为空的刚性容器,设流入速度为 2m/s, 容器入口管径为 10cm,容积为 $2m^3$,入口处压力及温度分别保持恒量 400kPa 及 330K。假定气体满足理想气体定律 $p = \rho RT$,且 $R = 0.3kJ/(kg \cdot K)$,设容器为非绝缘的,因此容器内气体温度保持为室温 330K,试确定容器内压力达到 300kPa 所需的时间。

3.1.30 有一直径为 5m 的圆形游泳池,灌满水深为 2m,可由直径为 1.2m 的水管进水,如题图 3.1.30 所示,水管内水流速为 3m/s,试确定灌满该游泳池需要多长时间?

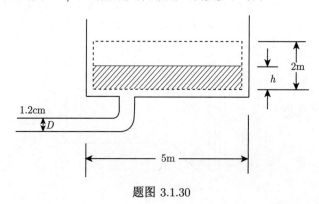

题图 3.1.30

3.1.31　在火箭马达中，液氧以 $10\mathrm{kg/s}$，液态碳化氢以 $2\mathrm{kg/s}$ 进入燃烧室，燃烧的气体产物以高速流出排空的喷嘴，如题图 3.1.31 所示，在喷嘴处气体的压力和温度分别为 101kPa 和 800K，喷嘴面积为 $400\mathrm{cm}^2$，假定流动是一维定常流，且被排出气体可视为理想气体，且 $R = 0.601\mathrm{kJ/(kg \cdot K)}$，计算喷嘴处的速度。

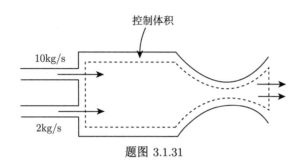

题图 3.1.31

3.1.32　如题图 3.1.32 所示，叶片以速度 V_v 沿 x 负方向移动，设 $V_v < V_j$（射流速度），求维持叶片以匀速运动所需之力，即阻止其产生加速。

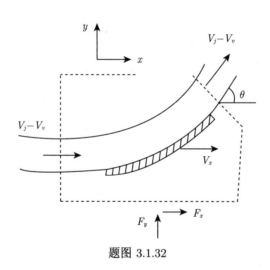

题图 3.1.32

3.1.33　在不可压缩液体的平面定常流动中，流速的径向分量为

$$V_r = -A\cos\theta/r^2$$

A 表示一常数，求速度的切向分量 V_θ 的大小。

3.1.34　二维不可压缩流体的平面流动中，速度在 x 分量已知为

$$u = \frac{1}{2}x^2 + x - 2y$$

用二维连续性方程导出 v 的表达式。

3.1.35　在不定常的流动流体中，建立一个由流体质点组成的流管元，两端的横截面分别为 $\mathrm{d}\sigma_1, \mathrm{d}\sigma_2$，设 $\varphi, \boldsymbol{a}$ 分别为定义在流管元中的标量函数和矢量函数，求它们在上述体积上的体积分的随体导数。

3.1.36　试用拉格朗日观点推导出拉格朗日变数下的连续性方程。

3.1.37　试用欧拉观点，对下述流动情况推导连续性方程：①平面轴对称流动；②空间轴对称流动；③流点都在通过某一区域的平面上的流动；④流点做垂直于某一固定区域的圆流动；⑤流点在某轴线的圆柱面上流动；⑥流点在共轴并有共同顶点的锥面上流动。

3.1.38　在流体的流动中，取一流管，流管的两个不同截面为 S_1, S_2，位于 S_1, S_2 之间的流管的侧面为 S。设由 S_1, S_2, S 三面所包的流体体积为 V，对 V 选用质量守恒定律，求：①一般情况下的质量守恒定律的数学表达式。②定常流动下的质量守恒定律的数学表达式。③不可压缩流体流动的质量守恒定律的数学表达式 (题图 3.1.38)。

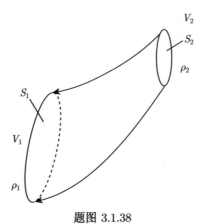

题图 3.1.38

3.1.39　对一流速为 $\boldsymbol{V}$ 的流动，选用的坐标系是以常角速度 $\boldsymbol{\omega}$ 转动，且又以常速度 $\boldsymbol{U}$ 前进，试证连续性方程为

$$\frac{\partial \rho}{\partial t} + \nabla \cdot \left(\rho \frac{\mathrm{d}\boldsymbol{r}}{\mathrm{d}t} \right) = 0$$

其中

$$\frac{\mathrm{d}\boldsymbol{r}}{\mathrm{d}t} = \boldsymbol{V} - \boldsymbol{U} - \boldsymbol{\omega} \times \boldsymbol{r}$$

3.1.40　已知流体质点在坐标原点上的速度为 0，且两分速度分别为 $u = 5x, v = -3y$，问所构成不可压缩流体可能运动的第三个分量 w 应满足什么？

3.1.41　试证在不可压缩流体的流动中，流管具有以下性质：各截面上的流量相同。

3.1.42　设有一流动存在，运用欧拉观点采用取有限体积的方法，推导矢量形式的运动方程。

3.1.43　已知定常不可压平面流动的速度分量

$$u = ax^2 - bx + cy \quad (a, b, c \text{ 为常数})$$

求另一速度分量，可否得唯一答案？

3.2 动量方程

3.2.1　在理想流体中取一平行六面体元，其体积为 $\mathrm{d}\tau = \mathrm{d}x\mathrm{d}y\mathrm{d}z$，设单位质量流体所受力为 $\boldsymbol{F}$，根据牛顿定律导出欧拉方程。

3.2.2　不可压缩流体通过弯管的定常流动，求在截面 1 及 2 之间的流体作用于管上的力 (题图 3.2.2)。

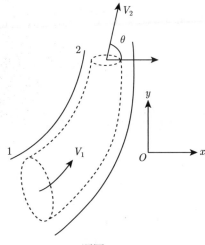

题图 3.2.2

3.2.3   一注水的定常射流，射在一静止叶片上，试求维持叶片不动所需之力。假设射流与叶片表面以光滑形式接触，且在出口处具有相同的形状和面积 (题图 3.2.3)。

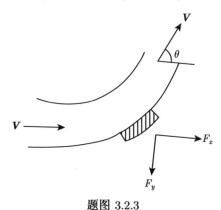

题图 3.2.3

3.2.4   两平板组成收缩渠道，如题图 3.2.4 所示，流体是理想而不可压缩的，流动对称于两平板延长线的交点 O (即以 O 点为圆心的圆周上流速大小相等)。设 $OA = 1\mathrm{m}$，$OB = 2\mathrm{m}$，A 点处流向 O 点的流速为 $2\mathrm{m/s}$。求沿壁面的压力分布，并求作用在 AB 面上的力。

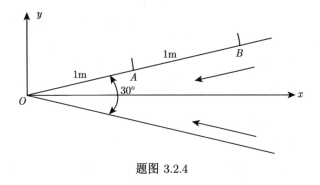

题图 3.2.4

3.2.5   如题图 3.2.5 所示，横截面积为 A 的直管内，流体以一定的速度 q 由 1 向 2 流动。1 和 2 的

压力差 $p_1 - p_2$ 在下列场合：①由于流体的黏性，流体对管壁在流动方向上有力 F 作用；②流体的黏性可以忽略的情形。

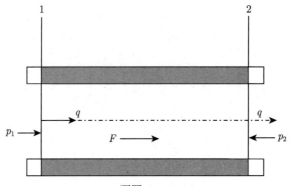

题图 3.2.5

3.2.6 自地球表面向上加速运动之火箭，相对于喷嘴排气速度为 V_e，火箭喷嘴出口处压强为 p_e，燃料的燃烧率 $\dot{m}_f$ 在整个飞行中为常数。设空气阻力为 D，重力加速度为 g，求在不计阻力及重力的情况下 (空间运行)，火箭的绝对速度 V_R 与时间 t 之关系，M_R 为火箭在任一时刻的质量 (题图 3.2.6)。

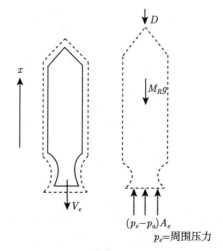

题图 3.2.6

3.2.7 最初用于阿波罗升高的土星 LB 号火箭，当其燃料以 2832kg/s 消耗时，发出的水平推力为 7.295MN。如果火箭及其有效载荷最初的质量包括阿波罗为 5.86×10^5kg。其中 4×10^5kg 是燃料。试决定在燃料被排掉之后火箭的速度，不计局地环境压力与火箭出口压力的差别，不计空气阻力及重力。

3.2.8 一水桶装有深为 0.2m 的水，置于一电梯的地板上 (题图 3.2.8)，在下列条件下，计算水桶底部的平衡压力：

①当电梯以 5m/s² 向上加速度运行时；

②当电梯以 5m/s² 向下加速度运行时；

③当电梯以 9.81m/s² 向下加速度运行时；

④当电梯静止时。

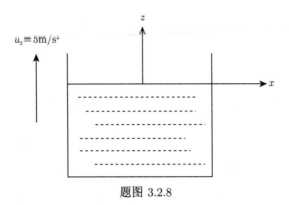

题图 3.2.8

3.2.9　如题图 3.2.9 所示，液体从喷口向大气喷出，证明作用于喷口的力 $F = \dfrac{\gamma A_1 Q^2}{2g}\left(\dfrac{A_1 - A_2}{A_1 A_2}\right)^2$，式中，$A_1, A_2$ 为喷口 1, 2 处的横截面积，γ 为液体的密度。

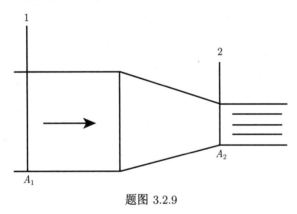

题图 3.2.9

3.2.10　密度为 ρ 的流体，以速度 q 从横截面积为 A 的喷管向大气喷出。如题图 3.2.10 所示，当它沿固定面运动时，大小不变，仅方向改变 θ，如果忽略固定面上的摩擦力，试求作用于面上的力。

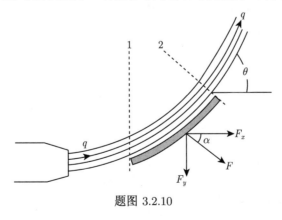

题图 3.2.10

3.2.11　流量为 Q 的喷流过垂直放置的小圆板，喷流成 α 角流出，设喷流的密度为 ρ，速度为 q，求流体作用于圆板的力 (题图 3.2.11)。

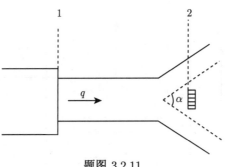

题图 3.2.11

3.2.12 在空中以 400km/h 飞行的飞机, 直径为 2.1m 的推进器放出的空气流量为 465m³/s, 设空气的密度为 $\rho = 1.22kg/m^3$, 求推进器的推力和功率。

3.2.13 喷气式飞机以 580km/h 的速度飞行。高温气体以 460km/s 的速度从直径为 20cm 的喷口喷出, 高温气体的温度为 649℃, 压力 1.033kg/cm²。求喷气机的推力。

3.2.14 V_2 (第二次世界大战末期, 德国发明和使用的武器) 的推进器的消耗量为 125kg/s, 排气速度为 2.35km/s, 求它的推力。

3.2.15 如题图 3.2.15 所示, 喷管 1,2 处的横截面面积各为 1000cm², 50cm², 当水从这个喷管以 0.10m³/s 的流量喷出时, 求水对喷管的作用力为多少千克?

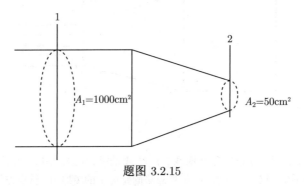

题图 3.2.15

3.2.16 如题图 3.2.16 所示, 90° 的弯管 (横截面积 0.785m²) 内, 水以平均速度 3m/s 流动, 弯管的入口 1 和出口 2 处的静压都是 1kg/s, 忽略重力。求流体对弯管作用力的大小和方向。

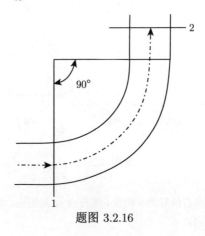

题图 3.2.16

3.2.17　如题图 3.2.17 所示，水中的叶片受到流速为 q 的喷流，喷流从 α 角方向流出。其中喷口出流的流体密度为 ρ，流量为 Q。求喷流对叶片的作用力。

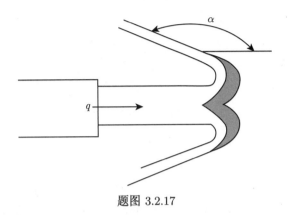

题图 3.2.17

3.2.18　如题图 3.2.18 所示，由横截面积为 a 的喷口，水以流速 q 喷出，水车的叶片以速度 u 旋转，叶片附近的水流状态和题图 3.2.17 一样，但流速和角度 α 的方向相反。求喷流对水车的力和功率。

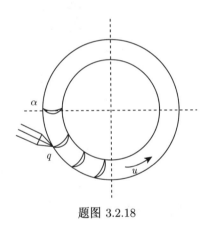

题图 3.2.18

3.2.19　在空中以 322km/h 的速度飞行的单缸飞机，效率为 85%。推进器的直径为 2.1m，空气密度为 1.225kg/m^3。求飞机的推力和功率。

3.2.20　以 800km/h 的速度飞行的喷气机，喷气管以 400m/s 的速度排气，吸气量为 25kg/s，排气量增加 2.5%。求喷气机的推力。

3.2.21　喷气机每秒使用 10kg 的燃料和 136kg 的氧气，喷气管以 610m/s 的速度排气。求喷气机的推力。

3.2.22　质量为 1t 的喷气式飞机，每秒使用 25kg 的燃料，喷气口以 800m/s 的速度排气。求推力。

3.2.23　将题 3.1.31 中火箭马达安置于一实验台上，如题图 3.2.23 所示，液氧和碳化氢燃料储于容器内，以 10kg/s 和 2kg/s 进入燃烧室。出口处气体压力和温度分别为 101kPa 和 800K，出口面积为 400cm^2。包围工作台的环境压力为 101kPa。假定流动是一维定常流。计算火箭之衡力，即保持火箭不动所需之力。

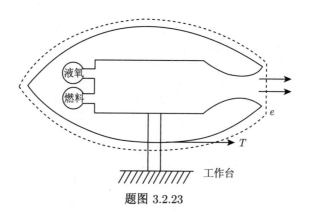

题图 3.2.23

3.2.24 在火箭马达的其他实验中，为模拟实际飞行条件，使环境压力降为 20kPa。火箭马达内的条件及出口处之压力及速度均与题 3.2.23 相同，计算此情况下火箭的动力 (题图 3.2.24)。

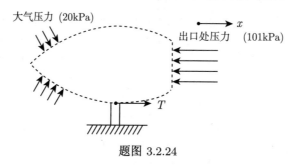

题图 3.2.24

3.2.25 一喷水机，沿水平方向通过两个相同的可调整的喷嘴洒水，喷嘴装在喷水机之转子的两端上可绕中心转动。当供水后喷水机将启动，最后将达到一特定的转速，这个转速与固轴上摩擦而引起的阻力矩的大小有关。设喷嘴出流方向与径向间夹角为 α。如题图 3.2.25 所示，试确定当转速从 0(转子保持静止) 到最大值的摩擦力矩 (零转矩即为无轴摩擦)。

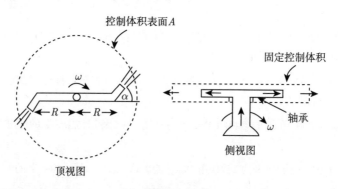

题图 3.2.25

3.2.26 一长为 1m 的水箱以 0.8m/s^2 沿水平面做匀加速运动，求其内水的自由表面 (题图 3.2.26)。

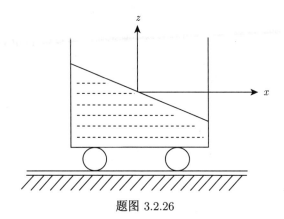

题图 3.2.26

3.2.27　一半径为 r，高为 H 的密封容器，其内以液体充满，可绕中心轴以匀角速度 ω 转动，求液体中的压力分布。

3.2.28　均匀厚度的正方形板绕其上部边缘水平悬挂，每边长 0.4m，重 100N，一股直径 0.02m 的水平水，射在板上边缘以下 0.2m 处，以致当板竖直时，这股水垂直地冲在板中心，水速 15m/s，试确定为保持板竖直必须加在板下沿的力。若允许板自由转动，求板在水的作用下对于竖直方向的斜倾度。在两种情况下，设冲击后水流沿板表面流动 (题图 3.2.28)。

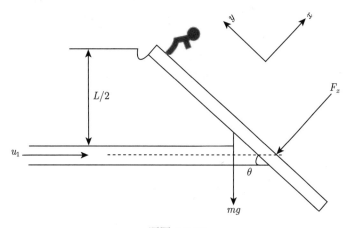

题图 3.2.28

3.2.29　如题图 3.2.29 所示，水流以 15m³/s 的速率流过溢洪道。如上游深度 5m，确定作用在溢洪道上的力的方向和量值。

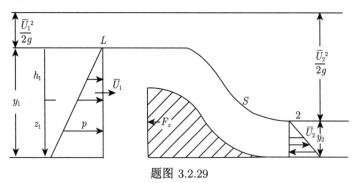

题图 3.2.29

3.2.30　在喷气发动机的静态实验期间，空气以 75m/s 的均速进入 750mm 直径的入口，温度 15℃，压力 10^5Pa，发动机装有半径 $R = 250$mm 的排气管。在实验中，发现排气速度的分布很接近于 $u/u_m = (1 - r^2/R^2)$，u 为任意半径 r 处速度，u_m 是实验中最大气体速度，约 500m/s，喷管按设计的尾部压力排气，如果由于燃料增加引起的质量速率增加量是 1.5%。确定：①排出气体密度；②喷气发动机的推力，设大气压 1.015×10^5Pa，$R = 287$J/(kg·K)(题图 3.2.30)。

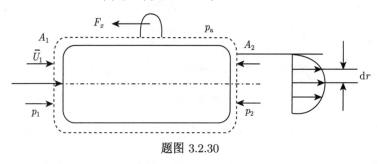

题图 3.2.30

3.2.31　一射流引擎被静止地安置在一实验基座上，入口速度为152.4m/s，而排出之气体以1066.8m/s之速度离开，入口处的空气及出口处排出之气体均处在大气压下，燃料对空气的比为 1:50，入口与出口面积均为 0.185m²，流入之空气密度为 1.23kg/m³，试求维持射流引擎静止所需之力 T_x(题图 3.2.31)。

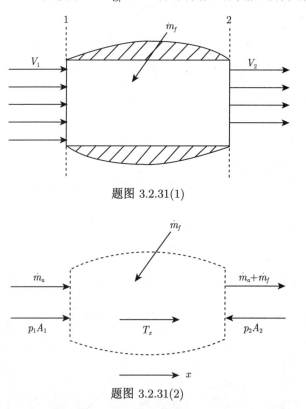

题图 3.2.31(1)

题图 3.2.31(2)

3.2.32　一进行空间探索的三级火箭，前二级可以携带第三级火箭从地球升空到可以不计地球引力的距离，阻力也略去不计，当第二级火箭达到其最大高度时，将把第三级火箭送出。当然此时第二级火箭相对于地球的速度为零，最后级的火箭的引擎按设计要求将以相对火箭为匀速 V_0(ft/s) 排出射流，求第三级火箭的最后速度与哪些参数有关 (题 3.2.32)。

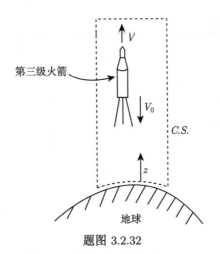

题图 3.2.32

3.2.33　一离心泵以 1.0 ft³/s 的流量抽水，水沿轴向进入涡轮，涡轮的直径为 10in。且叶片为 1in 高。试求输入给转子的功率，转子的转数为 1000r/min(题图 3.2.33)。

题图 3.2.33(1)

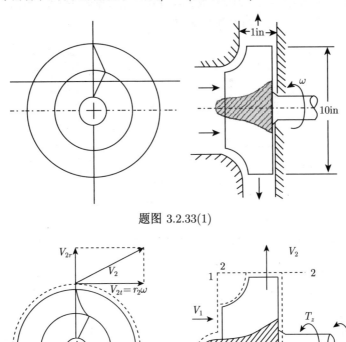

题图 3.2.33(2)

3.2.34　如题图 3.2.34 所示圆桶内有汽油，其相对密度为 0.88，若桶直径为 10m，初始汽油的深度为 2m，桶以 2.45m/s² 向右加速，确定表面的斜率及桶底的最小和最大压力，假定桶壁足够高，没有汽油流出。

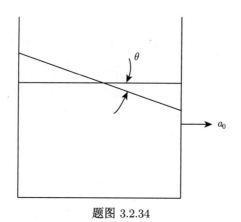
题图 3.2.34

3.2.35 一直径为 2m，高 3m 的封闭桶装满了水，绕轴以角速度 $\omega = 100\text{r/min}$ 转动，装在顶部中心处之压力计读数为 27 579Pa，确定在桶底外围上的压力。

3.2.36 一二维物体等距离地置于两平行板之间，物体前之二维流近似为常数，而下游则近似为三角形分布，如题图 3.2.36 所示，确定作用于物体之阻力。

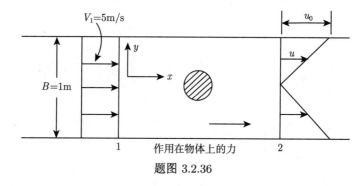
题图 3.2.36

3.2.37 对以常速 V_p 通过空气的射流引擎所产生的推力建立其表达式 (题图 3.2.37)。

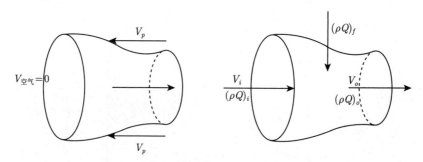
题图 3.2.37

3.2.38 液体射流打在曲板上，如题图 3.2.38 所示，①若射流直径为 3in，速度为 50ft/s，以 70° 倾斜角通过 (当它击中静止板时)，确定水对板作用力之水平分量。②如果平板不再静止，而以 15ft/s 向右运动，确定水离开翼板时的速度。

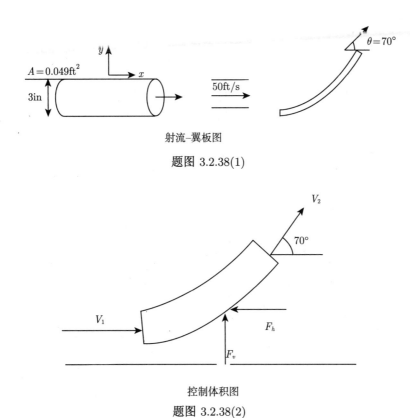

射流–翼板图

题图 3.2.38(1)

控制体积图

题图 3.2.38(2)

3.2.39　水通过管上一 $\frac{1}{8}$in 的缝流出，如题图 3.2.39 所示，总流量为 1ft^3/s，且速度自缝一端的最大值线性变化为另一端的零值，试确定由缝流出的流体对于相连的竖直管轴的力矩。

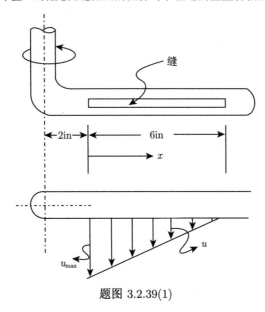

题图 3.2.39(1)

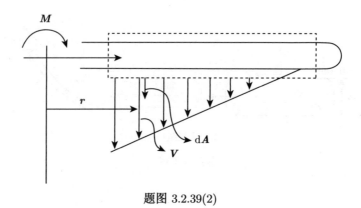

题图 3.2.39(2)

3.2.40 如题图 3.2.40 所示的收缩喷嘴, 确定其接合处 (截面 A) 所受之力。

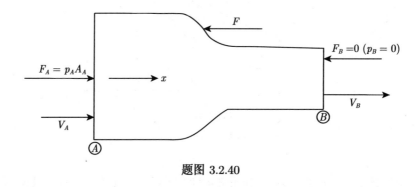

题图 3.2.40

3.2.41 不计桶内水深 h 的变化, 在下列两种情况下比较桶所受的推力: ①桶静止; ②桶以 V_1 向左运动, 射流面积为 A_0(题图 3.2.41)。

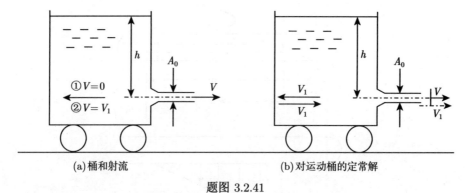

(a) 桶和射流   (b) 对运动桶的定常解

题图 3.2.41

3.2.42 有一管径为常数的毛细管, 水通过它, 设为定常均匀流动, 由温度测量可确定在两横截面间内能的增加 $u_2 - u_1$, 试通过内能的增加计算流体作用于毛细管之摩擦力 (题图 3.2.42)。

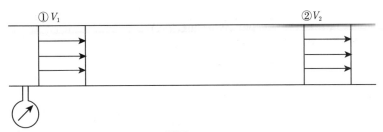

题图 3.2.42

3.2.43 水流通过水平 Y 形分支管,如题图 3.2.43 所示。对稳定流动不计耗损的一维流动,试确定维持 Y 形管于原地不动所需的力分量。在 1 处压力为 30kPa,流入体积通量为 15.0L/s,2 处流出通量为 10.0L/s,液体密度为 1000kg/m³。

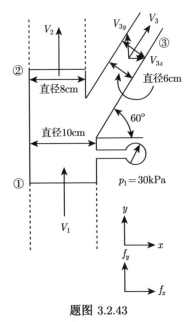

题图 3.2.43

3.2.44 流体对平板的斜冲击如题图 3.2.44 所示,设宽度为 b_0 的二元流束以速度 V_0 向平板 AB 冲击,流速和平板的夹角为 α。求理想流体对平板的作用力。

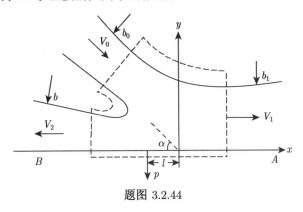

题图 3.2.44

3.2.45 气垫船基本原理。气垫船结构如题图 3.2.45 所示。气体由顶部风扇抽入,从底部向两侧喷出。气体喷出时喷射宽度为 b_0，其速度 V_0 的方向先是与底部水平线成 θ 的夹角，然后转为水平，向两侧沿地面喷出。气垫船质量为 W，底面积为 S。试求底部间距 h 和船重 W 之间的关系。

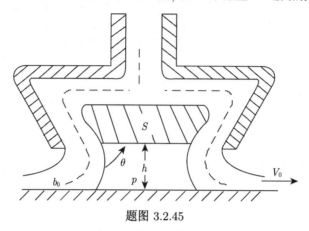

题图 3.2.45

3.2.46　滑行艇基本原理。假设滑行艇 AB 与水平面间夹角为 α，水以速度 V_0 从右向左流动，如题图 3.2.46 所示，水原来的深度为 h_0，流经滑行艇后分为两部分，一部分宽度为 δ，以速度 V_2 沿艇首喷出，另一部分深度为 h，以速度 V_1 向艇尾流出，试求作用在滑行艇上的力。

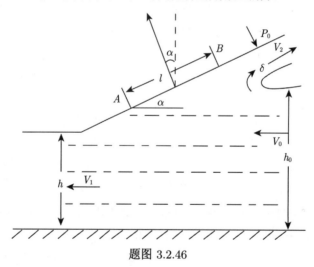

题图 3.2.46

3.2.47　液体置于密闭圆筒形容器内并绕中轴 (z) 旋转，证明：$\boldsymbol{V} = \boldsymbol{\omega} \times \boldsymbol{r}$ 是适合连续性方程和边界条件的，其中 $\boldsymbol{\omega}$ 为角速度矢，它只是时间 t 的函数。若液体所受体力为 $\boldsymbol{F} = (\alpha x + \beta y)\boldsymbol{i} + (\gamma x + \delta y)\boldsymbol{j} - g\boldsymbol{k}$，自静止开始绕轴转动，试证：

$$\frac{\mathrm{d}\omega}{\mathrm{d}t} = \frac{1}{2}(\gamma - \beta)$$

$$\frac{p}{\rho} = \frac{1}{2}\omega^2(x^2 + y^2) + \frac{1}{2}\left[\alpha x^2 + (\beta + \gamma)xy + \delta y^2\right] - gz + F(t)$$

3.2.48　初速度为 V_0 的射流，试确定射流具有最大水平射程时的角度 θ，并确定射流恢复原始高度时的水平距离 (题图 3.2.48)。

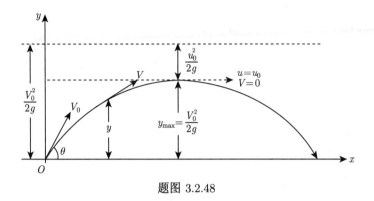

题图 3.2.48

3.2.49 试确定射流能击中窗户的最小射流速度 V_0 及相应的 θ(题图 3.2.49)。

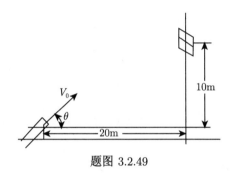

题图 3.2.49

3.2.50 水跃现象经常发生在开渠道流中,它是一种当一高速流动突然减速而变为缓慢之流动时所发生的现象。现考虑:在宽为 b 的矩形渠道中的水跃,如题图 3.2.50(a) 所示,对应的控制体积及应力如题图 3.2.50(b) 所示。

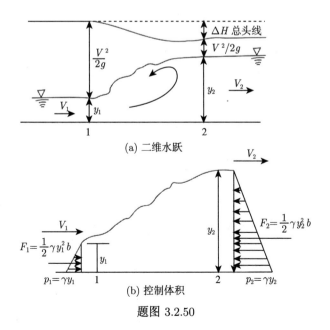

题图 3.2.50

3.2.51   用动量矩原理证明 $p_{xy} = p_{yx}$。

3.2.52   一叶片以匀速 $u = 30\text{ft/s}$ 运动，并接受一水的射流，该射流以速度 $V = 100\text{ft/s}$ 离开一喷口，喷口的出口面积为 0.04ft^2，求作用于运动叶片上的总力。

3.2.53   求水之射流作用于倾斜板上的力，以 θ 的函数表示 (题图 3.2.53)。

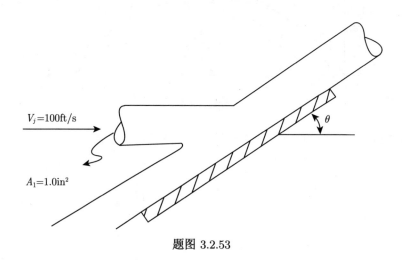

题图 3.2.53

3.2.54   一平板形叶片以速度 $V_{叶片}$ 逆自由射流方向运动，如题图 3.2.54 所示，试确定叶片所受之力，假定射流速度均匀分布。

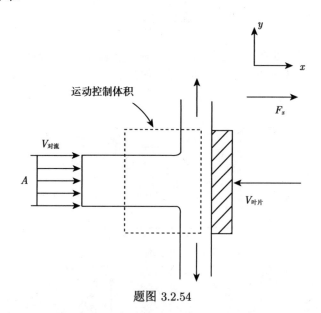

题图 3.2.54

3.2.55   如题图 3.2.55 所示，由水箱中流出流进的流动均在水平面内，通过管①及②进入的流量均为 $0.332\text{m}^3/\text{s}$，且在此二管之每一处的压力为 32kN/m^2，管③、④、⑤以 8m/s 的速度流入空气，试求作用于固定在 A 点处的铰链上的力和力矩。

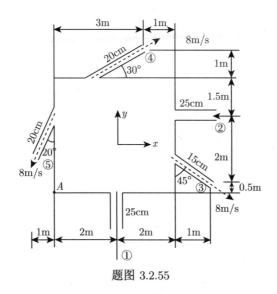

题图 3.2.55

3.2.56　流体以点 O 为中心做水平旋转且喷出。设流线上任一点方向的分速为 c_u，半径方向的分速为 c_m，证明 $c_m/c_u = c$（题图 3.2.56）。

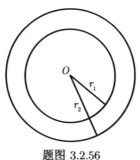

题图 3.2.56

3.2.57　题图 3.2.57 表示一试验，火箭有一起始质量 m_0（m_0 为火箭本身和燃料的总质量），在接近地面处竖直向上发射，在飞行中 g 保持一定值，喷出气体的出口压力为 p_e，令大气压力为 p_a，大气压力 p_a 与 p_e 不等。设空气阻力 R 和发射时间成正比，$R = kt$，k 为常数，求在燃烧时间内火箭向上飞行的速度。

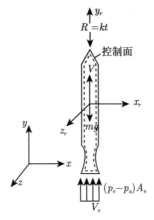

题图 3.2.57

3.2.58 如题图 3.2.58 所示为水经过一建设在 10ft 宽锥形剖面水道上的控制堰流动情形的纵向剖面，求作用在堰上的总力。

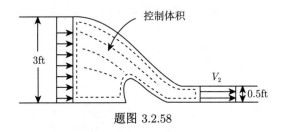

题图 3.2.58

3.2.59 如题图 3.2.59 表示一不可压缩流体经一管径为 D 的稳定流动，流体的密度为 ρ。1, 2 表示流体中两个断面的位置，在断面 1 流速为一定值，在断面 2，流速的分布是旋转抛物体的形状，在断面 1, 2 处的压力分布以 p_1, p_2 表示，试以 p_1, p_2, L, D 和 V_1，求两断面间，流体作用在管壁的摩擦阻力的值。

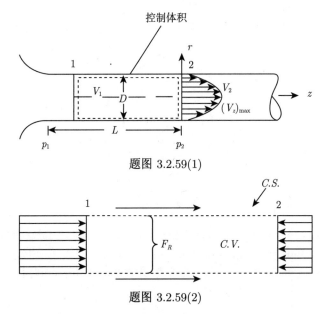

题图 3.2.59(1)

题图 3.2.59(2)

3.2.60 水以 100ft/s 的速度射流冲击一速度为 40ft/s 移动的叶片，如题图 3.2.60 所示，试求：(a) 对叶片提供的功率；(b) 射流离开叶片的绝对速度。

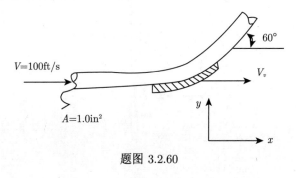

题图 3.2.60

3.3 能量方程

3.3.1　在许多问题中都存在能量损失,而求解总是首先应用动量方程,迄今,很少注意能量损失,但沿流动在不同截面处计算能量,其问题差别即为能量损失,如题图 3.3.1 所示,考虑一气流的突然膨胀,设空气流量为 $3.40\text{m}^3/\text{s}$,温度为 $80℉$,计算由于膨胀产生的能量损失。

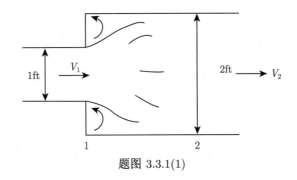

题图 3.3.1(1)

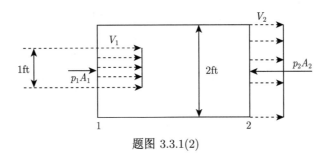

题图 3.3.1(2)

3.3.2　理想气体流通过变截面的喷嘴,不计摩擦,如题图 3.3.2 所示,可通过管壁加热以保持温度恒定,入口处温度、压力和速度为给定的,另外入口及出口处的截面给定。假设为一维流动,计算出口处的压力及速度以及热量的供给率。

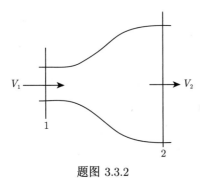

题图 3.3.2

3.3.3　采用一供水量为 $0.05\text{m}^3/\text{s}$ 的水泵,通过一直径为 10cm 水管在大气压下自海平面处一水池将水抽至高出海平面 100m 处的建筑物内,试确定所需之水泵的功率。水密度设为常数 $1000\text{kg}/\text{m}^3$,略去热传递,并假定水流过管道时其内能的变化可忽略 (题图 3.3.3)。

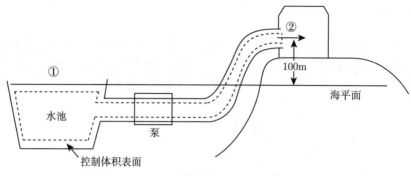

题图 3.3.3

3.3.4   在涡轮喷气发动机中，燃烧的气体产物以速度 20m/s 和温度 1000K 进入涡轮；在涡轮出口处，气体的速度和温度为 80m/s 和 720K。若通过涡轮的质量流率为 40kg/s，试决定对定常流的输出功率。当气体通过涡轮时假定为绝热流 (无热交换)，并假定气体可当作理想气体，具有常数比热容 $c_p = 1.2\text{kJ}/(\text{kg}\cdot\text{K})$。因此焓差可表示为 $h_2 - h_1 = c_p(T_1 - T_2)$(题图 3.3.4)。

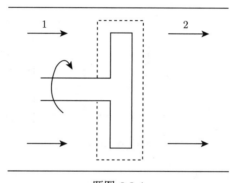

题图 3.3.4

3.3.5   设有流动存在，运用欧拉观点，采用有限体积的方法，推导能量方程。

3.3.6   一液体射流向上对着一平板流出，平板上放一物，板与物之总质量为 M，射流支撑着平板，如题图 3.3.6 所示，试确定板在喷嘴出口以上平衡高度，作为喷嘴面积和出口速度的函数表达式。

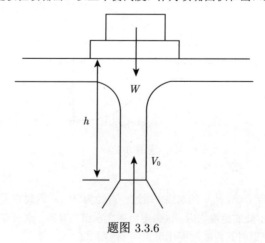

题图 3.3.6

3.4 应力与应变

3.4.1　公式 $\boldsymbol{p}_n = \alpha\boldsymbol{p}_x + \beta\boldsymbol{p}_y + \gamma\boldsymbol{p}_z$ 代表什么物理意义？它与下式 $\boldsymbol{p}_n = \boldsymbol{i}p_{nx} + \boldsymbol{j}p_{ny} + \boldsymbol{k}p_{nz}$ 有何异同？

3.4.2　某一流体的黏度 $\mu = 0.008\mathrm{kg \cdot s/m^2}$，若其流场为 $u = 2y + 3z, v = 3z + x, w = 2x + 4y$，求其切应力。

3.4.3　已知不可压缩流体的速度分布为 $u = 5x^2yz, v = 3xy^2z, w = -8xyz^2$，流体的动力黏度为 $\mu = 10.7\mathrm{Pa \cdot s}$，求 $(2, 4, -6)$ 点处之法应力及切应力。

3.4.4　黏性流动为 $u = m(x + ny), v = l(x + ny), w = n$，试确定体膨胀速度为零的条件，并写出流场各点的黏性应力。

3.4.5　设有如题图 3.4.5 所示，相距为 $h\mathrm{cm}$ 的两块无界平行平板，两板间充满着温度为 20℃ 的水，其黏度 $\mu = 0.01\mathrm{g/(cm \cdot s)}$，假设两板间水的流速为①$u = kz$，②$u = k\sin z$，试计算这时平板对水，水对平板的黏性应力的大小和方向，以及在第二种情况时，$z = 0$ 处流体所受应力的大小和方向，要说明是何种应力？

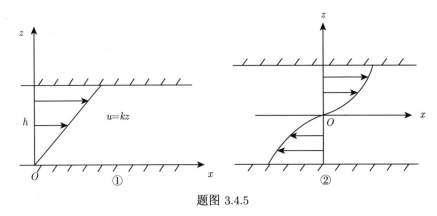

题图 3.4.5

3.4.6　一长为 l，宽为 b 的平板，完全浸没于黏度为 μ 的流体中，流体以速度 u 沿平板平行流过，设流体在平板两侧的速度分布如题图 3.4.6 所示。求：①平板上的总阻力；②$y = \dfrac{1}{2}h$ 处流体内之切应力；③$y = \dfrac{3}{2}h$ 处流体之切应力。

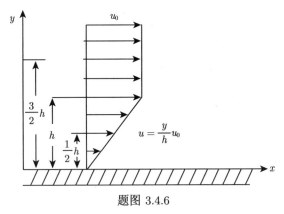

题图 3.4.6

3.4.7　已知黏性流体在圆管中做层流流动时，其速度分布为 $u = c(R^2 - r^2)$，其中 c 为常数，R 为圆管半径，求：①单位长圆管对流体的阻力；②在管内 $r = \dfrac{1}{2}R$ 处，沿圆管每单位长流体的内摩擦 (题图 3.4.7)。

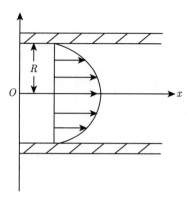

题图 3.4.7

3.4.8 已知某流体流动的应力场为

$$\boldsymbol{p} = \begin{bmatrix} 5x + 7y^2 & -6x^2 & 0 \\ -6x^2 & 9xy - 4y^2 & 0 \\ 0 & 0 & 0 \end{bmatrix}$$

求某点以 $\boldsymbol{n}\left(\dfrac{\sqrt{3}}{2}, \dfrac{1}{2}, 0\right)$ 为法向之面元的法应力 p_{nn}。

3.4.9 已知一黏性不可压缩流动的速度场为

$$\boldsymbol{V} = 5x^2 y \boldsymbol{i} + 3xyz \boldsymbol{j} - 8xz^2 \boldsymbol{k} \text{(ft/s)}$$

流体的动力黏性系数为 $\mu = 0.144 \text{N} \cdot \text{s/m}^2$，在点 $(2, 4, -6)$ 处，$\sigma_{yy} = -95.8 \text{N/m}^2$。试算出在同位置其正交应力和剪应力。

3.4.10 试证在任一点，应力满足 $p_{nm} = p_{mn}$，并说明 p_{nm}, p_{mn} 表示的物理意义。

3.4.11 证明均匀变形时，任何流体质点的变形主轴方向相等。

3.4.12 过任意一点，如果在某个面上只有法应力 δ 作用，没有切应力，则称 δ 为主应力，试证:

① 任意一点，有 3 个主应力 $\delta_1, \delta_2, \delta_3$，若 $\delta_1, \delta_2, \delta_3$ 各不相同，则它们的作用面积相互垂直。

② 若 $\delta_1 \geqslant \delta_2 \geqslant \delta_3$，则 $\delta_1 \geqslant p_{nn} \geqslant \delta_3$，即作用在过一点各个不同面上的法应力的最大和最小值是主应力。

3.4.13 试过一点作出分别垂直于 3 个坐标轴的 3 个平面，绘出作用于这 3 个平面上的黏性流体应力及它们在坐标轴上的投影，从而说明式中各符号的意义。

3.4.14 在弹性体中应力与变形成比例，而在黏性流体中是如何与之比拟的? 理想流体压力和黏性流体压力有何不同?

3.4.15 将 $\nabla \cdot \boldsymbol{p}$ 展开，并证明其恒等于单位体积流体所受之面合力 $\boldsymbol{f}_\sigma = \dfrac{\partial \boldsymbol{p}_x}{\partial x} + \dfrac{\partial \boldsymbol{p}_y}{\partial y} + \dfrac{\partial \boldsymbol{p}_z}{\partial z}$，且

$$\begin{cases} \boldsymbol{p}_x = \boldsymbol{i} p_{xx} + \boldsymbol{j} p_{xy} + \boldsymbol{k} p_{xz} \\ \boldsymbol{p}_y = \boldsymbol{i} p_{yx} + \boldsymbol{j} p_{yy} + \boldsymbol{k} p_{yz} \\ \boldsymbol{p}_z = \boldsymbol{i} p_{zx} + \boldsymbol{j} p_{zy} + \boldsymbol{k} p_{zz} \end{cases} \circ$$

3.4.16 求理想流体应力能量的简化形式 $\begin{vmatrix} p_{11} & 0 & 0 \\ 0 & p_{22} & 0 \\ 0 & 0 & p_{33} \end{vmatrix}$。

3.4.17 用并矢法求

$$\boldsymbol{p}_n = \boldsymbol{n} \cdot \Pi$$

$$\Pi = iip_{xx} + ijp_{xy} + ikp_{xz} + jip_{yx} + jjp_{yy} + jkp_{yz} + kip_{zx} + kjp_{zy} + kkp_{zz}$$

3.4.18　设某一流体流动为 $u = 2y + 3z, v = 3z + x, w = 2x + 4y$，该流体的黏性系数 $\mu = 0.008\mathrm{N \cdot s/m^2}$，求其切应力。

3.4.19　若黏性流动为 $u = 0, v = 0, w = F(r,\theta)$，试写出其应力 $\boldsymbol{p}_n$。

3.4.20　两板距 10mm 的无限大平板与水平面成 45°，板间有黏性系数 $\mu = 0.9\mathrm{N \cdot s/m^2}$，密度 $\rho = 1260\mathrm{kg/m^3}$ 的流体做层流，上板以 1.5m/s 的速度相对于下板在与流体流动的相反方向运动，用压力计分别测得上板上高度为 1m 的两点处的压强为 $250\mathrm{kN/m^2}$ 和 $80\mathrm{kN/m^2}$，求两板间的流速和切应力 (即黏性应力)，最大流速以及作用在上板上的切应力，假设流动为不可压缩定常均匀流动 (题图 3.4.20)。

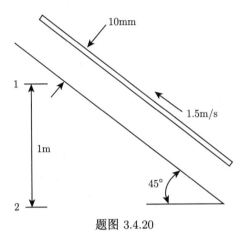

题图 3.4.20

3.4.21　不可压黏性流体在无压力梯度力和无外力作用下，平行于 xOy 平面运动，其流速沿着 x 轴且只与 z 有关，试分别求出黏性应力对单位体积流体所做的功率和单位体积流体动能的变率，以及由此相减来说明能量耗散 D 的意义。

第4章 理想流体的简单运动

4.1 理想流体基本方程组

4.1.1 惯性系

由第 3 章的讨论可知,当 $\mu \approx 0$ 时,流体可认为是理想流体,其运动均满足下列基本方程组:

$$\frac{\partial \rho}{\partial t} + \nabla \cdot (\rho \boldsymbol{V}) = 0$$

$$\frac{\mathrm{d}\boldsymbol{V}}{\mathrm{d}t} = \boldsymbol{f} - \frac{1}{\rho}\nabla p \tag{4.1.1}$$

一般情况下 $\boldsymbol{f}$ 为已知,未知函数是 $p, \boldsymbol{V}, \rho$。因而式 (4.1.1) 并不闭合。为使方程组闭合,还必须提供一个封闭方程,而目前尚未找到一个对所有理想流体运动都适用的封闭方程。一般来说这个封闭方程只可能是一个与运动的特殊形式相对应的假设。

假设流体是均质不可压缩的,则得最简单的封闭方程,即

$$\rho = c \tag{4.1.2}$$

于是式 (4.1.1) 及式 (4.1.2) 就组成均质不可压缩理想流体的闭合方程组。

假设流体是正压完全气体,即假设流场中密度仅是压力的函数

$$f(p, \rho) = 0 \tag{4.1.3}$$

则可由式 (4.1.1) 及式 (4.1.3) 组成理想正压流体的闭合方程组。其中对于均温流体,存在

$$\frac{p}{\rho} = c \tag{4.1.4}$$

对均熵流体,存在

$$s = c \tag{4.1.5}$$

$$s = c_V \ln \frac{p}{\rho T} + c \tag{4.1.6}$$

理想流体动力学问题在数学上归结为在特定的假设下,求解相应的闭合方程组,使之满足下列定解条件的定解问题。根据第 3 章 3.6.2 节所讨论,理想流体的定解条件为

初始条件:$t = t_0$ 时,

$$\begin{cases} \boldsymbol{V} = \boldsymbol{V}_0(x, y, z) \\ p = p_0(x, y, z) \\ \rho = \rho_0(x, y, z) \end{cases} \tag{4.1.7}$$

边界条件:

静止固壁处：

$$V_n = 0 \tag{4.1.8}$$

运动固壁处：

$$V_{n流} = V_{n壁} \tag{4.1.9}$$

自由面上：

$$p = p_0 \tag{4.1.10}$$

4.1.2　非惯性系中的基本方程

1. 直角坐标系中基本方程组

对于自转地球上的理想正压大气而言，其连续性方程为

$$\frac{\partial^* \rho}{\partial t} + \nabla \cdot (\rho \boldsymbol{V}_r) = 0$$

式中，$\boldsymbol{V}_r$ 为地球上的观察者所测得的大气速度。$\dfrac{\partial^*}{\partial t}$ 表示地球上的观察者所测得的局地变化率，相对运动微分方程为

$$\frac{\mathrm{d}^* \boldsymbol{V}_r}{\mathrm{d}t} = \boldsymbol{g} - \frac{1}{\rho}\nabla p - 2(\boldsymbol{\omega} \times \boldsymbol{V}_r)$$

式中，$\boldsymbol{\omega}$ 为地球自转角速度，$\boldsymbol{g}$ 为单位质量大气所受之重力。$\dfrac{\mathrm{d}^*}{\mathrm{d}t}$ 为地球上的观察者所测得的随体变化率。

状态方程为

$$f(\rho, p) = 0$$

只要明确上列各方程中的速度以及所有对时间的导数都是相对于自转地球而言的，为方便起见，可省略上述各方程中的标记 * 及下标 r，于是可将该基本方程组写为

$$\left\{ \begin{array}{l} \dfrac{\partial \rho}{\partial t} + \nabla \cdot (\rho \boldsymbol{V}) = 0 \\[2mm] \dfrac{\mathrm{d}\boldsymbol{V}}{\mathrm{d}t} = \boldsymbol{g} - \dfrac{1}{\rho}\nabla p - 2(\boldsymbol{\omega} \times \boldsymbol{V}) \\[2mm] f(\rho, p) = 0 \end{array} \right. \tag{4.1.11}$$

2. z 坐标系中基本方程组

在具体应用式 (4.1.11) 求解地球上空大气运动问题时，常采用所谓 z 坐标系或称标准坐标系，该坐标系是选地球上某地点为原点，过该点垂直地面指向天顶的方向取为 z 轴的正向，沿该点纬圈切线向东取为 x 轴正向，沿该点经圈切线向北取为 y 轴正向，如图 4.1.1(a) 所示。方程组 (4.1.11) 在 z 坐标系中的分量形式如下：

$$\boldsymbol{f}_c = -2\boldsymbol{\omega} \times \boldsymbol{V}$$

$$= 2 \begin{vmatrix} \boldsymbol{i} & \boldsymbol{j} & \boldsymbol{k} \\ u & v & w \\ 0 & \omega\cos\varphi & \omega\sin\varphi \end{vmatrix}$$

$$= 2\omega(v\sin\varphi - w\cos\varphi)\boldsymbol{i} - 2\omega u\sin\varphi\boldsymbol{j} + 2\omega u\cos\varphi\boldsymbol{k} \tag{4.1.12}$$

式中，φ 为坐标原点处的纬度，地球自转角速度 ω 在 z 坐标系中的分量式为

$$\boldsymbol{\omega} = \omega \cos \varphi \boldsymbol{j} + \omega \sin \varphi \boldsymbol{k} \tag{4.1.13}$$

可参阅图 4.1.1(b)。

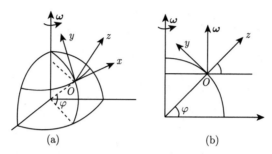

图 4.1.1　z 坐标系及其切面示意图

同时还存在

$$\boldsymbol{g} = -g\boldsymbol{k} \tag{4.1.14}$$

则

$$\begin{cases} \dfrac{\partial \rho}{\partial t} + \dfrac{\partial (\rho u)}{\partial x} + \dfrac{\partial (\rho v)}{\partial y} + \dfrac{\partial (\rho w)}{\partial z} = 0 \\[3mm] \dfrac{\partial u}{\partial t} + u\dfrac{\partial u}{\partial x} + v\dfrac{\partial u}{\partial y} + w\dfrac{\partial u}{\partial z} = -\dfrac{1}{\rho}\dfrac{\partial p}{\partial x} + 2\omega(v\sin\varphi - w\cos\varphi) \\[3mm] \dfrac{\partial v}{\partial t} + u\dfrac{\partial v}{\partial x} + v\dfrac{\partial v}{\partial y} + w\dfrac{\partial v}{\partial z} = -\dfrac{1}{\rho}\dfrac{\partial p}{\partial y} - 2\omega u\sin\varphi \\[3mm] \dfrac{\partial w}{\partial t} + u\dfrac{\partial w}{\partial x} + v\dfrac{\partial w}{\partial y} + w\dfrac{\partial w}{\partial z} = -\dfrac{1}{\rho}\dfrac{\partial p}{\partial z} - g + 2\omega u\cos\varphi \\[3mm] f(\rho, p) = 0 \end{cases} \tag{4.1.15}$$

如引入地转参数

$$\begin{cases} f = 2\omega \sin \varphi \\[2mm] \overline{f} = 2\omega \cos \varphi \end{cases} \tag{4.1.16}$$

式 (4.1.15) 可写成如下形式：

$$\begin{cases} \dfrac{\partial \rho}{\partial t} + \dfrac{\partial (\rho u)}{\partial x} + \dfrac{\partial (\rho v)}{\partial y} + \dfrac{\partial (\rho w)}{\partial z} = 0 \\[3mm] \dfrac{\partial u}{\partial t} + u\dfrac{\partial u}{\partial x} + v\dfrac{\partial u}{\partial y} + w\dfrac{\partial u}{\partial z} = -\dfrac{1}{\rho}\dfrac{\partial p}{\partial x} + fv - \overline{f}w \\[3mm] \dfrac{\partial v}{\partial t} + u\dfrac{\partial v}{\partial x} + v\dfrac{\partial v}{\partial y} + w\dfrac{\partial v}{\partial z} = -\dfrac{1}{\rho}\dfrac{\partial p}{\partial y} - fu \\[3mm] \dfrac{\partial w}{\partial t} + u\dfrac{\partial w}{\partial x} + v\dfrac{\partial w}{\partial y} + w\dfrac{\partial w}{\partial z} = -\dfrac{1}{\rho}\dfrac{\partial p}{\partial z} + \overline{f}u - g \\[3mm] f(\rho, p) = 0 \end{cases} \tag{4.1.17}$$

3. 球坐标系中的相对运动微分方程

在球坐标系中, $q_1 \sim r$, $q_2 \sim \lambda$, $q_3 \sim \varphi$, 见图 4.1.2, 所以

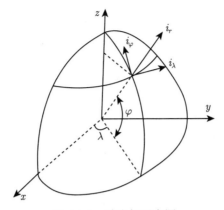

图 4.1.2　球坐标示意图

$$
\begin{cases}
x = r \cos \varphi \cos \lambda \\
y = r \cos \varphi \sin \lambda \\
z = r \sin \varphi
\end{cases}
\tag{4.1.18}
$$

且

$$
\begin{cases}
i_r = i_r(\lambda, \varphi) \\
i_\lambda = i_\lambda(\lambda) \\
i_\varphi = i_\varphi(\lambda, \varphi)
\end{cases}
\tag{4.1.19}
$$

设

$$
\begin{aligned}
h_1 &= \sqrt{\left(\frac{\partial x}{\partial r}\right)^2 + \left(\frac{\partial y}{\partial r}\right)^2 + \left(\frac{\partial z}{\partial r}\right)^2} \\
&= \sqrt{\cos^2 \varphi \cos^2 \lambda + \cos^2 \varphi \sin^2 \lambda + \sin^2 \varphi} \\
&= 1 \\
h_2 &= \sqrt{\left(\frac{\partial x}{\partial \lambda}\right)^2 + \left(\frac{\partial y}{\partial \lambda}\right)^2 + \left(\frac{\partial z}{\partial \lambda}\right)^2} \\
&= \sqrt{(-r \cos \varphi \sin \lambda)^2 + (r \cos \varphi \cos \lambda)^2} \\
&= r \cos \varphi \\
h_3 &= \sqrt{\left(\frac{\partial x}{\partial \varphi}\right)^2 + \left(\frac{\partial y}{\partial \varphi}\right)^2 + \left(\frac{\partial z}{\partial \varphi}\right)^2} \\
&= \sqrt{(-r \sin \varphi \cos \lambda)^2 + (-r \sin \varphi \sin \lambda)^2 + (r \cos \varphi)^2} \\
&= r
\end{aligned}
$$

所以

$$
\begin{cases}
h_1 = 1 \\
h_2 = r\cos\varphi \\
h_3 = r
\end{cases}
\tag{4.1.20}
$$

球坐标

$$
V_r = \dot{r}, \quad V_\lambda = r\dot\lambda\cos\varphi, \quad V_\varphi = r\dot\varphi
\tag{4.1.21}
$$

所以

$$
-\frac{1}{\rho}\nabla p = -\frac{1}{\rho}\left(\frac{\partial p}{\partial r}i_r + \frac{\partial p}{r\cos\varphi\,\partial\lambda}i_\lambda + \frac{\partial p}{r\,\partial\varphi}i_\varphi\right)
\tag{4.1.22}
$$

$$
\boldsymbol{g} = -g\boldsymbol{i}_r
\tag{4.1.23}
$$

$$
\boldsymbol{\omega} = \omega\sin\varphi\boldsymbol{i}_r + \omega\cos\varphi\boldsymbol{i}_\varphi
\tag{4.1.24}
$$

所以

$$
\begin{aligned}
\boldsymbol{f}_c &= -2\boldsymbol{\omega}\times\boldsymbol{V}_r \\
&= 2\begin{vmatrix}
\boldsymbol{i}_r & \boldsymbol{i}_\lambda & \boldsymbol{i}_\varphi \\
V_r & V_\lambda & V_\varphi \\
\omega\sin\varphi & 0 & \omega\cos\varphi
\end{vmatrix} \\
&= 2\omega V_r\cos\varphi\boldsymbol{i}_r - 2\omega V_\lambda\sin\varphi\boldsymbol{i}_\varphi + 2\omega(V_\varphi\sin\varphi - V_r\cos\varphi)\boldsymbol{i}_\lambda
\end{aligned}
\tag{4.1.25}
$$

所以

$$
\begin{cases}
\dfrac{\mathrm{d}V_r}{\mathrm{d}t} - \dfrac{V_\varphi^2}{r} - \dfrac{V_\lambda^2}{r} = \dfrac{1}{r}\dfrac{\partial p}{\partial r} + \overline{f}V_\lambda - g \\[2mm]
\dfrac{\mathrm{d}V_\lambda}{\mathrm{d}t} + \dfrac{V_rV_\lambda}{r} - \dfrac{V_\lambda V_\varphi}{r}\tan\varphi = -\dfrac{1}{\rho}\dfrac{1}{r\cos\varphi}\dfrac{\partial p}{\partial\lambda} + fV_\varphi - \overline{f}V_r \\[2mm]
\dfrac{\mathrm{d}V_\varphi}{\mathrm{d}t} + \dfrac{V_\varphi V_r}{r} + \dfrac{V_\lambda^2}{r}\tan\varphi = -\dfrac{1}{\rho r}\dfrac{\partial p}{\partial\varphi} - \overline{f}V_\lambda
\end{cases}
\tag{4.1.26}
$$

其中

$$
\begin{aligned}
\frac{\mathrm{d}}{\mathrm{d}t} &= \frac{\partial}{\partial t} + \dot{r}\frac{\partial}{\partial r} + \dot\lambda\frac{\partial}{\partial\lambda} + \dot\varphi\frac{\partial}{\partial\varphi} \\
&= \frac{\partial}{\partial t} + V_r\frac{\partial}{\partial r} + \frac{V_\lambda}{r\cos\varphi}\frac{\partial}{\partial\lambda} + \frac{V_\varphi}{r}\frac{\partial}{\partial\varphi}
\end{aligned}
\tag{4.1.27}
$$

$$
\begin{cases}
\dfrac{\partial V_r}{\partial t} + V_r\dfrac{\partial V_r}{\partial r} + \dfrac{V_\lambda}{r\cos\varphi}\dfrac{\partial V_r}{\partial\lambda} + \dfrac{V_\varphi}{r}\dfrac{\partial V_r}{\partial\varphi} - \dfrac{V_\varphi^2}{r} - \dfrac{V_\lambda^2}{r} = \dfrac{1}{r}\dfrac{\partial p}{\partial r} + \overline{f}V_\lambda - g \\[2mm]
\dfrac{\partial V_\lambda}{\partial t} + V_r\dfrac{\partial V_\lambda}{\partial r} + \dfrac{V_\lambda}{r\cos\varphi}\dfrac{\partial V_\lambda}{\partial\lambda} + \dfrac{V_\varphi}{r}\dfrac{\partial V_\lambda}{\partial\varphi} + \dfrac{V_rV_\lambda}{r} - \dfrac{V_\lambda V_\varphi}{r}\tan\varphi = -\dfrac{1}{\rho}\dfrac{1}{r\cos\varphi}\dfrac{\partial p}{\partial\lambda} + fV_\varphi - \overline{f}V_r \\[2mm]
\dfrac{\partial V_\varphi}{\partial t} + V_r\dfrac{\partial V_\varphi}{\partial r} + \dfrac{V_\lambda}{r\cos\varphi}\dfrac{\partial V_\varphi}{\partial\lambda} + \dfrac{V_\varphi}{r}\dfrac{\partial V_\varphi}{\partial\varphi} + \dfrac{V_\varphi V_r}{r} + \dfrac{V_\lambda^2}{r}\tan\varphi = -\dfrac{1}{\rho r}\dfrac{\partial p}{\partial\varphi} - \overline{f}V_\lambda
\end{cases}
\tag{4.1.28}
$$

研究局地问题时，可不计底面曲率，即 $r\to\infty$，则球坐标系 $\to z$ 坐标系，$r\to z$，$\varphi\to y$，$\lambda\to x$，则上式即变换为相对运动微分方程 z 坐标系中的分量形式。

4.2　运　动　积　分

4.2.1　伯努利积分

1. 伯努利积分的推导

理想正压流体在有势力作用下做定常流动时,其运动微分方程可以直接积分。利用矢量分析公式可将欧拉方程改写为

$$\frac{\partial \boldsymbol{V}}{\partial t} + \nabla\left(\frac{V^2}{2}\right) - \boldsymbol{V} \times \boldsymbol{\Omega} = \boldsymbol{f} - \frac{1}{\rho}\nabla p \tag{4.2.1}$$

此式叫做葛罗米柯-兰姆 (Громеки-Lamb) 型方程。又由于存在以下特殊条件:

正压流体:

$$\frac{1}{\rho}\nabla p = \nabla \int \frac{\mathrm{d}p}{\rho(p)}$$

质量力有势:

$$\boldsymbol{f} = -\nabla \Pi$$

定常流动:

$$\frac{\partial \boldsymbol{V}}{\partial t} = 0$$

将条件代入式 (4.2.1) 得

$$\nabla\left(\frac{V^2}{2} + \Pi + \int \frac{\mathrm{d}p}{\rho(p)}\right) = \boldsymbol{V} \times \boldsymbol{\Omega} \tag{4.2.2}$$

以流线的切线单位矢 $\boldsymbol{S}^0 = \dfrac{\boldsymbol{V}}{|\boldsymbol{V}|}$ 点乘式 (4.2.2) 两边可得

$$\frac{\partial}{\partial s}\left(\frac{V^2}{2} + \Pi + \int \frac{\mathrm{d}p}{\rho(p)}\right) = 0 \tag{4.2.3}$$

沿流线积分上式可得

$$\frac{V^2}{2} + \Pi + \int \frac{\mathrm{d}p}{\rho(p)} = c(l) \tag{4.2.4}$$

式中, $c(l)$ 为积分常数。沿同一条流线 $c(l)$ 有确定值,对不同流线 $c(l)$ 取不同的常数值 (图 4.2.1)。例如

$$\frac{\partial c}{\partial n} = \frac{\partial}{\partial n}\left(\frac{V^2}{2}\right) + g\frac{\partial z}{\partial n} + \frac{1}{\rho}\frac{\partial p}{\partial n}$$

为法向运动方程。

由于在定常流中

$$a_n = \frac{V^2}{R}$$

$$\frac{V^2}{R} = -g\frac{\partial z}{\partial n} - \frac{1}{\rho}\frac{\partial p}{\partial n}$$

$$\frac{\mathrm{d}V}{\mathrm{d}t} = -\nabla(gz) - \frac{1}{\rho}\nabla p$$

所以

$$\frac{\partial c}{\partial n} = \frac{\partial}{\partial n}\left(\frac{V^2}{2}\right) - \frac{V^2}{R} \tag{4.2.5}$$

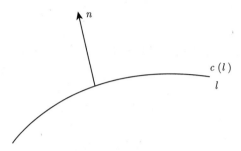

图 4.2.1　流线示意图

由式 (4.2.5) 可知, 如已知流体问题的流速 V, 则积分可求出 c 之空间分布。运动积分式 (4.2.4) 首先由伯努利在 1738 年导出, 而称为**伯努利积分**(Bernoulli 积分), 常数 $c(l)$ 称为伯努利常数。

2. 伯努利积分各项的意义

对均质不可压缩流体, 设外体力为重力, 则式 (4.2.4) 可写为

$$\frac{V^2}{2} + gz + \frac{p}{\rho} = c(l) \tag{4.2.6}$$

式中, 每一项的量纲都是单位质量流体所具有的能量, 即 "比能" 的量纲。式中各项的物理意义如下所述。

$\frac{V^2}{2}$: 单位质量流体的动能, 即比动能。

gz: 单位质量流体的重力势能。

$\Pi = -\int \boldsymbol{f} \cdot \mathrm{d}\boldsymbol{r}$: 单位质量流体在有势力场 $\boldsymbol{f}$ 中的势能, 即 $\boldsymbol{f}$ 对单位质量流体所做之功转化为流体的比势能。

$\frac{p}{\rho}$: 单位质量流体的压力能。

$\int \frac{\mathrm{d}p}{\rho} = \int \frac{1}{\rho}\nabla p \cdot \mathrm{d}\boldsymbol{r}$: 压力梯度对流体所做之功转化为流体的比压力能。

伯努利积分表明理想正压流体在重力作用下做定常流动时其总机械能沿流线守恒, 即动能、势能及压力能三者可以相互转化, 但三者之和沿流线不变。

式 (4.2.6) 两端同除以重力加速度 g, 可得

$$\frac{V^2}{2g} + z + \frac{p}{\rho g} = H \tag{4.2.7}$$

式中各项的几何意义和物理意义都较为明确, 即

z: 几何意义表示几何高度 (头), 即流体质点的位置高度; 物理意义为单位质量流休所具有的重力势能。

$$\frac{mgz}{mg} = z$$

$\dfrac{p}{\rho g}$: 几何意义表示压力高度 (头), 为与压力 p 相等之液柱高; 物理意义为所代表的高度相当于静压头, 或单位质量流体所具有的压力能, 即单位质量流体所受压力 (梯度力) 所做之功特征化而来。

$$\frac{p\delta s \cdot \delta l}{\rho g \delta s \cdot \delta l}$$

$\dfrac{V^2}{2g}$: 几何意义表示等于某流体以速度 V 在真空运动时所能达到的高度, 它等于应用皮托管时, 流速为 V 时两自由面的高度差; 物理意义为速度头, 所代表的高度相当于动压头, 或单位质量流体所具有的动能。

$$\frac{mV^2/2}{mg} = \frac{V^2}{2g}$$

H: 物理意义代表总能, 或单位质量流体的总机械能。

所以, 理想正压流体在有势力作用下做定常流动的动力学问题可归结为下列定解问题:

$$\begin{cases} \dfrac{V^2}{2} + \Pi + \displaystyle\int \dfrac{\mathrm{d}p}{\rho(p)} = c(l) \\ (\boldsymbol{V} \cdot \nabla)\rho + \rho\nabla \cdot \boldsymbol{V} = 0 \end{cases} \tag{4.2.8}$$

同式 (4.2.2), 理想正压流体在有势力作用下做定常流动中沿涡线总比能守恒

$$\nabla\left(\frac{V^2}{2} + \Pi + \int \frac{\mathrm{d}p}{\rho(p)}\right) = \boldsymbol{V} \times \boldsymbol{\Omega} \tag{4.2.9}$$

若

$$\nabla\left(\frac{V^2}{2} + \Pi + \int \frac{\mathrm{d}p}{\rho(p)}\right) = 0 \tag{4.2.10}$$

则

$$\boldsymbol{V} \times \boldsymbol{\Omega} = 0 \tag{4.2.11}$$

即

$$\boldsymbol{V} \parallel \boldsymbol{\Omega} \tag{4.2.12}$$

4.2.2　拉格朗日积分 (拉格朗日-柯西积分)

若理想正压流体在有势力作用下做非定常无旋流动, 此时 $\boldsymbol{\Omega} = \nabla \times \boldsymbol{V} = 0$, 于是流速 $\boldsymbol{V}$ 表示为另一标函数 φ 的梯度, 取

$$\boldsymbol{V} = -\nabla\varphi \tag{4.2.13}$$

通常称 φ 为速度势函数。则由式 (4.2.1) 可得

$$\nabla\left(-\frac{\partial\varphi}{\partial t} + \frac{V^2}{2} + \Pi + \int \frac{\mathrm{d}p}{\rho(p)}\right) = 0 \tag{4.2.14}$$

积分上式可得

$$-\frac{\partial \varphi}{\partial t} + \frac{V^2}{2} + \Pi + \int \frac{\mathrm{d}p}{\rho(p)} = F(t) \tag{4.2.15}$$

又因为

$$\boldsymbol{V} = -\nabla \varphi \tag{4.2.16}$$

$$\frac{\partial \boldsymbol{V}}{\partial t} = -\nabla \left(\frac{\partial \varphi}{\partial t} \right) \tag{4.2.17}$$

所以

$$\boldsymbol{f} = \nabla \left(-\frac{\partial \varphi}{\partial t} + \frac{V^2}{2} + \int \frac{\mathrm{d}p}{\rho(p)} \right) \tag{4.2.18}$$

式中, $F(t)$ 为 t 的任意函数, 由边界条件确定。对某一确定时刻, $F(t)$ 在整个流场中取同一常数值。运动积分 (4.2.15) 称为**拉格朗日积分**(Lagrange 积分)。

式 (4.2.18) 表明理想正压流体之无旋运动只能在有势力的作用下才有可能, 即

$$f = -\nabla \Pi$$

所以

$$\nabla \left(-\frac{\partial \varphi}{\partial t} + \frac{V^2}{2} + \Pi + \int \frac{\mathrm{d}p}{\rho} \right) = 0 \tag{4.2.19}$$

$$-\frac{\partial \varphi}{\partial t} + \frac{V^2}{2} + \int \frac{\mathrm{d}p}{\rho} + \Pi = F(t) \tag{4.2.20}$$

对于拉格朗日积分, 可以从以下几点进行进一步的理解:

(1) $F(t)$ 为 t 之任意函数, 由边界条件确定, 对某一确定时刻而言, $F(t)$ 在整个流场中取同一常数值。

(2) 理想正压流体有势力条件下流体运动满足涡旋守恒条件, 故初始为无旋流动, 在某一时刻, 均为无旋流动。故式 (4.2.20) 在任一时刻均成立, 仅其中 $F(t)$ 之值随 t 而变。

(3) 对均质不可压缩流体, 外力为重力时, 式 (4.2.20) 可写为

$$-\frac{\partial \varphi}{\partial t} + \frac{V^2}{2} + gz + \frac{p}{\rho} = F(t) \tag{4.2.21}$$

(4) 此条件下动力学问题归纳为下列定解问题:

$$\begin{cases} -\dfrac{\partial \varphi}{\partial t} + \dfrac{1}{2}(\nabla \varphi)^2 + \Pi + \int \dfrac{\mathrm{d}p}{\rho} = F(t) \\[2mm] -\dfrac{\partial p}{\partial t} + (\boldsymbol{V} \cdot \nabla)\rho + \rho \nabla \cdot \boldsymbol{V} = 0 \\[2mm] \text{或} -\dfrac{\partial p}{\partial t} + \nabla \varphi \cdot \nabla \rho + \rho \nabla^2 \varphi = 0 \end{cases} \tag{4.2.22}$$

对于均质不可压缩重力条件:

$$\begin{cases} -\dfrac{\partial \varphi}{\partial t} + \dfrac{1}{2}(\nabla \varphi)^2 + gz + \dfrac{p}{\rho} = F(t) \\[2mm] \nabla^2 \varphi = 0 \end{cases} \tag{4.2.23}$$

适合一定初始条件的解。

4.2.3　伯努利-拉格朗日积分

若上述流体运动是定常无旋流动, 则式 (4.2.15) 及式 (4.2.23) 分别取如下形式:

$$\frac{V^2}{2} + \Pi + \int \frac{\mathrm{d}p}{\rho(p)} = c \tag{4.2.24}$$

$$\frac{V^2}{2} + gz + \frac{p}{\rho} = c \tag{4.2.25}$$

这就是**伯努利-拉格朗日积分**。其中积分常数 c 是与时空坐标无关的常数。

在求解定常或无旋流动问题时, 可以用伯努利积分或拉格朗日积分代替基本方程组中的运动微分方程, 从而使基本方程组得以简化, 其定解问题满足

$$\begin{cases} \dfrac{V^2}{2} + \Pi + \displaystyle\int \frac{\mathrm{d}p}{\rho} = 0 \\ \nabla\varphi \cdot \nabla\rho - \rho\nabla^2\varphi = 0 \end{cases} \tag{4.2.26}$$

对于均质不可压缩条件:

$$\begin{cases} \dfrac{1}{2}\nabla^2\varphi + \Pi + \dfrac{p}{\rho} = 0 \\ \nabla^2\varphi = 0 \end{cases} \tag{4.2.27}$$

4.2.4　非定常流动条件下欧拉方程沿流线积分

设外力有势, 以沿流线之线元 $\mathrm{d}\boldsymbol{S}$ 点乘欧拉方程:

$$\frac{\partial \boldsymbol{V}}{\partial t} + (\boldsymbol{V} \cdot \nabla)\boldsymbol{V} = \boldsymbol{f} - \frac{1}{\rho}\nabla p = -\nabla\Pi - \frac{1}{\rho}\nabla p$$

$$\frac{\partial \boldsymbol{V}}{\partial t}\mathrm{d}\boldsymbol{S} + (\boldsymbol{V} \cdot \nabla)\boldsymbol{V} \cdot \mathrm{d}\boldsymbol{S} = \left(\boldsymbol{f} - \frac{1}{\rho}\nabla p\right) \cdot \mathrm{d}\boldsymbol{S} = \left(-\nabla\Pi - \frac{1}{\rho}\nabla p\right) \cdot \mathrm{d}\boldsymbol{S} = -\mathrm{d}\Pi - \frac{1}{\rho}\mathrm{d}p \tag{4.2.28}$$

$$\frac{\partial \boldsymbol{V}}{\partial t}\mathrm{d}\boldsymbol{S} + \boldsymbol{V}\mathrm{d}\boldsymbol{V} = -\mathrm{d}\Pi - \frac{1}{\rho}\mathrm{d}p \tag{4.2.29}$$

将上式沿流线自点 1 到点 2 积分, 可得

$$\int_1^2 \frac{\partial \boldsymbol{V}}{\partial t}\mathrm{d}\boldsymbol{S} + \frac{V_2^2 - V_1^2}{2} + (\Pi_2 - \Pi_1) + \int_1^2 \frac{\mathrm{d}p}{\rho} = 0 \tag{4.2.30}$$

式 (4.2.30) 即为理想流体在有势力作用下做非定常流动时, 欧拉方程沿流线的积分, 称之为非定常条件下的积分。对仅受重力作用的均质不可压缩流体, 上式可以转化为

$$\frac{p_1}{\rho} + \frac{V_1^2}{2} + gz_1 = \frac{p_2}{\rho} + gz_2 + \int_1^2 \frac{\partial \boldsymbol{V}}{\partial t}\mathrm{d}\boldsymbol{S} \tag{4.2.31}$$

4.3　理想不可压缩流体的无旋流动

4.3.1　无旋流动的充要条件

设在某一区域内, 所有流体微团不存在旋转运动, 则称之为无旋运动或位势运动, 势流。即每个流体微团的自转角速度 $\boldsymbol{\omega} = 0$, 也就是说在该区域内每点的涡度矢 $\boldsymbol{\Omega} = \nabla \times \boldsymbol{V} = 2\boldsymbol{\omega}$ 都等于零, 即

$$\boldsymbol{\Omega} = \nabla \times \boldsymbol{V} = 0 \tag{4.3.1}$$

则该区域内的流体运动称为无旋运动。根据矢量分析知识可知此时必有

$$\boldsymbol{V} = -\nabla \varphi \tag{4.3.2}$$

在直角坐标系中有

$$\begin{cases} \dfrac{\partial w}{\partial y} - \dfrac{\partial v}{\partial z} = 0 \\[2mm] \dfrac{\partial u}{\partial z} - \dfrac{\partial w}{\partial x} = 0 \\[2mm] \dfrac{\partial v}{\partial x} - \dfrac{\partial u}{\partial y} = 0 \end{cases} \tag{4.3.3}$$

亦即

$$\begin{cases} \dfrac{\partial w}{\partial y} = \dfrac{\partial v}{\partial z} \\[2mm] \dfrac{\partial u}{\partial z} = \dfrac{\partial w}{\partial x} \\[2mm] \dfrac{\partial v}{\partial x} = \dfrac{\partial u}{\partial y} \end{cases} \tag{4.3.4}$$

4.3.2　速度势

因为 $\nabla \times \nabla \varphi = 0$, 所以 $\nabla \times \boldsymbol{V} = 0$, 即总存在一标量函数 φ, 使

$$\boldsymbol{V} = -\nabla \varphi \tag{4.3.5}$$

即

$$\begin{cases} u = -\dfrac{\partial \varphi}{\partial x} \\[2mm] v = -\dfrac{\partial \varphi}{\partial y} \\[2mm] w = -\dfrac{\partial \varphi}{\partial z} \end{cases} \tag{4.3.6}$$

这个标量函数 φ 就叫做**速度势**。

因此流体做无旋流动时必有速度势存在, 且速度矢量与速度势由式 (4.3.5) 相联系。反之, 若已知某区域内的流体运动有势函数 φ 存在, 即 $\boldsymbol{V} = -\nabla \varphi$, 则有 $\nabla \times \boldsymbol{V} = 0$ 必成立, 即该运

动必是无旋的。因此条件式 (4.3.1) 是流体做无旋流动的充要条件，应该指出，流体的无旋流动的判据就是式 (4.3.1)，而不必考虑流体是否可压缩，也不必管流体运动是不是定常的。无旋流动又常称为有势流动或势流。于是对无旋运动速度场的研究就可转化为对速度势函数 φ 的研究。

1. 等势面

由于速度矢量是流场中位置坐标及时间 (x, y, z, t) 的函数，$\boldsymbol{V} = \boldsymbol{V}(x, y, z, t)$，故 $\varphi = \varphi(x, y, z, t)$，令 $\varphi = \varphi(x, y, z, t) = c$(常数)，则表示在某一时刻而言，是一族空间曲面，而面上各点 φ 值相等，称之为等势面组 (图 4.3.1)，可知，$\boldsymbol{V}$ 与等势面相垂直，且指向 φ 值较小的位势面一边，故流线为一族正交于等势面的曲线。

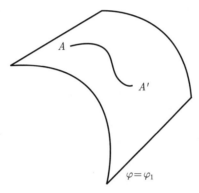

图 4.3.1　等势面示意图

在等势面 $\varphi = \varphi_1$ 上，任取两点 A, A'，由于

$$\int_A^{A'} \boldsymbol{V} \cdot \mathrm{d}\boldsymbol{l} = -\int_A^{A'} (u\mathrm{d}x + v\mathrm{d}y + w\mathrm{d}z) = -\int_A^{A'} \mathrm{d}\varphi = 0$$

所以 $\boldsymbol{V} \perp \mathrm{d}\boldsymbol{l}$。

2. 无旋流场中速度环流等于零

在某一时刻，φ 的全微分为

$$\mathrm{d}\varphi = \frac{\partial \varphi}{\partial x}\mathrm{d}x + \frac{\partial \varphi}{\partial y}\mathrm{d}y + \frac{\partial \varphi}{\partial z}\mathrm{d}z = -(u\mathrm{d}x + v\mathrm{d}y + w\mathrm{d}z)$$

$$\int_A^B \boldsymbol{V} \cdot \mathrm{d}\boldsymbol{l} = -\int_A^B (u\mathrm{d}x + v\mathrm{d}y + w\mathrm{d}z) = -\int_A^B \mathrm{d}\varphi = \varphi_A - \varphi_B \tag{4.3.7}$$

上式表明无旋流场中速度之线积分与积分路径无关，在 φ 为单值情况下，线积分值等于两端点之势函数之差。

$$\oint \boldsymbol{V} \cdot \mathrm{d}\boldsymbol{l} = \int_A^B \boldsymbol{V} \cdot \mathrm{d}\boldsymbol{l} + \int_B^A \boldsymbol{V} \cdot \mathrm{d}\boldsymbol{l} = \int_A^B \boldsymbol{V} \cdot \mathrm{d}\boldsymbol{l} - \int_A^B \boldsymbol{V} \cdot \mathrm{d}\boldsymbol{l} = 0$$

或由

$$\oint_l \boldsymbol{V} \cdot \mathrm{d}\boldsymbol{l} = \oiint_\sigma (\boldsymbol{\sigma} \times \boldsymbol{V}) \cdot \mathrm{d}\boldsymbol{\sigma} = 0 \qquad (4.3.8)$$

故

$$\boldsymbol{\Omega} = 0 \Leftrightarrow \oint \boldsymbol{V} \cdot \mathrm{d}\boldsymbol{l} = 0 \qquad (4.3.9)$$

式 (4.3.8) 表示，当势函数为单值时，流线不可能是闭合的，否则取 l 为流线，则沿 l 之环流 $\neq 0$，与原假设矛盾。但在具有孤立涡点的无旋运动中，可能存在闭合流线。

例 1 已知速度满足以下关系式，证明其所表示的流场无旋，但流线封闭。

$$\begin{cases} u = -\dfrac{\omega y}{x^2 + y^2} \\ v = -\dfrac{\omega x}{x^2 + y^2} \\ w = 0 \end{cases}$$

解

由于

$$\boldsymbol{\Omega} = \nabla \times \boldsymbol{V} = \begin{vmatrix} \dfrac{\partial}{\partial x} & \dfrac{\partial}{\partial y} & \dfrac{\partial}{\partial z} \\ u & v & w \\ \boldsymbol{i} & \boldsymbol{j} & \boldsymbol{k} \end{vmatrix} = \left(\dfrac{\partial w}{\partial y} - \dfrac{\partial v}{\partial z} \right) \boldsymbol{i} + \left(\dfrac{\partial u}{\partial z} - \dfrac{\partial w}{\partial x} \right) \boldsymbol{j} + \left(\dfrac{\partial v}{\partial x} - \dfrac{\partial u}{\partial y} \right) \boldsymbol{k} = 0$$

但流线为 $x^2 + y^2 = c$，为一封闭曲线。

由于无旋运动必然有势，而有势存在时必为无旋流动。因此对无旋流动的研究可以转化为对速度势的研究。在一般情况下，速度势 φ 不但是坐标 x, y, z 的函数，也是时间 t 的函数：

$$\varphi = \varphi(x, y, z, t) \qquad (4.3.10)$$

对定常无旋流动，速度势 φ 只是坐标 x, y, z 的函数。

对无旋流动，连续性方程可写为

$$\nabla^2 \varphi = \frac{1}{\rho} \frac{\mathrm{d}\rho}{\mathrm{d}t} \qquad (4.3.11)$$

这表示速度势必须满足**泊松方程**(Poisson 方程)。对不可压缩流体，则有

$$\nabla^2 \varphi = 0 \qquad (4.3.12)$$

即不可压缩流体的速度势 φ 必须满足拉普拉斯方程 (Laplace 方程)，此时 φ 为一调和函数。

如已知流场 $\boldsymbol{V}$，则由式 (4.3.2) 可得确定 φ 的公式为

$$\mathrm{d}\varphi = (\nabla\varphi)\cdot\mathrm{d}\boldsymbol{r} = -\boldsymbol{V}\cdot\mathrm{d}\boldsymbol{r} \qquad (4.3.13)$$

即

$$\varphi(M) = -\int_{M_0}^{M}\boldsymbol{V}\cdot\mathrm{d}\boldsymbol{r} + \varphi(M_0) \qquad (4.3.14)$$

式中, $\varphi(M_0)$ 可以任意选择, 即 φ 在不同 $\varphi(M_0)$ 的选择下可相差一相加常数, 但这对速度场 $\boldsymbol{V}$ 没有影响。

在单连通域中, 由于 $\nabla\times\boldsymbol{V} = 0$ 是积分 $\displaystyle\int\boldsymbol{V}\cdot\mathrm{d}\boldsymbol{r}$ 与积分路径无关的充要条件。故有

$$\oint\boldsymbol{V}\cdot\mathrm{d}\boldsymbol{r} = 0$$

即沿任意闭曲线的速度环流等于零, 所以速度势 φ 为单值函数。由上式可以证明, 在单连通域中无旋流场不可能存在封闭的流线。

4.3.3　理想不可压缩流体无旋流动的基本方程组

$$\begin{cases} \nabla^2\varphi = 0 \\ -\dfrac{\partial\varphi}{\partial t} + \dfrac{\boldsymbol{V}^2}{2} + \dfrac{p}{\rho} + \varPi = F(t) \end{cases} \qquad (4.3.15)$$

定解条件为

$$\begin{cases} t = t_0 \\ \nabla\varphi = -\boldsymbol{V}_0(x, y, z) \\ p = p_0(x, y, z) \end{cases} \qquad (4.3.16)$$

边界条件为

$$\begin{cases} \text{在静止固壁处:} \ \dfrac{\partial\varphi}{\partial n} = 0 \\ \text{在自由面上:} \ p = p_0 \\ \text{在无穷远处:} \ \nabla\varphi = -\boldsymbol{V}_\infty \end{cases} \qquad (4.3.17)$$

先求解 $\nabla^2\varphi = 0$ 适合上述定解条件之特解, 再由压力方程求 p。

4.3.4　理想不可压缩流体定常无旋流动的基本方程组

若该运动又属于定常流动, 在此条件下基本方程组为

$$\begin{cases} \dfrac{V^2}{2} + \varPi + \dfrac{p}{\rho} = c \\ \nabla^2\varphi = 0 \end{cases} \qquad (4.3.18)$$

边界条件同式 (4.3.17)。

方程组 (4.3.18) 由一个二阶线性偏微分方程 (一个拉普拉斯方程) 和一个有限关系式组成, 用来确定两个未知函数 $\varphi(x, y, z)$ 及 $p = p(x, y, z)$。首先求出适合给定边界条件的拉普拉斯方程的特解 φ, 然后代入伯努利-拉格朗日积分中求出 p。

4.4 理想不可压缩流体的平面流动

4.4.1 平面流动的定义

任一时刻, 若流体中各点速度矢 $\boldsymbol{V}$ 都与某一固定平面平行, 并且各物理量在该固定平面的垂直方向上没有变化, 则称这种流动为**平面流动**, 参阅图 4.4.1。

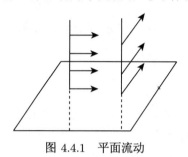

图 4.4.1 平面流动

若取该固定平面为 xOy 平面, 则平面流动应满足下列条件:

$$\begin{cases} w = 0 \\ \dfrac{\partial B}{\partial z} = 0 \end{cases} \tag{4.4.1}$$

由于在平面流动中, 所有与固定平面平行的平面上的运动都相同, 因此在平面流动的研究中, 只需考虑单位厚度的 xOy 平面上的流体运动就可以了。

在实际工程问题和自然现象中, 严格的平面流动并不存在, 但在实际应用中, 常有研究对象在某一方向的尺度比其他方向的尺度要大得多, 使得该方向的速度分量以及各理物量沿该方向的变化比起其他方向小得多。此时则可近似地认为该方向的速度分量等于零, 同时各物理量沿该方向的变化率亦等于零, 这样就可以作为平面运动来处理。所以平面流动是真实流动当研究对象在某一方向的尺度比其他方向的尺度大得多时的一种近似模型。

4.4.2 流函数

1. 不可压缩流体平面流动一定存在流函数

不可压缩流体连续性方程为

$$\nabla \cdot \boldsymbol{V} = 0$$

1) 直角坐标系

上式可写作

$$\frac{\partial u}{\partial x} + \frac{\partial v}{\partial y} = 0 \tag{4.4.2}$$

流函数微分方程

$$v\mathrm{d}x - u\mathrm{d}y = 0 \tag{4.4.3}$$

可表示为

$$\mathrm{d}\psi = v\mathrm{d}x - u\mathrm{d}y = 0 \tag{4.4.4}$$

由式 (4.4.2) 可推出, 必存在函数 $\psi(x, y, t)$ 使得

$$
\begin{cases}
u = -\dfrac{\partial \psi}{\partial y} \\[2mm]
v = \dfrac{\partial \psi}{\partial x}
\end{cases}
\tag{4.4.5}
$$

即

$$
\boldsymbol{V} = \boldsymbol{k} \times \nabla \psi \tag{4.4.6}
$$

2) 一般正交曲线坐标系

曲线坐标系 (q_1, q_2, q_3) 中

$$
\nabla \cdot \boldsymbol{V} = \frac{1}{h_1 h_2} \left[\frac{\partial (v_1 h_2)}{\partial q_1} + \frac{\partial (v_2 h_1)}{\partial q_2} \right] = 0 \tag{4.4.7}
$$

$$
\frac{h_1 \mathrm{d} q_1}{v_1} = \frac{h_2 \mathrm{d} q_2}{v_2} \tag{4.4.8}
$$

$$
v_2 h_1 \mathrm{d} q_1 - v_1 h_2 \mathrm{d} q_2 = 0 \tag{4.4.9}
$$

表示为

$$
\mathrm{d}\psi = (v_2 h_1 \mathrm{d} q_1 - v_1 h_2 \mathrm{d} q_2) h_3 = 0 \tag{4.4.10}
$$

或者由式 (4.4.7) 推出, 存在函数 $\psi(q_1, q_2, t)$, 使得

$$
\begin{cases}
v_1 = -\dfrac{1}{h_2} \dfrac{\partial \psi}{\partial q_2} \\[2mm]
v_2 = \dfrac{1}{h_1} \dfrac{\partial \psi}{\partial q_1}
\end{cases}
\tag{4.4.11}
$$

即

$$
\boldsymbol{V} = \boldsymbol{e}_3 \times \nabla \psi \tag{4.4.12}
$$

函数 ψ 称为**流函数**, 由上边的讨论可知, 不可压缩流体的平面流动一定存在流函数 ψ (图 4.4.2)。

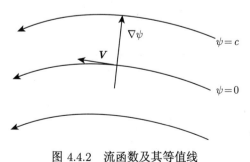

图 4.4.2　流函数及其等值线

2. 不可压缩平面流动与流函数存在一一对应关系

(1) 已知 ψ, 则由式 (4.4.6) 或式 (4.4.12) 可求得 V, V 之方向为 $\nabla\psi$ 方向绕 k 旋转 $90°$;

(2) 若已知 V, 则可求出 ψ;

$$\psi = \int_{M_0}^{M} v\mathrm{d}x - u\mathrm{d}y \tag{4.4.13}$$

$$\psi(M) - \psi(M_0) = \int_{M_0}^{M} \mathrm{d}\psi = \int_{M_0}^{M} \frac{\partial\psi}{\partial x}\mathrm{d}x + \frac{\partial\psi}{\partial y}\mathrm{d}y = \int_{M_0}^{M} v\mathrm{d}x - u\mathrm{d}y \tag{4.4.14}$$

即

$$\psi(M) = \psi(M_0) + \int_{M_0}^{M} v\mathrm{d}x - u\mathrm{d}y \tag{4.4.15}$$

因此可以用一个标量函数 ψ 来描述不可压缩流体的平面流动。只要已知流函数 ψ, 则由式 (4.4.6) 就可求得速度场 V, 反之, 如果已知速度场 V, 则由式 (4.4.15) 也可求得流函数 ψ。由上式确定的流函数虽可因 M_0 点的选择不同而相差一任意相加常数, 但这对流场没有影响。

3. 流函数具有的性质

1) 流函数的等值线就是流线

由流函数的全微分

$$\left.\begin{array}{c} \mathrm{d}\psi = \dfrac{\partial\psi}{\partial x}\mathrm{d}x + \dfrac{\partial\psi}{\partial y}\mathrm{d}y = v\mathrm{d}x - u\mathrm{d}y \\ \psi = c \end{array}\right\}$$

推知, 流函数的等值线应为

$$\mathrm{d}\psi = 0$$

即

$$v\mathrm{d}x - u\mathrm{d}y = 0$$

这正是流线的微分方程, 所以流函数的等值线就是流线, 即

$$\psi = c \tag{4.4.16}$$

2) 任意两点流函数值的差等于通过此两点连线的流量

在 xOy 平面内任取 A, B 两点, 如图 4.4.3 所示。以任一曲线连接 A, B 两点, 在曲线上任取一点 M, 包含 M 点之线元为 $\mathrm{d}l$, 取 M 点处曲线之单位法向矢量 $n = \dfrac{\mathrm{d}l}{\mathrm{d}l} \times k$, 则通过线元 $\mathrm{d}l$ 的流体体积流量为

$$\mathrm{d}Q = V \cdot n\mathrm{d}l \cdot l$$

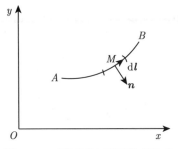

图 4.4.3　经过两点流函数值的差

所以, 通过曲线 AB 的流量为

$$Q = \int_A^B \mathrm{d}Q = \int_A^B \boldsymbol{V} \cdot \boldsymbol{n} \mathrm{d}l$$

$$= \int_A^B (\boldsymbol{k} \times \nabla\psi) \cdot (\mathrm{d}\boldsymbol{l} \times \boldsymbol{k})$$

$$= \int_A^B \left[\boldsymbol{k} \times \left(\boldsymbol{i}\frac{\partial\psi}{\partial x} + \boldsymbol{j}\frac{\partial\psi}{\partial y} \right) \right] \cdot [(\boldsymbol{i}\mathrm{d}x + \boldsymbol{j}\mathrm{d}y) \times \boldsymbol{k}]$$

$$= -\int_A^B \frac{\partial\psi}{\partial x}\mathrm{d}x + \frac{\partial\psi}{\partial y}\mathrm{d}y$$

$$= -\int_A^B \mathrm{d}\psi$$

$$= \psi_A - \psi_B$$

即

$$Q = -\int_A^B \mathrm{d}Q = \psi_A - \psi_B \tag{4.4.17}$$

在具体应用中, 应注意 $Q = \psi_A - \psi_B > 0$ 表示流体 $\boldsymbol{n}$ 之正向通过曲线 AB。由此可知经过任意两点间连线的流量等于该两点处流函数值之差, 而与所连曲线的形状无关。

3) 双值函数

在单连通域内 ψ 一般为单值函数, 但在双连通域内 ψ 为双值函数。

由不可压缩条件及高斯公式可知

$$0 = \int_\tau \nabla \cdot \boldsymbol{V} \mathrm{d}\tau = \oint_\sigma \boldsymbol{n} \cdot \boldsymbol{V} \mathrm{d}\sigma \tag{4.4.18}$$

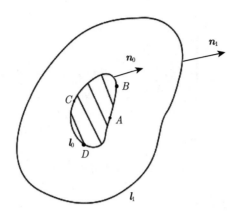

图 4.4.4 封闭区域内的流函数

考虑图 4.4.4 所示之平面值域，l_0, l_1 为其内外边界，则有

$$\int_{l_1} \boldsymbol{n}_1 \cdot \boldsymbol{V} \mathrm{d}l - \int_{l_0} \boldsymbol{n}_0 \cdot \boldsymbol{V} \mathrm{d}l = 0$$

即

$$\int_{l_1} \boldsymbol{n}_1 \cdot \boldsymbol{V} \mathrm{d}l = \int_{l_0} \boldsymbol{n}_0 \cdot \boldsymbol{V} \mathrm{d}l$$

故有

$$Q = \int_{l_1} \boldsymbol{n}_1 \cdot \boldsymbol{V} \mathrm{d}l = \int_{l_0} \boldsymbol{n}_0 \cdot \boldsymbol{V} \mathrm{d}l = Q_0 \qquad (4.4.19)$$

式 (4.4.19) 表示在值域中不存在源和汇时，通过内边界的任意闭合曲线 l 的流量均等于 Q_0。今在域内取一绕内边界一周的闭合曲线，$l_0 = ABCDA$，积分求流量。

$$
\begin{aligned}
Q &= \psi_A - \psi_B \\
&= \int_l \boldsymbol{n} \cdot \boldsymbol{V} \mathrm{d}l \\
&= \oint_{ABCDA} \boldsymbol{n} \cdot \boldsymbol{V} \mathrm{d}l + \int_A^B \boldsymbol{n} \cdot \boldsymbol{V} \mathrm{d}l \\
&= Q_0 + \int_A^B \boldsymbol{n} \cdot \boldsymbol{V} \mathrm{d}l
\end{aligned}
$$

即

$$\psi_B - \psi_A = -Q_0 - \int_A^B \boldsymbol{n} \cdot \boldsymbol{V} \mathrm{d}l \qquad (4.4.20)$$

若积分路线 l 绕内边界 n 圈，则式 (4.4.20) 为

$$\psi_B - \psi_A = -nQ_0 - \int_A^B \boldsymbol{n} \cdot \boldsymbol{V} \mathrm{d}l \qquad (4.4.21)$$

上式表明在通过内边界的净流量不等于零，且域中无源汇的条件下，流函数是多值的，各值之间只相差一个常数 $-nQ_0$。

4) 流函数与涡度矢的关系

由于 $V = k \times \nabla \psi$, 所以涡度矢可表示为

$$\begin{aligned} \boldsymbol{\Omega} &= \nabla \times \boldsymbol{V} \\ &= \nabla \times (\boldsymbol{k} \times \nabla \psi) \\ &= \boldsymbol{k}(\nabla \cdot \nabla \psi) - (\boldsymbol{k} \cdot \nabla)\nabla \psi \\ &= \boldsymbol{k}\nabla^2 \psi - \frac{\partial}{\partial z}(\nabla \psi) \\ &= \boldsymbol{k}\nabla^2 \psi \end{aligned}$$

即

$$\boldsymbol{\Omega} = \boldsymbol{k}\nabla^2 \psi \tag{4.4.22}$$

4. 流函数方程

对伯努利-拉格朗日方程, 两边取旋度

$$\frac{\partial \boldsymbol{V}}{\partial t} + \nabla\left(\frac{V^2}{2}\right) - \boldsymbol{V} \times \boldsymbol{\Omega} = f - \frac{1}{\rho}\nabla p$$

则

$$\nabla \times (\boldsymbol{V} \times \boldsymbol{\Omega}) = (\boldsymbol{\Omega} \cdot \nabla)\boldsymbol{V} - (\boldsymbol{V} \cdot \nabla)\boldsymbol{\Omega} - \boldsymbol{\Omega}(\nabla \cdot \boldsymbol{V}) + \boldsymbol{V}(\nabla \cdot \boldsymbol{\Omega})$$

$$\nabla \times (\frac{1}{\rho}\nabla p) = \nabla(\frac{1}{\rho}) \times \nabla p + \frac{1}{\rho}\nabla \times \nabla p = -\frac{1}{\rho^2}\nabla \rho \times \nabla p$$

$$\frac{\partial \boldsymbol{\Omega}}{\partial t} + (\boldsymbol{V} \cdot \nabla)\boldsymbol{\Omega} - (\boldsymbol{\Omega} \cdot \nabla)\boldsymbol{V} + \boldsymbol{\Omega}(\nabla \cdot \boldsymbol{V}) = \nabla \times \boldsymbol{f} + \frac{1}{\rho^2}\nabla \rho \times \nabla p \tag{4.4.23}$$

对于理想不可压缩质量力有势, 则有

$$\frac{\partial \boldsymbol{\Omega}}{\partial t} + (\boldsymbol{V} \cdot \nabla)\boldsymbol{\Omega} - (\boldsymbol{\Omega} \cdot \nabla)\boldsymbol{V} = 0 \tag{4.4.24}$$

对于平面流动

$$(\boldsymbol{V} \cdot \nabla)\boldsymbol{\Omega} = \boldsymbol{\Omega}\frac{\partial \boldsymbol{V}}{\partial z} = 0$$

所以

$$\frac{\partial \boldsymbol{\Omega}}{\partial t} + (\boldsymbol{V} \cdot \nabla)\boldsymbol{\Omega} = 0 \tag{4.4.25}$$

所以

$$\begin{aligned} 0 &= \frac{\partial \boldsymbol{\Omega}}{\partial t} + (\boldsymbol{V} \cdot \nabla)\boldsymbol{\Omega} \\ &= \frac{\partial}{\partial t}(\nabla^2 \psi)\boldsymbol{k} + [(\boldsymbol{k} \times \nabla \psi) \cdot \nabla](\nabla^2 \psi)\boldsymbol{k} \\ &= \frac{\partial}{\partial t}(\nabla^2 \psi)\boldsymbol{k} + [\boldsymbol{k} \times \nabla \psi \cdot \nabla(\nabla^2 \psi)]\boldsymbol{k} \end{aligned}$$

$$= \frac{\partial}{\partial t}(\nabla^2 \psi)\boldsymbol{k} - \left[\boldsymbol{k} \cdot \nabla(\nabla^2 \psi) \times \nabla \psi\right]\boldsymbol{k}$$

即

$$\frac{\partial}{\partial t}(\nabla^2 \psi)\boldsymbol{k} - \left[\boldsymbol{k} \cdot \nabla(\nabla^2 \psi) \times \nabla \psi\right]\boldsymbol{k} = 0 \tag{4.4.26}$$

因为 $\nabla \boldsymbol{\Omega}$ 及 $\nabla \psi$ 均在 xOy 平面内,所以上式中 $\nabla(\nabla^2 \psi) \times \nabla \psi = \nabla \boldsymbol{\Omega} \times \nabla \psi$ 是平行于 $\boldsymbol{k}$ 的矢量。所以式 (4.4.26) 可以转化为

$$\frac{\partial}{\partial t}(\nabla^2 \psi)\boldsymbol{k} - \left[\nabla(\nabla^2 \psi) \times \nabla \psi\right]\boldsymbol{k} = 0 \tag{4.4.27}$$

对于不可压缩平面无旋流动

$$\nabla^2 \psi = 0 \tag{4.4.28}$$

即理想不可压缩流体平面无旋流动的流函数是满足拉普拉斯方程的调和函数。

在静止固壁处,由于 $\boldsymbol{V} \cdot \boldsymbol{n} = 0$,所以壁面必为流线,因此沿壁面流函数应满足下列边界条件:

$$\psi\bigg|_{\text{壁}} = c \tag{4.4.29}$$

此 c 即为沿壁面的流函数值,一般取为零。

4.5 理想不可压缩流体的定常平面无旋流动

4.5.1 势函数与流函数的关系

不可压缩流体的平面无旋流动同时存在势函数 φ 及流函数 ψ。由于无旋,所以

$$\nabla \times \boldsymbol{V} = 0, \quad \boldsymbol{V} = -\nabla \varphi \tag{4.5.1}$$

由于定常、平面流动,所以

$$\psi = \psi(x, y), \ \varphi = \varphi(x, y)$$

不可压缩,所以

$$\nabla^2 \varphi = 0$$

根据势函数和流函数的定义,有

$$\psi = \int v \mathrm{d}x - u \mathrm{d}y$$

$$\varphi = -\int_{M_0}^{M} u \mathrm{d}x + v \mathrm{d}y$$

使速度矢满足下列关系:

$$\boldsymbol{V} = -\nabla \varphi = \boldsymbol{k} \times \nabla \psi \tag{4.5.2}$$

于是有

$$
\begin{cases}
\dfrac{\partial \varphi}{\partial x} = \dfrac{\partial \psi}{\partial y} \\[3mm]
\dfrac{\partial \varphi}{\partial y} = -\dfrac{\partial \psi}{\partial x}
\end{cases}
\tag{4.5.3}
$$

式 (4.5.3) 是势函数 φ 与流函数 ψ 所满足的柯西-黎曼条件 (Cauchy-Riemann 条件，C-R 条件)，而且势函数 φ 及流函数 ψ 都是满足拉普拉斯方程的调和函数，即

$$
\nabla^2 \varphi = 0
\tag{4.5.4}
$$

$$
\nabla^2 \psi = 0
\tag{4.5.5}
$$

利用式 (4.5.3) 可得

$$
\frac{\partial \varphi}{\partial x}\frac{\partial \psi}{\partial x} + \frac{\partial \psi}{\partial y}\frac{\partial \varphi}{\partial y} = 0
$$

即

$$
\nabla \varphi \cdot \nabla \psi = 0
\tag{4.5.6}
$$

这表明流线与等势线为互相正交的曲线族，而势函数与流函数互为共轭调和函数。

如势函数 φ 或流函数 ψ 为已知，则可利用柯西-黎曼条件求出另一个函数。如已知 ψ 求 φ，则

$$
\psi = -\int_a^x \frac{\partial \varphi}{\partial y}\mathrm{d}x + f(y)
$$

$$
\frac{\partial \psi}{\partial y} = \int_a^x -\frac{\partial^2 \varphi}{\partial y^2}\mathrm{d}x + f'(y)
$$

$$
\frac{\partial \psi}{\partial y} = \int_a^x \frac{\partial^2 \varphi}{\partial x^2}\mathrm{d}x + f'(y) = \left.\frac{\partial \varphi}{\partial x}\right|_a^x + f'(y)
$$

$$
f'(y) = \left(\frac{\partial \varphi}{\partial x}\right)_{x=a}
$$

$$
f(y) = \int_b^y \left(\frac{\partial \varphi}{\partial x}\right)_{x=a} \mathrm{d}y
$$

所以

$$
\psi = -\int_a^x \frac{\partial \varphi}{\partial y}\mathrm{d}x + \int_b^x \left(\frac{\partial \varphi}{\partial x}\right)_{x=a} \mathrm{d}y
$$

4.5.2　理想不可压缩流体定常平面无旋流动求解方法

通过以上几节的讨论，已介绍的求解不可压缩定常平面无旋流动的方法可总结为以下两种。

1. 拉普拉斯方程的诺伊曼问题

以速度势 $\varphi(x,y)$ 为未知函数, 先求解拉普拉斯方程, 得出适合给定边界条件的一个特解 φ, 从而求得速度分布及压力分布。这在数学上称为求解拉普拉斯方程的诺伊曼问题 (Neumann 问题)。即由

$$\frac{\partial^2 \varphi}{\partial x^2} + \frac{\partial^2 \varphi}{\partial y^2} = 0$$

在壁面上:

$$\frac{\partial \varphi}{\partial n} = 0$$

在无穷远处:

$$\begin{cases} \dfrac{\partial \varphi}{\partial x} = -u_\infty \\[2mm] \dfrac{\partial \varphi}{\partial y} = -v_\infty \end{cases} \tag{4.5.7}$$

求得 $\varphi(x,y)$, 再由

$$\begin{cases} \boldsymbol{V} = -\nabla \varphi \\[2mm] \dfrac{\boldsymbol{V}^2}{2} + \dfrac{p}{\rho} + \varPi = c \end{cases} \tag{4.5.8}$$

求得速度分布及压力分布。

2. 拉普拉斯方程的狄利克雷问题

以流函数 $\psi(x,y)$ 为未知函数, 先求解拉普拉斯方程, 得出适合给定边界条件的一个特解 $\psi(x,y)$, 从而求得速度分布及压力分布。这在数学上称为求解拉普拉斯方程的狄利克雷问题 (Dirichlet 问题), 即由

$$\frac{\partial^2 \psi}{\partial x^2} + \frac{\partial^2 \psi}{\partial y^2} = 0$$

在壁面上:

$$\psi = c$$

在无穷远处:

$$\begin{cases} \dfrac{\partial \psi}{\partial y} = -u_\infty \\[2mm] \dfrac{\partial \psi}{\partial x} = v_\infty \end{cases} \tag{4.5.9}$$

求得 $\psi(x,y)$, 再由

$$\begin{cases} \boldsymbol{V} = -\boldsymbol{k} \times \nabla \psi \\[2mm] \dfrac{\boldsymbol{V}^2}{2} + \dfrac{p}{\rho} + \varPi = c \end{cases} \tag{4.5.10}$$

求得速度分布及压力分布。

以上两种方法都是属于数理方程中解偏微分方程的范畴.

由于拉普拉斯方程是线性齐次方程, 任意两个解的线性组合仍然是它的解. 这样可以用简单的调和函数叠加而组成复杂的调和函数. 在实际应用中有时并不根据边界条件去求解拉普拉斯方程, 而是选用一个调和函数, 或几个调和函数叠加成为或 "凑" 成能满足所给边界条件的解, 由拉普拉斯方程解的唯一性, 可以保证所选用的调和函数就是所需要的解.

4.5.3　基本流动

1. 均流

设有一速度绝对值为常数 U_0, 方向与 x 轴成 θ 角的均匀流场 (图 4.5.1)。此时

$$
\begin{cases}
u = U_0 \cos \theta \\
v = U_0 \sin \theta
\end{cases}
$$

其势函数 φ 为

$$
\begin{aligned}
\varphi &= \varphi_0 - \int u \mathrm{d}x + v \mathrm{d}y \\
&= \varphi_0 - U_0 (\cos \theta \cdot x + \sin \theta \cdot y)
\end{aligned}
$$

流函数 ψ 为

$$
\begin{aligned}
\psi &= \psi_0 + \int v \mathrm{d}x - u \mathrm{d}y \\
&= \psi_0 + U_0 (\sin \theta \cdot x - \cos \theta \cdot y)
\end{aligned}
$$

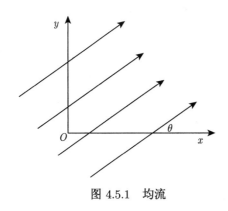

图 4.5.1　均流

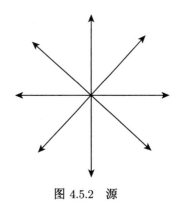

图 4.5.2　源

2. 源和汇

设流体从某一点出发沿径向向外流动, 且在参考平面内各个方向都对称. 则使流体做这种平面流动的点称为一平面点源 (图 4.5.2)。若以 m 表示单位时间内自点源流出的流体体积, 则定义 $\dfrac{m}{2\pi}$ 为点源的强度. 今以 V_r 表示距点源为 r 处的径向速度, 则点源在半径为 r 的圆处的流体体积流量为 $V_r \cdot 2\pi r = m$, 于是孤立点源在距离 r 处的速度为

$$V_r = \frac{m}{2\pi}\frac{1}{r} \tag{4.5.11}$$

强度为负值的点源叫做**点汇**。

采用柱坐标系, 则由 $\boldsymbol{V} = \boldsymbol{k} \times \nabla\psi$ 可得

$$\begin{aligned}
\boldsymbol{V} &= \boldsymbol{k} \times \nabla\psi \\
&= \boldsymbol{k} \times \left(\boldsymbol{e}_\theta \frac{\partial \varphi}{\partial r} + \boldsymbol{e}_r \frac{1}{r}\frac{\partial \psi}{\partial \theta}\right) \\
&= \boldsymbol{e}_\theta \frac{\partial \varphi}{\partial r} - \boldsymbol{e}_r \frac{1}{r}\frac{\partial \psi}{\partial \theta}
\end{aligned} \tag{4.5.12}$$

将式 (4.5.12) 与式 (4.5.11) 比较可得

$$\frac{\partial \psi}{\partial r} = 0 \tag{4.5.13}$$

$$\frac{\partial \psi}{\partial \theta} = -\frac{m}{2\pi} \tag{4.5.14}$$

由式 (4.5.13) 知函数 ψ 与 r 无关, 于是有 $\psi = \psi(\theta)$。根据式 (4.5.14) 积分得

$$\psi = \psi_0 - \frac{m}{2\pi}\theta \tag{4.5.15}$$

利用 $\boldsymbol{V} = -\nabla\varphi$ 可同样求得势函数为

$$\varphi = \varphi_0 - \frac{m}{2\pi}\ln c \tag{4.5.16}$$

而点源的流线方程即为

$$\theta = c \tag{4.5.17}$$

等势线方程为

$$r = c' \tag{4.5.18}$$

3. 点涡

无限长的直线涡所形成的平面流动, 在涡以外的流体绕涡线做无旋圆运动, 在与涡线垂直的平面内则为绕孤立涡点的无旋圆运动, 常称之为环流运动, 今设孤立涡点位于坐标原点, 则环流运动的流场为

$$\begin{cases} V_r = 0 \\ V_\theta = \dfrac{\Gamma}{2\pi}\dfrac{1}{r} \end{cases} \tag{4.5.19}$$

如图 4.5.3 所示, 而其势函数及流函数可以求得如下:

$$\begin{cases} \varphi = -\dfrac{\Gamma}{2\pi}\theta \\ \psi = \dfrac{\Gamma}{2\pi}\ln r \end{cases} \tag{4.5.20}$$

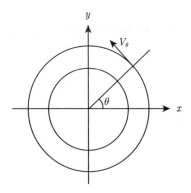

图 4.5.3　点涡示意图

且流线方程为

$$r = c \tag{4.5.21}$$

4. 旋源

考虑位于原点的强度为 $\dfrac{m}{2\pi}$ 的点源与位于原点的强度为 $\dfrac{\Gamma}{2\pi}$ 的点涡所共同产生的复合流场，这种流场常称为旋源流场。它的势函数与流函数分别为

$$
\begin{cases}
\varphi = -\left(\dfrac{m}{2\pi}\ln r + \dfrac{\Gamma}{2\pi}\theta\right) \\[2mm]
\psi = \left(\dfrac{\Gamma}{2\pi}\ln r - \dfrac{m}{2\pi}\theta\right)
\end{cases}
\tag{4.5.22}
$$

其流线方程为

$$r = c\mathrm{e}^{\frac{m}{\Gamma}\theta} \tag{4.5.23}$$

即流线为对数螺线，如图 4.5.4 所示。

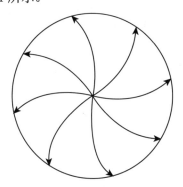

图 4.5.4　旋源及其对数螺线流线

旋源流场为自原点旋转地向四周发散流动。由式 (4.5.20) 可求得速度分布函数为

$$
\begin{cases}
V_r = \dfrac{m}{2\pi}\dfrac{1}{r} \\[2mm]
V_\theta = \dfrac{\Gamma}{2\pi}\dfrac{1}{r}
\end{cases}
\tag{4.5.24}
$$

$$|\boldsymbol{V}| = \frac{\sqrt{m^2 + \Gamma^2}}{2\pi} \frac{1}{r} \tag{4.5.25}$$

原点处 $|\boldsymbol{V}| = \infty$, 为流场的奇点, 即为旋源点。

4.6　复变函数在不可压缩流体平面势流中的应用

4.6.1　复势与复速度

可压缩流体势流同时存在 φ 和 ψ, 满足

$$\begin{cases} \nabla^2 \varphi = 0 \\ \nabla^2 \psi = 0 \end{cases}$$

且

$$\frac{\partial \varphi}{\partial x} = \frac{\partial \psi}{\partial y}, \quad \frac{\partial \varphi}{\partial y} = -\frac{\partial \psi}{\partial x} \tag{4.6.1}$$

上式定义为柯西-黎曼条件。$W = F(z) = \varphi + \mathrm{i}\psi$ 是 $z = x + \mathrm{i}y$ 解析函数的柯西-黎曼条件。

W 具有确定的导数

$$\frac{\mathrm{d}F}{\mathrm{d}z} = \frac{\partial \varphi}{\partial x} + \mathrm{i}\frac{\partial \psi}{\partial x} = \frac{\partial \psi}{\partial y} - \mathrm{i}\frac{\partial \varphi}{\partial y} \tag{4.6.2}$$

$$-\frac{\mathrm{d}F}{\mathrm{d}z} = -\frac{\partial \varphi}{\partial x} - \mathrm{i}\frac{\partial \psi}{\partial x} = u - \mathrm{i}v \tag{4.6.3}$$

所以

$$\begin{cases} V = \sqrt{u^2 + v^2} = \left| \dfrac{\mathrm{d}F}{\mathrm{d}z} \right| \\[3mm] \tan(\boldsymbol{V}, \mathbf{i}) = \dfrac{v}{u} = -\tan\left(\arg\dfrac{-\mathrm{d}F}{\mathrm{d}z} \right) \end{cases} \tag{4.6.4}$$

V 为 $-\dfrac{\mathrm{d}F}{\mathrm{d}z}$ 对 x 轴之镜面映像, 称 $V^* = -\dfrac{\mathrm{d}F}{\mathrm{d}z}$ 为复速度, 如图 4.6.1 所示, $W = F(z) = \varphi + \mathrm{i}\psi$ 为复势函数。

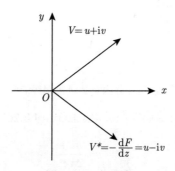

图 4.6.1　复速度

4.6.2 驻点

驻点即速度为零的点，也叫滞止点。所以，该点处应有 $V^* = 0$，滞止点空间位置应满足

$$\frac{\mathrm{d}F(z)}{\mathrm{d}z} = 0 \tag{4.6.5}$$

例如

$$W = aZ^n$$

由

$$\frac{\mathrm{d}F}{\mathrm{d}z} = anZ^{n-1} = 0$$

所以，当 $n > 1$, $Z = 0$ 为驻点，当 $n < 1$, $Z = \infty$ 为驻点。

4.6.3 复速度之残数、环流与流量的计算

对可析函数 $F(z)$ 而言，若 $F(z)$ 在 $\overline{\Omega}$ 上可析，则

$$\oint_l F(z)\mathrm{d}z = 0 \tag{4.6.6}$$

若 $F(z)$ 在 $\overline{\Omega}$ 内除孤立奇点外均为单值可析，在 $\partial\Omega$ 上为可析的，则有

$$\oint_l F(z)\,\mathrm{d}z = 2\pi\mathrm{i}\sum_{k=1}^{N} b_{-1}^{(k)} \tag{4.6.7}$$

l 为逆时针方向，$b_{-1}^{(k)}$ 为 $F(z)$ 在 l 内第 k 个孤立奇点，在 $b_{-1}^{(k)}$ 的邻域内，对其进行拉格朗日展开，其中 $(Z - b_k)^{-1}$ 的系数，N 为 $F(z)$ 在 l 内孤立奇点的总个数，$\mathrm{res}F(b_k) = b_{-1}^{k}$ 即为 $F(z)$ 在 $z = b_k$ 处的残数。

$$b_{-1} = \lim_{z \to b} \frac{1}{(n-1)_d^l} \frac{\mathrm{d}^{(n-1)}}{\mathrm{d}z^{(n-1)}}[(z-b)^n F(z)], \quad n > g \tag{4.6.8}$$

一阶极点的情形：

$$b_{-1} = \lim_{z \to b}(z - b)F(z) \tag{4.6.9}$$

对 $V^* = -\dfrac{\mathrm{d}F}{\mathrm{d}z}$ 而言，若在运动平面 (复平面) 上 l 内有以下单极点 $z = a_1, a_2, \cdots, a_n$，其对应之残数分别为 $A_1, A_2, \cdots, A_n$，则应有

$$\oint_l V^*\mathrm{d}z = \oint_l -\frac{\mathrm{d}F}{\mathrm{d}z}\mathrm{d}z = 2\pi\mathrm{i}\sum_{k=1}^{n} A_k \tag{4.6.10}$$

而

$$\oint_l -\frac{\mathrm{d}F}{\mathrm{d}z}\mathrm{d}z = \oint_l (u - \mathrm{i}v)(\mathrm{d}x + \mathrm{i}\mathrm{d}y) = \oint_l u\mathrm{d}x + v\mathrm{d}y + \mathrm{i}\oint_l u\mathrm{d}y - v\mathrm{d}x = P + \mathrm{i}Q \tag{4.6.11}$$

所以

$$P + \mathrm{i}Q = 2\pi\mathrm{i}\sum_{k=1}^{n} A_k = 2\pi\mathrm{i}\sum_{k=1}^{n}(\alpha_k + \beta_k) \tag{4.6.12}$$

所以

$$P = \oint_l u\mathrm{d}x + v\mathrm{d}y = -2\pi\sum_{k=1}^{n}\beta_k \tag{4.6.13}$$

$$Q = \oint_l u\mathrm{d}y - v\mathrm{d}x = 2\pi\sum_{k=1}^{n}\alpha_k \tag{4.6.14}$$

拉格朗日级数：$F(z)$ 在环域 $R_1 \leqslant |z-b| \leqslant R_2$ 中单值可析，则在此环域内任一点上有

$$F(z) = \sum_{n=-\infty}^{n} b_m(z-b)^n, \quad R_1 < |z-b| < R_2 \tag{4.6.15}$$

$$b_n = \frac{1}{2\pi\mathrm{i}}\int_l \frac{f(s)}{(s-b)^{n+1}}\mathrm{d}l \tag{4.6.16}$$

4.6.4 不可压缩流体平面势流的叠加原理

因为

$$\begin{cases} \nabla^2\psi = 0 \\ \nabla^2\varphi = 0 \end{cases} \tag{4.6.17}$$

式 (4.6.17) 为线性方程，所以若 ψ_1, ψ_2 为式 (4.6.17) 之解，则其线性组合，例如 $\psi = \psi_1 + \psi_2$ 仍为式 (4.6.17) 之解，因之某一实际流动 ψ 问题，可以看成几个简单的标准平流型 (ψ) 的叠加。可得**兰金各解叠加原理**，如图 4.6.2 所示。

$$\psi = \psi_1 + \psi_2$$

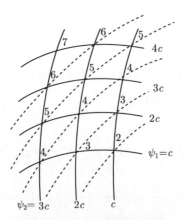

图 4.6.2 兰金各解叠加原理

求解不可压缩流体平面势流问题实质上归纳为求解

$$\begin{cases} \nabla^2\psi = 0 \\ \nabla^2\varphi = 0 \end{cases}$$

使之适合具体问题边值条件。拉普拉斯方程之定解问题在理论上虽已解决, 但复杂的边界情况常使计算极其困难。故常利用拉普拉斯定解问题的适定性, 用 "凑" 的方法找 $\psi(\varphi)$。只要它满足问题之边值条件, 即为求解之 $\psi(\varphi)$, 另外各方法亦成为常用的近似方法。

4.6.5　复势算例

1. 绕角型流动

$$w = -\frac{a}{m}z^n, \; n = \frac{\pi}{\alpha}$$
$$z = r e^{i\theta} \tag{4.6.18}$$

所以

$$w = -\frac{a}{n}r^n e^{in\theta} = -\frac{a}{n}r^n(\cos n\theta + i\sin n\theta) \tag{4.6.19}$$

所以

$$\begin{cases} \psi = -\dfrac{a}{n}r^n\sin n\theta \\ \varphi = -\dfrac{a}{n}r^n\cos n\theta \end{cases} \tag{4.6.20}$$

1) 流线方程

$$\psi = c$$

所以

$$\theta = 0, \quad \theta = \pm\frac{\pi}{n} = \alpha$$

有

$$c = 0$$

即对应于零流线, 零流线对应于坐标原点发出的线束组, n 增加, 则 α 减小, 角系数增加。

2) 速度

$$V = \left|\frac{\mathrm{d}F}{\mathrm{d}z}\right| = \left|-az^{n-1}\right| = ar^{n-1} \tag{4.6.21}$$

$$\begin{cases} \text{当} n > 1, \text{原点之} V = 0, \text{为临界点 (驻点)} \\ \text{当} n = 1, \text{原点之} V = a, \text{为有限值} \\ \text{当} n < 1, \text{原点之} V = \infty, \text{为奇点} \end{cases}$$

当 n 取不同权值时, 可得绕各种 "角型" 之定常流动, 其中参数 $\alpha = \dfrac{\pi}{n}$ 为各种角型之夹角。

3) 等势线族

$$r^n \cos n\theta = c' \qquad (4.6.22)$$

即

$$r^n \sin\left(n\theta + \frac{\pi}{2}\right) = c' \qquad (4.6.23)$$

故知等势线与流线形状相同，但转动了 $\dfrac{\pi}{2n} = \dfrac{\alpha}{2}$。

4) 理想流体定常运动中流线与物体表面的关系

当物体在流体中运动或流体绕物体流动时，以流体为讨论对象，则无穷远处为外边界，物体表面为内边界。

对静止固定表面，流体不能渗入也不能离开，故必须有

$$V\big|_{\sum 内}^n = -\left.\frac{\partial \psi}{\partial n}\right|_{\sum 内} = 0 \qquad (4.6.24)$$

也就是说对于定常流动，流点沿流线运动。在理想流体定常流动中，流线与物体表面的曲线重合，就满足了内边界条件。

(1) $n = 1, \alpha = \pi$

$$\begin{cases} \psi = -ar\sin\theta \\ \varphi = -ar\cos\theta \end{cases} \qquad (4.6.25)$$

且满足

$$\psi = 0, \quad \theta = 0, \pm\pi$$

$$\psi = c, \quad r\sin\theta = c, \quad 即\psi = c$$

$w = -az$ 表示为沿 x 方向之均流复势。

(2) $n = 2, \alpha = \dfrac{\pi}{2}, w = -\dfrac{a}{2}z^2$

$$\begin{cases} \psi = -\dfrac{a}{2}r^2\sin 2\theta = -axy \\ \varphi = -\dfrac{a}{2}r^2\cos 2\theta = -\dfrac{a}{2}(x^2 - y^2) \end{cases} \qquad (4.6.26)$$

且满足

$$\psi = 0 \begin{cases} \theta = 0, \pi \\ \theta = \pm\dfrac{\pi}{2} \end{cases}$$

$$\psi = c, \quad xy = c$$

(3) $n = 3, \alpha = \dfrac{\pi}{3}, w = -\dfrac{a}{3}z^3$

$$\begin{cases} \psi = -\dfrac{a}{3}r^3\sin 3\theta = -\dfrac{a}{3}y(y^2 - 3x^2) \\ \varphi = -\dfrac{a}{3}r^3\cos 3\theta = -\dfrac{a}{3}x(3y^2 - x^2) \end{cases} \qquad (4.6.27)$$

且满足

$$\psi = 0 \begin{cases} \theta = 0, \pi \\ \\ \theta = \pm\dfrac{\pi}{3}, \pm\dfrac{2\pi}{3} \end{cases}$$

2. 单元

1) 流场

$$w = -\frac{m}{2\pi} \ln z, \quad z = r e^{i\theta} (位于 z = 0 点的单元)$$

$$w = -\frac{m}{2\pi} \ln z = -\frac{m}{2\pi} \ln r e^{i\theta} = -\frac{m}{2\pi}(\ln r + i\theta) \tag{4.6.28}$$

所以

$$\begin{cases} \psi = -\dfrac{m}{2\pi} \ln r \\ \\ \varphi = -\dfrac{m}{2\pi} \theta \end{cases} \tag{4.6.29}$$

为平面流场 (图 4.6.3)。

$$\begin{cases} \theta = c & 流线 \\ r = c' & 等势线 \end{cases}$$

所以

$$V^* = -\frac{\mathrm{d}F}{\mathrm{d}z} = \frac{m}{2\pi}\frac{1}{z} = \frac{m}{2\pi}\frac{x - iy}{x^2 + y^2} = u - iv \tag{4.6.30}$$

$$\begin{cases} u = \dfrac{m}{2\pi}\dfrac{x}{x^2 + y^2} = \dfrac{m}{2\pi}\dfrac{1}{r}\cos\theta \\ \\ v = \dfrac{m}{2\pi}\dfrac{y}{x^2 + y^2} = \dfrac{m}{2\pi}\dfrac{1}{r}\sin\theta \end{cases} \tag{4.6.31}$$

所以

$$\begin{cases} V_r = \dfrac{1}{r}\dfrac{\partial\psi}{\partial r} = \dfrac{m}{2\pi}\dfrac{1}{r} \\ \\ V_\theta = \dfrac{1}{r}\dfrac{\partial\varphi}{\partial\theta} = \dfrac{\partial\psi}{\partial r} = 0 \end{cases} \tag{4.6.32}$$

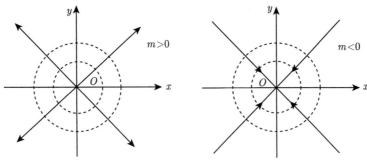

图 4.6.3　单元平面流场

$$V = |V^*| = \frac{m}{2\pi}\frac{1}{r}\ 正比于\ \frac{1}{r}\text{。}$$

$$\begin{cases} r \to 0, V \to \infty, 奇点 \\ r \to \infty, V \to 0 \end{cases}$$

$$Q = 2\pi r \cdot 1 \cdot V_r = 2\pi r \frac{m}{2\pi}\frac{1}{r} = m \tag{4.6.33}$$

为点汇强度, $m > 0$ 为源, $m < 0$ 为汇。

2) 相关推论

(1) 若强度为 m 的源位于平面上, $z = z_0$ 点处, 则对应之复势为

$$w = -\frac{m}{2\pi}\ln(z - z_0) \tag{4.6.34}$$

(2) 若有强度为 $m_k(k = 1, 2, \cdots, m)$ 的源点和汇点分别位于 $z = a_k$ 点上, 则相应之复势为

$$w = -\frac{1}{2\pi}\sum_{k=1}^{n}\ln(z - a_k) \tag{4.6.35}$$

$$\begin{cases} \psi = -\dfrac{1}{2\pi}\sum_{k=1}^{m}m_k \ln p_k \\[3mm] \phi = -\dfrac{1}{2\pi}\sum_{k=1}^{m}m_k Q_k \end{cases} \tag{4.6.36}$$

p_k 和 Q_k 表示 $z - a_k$ 之模和辐角。

3. 续线分布的点源的复势

设在实轴上 $(-a, a)$ 取均匀分布着强度相等的单元, 设 k 表示点源之线密度, 即单位长线段内源点之总强度。

$$w = -\frac{m}{2\pi}\int_{-a}^{a}\ln(z - \xi)\mathrm{d}\xi \tag{4.6.37}$$

因为

$$\int \ln x\mathrm{d}x = x\ln x - x$$

所以

$$w = -\frac{k}{2\pi}\int_{-a}^{a}\ln(z - \xi)\mathrm{d}\xi$$

$$= \frac{k}{2\pi}\int_{-a}^{a}\ln(z - \xi)\mathrm{d}(z - \xi)$$

$$= \frac{k}{2\pi}\left[(z - \xi)\ln(z - \xi) - (z - \xi)\right]_{-a}^{a}$$

$$= \frac{k}{2\pi}\left[(z - a)\ln(z - a) - (z + a)\ln(z + a) + 2a\right]$$

即

$$w = \frac{k}{2\pi}\left[(z - a)\ln(z - a) - (z + a)\ln(z + a) + 2a\right] \tag{4.6.38}$$

4. 等强度的源和汇

设在点 $B(z = z_B = ae^{i\alpha}), A(z = z_A = ae^{i(\alpha+\pi)} = -ae^{i\alpha})$ 分别有强度为 m 的源和汇，则其相应的复势根据叠加原理应为

$$
\begin{aligned}
w &= -\frac{m}{2\pi}\ln(z - z_B) + \frac{m}{2\pi}\ln(z - z_A) \\
&= -\frac{m}{2\pi}\ln\left[|z - z_B|\, e^{i\arg(z-z_B)}\right] + \frac{m}{2\pi}\left[|z - z_A|\, e^{i\arg(z-z_A)}\right] \\
&= -\frac{m}{2\pi}\left[\ln|z - z_B| + i\arg(z - z_B)\right] + \frac{m}{2\pi}\left[\ln|z - z_A| + i\arg(z - z_A)\right] \\
&= -\frac{m}{2\pi}\ln|z - z_B| + \frac{m}{2\pi}\ln|z - z_A| + \frac{im}{2\pi}\left[\arg(z - z_B) - \arg(z - z_A)\right] \\
&= -\frac{m}{2\pi}\ln\frac{|z - z_B|}{|z - z_A|} + \frac{im}{2\pi}\angle APB
\end{aligned}
$$

即

$$
w = -\frac{m}{2\pi}\ln\frac{|z - z_B|}{|z - z_A|} + \frac{im}{2\pi}\angle APB \tag{4.6.39}
$$

流线为

$$
\angle APB = c \tag{4.6.40}
$$

故流线为通过 AB 的共弦轴圆周，流动方向是由源向汇。

5. 偶极子

1) 流场

上例中使 AB 无限靠近，即 $a \to 0$，且 $m \to \infty$ 使 $2ma \to u$，则为处于源点极轴与 x 轴成 α 角的偶极子，其复势为

$$
\begin{aligned}
w &= -\frac{m}{2\pi}\ln\left[z\left(1 - \frac{ae^{i\alpha}}{z}\right)\right] + \frac{m}{2\pi}\ln\left[z\left(1 + \frac{ae^{i\alpha}}{z}\right)\right] \\
&= -\frac{m}{2\pi}\ln\left(1 - \frac{ae^{i\alpha}}{z}\right) + \frac{m}{2\pi}\ln\left(1 + \frac{ae^{i\alpha}}{z}\right) \\
&= -\frac{m}{2\pi}\left(\frac{ae^{i\alpha}}{z} + \frac{a^2 e^{i2\alpha}}{2z^2} + \frac{a^3 e^{i3\alpha}}{3z^3} + \cdots\right) \\
&\quad + \frac{m}{2\pi}\left(\frac{ae^{i\alpha}}{z} - \frac{a^2 e^{i2\alpha}}{2z^2} + \frac{a^3 e^{i3\alpha}}{3z^3} + \cdots\right) \\
&= \frac{2ma}{2\pi}\left(\frac{ae^{i\alpha}}{z} + \frac{a^3 e^{i3\alpha}}{3z^3} + \cdots\right)
\end{aligned}
$$

其中

$$
\begin{aligned}
\ln(1 + x) &= x - \frac{x^2}{2} + \frac{x^3}{3} + \cdots \\
\ln(1 - x) &= -\left(x + \frac{x^2}{2} + \frac{x^3}{3} + \cdots\right)
\end{aligned}
$$

当 $a \to 0, m \to \infty, 2ma \to u$, 则

$$w = -\frac{u}{2\pi}\frac{\mathrm{e}^{\mathrm{i}\alpha}}{z} \qquad (4.6.41)$$

2) 推论

(1) 若位于源点且极轴沿 x 轴之偶极子, 则 $\alpha = 0$, 即有

$$w = -\frac{u}{2\pi}\frac{1}{z} = \frac{u}{2\pi}\frac{x-\mathrm{i}y}{x^2+y^2} \qquad (4.6.42)$$

$$\varphi = \frac{u}{2\pi}\frac{x}{x^2+y^2} = \frac{u}{2\pi}\frac{1}{r}\cos\theta \qquad (4.6.43)$$

$$\psi = \frac{u}{2\pi}\frac{y}{x^2+y^2} = \frac{u}{2\pi}\frac{1}{r}\sin\theta \qquad (4.6.44)$$

所以

$$\varphi = c : \frac{x}{x^2+y^2} = c \qquad (4.6.45)$$

即

$$y^2 + \left(x - \frac{1}{2c}\right)^2 = \frac{1}{4c^2} \qquad (4.6.46)$$

且

$$\psi = c_1 : \frac{y}{x^2+y^2} = D \qquad (4.6.47)$$

即

$$x^2 + \left(y - \frac{1}{2D}\right)^2 = \frac{1}{4D^2} \qquad (4.6.48)$$

(2) 位于 $z = a$ 点极轴与 x 轴成 α 角之偶极子

$$w = -\frac{u}{2\pi}\frac{\mathrm{e}^{\mathrm{i}\alpha}}{(z-a)} \qquad (4.6.49)$$

(3) xOy 平面上 $z = a_k$ 各点上放置强度 (矩) 分别为 u_k 且与 Ox 轴分别成 $\alpha_k(k = 1, 2, \cdots, n)$ 角的偶极子, 相应之复势为

$$w = -\frac{1}{2\pi}\sum_{k=1}^{n}\frac{u_k\mathrm{e}^{\mathrm{i}\alpha_k}}{(z-a_k)} \qquad (4.6.50)$$

4.7　绕圆柱流动

理想不可压缩流动, 无环流绕圆柱流动为定常无旋

$$\begin{cases} \nabla^2\varphi = 0 \\ -\dfrac{\partial\varphi}{\partial t} + \dfrac{\boldsymbol{V}^2}{2} + \varPi = B \end{cases} \qquad (4.7.1)$$

适合定解条件

$$\begin{cases} \left.\dfrac{\partial\varphi}{\partial r}\right|_{r=a} = 0 \\ \left.\dfrac{\partial\varphi}{\partial r}\right|_{r\to\infty} = -U\cos\theta \ \text{或}\ \varphi\Big|_{r\to\infty} = -U\cos\theta \end{cases} \qquad (4.7.2)$$

4.7.1　速度势的求解

柱坐标

$$\frac{\partial^2 \varphi}{\partial r^2} + \frac{1}{r}\frac{\partial \varphi}{\partial r} + \frac{1}{r^2}\frac{\partial^2 \varphi}{\partial \theta^2} = 0 \tag{4.7.3}$$

设 $\varphi(r, \theta) = H(\theta)R(r)$ 代入上式

$$\frac{H''}{H} = -\frac{r^2 R'' + r R'}{R} = -n^2 \tag{4.7.4}$$

所以, 由式 (4.7.3) 及式 (4.7.4) 可得

$$\begin{cases} H'' + n^2 H = 0 & ① \\ r^2 R'' + r R' + n^2 R = 0 & ② \end{cases} \tag{4.7.5}$$

式 (4.7.5)① 之解为 $H = c_1 \cos n\theta + c_2 \sin n\theta$; ② 取 $R = r^m$, 代入②可得, $m = \pm n$。
所以

$$R = c_3 r^n + c_4 r^{-n} \tag{4.7.6}$$

$$g(r, \theta) = (c_1 \cos n\theta + c_2 \sin n\theta)(c_3 r^n + c_4 r^{-n}) \tag{4.7.7}$$

式中, n 为非零的正整数, 求解使 φ 为单值非零常数。记此特解为

$$\varphi_n(r, \theta) = (A_m \cos n\theta + B_m \sin n\theta)r^n + r^{-n}(C_m \cos n\theta + D_m \sin n\theta) \tag{4.7.8}$$

因为式 (4.7.3) 为线性方程, 故一般解应为

$$g(r, \theta) = \sum_{n=1}^{\alpha} \left[(A_m \cos n\theta + B_m \sin n\theta)r^n + r^{-n}(C_m \cos n\theta + D_m \sin n\theta) \right] \tag{4.7.9}$$

由 $\varphi|_{r \to \infty} = -Ur\cos\theta$ 可得

$$\begin{cases} A_1 = -U, A_2 = \cdots = A_n = 0 \\ B_1 = B_2 = \cdots = B_n = 0 \end{cases}$$

$$\frac{\partial \varphi}{\partial r} = -U\cos\theta - \sum_{n=1}^{n} n(C_n \cos n\theta + D_n \sin n\theta)r^{-n-1} \tag{4.7.10}$$

由 $\left.\dfrac{\partial \varphi}{\partial r}\right|_{r \to a} = 0$ 可得

$$0 = -U\cos\theta - \sum_{n=1}^{n} n(C_n \cos n\theta + D_n \sin n\theta)a^{-n-1} \tag{4.7.11}$$

上式对 θ 的任何值均成立, 所以, 各三角函数的系数应为 0。
所以

$$-U - \frac{C_1}{a^2} = 0, \quad C_2 = C_3 = \cdots = C_n = 0, \quad D_1 = \cdots = D_n = 0$$

所以

$$C_1 = -a^2 U$$

所以

$$\varphi = -U\cos\theta r - \frac{a^2 U\cos\theta}{r} = -U\cos\theta\left(r + \frac{a^2}{r}\right) \tag{4.7.12}$$

4.7.2 速度势

$$\begin{cases} V_r = -\dfrac{\partial \varphi}{\partial r} = U\cos\theta \left(1 - \dfrac{a^2}{r^2}\right) \\[3mm] V_\theta = -\dfrac{1}{r}\dfrac{\partial \varphi}{\partial \theta} = -U\sin\theta \left(1 + \dfrac{a^2}{r^2}\right) \end{cases} \tag{4.7.13}$$

1. 柱面上速度分布

$$r = a$$

$$V_r = 0, \quad V_\theta = -2U\sin\theta$$

所以当 $\theta = 0, \pi$ 时, $A(a,0), B(a,\pi)$ 两点为驻点。在 $C\left(a, \dfrac{\pi}{2}\right), D\left(a, \dfrac{3}{2}\pi\right)$ 流速数值最大, 为 $|U|$ 的 2 倍, 且均平行于 U。

2. 流函数分布

$$\varphi = -U\cos\theta \left(r + \dfrac{a^2}{r}\right) \tag{4.7.14}$$

$$\begin{cases} \dfrac{\partial \psi}{\partial r} = -\dfrac{1}{r}\dfrac{\partial \psi}{\partial \theta} = -U\sin\theta \left(1 + \dfrac{a^2}{r}\right) \\[3mm] \dfrac{\partial \psi}{\partial \theta} = r\dfrac{\partial \psi}{\partial r} = -U\cos\theta r \left(1 - \dfrac{a^2}{r^2}\right) \end{cases} \tag{4.7.15}$$

$$\psi = \int -U\sin\theta \left(1 + \dfrac{a^2}{r}\right) \mathrm{d}r + \psi_1(\theta) = -U\sin\theta \left(r - \dfrac{a^2}{r}\right) + \psi_1(\theta) \tag{4.7.16}$$

$$\dfrac{\partial \psi}{\partial \theta} = -U\cos\theta \left(r - \dfrac{a^2}{r}\right) + \psi_1'(\theta) = -U\cos\theta r \left(1 - \dfrac{a^2}{r^2}\right) \tag{4.7.17}$$

所以

$$\psi_1'(\theta) = 0, \quad \psi_1(\theta) = c$$

所以

$$\psi = -U\sin\theta r \left(1 - \dfrac{a^2}{r^2}\right) \tag{4.7.18}$$

$\psi = c$ 为流线方程。

$$\sin\theta \left(r - \dfrac{a^2}{r}\right) = c$$

若 $\sin\theta \left(r - \dfrac{a^2}{r}\right) = 0, \theta = 0, \pi;$ 或 $r = a$ 为零流线 (分离流线)。而 $r \to \infty, r\sin\theta = c$ 为渐近流线, 图 4.7.1 为绕圆柱流动流线示意图。

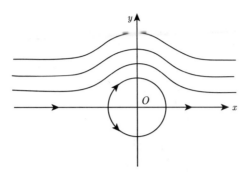

图 4.7.1　绕圆柱流动流线示意图

3. 复势

$$
\begin{aligned}
W(z) \;\; &= -U\sin\theta\left(1+\frac{a^2}{r}\right) - \mathrm{i}U\cos\theta\, r\left(1-\frac{a^2}{r^2}\right) \\
&= -U\left[r(\cos\theta+\mathrm{i}\sin\theta)+\frac{a^2}{r}(\cos\theta-\mathrm{i}\sin\theta)\right] \\
&= -U\left(r\mathrm{e}^{\mathrm{i}\theta}+\frac{a^2}{r}\mathrm{e}^{-\mathrm{i}\theta}\right) \\
&= -U\left(z+\frac{a^2}{z}\right) \\
&= F_1(z)+F_2(z)
\end{aligned}
$$

所以

$$
W(z) = -U\left(z+\frac{a^2}{z}\right) = F_1(z)+F_2(z)
$$

且

$$
F_1(z) = -Uz \tag{4.7.19}
$$

或

$$
F_2(z) = -\frac{Ua^2}{z} \tag{4.7.20}
$$

图 4.7.2 为绕圆柱流动复势函数。

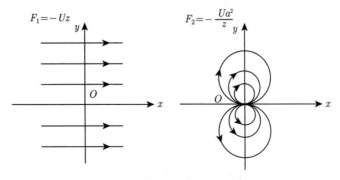

图 4.7.2　绕圆柱流动复势函数

4.7.3 压力场

由压力方程求解 p

$$\frac{p}{\rho} + \frac{V^2}{2} + \Pi = B$$

设质量力不存在, 或对平面运动, $\Pi = c$。即有

$$\frac{p}{\rho} + \frac{V^2}{2} = B$$

无穷远处:

$$\frac{p_\infty}{\rho} + \frac{V^2}{2} = B$$

所以

$$p = p_\infty + \frac{\rho}{2}(U^2 - v^2)$$

所以

$$p = p_\infty + \frac{\rho}{2}U^2\left[1 - \cos^2\theta\left(1 - \frac{a^2}{r^2}\right)^2 - r^2\sin^2\theta\left(1 + \frac{a^2}{r^2}\right)^2\right] \tag{4.7.21}$$

1. 柱面上的压力分布

$$p = p_\infty + \frac{\rho}{2}U^2(1 - 4\sin^2\theta) \tag{4.7.22}$$

所以

(1) $\theta = 0, \pi$ 时, $p_{a\max} = p(a, 0) = p(a, \pi) = p_\infty + \frac{\rho}{2}U^2$, 图 4.7.3 中 $p_{a\max} = a + \frac{a}{4}$。

(2) $\theta = \frac{\pi}{2}, \frac{3\pi}{2}$ 时, $p_{a\min} = p(a, \frac{\pi}{2}) = p(a, \frac{3\pi}{2}) = p_\infty - \frac{3}{2}\rho U^2$, 图 4.7.3 中 $p_{a\min} = \frac{a}{4}$。

(3) $\theta = 30°, 150°, 210°, 330°$ 时, 即在 N_1, N_2, N_3, N_4 点处, $\sin^2\theta = \frac{1}{4}$, 即有 $p_a = p_\infty$。

(4) 动压力 $p_{动}|_a = \frac{1}{2}\rho U^2 = \frac{\rho U^2}{2}$, $4\sin^2\theta = 2\rho U^2\sin^2\theta$。

图 4.7.3 中以 $p_\infty = a$, $\frac{1}{2}\rho U^2 = \frac{1}{4}a$, 故有

$$p_{动}|_a = a\sin^2\theta$$

(5) 总压力 $p_{总}|_a = p_\infty + \frac{1}{2}\rho U^2$, 图 4.7.3 中 $p_{总}|_a = a + \frac{a}{4}$。

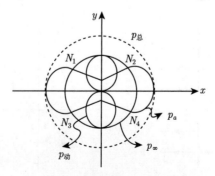

图 4.7.3 绕圆柱流动压力分布图

2. 流体作用于柱面的压力的合矢量

图 4.7.4 为压力分量示意图, 面元 dl 上压力分量为

$$p_x = -p_a \cos\theta \mathrm{d}l = -ap_a \cos\theta \mathrm{d}\theta \tag{4.7.23}$$

$$p_y = -p_a \sin\theta \mathrm{d}l = -ap_a \sin\theta \mathrm{d}\theta \tag{4.7.24}$$

$$Q_x = -a\int_0^{2\pi} p_a \cos\theta \mathrm{d}\theta = 0 \tag{4.7.25}$$

$$Q_y = -a\int_0^{2\pi} p_a \sin\theta \mathrm{d}\theta = 0 \tag{4.7.26}$$

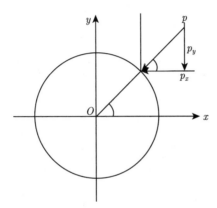

图 4.7.4　绕圆柱流动压力分量示意图

习　题

4.1 基本方程

4.1.1　已知一不可压缩理想流体在重力作用下的流场为

$$\boldsymbol{V} = Ax\boldsymbol{i} + Ay\boldsymbol{j} - 2Az\boldsymbol{k} \text{ (m/s)}$$

式中, $A = 1\text{s}^{-1}$, 并设流体密度 $\rho = 1000\text{kg/m}^3$, 取 z 轴为竖直方向, 计算点 $(1, 2, 5)$ 处的压力梯度。

4.1.2　已知一不可压缩定常流场为

$$\boldsymbol{V} = (3x^2 - 2xy)\boldsymbol{i} + (y^2 - 6xy + 3yz^2)\boldsymbol{j} - (z^3 + xy^2)\boldsymbol{k} \text{ (m/s)}$$

求流体质点在点 $(2, 3, 1)$ 处的压力梯度。使用 $\rho = 1000\text{kg/m}^3$, $g = -10\text{m/s}^2$。

4.1.3　已知一不可压缩流场为

$$\boldsymbol{V} = (6xy + 5xt)\boldsymbol{i} - 3y^2\boldsymbol{j} + (7xy^2 - 5zt)\boldsymbol{k} \text{ (m/s)}$$

求 $t = 3$ 位于点 $(2, -1, 4)$ 的流体质点的压力梯度。使用 $\rho = 1000\text{kg/m}^3$, $g = -10\text{m/s}^2$。

4.1.4　已知一黏性不可压缩流动的速度场为 $\boldsymbol{V} = 8x^2z\boldsymbol{i} - 6y^2z^2\boldsymbol{j} + (4yz^2 - 8xz^2)\boldsymbol{k}$, 流体的密度为 1.8kg/m^3, 动力黏度为 $\mu = 0.1\text{N}\cdot\text{s/m}^2$, z 轴的负值方向也就是重力方向, 试解出点 $(1,2,3)$ 处的压力梯度。

4.1.5 推导流线坐标系中的欧拉方程, 图见题图 4.1.5。

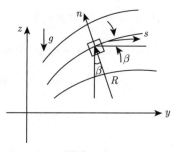

题图 4.1.5

4.1.6 应用流线坐标系中的欧拉方程说明在没有加速度的情况下压力将怎样变化。

4.1.7 求下列速度势的速度场:

① $\varphi = x^2 + y^2 + z^2$

② $\varphi = x^2 - x + y^2 + 4z$

③ $\varphi = \ln\left[(x+a)^2 - y^2\right]$

④ $\varphi = y - \arctan(y/x)$

⑤ $\varphi = \mathrm{e}^x \cos y$

上列流场中哪些满足不可压缩流体连续性方程?

4.1.8 在静止流体中, 有一剖面为 $y^2 = k^2 x$ 的物体, 以常速 U 沿水平方向运动 (题图 4.1.8), 设 u, v 为边界上的速度分量, 试证明:

$$\frac{v}{u - U} = \frac{k^2}{2y}$$

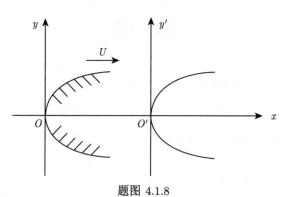

题图 4.1.8

4.1.9 在一静止流体中, 设有一半径为 a 的球以速度分量 U, V, W 运动, 设 u, v, w 表示流体在边界面上的速度分量。

① 写出任一时刻 t, 球面的表达式 (设 $t = 0$ 时球心位于坐标原点)。

② 证明流体边界面上的速度分量满足方程式:

$$(x - Ut)(u - U) + (y - Vt)(v - V) + (z - Wt)(w - W) = 0$$

4.1.10 气体在等温状态下, 沿某截面的直管流动 $(p = k\rho)$, 略去重力, 并设在同一截面内所有各点在时间 t 的速度 v 均相同, 且沿管的方向, 试求速度 v 所满足的微分方程式 (仅包含 v 的方程)。

4.1.11　对于上题条件下流动的可压缩流体, 证明下式正确:

$$\frac{\partial^2 \rho}{\partial t^2} = \frac{\partial^2}{\partial x^2}\left[(v^2 + k)\rho\right]$$

4.1.12　流场 $\boldsymbol{V} = (Axy - Bx^2)\boldsymbol{i} + (Axy + By^2)\boldsymbol{j}$, 其中 $A = 6.56(\text{m·s})^{-1}$, $B=3.28(\text{m·s})^{-1}$, 流体密度为 $\boldsymbol{F} = -g\boldsymbol{j}$, $\rho = 1030.75\text{kg/m}^3$, 求流体在 $(x, y) = (1, 1)$ 处的加速度以及压力梯度。

4.1.13　理想定常不可压缩流体绕半径为 a 的静止圆柱流场 (自右向左):

$$\boldsymbol{V} = u\cos\theta\left[\left(\frac{a}{r}\right)^2 - 1\right]\boldsymbol{i} + v\sin\theta\left[\left(\frac{a}{r}\right)^2 + 1\right]\boldsymbol{j}$$

考虑沿圆柱表面 $r = a$ 流线的流动, 求压力梯度的分量表达式 (以 θ 表示)。

4.2 运动积分

4.2.1　水流经文丘里管, 截面 1 和 2 之间的压力差为已知, 截面为指定的, 假定管水平放置, 有一维流通过它, 不计摩擦损失, 试求通过文丘里管的流量 Q, 作为压力差 $p_1 - p_2$ 之函数表达式。

4.2.2　置于大气中开口大器皿, 液体流经它, 通过一很小的圆形孔进入大气, 不计损耗, 试求出口孔处流速, 假定②处为大气压。在器皿的出口处装一 $90°$ 的直角弯管, 试确定水之射流所能达到的高度, 假定无耗损, 并取②处位于水面之下距离为 h 处 (题图 4.2.2)。

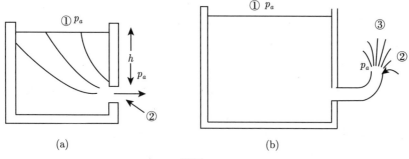

题图 4.2.2

4.2.3　理想不可压缩流场 $\boldsymbol{V} = Ax\boldsymbol{i} - Ay\boldsymbol{j}$, $\boldsymbol{F} = -g\boldsymbol{k}$, 在点 $(x, y, z) = (0, 0, 0)$ 处, $p = p_0$。求压力场 $p(x, y, z)$。

4.2.4　证明不可压缩流体的理想定常二元流动, 在忽略质量力时, 流函数 ψ 和涡旋 Ω 满足

$$\frac{\partial(\Omega, \psi)}{\partial(x, y)} = 0$$

如 Ω 为常数, 则压力方程为

$$\frac{p}{\rho} + \frac{V^2}{2} + \Omega\psi = c$$

4.2.5　在理想定常流场内, 一弯曲流线上一点 A, 流动速度 $V_A = 20\text{m/s}$, 并正以 3m/s^2 之渐减率沿流线减速。弯曲流线在 A 点处的曲率半径 $R_A = 5\text{m}$, 若 A 点的流线曲率中心 C 位于水平面上, 流体密度为 1.94kg/m^3, 求流体经 A 点时的压力梯度 (题图 4.2.5)。

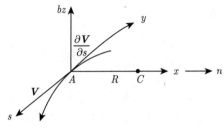

题图 4.2.5

4.2.6　已知下列速度势，求在点 $(3,4,0)$ 处的压力梯度：

① $\varphi = 2xy + y$

② $\varphi = x^2 + x - y^2$

③ $\varphi = 10\ln r + 20\theta$

4.2.7　已知流场为 $\boldsymbol{V} = (x - 2y)t\boldsymbol{i} + (y - 2x)t\boldsymbol{j}(\text{m/s})$，不计体积力，求在 $t = 1\text{s}$ 时，位于点 $(1, 2)$ 的流体质点压力梯度。设密度为 $\rho = 1500\text{kg/m}^3$。

4.2.8　已知流场 $\boldsymbol{V} = Ay\boldsymbol{i} + Ax\boldsymbol{j}$，其中 $A = 3\text{m/(s·m)}$，x, y 以米计算，流体密度为 $\rho = 750\text{kg/m}^3$。计算流体质点在 $(x, y) = (1, 0)$ 的加速度，并求该点的压力梯度，假定体力仅为重力。

4.2.9　试证明流函数 $\psi = x^2 - y^2$ 表示二维无旋流动，若此流体为水，计算在点 $(2, 3)$ 的压力梯度。

4.2.10　设有两种不同的流场

① $V_r = 0, V_\theta = r\omega, V_z = 0$

② $V_r = 0, V_\theta = c/r, V_z = 0$

式中，ω 和 c 均为常数，试分别求出它们的流体运动方程的径向积分。并由此讨论涡旋运动与无旋运动中伯努利积分常数的性质 (不计质量力)。

4.2.11　已知一流函数 $\psi = 3x^2 - xy^2 + 2t^3y$ 表示一非定常平面流动 (题图 4.2.11)，计算：

① 在 $t = 4\text{s}$ 时，经过如题图 4.2.11 所示圆弧 AB 的流量率。

② 分别求通过直线 OA、OB 路径的流量率。

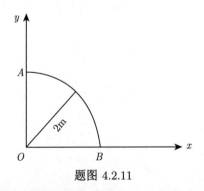

题图 4.2.11

4.2.12　在一很小的横截面积不变的直管中有流体，其长度为 $2l$，流体质点受到外力作用，其方向沿管指向一定点，并与各质点距该定点的距离成正比，试确定流体的运动及压力分布 (题图 4.2.12)。

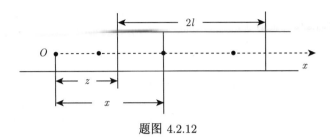

题图 4.2.12

4.3 流函数和势函数

4.3.1　距离为 b 的两固定板间有一稳定、二维不可压缩流动，其速度分布曲线为题图 4.3.1 所示顶点在中心线上的抛物线，试求其流线函数。此流动是否为无旋流动？

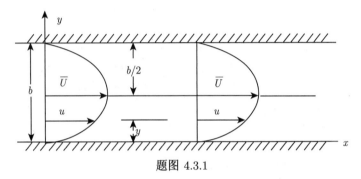

题图 4.3.1

4.3.2　下述流场何者可表示无旋流动，求无旋流场的速度势和流线函数。

① $V = 2xyi + (x^2 - y^2)j$

② $V = (x^2 - y^2)i - 2xyj$

③ $V = (x^2 + x - y^2)i - (2xy + y)j$

④ $V = (-2xy - x)i + (y^2 + y - x^2)j$

4.3.3　证明速度分布

$$u = \overline{U}\left[1 - \frac{ay}{x^2 + y^2} + \frac{b^2(x^2 - y^2)}{(x^2 + y^2)^2}\right]$$

$$v = \overline{U}\left[\frac{ax}{x^2 + y^2} + \frac{2b^2 xy}{(x^2 + y^2)^2}\right]$$

式中，$\overline{U}, a, b$ 为常数，代表一个流体运动可能的速度分布，它是无旋的，并求其复势，说明它是由哪几种基本流型组成，常数 $\overline{U}, a, b$ 代表了什么物理意义？

4.3.4　当一半径为 R_0 的球以等速度 V_0 在原来静止的流体场中运动时，所引起的流场的速度势可用球坐标表示如下：

$$\varphi = \frac{1}{2}V_0\frac{R_0^3}{R^2}\cos\theta$$

求此流场中所有流体的动能为多少？

4.3.5　一半径为 r_0 的圆柱体以等速度 V_0 在原来静止的流体场中运动时，因圆柱体运动所引起的流场的速度势可用柱坐标表示如下：

$$\varphi = V_0\frac{r_0^2}{r}\cos\theta$$

计算圆柱体单位长度外围所有流体的动能。

4.3.6　假设流体像刚体一样做等加速定轴转动，其流速分布为 $\begin{cases} V_x = -q_0 ty \\ V_y = q_0 tx \end{cases}$ ，试求加速度。

4.3.7　假设流体的速度分布为 $\begin{cases} V_x = -q_0 ty \\ V_y = q_0 tx \end{cases}$ ，试求流线方程。

4.3.8　已知下列流函数所表示的流动,计算其流线、速度和加速度。

① $\psi = x + y$

② $\psi = xy$

③ $\psi = x/y$

④ $\psi = x^2 - y^2$

4.3.9　平面不可压缩流体的速度分布为

① $u = y, v = -x$

② $u = x - y, v = x + y$

③ $u = x^2 - y^2 + x, v = -(2xy + y)$

试判断是否满足 φ, ψ 存在的条件,并求出 φ, ψ。

4.3.10　设 $\varphi = xyz$,求点 $(1, 2, 1)$ 处的速度、加速度和流线方程,又 $\varphi = xyzt$ 时情况如何?

4.3.11　设有一不可压缩流体的平面势流,其 x 方向的速度分量为 $u = 3ax^2 - 3ay^2$,在 $(0,0)$ 处,其 x, y 方向的速度分量为 $u = v = 0$,试求通过 $(0,0)$ 及 $(1,1)$ 两点连线的流体流量。

4.3.12　已知下列流场,求流函数 ψ。

① $u = -(1 + x + 2y), v = (1 + 2x + y)$

② $u = A + Be^{-y}\sin x, v = Be^{-y}\cos x$

4.3.13　试判断下列流场是否存在 ψ,若存在则求之。

① $\varphi = 2xy + y$

② $\varphi = x^2 + x - y^2$

③ $\varphi = \dfrac{A}{3}x^2 - Axy^2 + C$

4.3.14　已知下列速度场,求速度势。

① $u = -2y, v = -(2x + y)$

② $u = -(2x + 1), v = 2y$

③ $u = -2x, v = -2y, w = -2z$

④ $u = -e^x \cos y, v = e^x \sin y$

⑤ $u = A(y^2 - x^2), v = 2Axy$

⑥ $u = Ax/(x^2 + y^2), v = Ay/(x^2 + y^2)$

4.3.15　求下列各速度场的势函数。

① $u = 3, v = 4, w = 5$

② $u = -2y, v = -(2x + y), w = 0$

③ $u = Ax(x^2 + y^2), v = Ay(x^2 + y^2), w = 0$

4.3.16　对于下列诸流线函数,求其速度分量。

① $\psi = x + y + x^2 + xy + y^2$

② $\psi = Ar\sin\theta$

③ $\psi = Ar\left(1 - \dfrac{B^2}{r^2}\right)\sin\theta$

④ $\psi = -Ay + Be^{-y}\sin x$

4.3.17　若已知 $V = 3i + 4j - 5k$,求 φ 值。

4.3.18　平面不可压缩流动的速度场为 $V = xi - (3x + y)j$,试检查此流动是否有流线函数存在,如果有,ψ 为何?

4.3.19　试检查下列流场是否有流函数存在, 若有, ψ 为何?

① $\boldsymbol{V} = x\boldsymbol{i} - (3x - y)\boldsymbol{j}$

② $\boldsymbol{V} = -(1 + x + 2y)\boldsymbol{i} + (1 + 2x + y)\boldsymbol{j}$

4.3.20　设有流场①$u = 0, v = -10x, w = 0$; ②$u = 10x, v = w = 0$; ③$u = 10y, v = -10x, w = 0$, 求流函数和速度势。

4.3.21　已知不可压缩流体的定常平面运动速度分布为

$$u = \overline{U} + \frac{\mu}{2\pi} \frac{x^2 - y^2}{(x^2 + y^2)^2} - \frac{\mu}{2\pi} \frac{y}{x^2 + y^2}$$

$$v = \frac{\mu}{2\pi} \frac{2xy}{(x^2 + y^2)^2} + \frac{\mu}{2\pi} \frac{x}{x^2 + y^2}$$

4.3.22　设有平面定常无旋运动的速度势为 $\varphi = \frac{1}{2}k(x^2 - y^2)$, k 为常数, 试证流体运动是无辐散的, 求出流函数, 并求出流线。

4.4　无旋运动

4.4.1　在两同心圆之间有不可压缩流体薄层流动,

① 证明在其中任一点速度沿经向和纬向的速度分量分别为 $-\dfrac{1}{\sin\theta} \dfrac{\partial \psi}{\partial \beta}, \dfrac{\partial \psi}{\partial \theta}$;

② 若流体是均匀的, 且运动是无旋的, 证明 $\dfrac{\partial \varphi}{\partial \theta} = \dfrac{1}{\sin\theta} \dfrac{\partial \psi}{\partial \theta}, \dfrac{\partial \psi}{\partial \theta} = -\dfrac{1}{\sin\theta} \dfrac{\partial \varphi}{\partial \beta}$;

③ 导出 $\varphi + \mathrm{i}\psi = F\left[\mathrm{e}^{\mathrm{i}\beta} \tan(\theta/2)\right]$, 其中 r, θ, β 为球坐标参数。

4.4.2　在流体的二维运动中, 如一元素在任一时刻的坐标 (x, y) 可以用初始坐标 (a, b) 及时间 t 表示, 当运动为无旋时有

$$\frac{\partial(\dot{x}, x)}{\partial(a, b)} + \frac{\partial(\dot{y}, y)}{\partial(a, b)} = 0$$

4.4.3　若质量力有势, 密度是常数, 当 $\lambda = \dfrac{\partial u}{\partial t} - v\left(\dfrac{\partial v}{\partial x} - \dfrac{\partial u}{\partial y}\right) + w\left(\dfrac{\partial u}{\partial z} - \dfrac{\partial v}{\partial x}\right)$, 且 μ, ν 具有类似的表达式。则 $\lambda\mathrm{d}x + \mu\mathrm{d}y + \nu\mathrm{d}z$ 为一全微分。

4.4.4　理想正压流体质量力有势, 且每个流体质点都受到与速度呈正比的阻力作用, 证明如果初时刻运动无旋, 则始终无旋。

4.4.5　固壁容器内充满均匀理想流体, 证明: 通过容器内任何运动而产生的流体运动, 在容器静止后, 继续保持运动是不可能的。

4.4.6　对不可压缩流体二维定常平面无旋流动, 证明:

$$\left(\frac{\partial V}{\partial x}\right)^2 + \left(\frac{\partial V}{\partial y}\right)^2 = V\nabla^2 V$$

4.4.7　在均匀理想流体中, 设想一以闭曲面 σ 为界的区域内, 设在有势力作用下, 存在速度势, 证明单位时间通过 σ 流入该区域的能量为 $-\rho \oint_{\sigma} \dfrac{\partial \phi}{\partial t} \dfrac{\partial \phi}{\partial n} \mathrm{d}\sigma$, 其中 ρ 为密度, δn 为 $\mathrm{d}\sigma$ 的内法向元素。

4.4.8　如果 p 表示压力, Π 表示外力势, V 为均匀液体无旋流动速度。证明, 如果 $\nabla^2 \Pi = 0$, 则 $\nabla^2 V^2 > 0, \nabla^2 p < 0$, 且证明, 在液体内部一点处速度势不能是极大值, 压力不能是极小值。

4.4.9　静止不可压缩液体完全充满一任意形状容器内, 若液体的运动是由于突然给边界上所有点以确定的法向速度而引起, 并使之保持满足体积不变的条件, 试利用最小动能原理导出该液体运动是无旋的。

4.4.10　证明若 $\phi = -\dfrac{1}{2}(ax^2 + by^2 + cz^2), \Pi = \dfrac{1}{2}(lx^2 + my^2 + nz^2)$, 其中 a, b, c, l, m, n 为 t 的函

数, 且 $a+b+c=0$, 当 $(l+a^2+\dot{a})\mathrm{e}^{2\int a\mathrm{d}t}, (m+b^2+\dot{b})\mathrm{e}^{2\int b\mathrm{d}t}, (n+c^2+\dot{c})\mathrm{e}^{2\int c\mathrm{d}t}$ 分别等于常数时, 具有等压面的自由面的无旋运动是可能的。

4.4.11 证明均匀流体的无旋圆运动中, 任意一半径球内之流体的总动能与一过球心的单一矢量相对应。

4.4.12 确定下列哪一个平面速度场为无旋流动:

① $u = Ax/(x^2 + y^2), v = Ay/(x^2 + y^2)$

② $V_r = A\cos\theta(1 - \beta/r^2), V_\theta = A\sin\theta(1 - \beta/r^2)$

③ $u = A(y^2 - x^2), v = 2Axy$

④ $u = Ax^2yt, v = y^2 - Axy^2t$

4.4.13 证明下列函数:

$$\phi = \frac{a}{2}(x^2 + y^2 - 2z^2)$$

可以成为三维无旋流动的速度势。

4.4.14 计算下列未知的速度分量, 使两个速度分量满足平面无旋性流动。

① $u = 3x^2 - 3y^2, v =?$

② $u =?, v = -Ay + Ax\mathrm{e}^{-At}$

③ $u = A\cos y + x\ln y, v =?$

④ $V_r = \frac{1}{2}r^{-\frac{1}{2}}\cos\frac{\theta}{2}, V_\theta =?$

4.5 复势

4.5.1 复势 e^z 和 $\sin z$ 时, 求流场中流线形态及速度分布。

4.5.2 复势 $w = (1+\mathrm{i})\ln(z^2+1) + (2-3\mathrm{i})\ln(z^2+4) + \dfrac{1}{z}$, 试分析它们由哪些基本流场组成, 并求沿圆周 $x^2 + y^2 = 9$ 的速度环量 Γ 及流过该圆周的体积流量 Q。

4.5.3 复势 $w = m\ln\left(z - \dfrac{1}{z}\right)$, 试问它们由哪些基本流场组成? 求流线和单位时间过 $z = \mathrm{i}, z = \dfrac{1}{2}$ 两点连线的流体体积, 并证明它是 $\dfrac{\pi m}{2}$。

4.5.4 在 $z = 0$ 点有一强度为 m 的点源和一环量为 Γ 的点涡, 证明流线是等角螺线, 并证明在无穷远处压力比在离原点距离为 r 处的压力大 $\dfrac{\rho}{8\pi^2}\dfrac{(m^2+\Gamma^2)}{r^2}$, 其中 ρ 为流体密度。

4.5.5 已知复势 $w(z) = z\ln\left(\dfrac{z}{z-3}\right)$, 试分析这种流动为最简单的流动。并求沿圆周 $x^2 + y^2 = 4$ 的环流和通过这一周线的流量。

4.5.6 复势 $w(z) = \mathrm{i}c\ln\left(\dfrac{z+a}{z-a}\right)$, a, c 为实数, 证明在任一条流线上的一点 P 处, 速度反比于 P 点到点 $(a, 0)$ 和点 $(-a, 0)$ 的距离的平方。

4.5.7 如题图 4.5.7 所示, 一源位于 $(-a, 0)$, y 轴存在一壁面。求作用于壁面上的总压力, 在壁面之后 $(x > 0)$ 压力为 p_0(静止压力)。

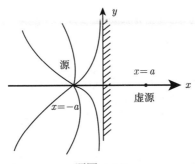

题图 4.5.7

4.5.8　已知复势 $w = \ln\left(z - \dfrac{a^2}{z}\right)$，它代表什么流动，画出流线图，并证明圆 $r = a$ 及 y 轴为两根流线。

4.5.9　在半径为 a 的圆边界内，距圆心 O 为 f 之 A 点有一源，圆心处有一某强度之汇。求速度势，并证明作用于边界上之压力的合力为 $\dfrac{\rho m^2 f^3}{2a^2\pi(a^2 - f^2)}$，作为极限情况导出中心置一偶极子所产生的速度势。

4.5.10　在 A 点有一点源，每单位时间发射出流体质量为 $2\pi\rho\mu$，ρ 为流体密度，在源所在平面内有一半径为 a 的圆盘。圆心距源为 r。证明保持该圆盘静止所需之力为 $2\pi\rho\mu^2 a^2 / r(r^2 - a^2)$，问圆盘在压力作用下被推向什么方向？

4.5.11　给定边界面为 $\theta = \pm\dfrac{\pi}{4}$，在点 $A(a,0)$ 及点 $B(b,0)$ 分别有等强度的源和汇，证明流函数为

$$-m\operatorname{arctan}\left[\frac{r^4(a^4 - b^4)\sin 4\theta}{r^8 - r^4(a^4 - b^4)\cos 4\theta + a^4 b^4}\right]$$

且在点 (r,θ) 处之速度为

$$\frac{4m(a^4 - b^4)r^3}{(r^8 - 2a^4 r^4\cos 4\theta + a^8)^{1/2}(r^8 - 2b^4 r^4\cos 4\theta + b^8)^{1/2}}$$

4.5.12　在给定边界 $\theta = \pm\dfrac{\pi}{6}$ 间有一源在点 (c,α) 及一汇在原点强度相等，求流函数，并证明，其一根流线是

$$r^3\sin 3\alpha = c^3\sin 3\theta$$

4.5.13　考虑如题图 4.5.13 所示以 $OABO$ 为边界的流动区域，在 $A(z = a)$ 及 $O(z = 0)$ 分别有等强度的源及汇。求该流动之复势为 $w = -m\ln\dfrac{z^2 - a^2}{z}$ 并求出其流函数。

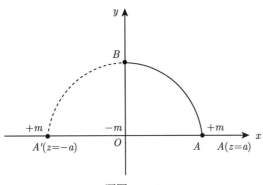

题图 4.5.13

4.5.14 $z = 1 + \mathrm{i}$ 点有一 m 之源, $z = 0$ 处有一 m 之汇, 求在 xy 两坐标轴所限之象限内流体运动之复势及其相坐标的流线方程式, 并求在 $z = 1$ 点的速度 V_1。

4.6 综合

4.6.1 某平面流动的流函数为 $\psi = 2xy$, 试求: (1) 相应的速度势; (2) 点 $(1, 2)$ 处的压力梯度。

4.6.2 求流函数 $\psi = x + x^2 - y^2$ 的速度势, 并求点 $(-2, 4)$ 和 $(3, 5)$ 间的压力差。

4.6.3 取以常角速度 $\boldsymbol{\omega}$ 旋转同时又以常速 $\boldsymbol{u}$ 平移的运动坐标系, 试证明理想不可压缩流体在质量力有势时, 涡旋方程满足下列方程:

$$\frac{\partial \boldsymbol{\Omega}}{\partial t} + \boldsymbol{\omega} \times \boldsymbol{\Omega} + \left(\frac{\mathrm{d}\boldsymbol{r}}{\mathrm{d}t} \cdot \nabla \right) \boldsymbol{\Omega} = (\boldsymbol{\Omega} \cdot \nabla) \boldsymbol{V}$$

式中, $\dfrac{\mathrm{d}\boldsymbol{r}}{\mathrm{d}t} = \boldsymbol{V} - \boldsymbol{u} - \boldsymbol{\omega} \times \boldsymbol{r}$, $\boldsymbol{V}$ 是运动的绝对速度。

4.6.4 设有均质不可压缩液体, 装入垂直的圆柱形回转容器内, 仅受重力作用, 设流体像刚体一样以某角速度 ω 绕圆柱轴线转动。若已知液体在静止状态下液面距容器底的高度为 h, 且液面无压力, 求液体中压力分布, 并计算容器底上的总压力 (题图 4.6.4)。

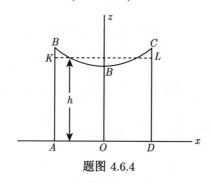

题图 4.6.4

4.6.5 证明, 当在任一瞬时速度势为 λxyz 时, 流体中点 $(x + \xi, y + \eta, z + \varsigma)$ 相对点 (x, y, z) 之速度 $(\xi, \eta, \varsigma$ 为微量) 与中心在 (x, y, z) 点之二次曲面 $x\eta\varsigma + y\xi\varsigma + z\xi\eta = c$ 正交。

答　案

第 1 章

1.1　连续介质假设

1.1.1

解: 流体力学处理问题的尺度比分子的平均自由程 (标准状况下, 空气分子的平均自由程 $\overline{\lambda} = 7 \times 10^{-8}$m) 要大很多, 而且流体中又有大量的分子, 因此可将流体看成无空隙的连续介质, 即连续流体。

采用了流体的连续介质模型之后, 就可用连续充满流动空间的流体质点来代替大量的离散的分子, 这样的话, 表征流体性质和运动特性的物理量和力学量一般为时间和空间的连续函数, 这样就可借助场论的方法加以研究, 也就可用数学中连续函数这一有力工具来研究流体力学问题。

连续介质假设在一般情形下是成立的。但在某些特殊问题中, 连续介质假设也可能不成立。例如在稀薄气体中, 分子间的距离很大, 能和物体的特征尺度比拟; 虽然获得确定平均值的分子团还存在, 但不能将它看成一个质点。又如考虑激波内的气体运动, 激波的厚度与分子自由程同量级, 激波内的流体只能看成分子而不能当作连续介质来处理。

1.2　基本量纲与单位

1.2.1

解:

国际单位制的基本单位和辅助单位详见表 1.2.1 和表 1.2.2。

国际制中压力单位是帕斯卡 (Pa)。

我国的法定计量单位是以国际单位制 (SI) 为基础并选用少数其他单位制的计量单位来组成的。我国的法定计量单位 (以下简称法定单位) 包括:

(1) 国际单位制的基本单位;

(2) 国际单位制的辅助单位;

(3) 国际单位制中具有专门名称的导出单位;

(4) 国家选定的非国际单位制单位;

(5) 由以上单位构成的组合形式的单位;

(6) 由词头和以上单位所构成的十进倍数和分数单位。

1.2.2

解:

$$F = ma \Rightarrow a = F/m$$

$$a = F/m = \frac{30\text{N}}{11.68\text{kg}} = 2.57\text{m/s}^2$$

1.2.3

解:

$$pV = \frac{m}{\mu}\bar{R}T, \quad p\frac{V}{m} = \frac{\bar{R}}{\mu}T = RT$$

$$m = \frac{pV}{RT} = \frac{101325 \times \frac{1}{27}}{8.31 \times 295.3} = 1.53\text{kg}$$

所以质量为

$$W = \frac{1}{g_c}mg = 15.16\text{N}$$

密度为

$$\rho = \frac{m}{V} = \frac{1.53\text{kg}}{\frac{1}{27}\text{m}^3} = 41.31\text{kg/m}^3$$

比热容

$$c = \frac{1}{\rho} = \frac{1}{41.31} = 0.02\text{m}^3/\text{kg}$$

1.2.4

解：

$$pV = \frac{m}{\mu}\bar{R}T$$

$$\rho = \frac{m}{V} = \frac{p\mu}{\bar{R}T} = \frac{p}{RT} = 1.32\text{kg/m}^3$$

比热容

$$c = \frac{1}{\rho} = 0.76\text{m}^3/\text{kg}$$

1.2.5

解：

$$pV = \frac{m}{\mu}\bar{R}T$$

$$T = \frac{pV}{mR} = 287.7\text{K}$$

1.2.6

解：

$$R = \frac{p}{\rho T}$$

$$R = \frac{p\text{Pa}}{1.276p \times 10^{-7}\text{kg/m}^3 \cdot 273\text{K}} = 2.9 \times 10^4\text{J} \cdot \text{kg}^{-1} \cdot \text{K}^{-1}$$

1.2.7

解：

由于

$$[\mu] = [\tau]\Big/\left[\frac{\text{d}u}{\text{d}y}\right]$$

又因为在 MLT 系统中

$$[\tau] = \text{MLT}^{-2}\text{L}^{-2} = \text{ML}^{-1}\text{T}^{-2}$$
$$[\text{d}u/\text{d}y] = \text{LT}^{-1}\text{L}^{-1} = \text{T}^{-1}$$

所以

$$[\mu] = [\tau]/[\text{d}u/\text{d}y] = \text{ML}^{-1}\text{T}^{-1}$$

而在 FLT 系统中

$$[\tau] = \text{FL}^{-2}$$

$$[\text{d}u/\text{d}y] = \text{LT}^{-1}\text{L}^{-1} = \text{T}^{-1}$$

所以
$$[\mu] = [\tau]/[\mathrm{d}u/\mathrm{d}y] = \mathrm{FL^{-2}T}$$

1.2.8

解:
$$\rho = \frac{p}{RT} = 1.19\mathrm{kg/m^3}$$

$$\nu = \frac{\mu}{\rho} = \frac{1.83 \times 10^{-5}\mathrm{N \cdot s/m^2}}{1.19\mathrm{kg/m^3}} = 1.54 \times 10^{-5}\mathrm{m^2/s}$$

1.3　流体的基本性质

1.3.1

解: 流体力学中微团是指在连续的流体中微小的质点团, 它的体积可以看作无限小, 它的形状视问题的需要而定, 可以是四面体, 也可以是六面体, 还可以是其他形状。它的起始位置也是根据问题需要而定。在运动着的流体中, 流体的微团是在不断运动和不断变形的。

1.3.2

解: 流动性, 压缩性和热胀性, 黏性, 可压缩。

1.3.3

解: 流体密度变化可以忽略的流体叫 "不可压缩流体"。真实流体都有不同程度的可压缩性。但液体一般被当作不可压缩流体, 因为液体的密度只是在很高的压力下才有微小的变化。至于气体, 尽管它的密度很容易随压力而发生变化, 但在空气动力学中, 气体的密度变化是否可忽略, 要根据气体流动的马赫数来确定。例如, 当飞行器的飞行马赫数低于 0.3 时, 就可以完全忽略流动中的气体密度变化, 而把流动看成不可压缩流动。因此, 低速空气动力学就是研究不可压缩流体的流动规律和流体与飞行器相互作用的学科。当飞行马赫数超过 0.3 时, 就需考虑密度变化的影响, 这时, 需把流动作为可压缩流动来处理, 研究此领域内的问题是高速空气动力学的任务。

理想流体指流体动力黏度 $\mu = 0$ 的流体。

采用 "理想流体" 模型的条件是: 不可压缩、不计黏性 (黏度为零) 的流体。

1.3.4

解:

由于弹性模量
$$E_V = -\frac{\delta p}{\delta V/V}$$

所以
$$\begin{aligned}\delta p &= -E_V\frac{\delta V}{V}\\&=2.1 \times 10^9\mathrm{Pa} \times 0.05\\&=1.05 \times 10^7\mathrm{Pa}\end{aligned}$$

1.3.5

解:

对完全气体的等温过程
$$p = c\rho$$

上式取对数并微分得
$$\ln p = \ln c + \ln \rho$$

$$\frac{\mathrm{d}p}{p} = \frac{\mathrm{d}\rho}{\rho}$$

所以

$$E_V = \frac{\mathrm{d}p}{\mathrm{d}\rho/\rho} = p$$

对完全气体的等熵过程

$$p = c\rho^\gamma$$

上式两边取对数并微分得

$$\frac{\mathrm{d}p}{p} = \gamma \frac{\mathrm{d}\rho}{\rho}$$

所以

$$E_S = \frac{\mathrm{d}p}{\mathrm{d}\rho/\rho} = \gamma p$$

所以在标准大气压下，空气的等熵体积弹性模量

$$E_S = 1.4 \times 1.013 \times 10^5 \mathrm{Pa} = 1.42 \times 10^5 \mathrm{Pa}$$

即空气比水容易压缩约 14 000 倍。(水 $E_S = 2.1 \times 10^9 \mathrm{Pa}$)

1.3.6

解:

由于

$$\mathrm{d}u = T\mathrm{d}s - p\mathrm{d}V \tag{1}$$

且满足

$$s = s(T,V)$$

则

$$\mathrm{d}s = \left(\frac{\partial s}{\partial T}\right)_V \mathrm{d}T + \left(\frac{\partial s}{\partial V}\right)_T \mathrm{d}V$$

所以

$$T\mathrm{d}s = T\left(\frac{\partial s}{\partial T}\right)_V \mathrm{d}T + T\left(\frac{\partial s}{\partial V}\right)_T \mathrm{d}V$$

$$= c_V\mathrm{d}T + T\left(\frac{\partial s}{\partial V}\right)_T \mathrm{d}V \tag{2}$$

其中

$$c_V = \left(\frac{\mathrm{d}Q}{\mathrm{d}T}\right)_V = T\left(\frac{\partial s}{\partial V}\right)_T$$

式 (2) 代入式 (1) 可得

$$\mathrm{d}u = T\mathrm{d}s - p\mathrm{d}V$$

$$= c_V\mathrm{d}T + T\left(\frac{\partial s}{\partial V}\right)_T \mathrm{d}V - p\mathrm{d}V$$

又由于

$$c_V = \left(\frac{\partial u}{\partial T}\right)_V$$

$$\left(\frac{\partial u}{\partial V}\right)_T = T\left(\frac{\partial s}{\partial V}\right)_T - p = T\left(\frac{\partial p}{\partial T}\right)_V - p = \frac{RT}{V-b} - p = \frac{a}{V^2}$$

所以

$$\mathrm{d}u = c_V \mathrm{d}T + \frac{a}{V^2}\mathrm{d}V$$

热力学第一定律：

$$Q = \mathrm{d}u + p\mathrm{d}V$$

对绝热过程：

$$Q = 0, \mathrm{d}u = -p\mathrm{d}V$$

则

$$c_V \frac{\mathrm{d}T}{T} = -\frac{RT}{V-b}\mathrm{d}V$$

所以

$$c_V \frac{\mathrm{d}T}{T} = -\frac{R\mathrm{d}V}{V-b} \tag{3}$$

积分式 (3) 可得

$$c_V \ln T = -R\ln(V-b) + c \tag{4}$$

其中 c 为任意常数。所以对式 (4) 继续积分可得

$$T(V-b)^{R/c_V} = c'$$

其中 c' 为任意常数。此即范德瓦耳斯气体的绝热方程。

由

$$\left(p + \frac{a}{V^2}\right)(V-b) = RT = \frac{R \cdot c'}{(V-b)^{R/c_V}}$$

即

$$\left(p + \frac{a}{V^2}\right)(V-b)^{\frac{R+c_V}{c_V}} = R \cdot c' \tag{5}$$

将式 (5) 求微分：

$$\left(\mathrm{d}p - \frac{2a}{V^3}\mathrm{d}V\right)(V-b)^{\frac{R+c_V}{c_V}} + \left(p + \frac{a}{V^2}\right)\frac{R+c_V}{c_V}(V-b)^{\frac{R}{c_V}}\mathrm{d}V = 0$$

$$\mathrm{d}p(V-b)^{\frac{R+c_V}{c_V}} + \left[\left(p + \frac{a}{V^2}\right)\frac{R+c_V}{c_V}(V-b)^{\frac{R}{c_V}} - \frac{2a}{V^3}(V-b)^{\frac{R+c_V}{c_V}}\right]\mathrm{d}V = 0$$

$$\frac{\mathrm{d}p}{\mathrm{d}V} = -\left(p + \frac{a}{V^2}\right)\frac{R+c_V}{c_V}(V-b)^{-1} + \frac{2a}{V^3}$$

$$E_V = -V\frac{\delta p}{\delta V} = V\left(p + \frac{a}{V^2}\right)\frac{R+c_V}{c_V}(V-b)^{-1} - \frac{2a}{V^2}$$

1.3.7

解：

等温体积弹性模量

$$E_V = -V\left(\frac{\delta p}{\delta V}\right)_T$$

$$\Delta V = \frac{-V\Delta p}{E_V} = -\frac{2\mathrm{L} \cdot 99\mathrm{atm}}{2 \times 10^4 \mathrm{atm}} = -9.9 \times 10^{-3}\mathrm{L}$$

即当压强增加到 100atm 时，其体积仅减少 $9.9 \times 10^{-3}\mathrm{L}$。

1.3.8

解:

由于在 100℃ 时, 空气动力黏性系数

$$\mu = 2.1 \times 10^{-5} \mathrm{Pa} \cdot \mathrm{s}$$

且

$$\rho = \frac{p}{RT}$$

又因为

$$R = 0.287 \mathrm{kJ}/(\mathrm{kg} \cdot \mathrm{K})$$

$$1\mathrm{atm} = 101.3 \mathrm{kPa}$$

所以

$$\rho = \frac{p}{RT} = \frac{101.3\mathrm{kPa}}{(0.287\mathrm{kJ}/(\mathrm{kg} \cdot \mathrm{K})) \times (373\mathrm{K})} = 0.95\mathrm{kg/m}^3$$

所以

$$\nu = \frac{\mu}{\rho} = \frac{2.1 \times 10^{-5}\mathrm{Pa} \cdot \mathrm{s}}{0.95\mathrm{kg/m}^3} = 2.21 \times 10^{-5}\mathrm{m}^2/\mathrm{s}$$

第 2 章

2.1   描述流体运动的两种方法

2.1.1

解: 欧拉法中变量 x, y, z 表示空间具体某点。

拉格朗日法中变量 x, y, z 表示初始时刻流体质点的坐标, 用以区分不同的流体质点。

拉格朗日法之所以采用偏导是因为流体质点运动位置的矢径同时是时间和质点编号的函数, 而在求导数时要求流体质点编号不变, 即针对同一个流体质点的, 而在欧拉法中则不必。

2.1.2

解: 不可压缩流体

$$\frac{\mathrm{d}\rho}{\mathrm{d}t} = 0$$

均质流体

$$\rho(x, y, z) = c(t)$$

不可压均质流体

$$\rho = c$$

其中 c 为常数。

定常运动

$$\nabla \cdot \rho = 0$$

2.1.3

解:

由

$$\begin{cases} x = 2 + 0.01\sqrt{t^5} & \text{①} \\ y = 2 + 0.01\sqrt{t^5} & \text{②} \\ z = 0 & \text{③} \end{cases}$$

可得

$$\begin{cases} \dot{x} = \dfrac{1}{100} \cdot \dfrac{5}{2}t^{3/2} = \dfrac{1}{40}t^{3/2} \\ \dot{y} = \dfrac{1}{500} \cdot \dfrac{5}{2}t^{3/2} = \dfrac{1}{40}t^{3/2} \\ \dot{z} = 0 \end{cases}$$

所以

$$\begin{cases} \ddot{x} = \dfrac{1}{40} \cdot \dfrac{3}{2}t^{1/2} = \dfrac{3}{80}t^{1/2} \\ \ddot{y} = \dfrac{1}{40} \cdot \dfrac{3}{2}t^{1/2} = \dfrac{3}{80}t^{1/2} \\ \ddot{z} = 0 \end{cases}$$

将 $x = 8$ 代入①可得

$$t^{5/2} = (8 - 2)/0.01 = 600$$

即

$$t = 600^{2/5}$$

所以 $x = 8$ 时

$$\ddot{x} = \frac{3}{80}t^{1/2} = \frac{3}{80}(600^{2/5})^{\frac{1}{2}} = \frac{3}{80} \cdot 600^{1/5} = \ddot{y}$$

2.1.4

解:

$$\boldsymbol{V} = V_r \boldsymbol{r}^0 + V_\theta \boldsymbol{\theta}^0$$

所以

$$\begin{aligned} \frac{\mathrm{d}\boldsymbol{V}}{\mathrm{d}t} &= \frac{\mathrm{d}V_r}{\mathrm{d}t}\boldsymbol{r}^0 + V_r\frac{\mathrm{d}\boldsymbol{r}^0}{\mathrm{d}t} + \frac{\mathrm{d}V_\theta}{\mathrm{d}t}\boldsymbol{\theta}^0 + V_\theta\frac{\mathrm{d}\boldsymbol{\theta}^0}{\mathrm{d}t} \\ &= \frac{\mathrm{d}V_r}{\mathrm{d}t}\boldsymbol{r}^0 + V_r\frac{\mathrm{d}\theta}{\mathrm{d}t}\boldsymbol{\theta}^0 + \frac{\mathrm{d}V_\theta}{\mathrm{d}t}\boldsymbol{\theta}^0 + V_\theta\frac{\mathrm{d}\theta}{\mathrm{d}t}(-\boldsymbol{r}^0) \\ &= \left(\frac{\mathrm{d}V_r}{\mathrm{d}t} - \frac{V_\theta^2}{r}\right)\boldsymbol{r}^0 + \left(\frac{\mathrm{d}V_\theta}{\mathrm{d}t} + \frac{V_r V_\theta}{r}\right)\boldsymbol{\theta}^0 \end{aligned}$$

且

$$\begin{aligned} a_r &= \frac{\mathrm{d}V_r}{\mathrm{d}t} - \frac{V_\theta^2}{r} = \frac{\partial V_r}{\partial t} + V_r\frac{\partial V_r}{\partial r} + \frac{V_\theta}{r}\frac{\partial V_r}{\partial \theta} - \frac{V_\theta^2}{r} \\ a_\theta &= \frac{\mathrm{d}V_\theta}{\mathrm{d}t} + \frac{V_r V_\theta}{r} = \frac{\partial V_\theta}{\partial t} + V_r\frac{\partial V_\theta}{\partial r} + \frac{V_\theta}{r}\frac{\partial V_\theta}{\partial \theta} + \frac{V_r V_\theta}{r} \end{aligned}$$

2.1.5

解: 欧拉法

由

$$\begin{cases} u = ax + t^2 \\ v = by - t^2 \quad (a + b = 0) \\ w = 0 \end{cases}$$

即

$$\begin{cases} \dfrac{\mathrm{d}x}{\mathrm{d}t} = ax + t^2 \\[2mm] \dfrac{\mathrm{d}y}{\mathrm{d}t} = by - t^2 \\[2mm] \dfrac{\mathrm{d}z}{\mathrm{d}t} = 0 \end{cases} \tag{1}$$

可得

$$\begin{cases} a_x = 2t + a(ax + t^2) \\ a_y = -2t + b(by - t^2) = -2t + a(ay + t^2) \\ a_z = 0 \end{cases}$$

使用一阶线性微分方程公式

$$\begin{aligned} x &= c_1 \mathrm{e}^{-\int -a\mathrm{d}t} + \mathrm{e}^{-\int -a\mathrm{d}t} \cdot \int t^2 \mathrm{e}^{\int -a\mathrm{d}t} \mathrm{d}t \\ &= c_1 \mathrm{e}^{at} + \mathrm{e}^{at} \cdot \int t^2 \mathrm{e}^{-at} \mathrm{d}t \\ &= c_1 \mathrm{e}^{at} + \mathrm{e}^{at} \cdot \left(-\frac{1}{a}\right) \int t^2 \mathrm{d}(\mathrm{e}^{-at}) \\ &= c_1 \mathrm{e}^{at} - \frac{\mathrm{e}^{at}}{a} \left(t^2 \mathrm{e}^{-at} - \int \mathrm{e}^{-at} 2t \mathrm{d}t \right) \\ &= c_1 \mathrm{e}^{at} - \frac{1}{a} \mathrm{e}^{at} \left[t^2 \mathrm{e}^{-at} + \frac{2}{a} \left(t\mathrm{e}^{-at} - \int \mathrm{e}^{-at} \mathrm{d}t \right) \right] \\ &= c_1 \mathrm{e}^{at} - \frac{1}{a} t^2 - \frac{2}{a^2} t - \frac{2}{a^3} \end{aligned} \tag{2}$$

$$\begin{aligned} y &= c_2 \mathrm{e}^{-\int -b\mathrm{d}t} + \mathrm{e}^{-\int -a\mathrm{d}t} \cdot \int -t^2 \mathrm{e}^{\int -b\mathrm{d}t} \mathrm{d}t \\ &= c_2 \mathrm{e}^{bt} + \frac{1}{b} t^2 + \frac{2}{b^2} t + \frac{2}{b^3} \end{aligned} \tag{3}$$

$$z = c_3 \tag{4}$$

其中 c_1, c_2 为常数。所以

$$\begin{cases} x = c_1 \mathrm{e}^{at} - \dfrac{1}{a} t^2 - \dfrac{2}{a^2} t - \dfrac{2}{a^3} \\[3mm] y = c_2 \mathrm{e}^{bt} + \dfrac{1}{b} t^2 + \dfrac{2}{b^2} t + \dfrac{2}{b^3} \end{cases}$$

令 $t = 0$ 时, $(x, y, z)_{t=0} = (a, b, c)$, 则由式 $(2) \sim$ 式 (4) 得

$$\begin{cases} a = c_1 - \dfrac{2}{a^3} \\[3mm] b = c_2 + \dfrac{2}{b^3} \\[3mm] c = c_3 \end{cases}$$

解出

$$\begin{cases} c_1 = a + \dfrac{2}{a^3} \\[3mm] c_2 = b - \dfrac{2}{b^3} \\[3mm] c_3 = c \end{cases}$$

代入式 (2)∼ 式 (4) 得

$$\begin{cases} x = \left(a + \dfrac{2}{a^3}\right)e^{at} - \dfrac{1}{a}t^2 - \dfrac{2}{a^2}t - \dfrac{2}{a^3} \\[3mm] y = \left(b - \dfrac{2}{b^3}\right)e^{bt} + \dfrac{1}{b}t^2 + \dfrac{2}{b^2}t + \dfrac{2}{b^3} \\[3mm] z = c \end{cases}$$

下面求加速度。

(1) 从拉格朗日变数出发

$$\begin{aligned} \boldsymbol{a} &= a_x \boldsymbol{i} + a_y \boldsymbol{j} + a_z \boldsymbol{k} \\ &= \frac{\mathrm{d}^2 x}{\mathrm{d}t^2}\boldsymbol{i} + \frac{\mathrm{d}^2 y}{\mathrm{d}t^2}\boldsymbol{j} + \frac{\mathrm{d}^2 z}{\mathrm{d}t^2}\boldsymbol{k} \\ &= \left[-\frac{2}{a} + a^2\left(a + \frac{2}{a^3}\right)e^{at}\right]\boldsymbol{i} + \left[\frac{2}{b} + b^2\left(b - \frac{2}{b^3}\right)e^{bt}\right]\boldsymbol{j} + 0\boldsymbol{k} \end{aligned}$$

(2) 从欧拉变数出发, 必须把 x, y, z 看成 t 的函数。

$$\begin{aligned} a_x &= \frac{\mathrm{d}u}{\mathrm{d}t} = \frac{\partial u}{\partial t} + (\boldsymbol{V} \cdot \nabla)u \\ &= \frac{\partial u}{\partial t} + u\frac{\partial u}{\partial x} + v\frac{\partial u}{\partial y} + w\frac{\partial u}{\partial z} \\ &= 2t + (ax + t^2)\cdot a \end{aligned}$$

同理可得

$$\begin{aligned} a_y &= \frac{\partial v}{\partial t} + u\frac{\partial v}{\partial x} + v\frac{\partial v}{\partial y} + w\frac{\partial v}{\partial z} \\ &= -2t + (by - t^2)\cdot b \end{aligned}$$

所以

$$\boldsymbol{a} = \left[2t + (ax + t^2)\cdot a\right]\boldsymbol{i} + \left[-2t + (by - t^2)\cdot b\right]\boldsymbol{j} + 0\boldsymbol{k}$$

2.1.6

解:

拉格朗日观点是跟随流体质点研究其运动状况。

$V = a^2 + b^2 + t^2$ 中, a, b 是两个表示初始时刻流体质点相对位置的参数, 给定一组 (a_i, b_i) 值, 则方程给出标号为 i 的流体质点以后各时刻的速率。

欧拉观点是从场的角度研究流场的, 考察的是确定的空间点, 物理量随时间变化情况, 由于流体的运动, 在不同时刻, 处于同一空间点上是不同的流体质点。$V = x^2 + y^2 + t^2$ 中, x, y 是空间点的位置坐标, 给定一组 (x_i, y_i), 则方程给出不同流体质点到达该处时速率随时间的变化情况。由此可知, 两式都是描述流体运动的速率, 且包含的物理意义不同, 前者是由某一流体质点具有, 而后者是空间点所具有的。

首先讨论欧拉法的应用。根据理论力学的理论知在定轴转动中质点的速度大小为

$$V = r\omega = r\alpha t$$

其中 ω 为转动角速度, 满足 $\omega = \alpha t$。速度的方向沿用圆周切线的方向, 而且

$$\boldsymbol{V} = \boldsymbol{\omega} \times \boldsymbol{r} = \begin{vmatrix} \boldsymbol{i} & \boldsymbol{j} & \boldsymbol{k} \\ 0 & 0 & \omega \\ x & y & z \end{vmatrix}$$

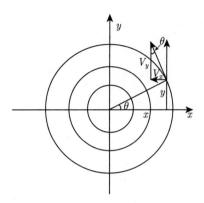

答图 2.1.6　各速度分解示意图

因此, 速度在坐标系轴上的投影为

$$V_x = -\omega y = -\alpha t y = V_x(x, y, z, t)$$
$$V_y = \omega x = \alpha t x = V_y(x, y, z, t)$$

因此, 得到流体质点的加速度为

$$a_x = -\alpha y - \alpha^2 t^2 x = a_x(x, y, z, t)$$
$$a_y = \alpha x - \alpha^2 t^2 y = a_y(x, y, z, t)$$

其向心加速度为

$$
\begin{aligned}
a_n &= -a_x \cos \theta - a_y \sin \theta \\
&= \alpha t^2 (x \cos \theta + y \sin \theta) \\
&= \omega^2 (r \sin^2 \theta + r \cos^2 \theta) \\
&= r \omega^2
\end{aligned}
$$

其径向加速度为

$$
\begin{aligned}
a_\tau &= -a_x \sin \theta + a_y \cos \theta \\
&= \alpha y \sin \theta + \alpha x \cos \theta \\
&= \alpha (r \sin^2 \theta + r \cos^2 \theta) \\
&= \alpha r
\end{aligned}
$$

以上结果和理论力学的结论是一致的。

现在来讨论定常运动的情况。当 $\omega = \omega_0$ 时, 流体将是定常的, 由上式可得对应的加速度分量为

$$V = r\omega_0, \quad \begin{cases} V_x = -\omega_0 y = V_x(x, y, z) \\ V_y = \omega_0 x = V_y(x, y, z) \end{cases}$$

对应的加速度分量为

$$\begin{cases} a_x = -\omega_0^2 x = a_x(x, y, z) \\ a_y = -\omega_0^2 y = a_y(x, y, z) \end{cases}$$

向心加速度和径向加速度分别为

$$\begin{cases} a_n = r\omega_0^2 \\ a_\tau = 0 \end{cases}$$

可见对于定常运动, 速度和加速度仅是位置 x, y, z 的函数, 而与时间 t 无关, 即对于不同瞬时, 每一空间点的速度和加速度将保持不变。先后达到同一空间点的流体质点将有相同的速度和加速度, 但它们的加速度不为 0。同一流体质点先后经过不同空间点, 它的速度是不同的, 所以存在 "变位" 加速度。

2.1.7

解:

$$
\begin{aligned}
a_x &= \frac{\mathrm{d}u}{\mathrm{d}t} = u\frac{\partial u}{\partial x} + v\frac{\partial u}{\partial y} \\
&= \frac{m}{2\pi}\frac{x}{x^2+y^2}\cdot\frac{\partial}{\partial x}\left(\frac{m}{2\pi}\frac{x}{x^2+y^2}\right) + \frac{m}{2\pi}\frac{y}{x^2+y^2}\frac{\partial}{\partial y}\left(\frac{m}{2\pi}\frac{x}{x^2+y^2}\right) \\
&= \left(\frac{m}{2\pi}\right)^2\frac{x}{x^2+y^2}\frac{\partial}{\partial x}\left(\frac{x}{x^2+y^2}\right) + \left(\frac{m}{2\pi}\right)^2\frac{y}{x^2+y^2}\frac{\partial}{\partial y}\left(\frac{x}{x^2+y^2}\right) \\
&= \left(\frac{m}{2\pi}\right)^2\frac{x}{x^2+y^2}\frac{(x^2+y^2)-2x^2}{(x^2+y^2)^2} + \left(\frac{m}{2\pi}\right)^2\frac{y}{x^2+y^2}\frac{-2xy}{(x^2+y^2)^2} \\
&= \left(\frac{m}{2\pi}\right)^2\cdot\left[\frac{-x^3-xy^2}{(x^2+y^2)^3}\right] \\
&= -\left(\frac{m}{2\pi}\right)^2\frac{x}{(x^2+y^2)^2}
\end{aligned}
$$

$$
\begin{aligned}
\frac{\partial v}{\partial y} &= \frac{\partial}{\partial y}\left[\frac{m}{2\pi}\frac{y}{x^2+y^2}\right] \\
&= \frac{m}{2\pi}\left[\frac{1}{x^2+y^2} + y\cdot(-1)\cdot\frac{2y}{(x^2+y^2)^2}\right] \\
&= \frac{m}{2\pi}\cdot\frac{x^2-y^2}{(x^2+y^2)^2}
\end{aligned}
$$

$$
\begin{aligned}
a_y &= \frac{\mathrm{d}v}{\mathrm{d}t} = u\frac{\partial v}{\partial x} + v\frac{\partial v}{\partial y} \\
&= \left(\frac{m}{2\pi}\right)^2\frac{x}{x^2+y^2}\frac{-2yx}{(x^2+y^2)^2} + \left(\frac{m}{2\pi}\right)^2\frac{y}{x^2+y^2}\frac{x^2-y^2}{(x^2+y^2)^2} \\
&= \left(\frac{m}{2\pi}\right)^2\frac{1}{x^2+y^2}\frac{-2yx^2+y(x^2-y^2)}{(x^2+y^2)^2} \\
&= -\left(\frac{m}{2\pi}\right)^2\frac{y}{(x^2+y^2)^2}
\end{aligned}
$$

所以

$$
a = \left(\frac{m}{2\pi}\right)^2\frac{\sqrt{x^2+y^2}}{(x^2+y^2)^2} = \left(\frac{m}{2\pi}\right)^2\frac{1}{(x^2+y^2)^{\frac{3}{2}}}
$$

2.1.8

解:

$$
\begin{cases}
a_r = -\dfrac{V_\theta^2}{r} = -\dfrac{c^2}{r^3}\mathrm{e}^{-2kt} \\
a_\theta = \dfrac{\partial V_\theta}{\partial t} = -\dfrac{kc}{r}\mathrm{e}^{-kt} \\
a_z = 0
\end{cases}
$$

2.1.9

解: 基于欧拉观点, 任一点在某一时刻的加速度应为

$$
\boldsymbol{a} = \frac{\mathrm{d}\boldsymbol{V}}{\mathrm{d}t} = \frac{\partial\boldsymbol{V}}{\partial t} + (\boldsymbol{V}\cdot\nabla)\boldsymbol{V}
$$

$$=5x\boldsymbol{i} - 5z\boldsymbol{k} + (6xy + 5xt) \cdot [(6y + 5t)\boldsymbol{i} + 7y^2\boldsymbol{k}]$$
$$+ (-3y^2) \cdot (6x - 6y\boldsymbol{i} + 14xy\boldsymbol{k}) + (7xy^2 - 5zt) \cdot (-5t\boldsymbol{k})$$

所以，在点 $(2, 1, 4)$ 及 $t = 3$ 时速度为

$$\boldsymbol{V} = (6xy + 5xt)\boldsymbol{i} + (-3y^2)\boldsymbol{j} + (7xy^2 - 5zt)\boldsymbol{k}\big|_{(2,1,4,3)}$$
$$= (6 \times 2 \times 1 + 5 \times 2 \times 3)\boldsymbol{i} + (-3 \times 1^2)\boldsymbol{j} + (7 \times 2 \times 1^2 - 5 \times 4 \times 3)\boldsymbol{k}$$
$$= 42\boldsymbol{i} - 3\boldsymbol{j} - 46\boldsymbol{k}$$

所求加速度为

$$\boldsymbol{a} = \frac{\mathrm{d}\boldsymbol{V}}{\mathrm{d}t} = \frac{\partial \boldsymbol{V}}{\partial t} + (\boldsymbol{V} \cdot \nabla)\boldsymbol{V}$$
$$= 5x\boldsymbol{i} - 5z\boldsymbol{k} + (6xy + 5xt) \cdot [(6y + 5t)\boldsymbol{i} + 7y^2\boldsymbol{k}]$$
$$+ (-3y^2) \cdot (6x - 6y\boldsymbol{i} + 14xy\boldsymbol{k}) + (7xy^2 - 5zt) \cdot (-5t\boldsymbol{k})\big|_{(2,1,4,3)}$$
$$= 10\boldsymbol{i} - 20\boldsymbol{k} + 42 \cdot (21\boldsymbol{i} + 7\boldsymbol{k}) - 3 \cdot (12\boldsymbol{i} - 6\boldsymbol{j} + 28\boldsymbol{k}) + 46 \cdot 15\boldsymbol{k}$$
$$= 856\boldsymbol{i} + 18\boldsymbol{j} + 880\boldsymbol{k}$$

2.1.10
解：

$$\frac{\partial u}{\partial t} = 2, \frac{\partial v}{\partial t} = 1, \frac{\partial w}{\partial t} = 1$$
$$\frac{\partial u}{\partial x} = 2, \frac{\partial u}{\partial y} = 2, \frac{\partial u}{\partial z} = 0$$
$$\frac{\partial v}{\partial x} = 0, \frac{\partial v}{\partial y} = -1, \frac{\partial v}{\partial z} = 1$$
$$\frac{\partial w}{\partial x} = 1, \frac{\partial w}{\partial y} = 0, \frac{\partial w}{\partial z} = -1$$

在给定时刻和空间坐标之速度分量为

$$u = 14\mathrm{m/s}, v = 2\mathrm{m/s}, w = 4\mathrm{m/s}$$

加速度分量为

$$a_x = 34\mathrm{m/s}^2, a_y = 3\mathrm{m/s}^2, a_z = 11\mathrm{m/s}^2$$

2.1.11
解：设

$$x = r\cos\theta, y = r\sin\theta, r = \sqrt{x^2 + y^2}$$

且在点 $(3, 4)$

$$r = 5, \sin\theta = \frac{4}{5}, \cos\theta = \frac{3}{5}$$

所以

$$\boldsymbol{V} = \frac{5 \cdot 3/5}{5^2}\boldsymbol{e}_r + \frac{5 \cdot 4/5}{5^2}\boldsymbol{e}_\theta = \frac{3}{25}\boldsymbol{e}_r + \frac{4}{25}\boldsymbol{e}_\theta$$

且

$$a_r = \frac{\mathrm{d}V_r}{\mathrm{d}t} - \frac{V_\theta^2}{r} = V_r\frac{\partial V_r}{\partial r} + \frac{V_\theta}{r}\frac{\partial V_r}{\partial \theta} - \frac{1}{r}\frac{25\sin^2\theta}{r^4}$$

$$-\frac{5\cos\theta}{r^2}\left(-\frac{10\cos\theta}{r^3}\right)+\frac{5\cos\theta}{r^3}\left(\frac{5\cos\theta}{r^2}\right)-\frac{1}{r}\frac{25\sin^2\theta}{r^4}$$

$$=-\frac{50\cos^2\theta}{r^5}-\frac{25}{r^5}(\sin^2\theta+\cos^2\theta)$$

$$=-\frac{50}{r^5}(\sin^2\theta+\cos^2\theta)$$

$$=-\frac{50}{r^5}$$

$$a_\theta=\frac{\mathrm{d}V_\theta}{\mathrm{d}t}+\frac{V_rV_\theta}{r}=V_r\frac{\partial V_\theta}{\partial r}+\frac{V_\theta}{r}\frac{\partial V_\theta}{\partial\theta}+\frac{25\cos\theta\sin\theta}{r^5}$$

$$=\frac{5\cos\theta}{r^2}\left(-\frac{10\sin\theta}{r^3}\right)+\frac{5\sin\theta}{r^3}\frac{5\cos\theta}{r^2}+\frac{25\cos\theta\sin\theta}{r^5}$$

$$=\frac{50\cos\theta\sin\theta}{r^5}(-1+1)$$

$$=0$$

所以，在点 $(3,4)$ 有

$$a_r=-\frac{50}{5^5},a_\theta=0$$

2.1.12

解: 根据流线方程可知流函数

$$\psi=\frac{x^2}{2}+xy-c$$

则

$$\begin{cases}u=-\dfrac{\partial\psi}{\partial y}=-x\\[2mm]v=\dfrac{\partial\psi}{\partial x}=x+y\end{cases}$$

所以

$$|\boldsymbol{V}|=\sqrt{u^2+v^2}$$

且

$$\begin{cases}u|_{(2,3)}=-2\\v|_{(2,3)}=5\end{cases}$$

$$|\boldsymbol{V}||_{(2,3)}=\sqrt{u^2+v^2}=\sqrt{29}$$

加速度

$$\boldsymbol{a}=\frac{\partial\boldsymbol{V}}{\partial t}+u\frac{\partial\boldsymbol{V}}{\partial x}+v\frac{\partial\boldsymbol{V}}{\partial y}$$

其分量

$$a_x=\frac{\partial u}{\partial t}+u\frac{\partial u}{\partial x}+v\frac{\partial u}{\partial y}=x$$

$$a_y=\frac{\partial v}{\partial t}+u\frac{\partial v}{\partial x}+v\frac{\partial v}{\partial y}=-x\cdot(1)+(x+y)(1)=y$$

所以

$$a_x|_{(2,3)}=2$$
$$a_y|_{(2,3)}=3$$
$$|\boldsymbol{a}|_{(2,3)}=\sqrt{13}$$

2.2 物质导数

2.2.1

解:

$$\begin{aligned}
\frac{\mathrm{d}T}{\mathrm{d}t} &= \frac{\partial T}{\partial t} + u\frac{\partial T}{\partial x} \\
&= -2\mathrm{e}^{-x/L}\frac{2\pi}{\tau}\cos\frac{2\pi t}{\tau} + \overline{U}\frac{2}{L}\mathrm{e}^{-x/L}\sin\frac{2\pi t}{\tau}
\end{aligned}$$

2.2.2

解:

$$\begin{aligned}
\frac{\mathrm{d}T}{\mathrm{d}t} &= \frac{\partial T}{\partial t} + u\frac{\partial T}{\partial x} + v\frac{\partial T}{\partial y} + w\frac{\partial T}{\partial z} \\
&= 0 - 2x(1 + 3y + 5yz) - 2y(3x + 5xz) + 4z(2z + 5xy) \\
&= -2x - 6xy - 10xyz - 6xy - 10xyz + 8z^2 + 20xyz \\
&= -2x - 12xy + 8z^2
\end{aligned}$$

所以

$$\left.\frac{\mathrm{d}T}{\mathrm{d}t}\right|_{(1,-2,3)} = -2 + 12\times 2 + 8\times 9 = 94^\circ\mathrm{C/s}$$

2.2.3

解: 气团不变化, 则 $\dfrac{\partial T}{\partial t} = 0$, 且 T 是一维变量, 所以

$$\begin{aligned}
\frac{\mathrm{d}T}{\mathrm{d}t} &= -(u\cdot\nabla)T \\
&= 12\frac{\Delta T}{\Delta r} \\
&= -12\times\frac{(15-10)}{1000\times 10^3} \\
&= -6\times 10^{-5}\,^\circ\mathrm{C/s} \\
&= -5.18^\circ\mathrm{C/d}
\end{aligned}$$

2.2.4

解:

解法一:

$$\frac{\mathrm{d}T}{\mathrm{d}t} = \frac{\partial T}{\partial t} + u\frac{\partial T}{\partial x} + v\frac{\partial T}{\partial y} + w\frac{\partial T}{\partial z}$$

$$\begin{aligned}
\frac{\mathrm{d}T}{\mathrm{d}t} &= \frac{2A}{x^2+y^2+z^2}t + xt\cdot\frac{-2Axt^2}{(x^2+y^2+z^2)^2} + yt\cdot\frac{-2Ayt^2}{(x^2+y^2+z^2)^2} + \frac{-2Azt^2}{(x^2+y^2+z^2)^2}\cdot zt \\
&= \frac{2At}{x^2+y^2+z^2}\left(1 - \frac{x^2t^2}{x^2+y^2+z^2} - \frac{y^2t^2}{x^2+y^2+z^2} - \frac{z^2t^2}{x^2+y^2+z^2}\right) \\
&= \frac{2At}{x^2+y^2+z^2}\left(1 - t^2\frac{x^2+y^2+z^2}{x^2+y^2+z^2}\right) \\
&= \frac{2At}{x^2+y^2+z^2}\left(1 - t^2\right) \\
&= \frac{2At}{(a^2+b^2+c^2)\mathrm{e}^{t^2}}(1 - t^2)
\end{aligned}$$

解法二:

$$
\begin{cases}
u = \dfrac{\mathrm{d}x}{\mathrm{d}t} = xt \\[2mm]
v = \dfrac{\mathrm{d}y}{\mathrm{d}t} = yt \\[2mm]
w = \dfrac{\mathrm{d}z}{\mathrm{d}t} = zt
\end{cases}
$$

所以

$$
\begin{cases}
\ln x = \dfrac{1}{2}t^2 + c_1 \\[2mm]
\ln y = \dfrac{1}{2}t^2 + c_2 \\[2mm]
\ln z = \dfrac{1}{2}t^2 + c_3
\end{cases}
$$

即

$$
\begin{cases}
x = a\mathrm{e}^{\frac{1}{2}t^2} \\
y = b\mathrm{e}^{\frac{1}{2}t^2} \\
z = c\mathrm{e}^{\frac{1}{2}t^2}
\end{cases}
$$

则

$$
T = \frac{A}{x^2 + y^2 + z^2}t^2 = \frac{At^2}{(a^2 + b^2 + c^2)\mathrm{e}^{t^2}}
$$

所以

$$
\begin{aligned}
\left(\frac{\partial T}{\partial t}\right)_{a,b,c} &= \frac{A}{(a^2 + b^2 + c^2)}\left[\frac{2t}{\mathrm{e}^{t^2}} + t^2\mathrm{e}^{-t^2}(-2t)\right] \\
&= \frac{2At}{(a^2 + b^2 + c^2)\mathrm{e}^{t^2}}\left(1 - t^2\right)
\end{aligned}
$$

2.2.5

解: 对于不可压缩流体, 由于

$$
\frac{\partial \rho}{\partial t} + \nabla \cdot (\rho \boldsymbol{V}) = 0
$$

所以

$$
\begin{aligned}
\frac{\partial \rho}{\partial t} &= -\nabla \cdot (\rho \boldsymbol{V}) = -\nabla \cdot (ax\boldsymbol{i} - bxy\boldsymbol{j})\mathrm{e}^{-kt} \\
&= -\left(\frac{\partial}{\partial x}\boldsymbol{i} + \frac{\partial}{\partial y}\boldsymbol{j} + \frac{\partial}{\partial z}\boldsymbol{k}\right) \cdot (ax\boldsymbol{i} - bxy\boldsymbol{j})\,\mathrm{e}^{-kt} \\
&= -(a - bx)\mathrm{e}^{-kt} \\
&= (bx - a)\mathrm{e}^{-kt}
\end{aligned}
$$

因此,

$$
\left.\frac{\partial \rho}{\partial t}\right|_{\substack{t=0 \\ (3,2,2)}} = (3b - a)\mathrm{e}^{-k \cdot 0} = (3b - a)\,\mathrm{kg}/(\mathrm{m}^3 \cdot \mathrm{s})
$$

2.2.6

解: 已知流场速度势, 则

$$
u = \frac{\partial \phi}{\partial x} = 2x, \quad v = \frac{\partial \phi}{\partial y} = 2y, \quad w = \frac{\partial \phi}{\partial z} = -4z
$$

又由于

$$
\frac{\mathrm{d}T}{\mathrm{d}t} = \frac{\partial T}{\partial t} + u\frac{\partial T}{\partial x} + v\frac{\partial T}{\partial y} + w\frac{\partial T}{\partial z}
$$

其中,

$$\frac{\partial T}{\partial x} = 1 + 3y + 5yz, \frac{\partial T}{\partial y} = 3x + 5xz, \frac{\partial T}{\partial z} = 2z + 5xy, \frac{\partial T}{\partial t} = 0$$

所以

$$\left(\frac{\mathrm{d}T}{\mathrm{d}t}\right) = \frac{\partial T}{\partial t} + u\frac{\partial T}{\partial x} + v\frac{\partial T}{\partial y} + w\frac{\partial T}{\partial z}$$

$$= 0 + 2x \cdot (1 + 3y + 5yz) + 2y(3x + 5xz) - 4z(2z + 5xy)$$

$$= 2x + 12xy - 8z^2$$

因此

$$\left(\frac{\mathrm{d}T}{\mathrm{d}t}\right)_{(1,-1,3)} = 2 \cdot 1 + 12 \cdot 1 \cdot (-1) - 8 \cdot 3^2 = -82 °\mathrm{C/s}$$

2.3   轨线、流线及迹线

2.3.1

解：由于

$$\frac{\mathrm{d}x}{x^2 - y^2} = \frac{\mathrm{d}y}{-2xy}$$

所以

$$\frac{\mathrm{d}y}{\mathrm{d}x} = \frac{-2xy}{x^2 - y^2} = \frac{-2\left(\dfrac{y}{x}\right)}{1 - \left(\dfrac{y}{x}\right)^2} = \frac{-2v}{1 - v^2}$$

其中

$$v = \frac{y}{x}$$

所以

$$y = vx$$

则

$$\mathrm{d}y = v\mathrm{d}x + x\mathrm{d}v$$

$$\frac{v\mathrm{d}x + x\mathrm{d}v}{\mathrm{d}x} = \frac{2v}{v^2 - 1}$$

$$\frac{x}{\mathrm{d}x}\mathrm{d}v = \frac{2v - v(v^2 - 1)}{v^2 - 1} = \frac{v(3 - v^2)}{v^2 - 1}$$

所以

$$\frac{\mathrm{d}x}{x} = \frac{v^2 - 1}{v(3 - v^2)}\mathrm{d}v$$

$$\ln x = \int \frac{v^2 \mathrm{d}v}{v(3 - v^2)} - \int \frac{\mathrm{d}v}{v(3 - v^2)}$$

$$= -\frac{1}{2}\ln(3 - v^2) - \frac{1}{6}\ln\frac{v^2}{3 - v^2} + \ln c$$

$$= -\ln\left[(3 - v^2)^{\frac{1}{2}}\left(\frac{v^2}{3 - v^2}\right)^{\frac{1}{6}}\right]$$

$$= -\ln\left[v(3 - v^2)\right]^{\frac{1}{3}} + \ln c$$

式中，c 为大于 0 的任意常数。其中用到

$$\int \frac{\mathrm{d}x}{x(a + bx^2)} = \frac{1}{2a}\ln\frac{x^2}{a + bx^2}$$

所以
$$x\left[v(3-v^2)\right]^{\frac{1}{3}}=c$$
即
$$x\left[\frac{y}{x}\left(3-\frac{y^2}{x^2}\right)\right]^{\frac{1}{3}}=c$$
所以，过 $(1,1)$ 点的一条流线为
$$c=1\times(3-1^2)^{\frac{1}{3}}=2^{\frac{1}{3}}$$
即
$$x\left[\frac{y}{x}\left(3-\frac{y^2}{x^2}\right)\right]^{\frac{1}{3}}=2^{\frac{1}{3}}$$
$$x^3\left[\frac{y}{x}\left(3-\frac{y^2}{x^2}\right)\right]=2$$
$$x^2y\left(3-\frac{y^2}{x^2}\right)=2$$
$$3x^2y-y^3=2$$
所以过 $(1,1)$ 点的一条流线为
$$y(3x^2-y^2)=2$$

2.3.2
解：

流线
$$\begin{cases}\dfrac{1+t}{x}\mathrm{d}x=\dfrac{\mathrm{d}y}{y}\\\mathrm{d}z=0\end{cases}\Rightarrow\begin{cases}(1+t)\ln x=\ln y+\ln a\\z=b\end{cases}\Rightarrow\begin{cases}x^{(1+t)}=ay\\z=b\end{cases}$$

轨线
$$\begin{cases}\dfrac{\mathrm{d}x}{\mathrm{d}t}=\dfrac{x}{1+t}\\\dfrac{\mathrm{d}y}{\mathrm{d}t}=y\\\dfrac{\mathrm{d}z}{\mathrm{d}t}=0\end{cases}\Rightarrow\begin{cases}\dfrac{\mathrm{d}x}{x}=\dfrac{\mathrm{d}t}{1+t}\\\dfrac{\mathrm{d}y}{y}=\mathrm{d}t\\\mathrm{d}z=0\end{cases}\Rightarrow\begin{cases}\ln x=\ln(1+t)+\ln a\\\ln y=t+\ln b\\z=c\end{cases}$$
$$\Rightarrow\begin{cases}x=a(1+t)\\\dfrac{y}{b}=\mathrm{e}^t\\z=c\end{cases}\Rightarrow\begin{cases}y=b\mathrm{e}^{[(x/a)-1]}\\z=c\end{cases}$$

其中 c 为任意常数。

2.3.3
解：首先，证明该速度分布是不可压缩流体的一种可能流动，如流动是可能的，则应有
$$\frac{\partial u}{\partial x}+\frac{\partial v}{\partial y}+\frac{\partial w}{\partial z}=0$$
成立，所以
$$r^2=x^2+y^2+z^2\Rightarrow\frac{\partial r}{\partial x}=\frac{x}{r},\frac{\partial r}{\partial y}=\frac{y}{r},\frac{\partial r}{\partial z}=\frac{z}{r}$$
$$\frac{\partial u}{\partial x}=\frac{(6x-2x)r^5-5r^3z\times(3x^2-r^2)}{r^{10}}=\frac{3x\times(3r^2-5x^2)}{r^7}$$

$$\frac{\partial v}{\partial y} = \frac{3x \times (r^5 - 5r^3y^2)}{r^{10}} = \frac{3x \times (r^2 - 5y^2)}{r^7}$$

$$\frac{\partial w}{\partial z} = \frac{3x \times (r^5 - 5r^3z^2)}{r^{10}} = \frac{3x \times (r^2 - 5z^2)}{r^7}$$

所以有

$$\frac{\partial u}{\partial x} + \frac{\partial v}{\partial y} + \frac{\partial w}{\partial z} = 0$$

其次，求流线

$$\frac{\mathrm{d}x}{3x^2 - r^2} = \frac{\mathrm{d}y}{3xy} = \frac{\mathrm{d}z}{3xz}$$

$$\frac{x\mathrm{d}x}{x(3x^2 - r^2)} = \frac{y\mathrm{d}y}{3xy^2} = \frac{z\mathrm{d}z}{3xz^2} = \frac{x\mathrm{d}x + y\mathrm{d}y + z\mathrm{d}z}{x[3(x^2 + y^2 + z^2) - r^2]} = \frac{y\mathrm{d}y + z\mathrm{d}z}{3x(y^2 + z^2)}$$

即

$$\frac{\mathrm{d}y}{3xy} = \frac{\mathrm{d}z}{3xz} \tag{1}$$

$$\frac{x\mathrm{d}x + y\mathrm{d}y + z\mathrm{d}z}{2(x^2 + y^2 + z^2)} = \frac{y\mathrm{d}y + z\mathrm{d}z}{3(y^2 + z^2)} \tag{2}$$

$$(1) \Rightarrow \frac{\mathrm{d}y}{y} = \frac{\mathrm{d}z}{z} \Rightarrow \ln(y/z) = \ln a \Rightarrow$$

$$y = az \tag{3}$$

(3) 为一经 Ox 轴的平面，积分 (2) 可得

$$\frac{1}{2}\ln(x^2 + y^2 + z^2) = \frac{1}{3}\ln(y^2 + z^2) + \frac{1}{6}\ln b$$

或者

$$(x^2 + y^2 + z^2)^3 = b(y^2 + z^2)^2 \tag{4}$$

(3)(4) 之交线即为流线。

2.3.4

解:

由于

$$r^2 = x^2 + y^2 + z^2$$

所以

$$\frac{\partial r}{\partial x} = \frac{x}{r}, \frac{\partial r}{\partial y} = \frac{y}{r}, \frac{\partial r}{\partial z} = \frac{z}{r}$$

即

$$\frac{\partial u}{\partial x} = \frac{3z(r^5 - 5r^3x^2)}{r^{10}}$$

$$\frac{\partial v}{\partial y} = \frac{3z(r^5 - 5r^3y^2)}{r^{10}}$$

$$\frac{\partial w}{\partial z} = \frac{(6z - 2z)r^5 - 5r^3(3z^2 - r^2)z}{r^{10}}$$

所以有

$$\frac{\partial u}{\partial x} + \frac{\partial v}{\partial y} + \frac{\partial w}{\partial z} = \frac{3z(r^5 - 5r^3x^2)}{r^{10}} + \frac{3z(r^5 - 5r^3y^2)}{r^{10}} + \frac{(6z - 2z)r^5 - 5r^3(3z^2 - r^2)z}{r^{10}} = 0$$

即该流动是可能存在的。同时可证明

$$\mathrm{d}\phi = \frac{\partial \phi}{\partial x}\mathrm{d}x + \frac{\partial \phi}{\partial y}\mathrm{d}y + \frac{\partial \phi}{\partial z}\mathrm{d}z = -u\mathrm{d}x - v\mathrm{d}y - w\mathrm{d}z$$

$$= -\frac{1}{r^5}\left[3rzdx + 3yzdy + (3a^2 - r^2)dz\right]$$

$$= -\frac{1}{r^5}\left[3z(xdx + ydy + zdz) - r^2dz\right]$$

$$= -\frac{1}{r^5}\left[3zd\left(\frac{r^2}{2}\right) - r^2dz\right]$$

$$= -\frac{3z}{r^4}dr + \frac{1}{r^3}dz$$

$$= d\left(\frac{z}{r^3}\right)$$

所以

$$\phi = \frac{z}{r^3} = \frac{r\cos\theta}{r^3} = \frac{\cos\theta}{r^2}$$

求流线

$$\underset{(1)}{\frac{dx}{3xz}} = \underset{(2)}{\frac{dy}{3yz}} = \underset{(3)}{\frac{dz}{3z^2 - r^2}} = \underset{(4)}{\frac{xdx + ydy + zdz}{3z(x^2 + y^2 + z^2) - r^2z}}$$

取比例 (1) 及 (2)

$$\frac{dx}{x} = \frac{dy}{y}$$

积分得

$$\ln x = \ln y + \ln a$$

或

$$x = ay \tag{5}$$

取比例 (1) 及 (4)

$$\frac{dx}{3x} = \frac{xdx + ydy + zdz}{3r^2 - r^2}$$

或者

$$\frac{4dx}{x} = 3\left(\frac{2xdx + 2ydy + 2zdz}{x^2 + y^2 + z^2}\right)$$

积分得

$$4\ln x = 3\ln(x^2 + y^2 + z^2) + \ln b$$

或者

$$x^4 = b(x^2 + y^2 + z^2)^3 \tag{6}$$

所以 (5)(6) 为所求流线。

2.3.5

①

解:

流线

$$\begin{cases} \dfrac{\delta x}{A} = \dfrac{\delta y}{B} \\ \delta z = 0 \end{cases} \Rightarrow \begin{cases} y = \dfrac{B}{A}x + c_1 \\ z = c_2 \end{cases}$$

轨线

$$\begin{cases} \dfrac{dx}{dt} = A \\ \dfrac{dy}{dt} = B \\ \dfrac{dz}{dt} = 0 \end{cases} \Rightarrow \begin{cases} x = At + c_1 \\ y = Bt + c_2 \\ z = c_3 \end{cases} \Rightarrow \begin{cases} y = \dfrac{B}{A}(x - c_1) + c_2 \\ z = c_3 \end{cases}$$

②

解：流线

$$\begin{cases} \dfrac{\delta x}{cx} = \dfrac{\delta y}{-cy} \\ \delta z = 0 \end{cases} \Rightarrow \begin{cases} \ln x = -\ln y + \ln c_1 \\ z = c_2 \end{cases} \Rightarrow \begin{cases} xy = c_1 \\ z = c_2 \end{cases}$$

轨线

$$\begin{cases} \dfrac{\mathrm{d}x}{\mathrm{d}t} = cx \\ \dfrac{\mathrm{d}y}{\mathrm{d}t} = -cy \\ \dfrac{\mathrm{d}z}{\mathrm{d}t} = 0 \end{cases} \Rightarrow \begin{cases} \ln x = ct + \ln c_1' \\ \ln y = -ct + \ln c_2' \\ z = c_3 \end{cases} \Rightarrow \begin{cases} x = c_1' \mathrm{e}^{ct} \\ y = c_2' \mathrm{e}^{-ct} \\ z = c_3 \end{cases} \Rightarrow \begin{cases} xy = c_1' c_2' \\ z = c_3 \end{cases}$$

③

解：流线

$$\begin{cases} \dfrac{\delta x}{ay} = \dfrac{\delta y}{-ax} \\ \delta z = 0 \end{cases} \Rightarrow \begin{cases} \dfrac{1}{2}x^2 = -\dfrac{1}{2}y^2 + c_1 \\ z = c_2 \end{cases} \Rightarrow \begin{cases} x^2 + y^2 = c' \\ z = c_2 \end{cases}$$

轨线

$$\begin{cases} \dfrac{\mathrm{d}x}{\mathrm{d}t} = ay \\ \dfrac{\mathrm{d}y}{\mathrm{d}t} = -ax \\ \dfrac{\mathrm{d}z}{\mathrm{d}t} = 0 \end{cases} \Rightarrow \begin{cases} \ddot{x} = a\dot{y} = -a^2 x \\ \ddot{y} = -a\dot{x} = -a^2 y \\ \dot{z} = 0 \end{cases} \Rightarrow \begin{cases} x = A\cos(at + \varphi) \\ y = A\sin(at + \varphi) \\ z = c_3 \end{cases} \Rightarrow \begin{cases} x^2 + y^2 = A^2 \\ z = c_3 \end{cases}$$

④

解：流线

$$\frac{\delta x}{xt} = \frac{\delta y}{y/t}$$

$$\ln x = t^2 \ln y + \ln c$$

$$x = cy^{t^2}, z = c'$$

轨线

$$\begin{cases} \dfrac{\mathrm{d}x}{\mathrm{d}t} = xt \\ \dfrac{\mathrm{d}y}{\mathrm{d}t} = \dfrac{y}{t} \end{cases} \Rightarrow \begin{cases} \ln x = \dfrac{1}{2}t^2 + c_1 \\ \ln y = \ln t + \ln c \end{cases} \Rightarrow \begin{cases} x = c'\mathrm{e}^{\frac{1}{2}t^2} \\ y = ct \\ z = c'' \end{cases}$$

⑤

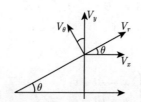

答图 2.3.5(5)　各速度分解示意图

解：流线

$$\frac{\delta x}{cx} = \frac{\delta y}{cy}$$

$$\ln x = \ln y + \ln c_1$$

$$x = c_1 y, z = c_2$$

轨线

$$\begin{cases} \dfrac{\mathrm{d}x}{\mathrm{d}t} = \dfrac{cx}{x^2+y^2} = \dfrac{c}{r}\cos\theta \\ \dfrac{\mathrm{d}y}{\mathrm{d}t} = \dfrac{cy}{x^2+y^2} = \dfrac{c}{r}\sin\theta \end{cases} \Rightarrow \begin{cases} V_r = V_x\cos\theta + V_y\sin\theta \\ V_\theta = V_y\cos\theta - V_x\sin\theta \end{cases}$$

$$\begin{cases} V_r = \dfrac{c}{r}(\cos^2\theta + \sin^2\theta) = \dfrac{c}{r} \\ V_\theta = \dfrac{c}{r}(\cos\theta\sin\theta - \cos\theta\sin\theta) = 0 \end{cases} \Rightarrow \begin{cases} \dfrac{\mathrm{d}r}{\mathrm{d}t} = \dfrac{c}{r} \\ \dfrac{\mathrm{d}\theta}{\mathrm{d}t} = 0 \end{cases} \Rightarrow \begin{cases} \dfrac{1}{2}r^2 = ct + c_1' \\ \theta = c' \end{cases}$$

⑥

解：流线

$$\frac{\delta x}{-cy} = \frac{\delta y}{cx} \Rightarrow \frac{1}{2}x^2 = -\frac{1}{2}y^2 + c_1 \Rightarrow \begin{cases} x^2 + y^2 = c' \\ z = c'' \end{cases}$$

轨线

$$\begin{cases} \dfrac{\mathrm{d}x}{\mathrm{d}t} = -\dfrac{cy}{x^2+y^2} = -\dfrac{c}{r}\sin\theta \\ \dfrac{\mathrm{d}y}{\mathrm{d}t} = \dfrac{cx}{x^2+y^2} = \dfrac{c}{r}\cos\theta \end{cases} \Rightarrow \begin{cases} V_r = -\dfrac{c}{r}\sin\theta\cos\theta + \dfrac{c}{r}\sin\theta\cos\theta = 0 \\ V_\theta = \dfrac{c}{r}\cos^2\theta + \dfrac{c}{r}\sin^2\theta = \dfrac{c}{r} \end{cases}$$

$$\Rightarrow \begin{cases} r\dfrac{\mathrm{d}\theta}{\mathrm{d}t} = \dfrac{c}{r} \\ \dfrac{\mathrm{d}r}{\mathrm{d}t} = 0 \end{cases} \Rightarrow \begin{cases} \theta = \dfrac{c}{r^2}t + c_1 \\ r = c_2 \end{cases}$$

⑦

解：流线

$$\frac{\delta r}{\dfrac{\cos\theta}{r^2}} = \frac{r\delta\theta}{\dfrac{\sin\theta}{r^2}} \Rightarrow \ln r = \int \cot\theta \delta\theta = \ln\sin\theta + \ln c$$

$$r = c\sin\theta, z = c'$$

轨线

$$\begin{cases} \dfrac{\mathrm{d}r}{\mathrm{d}t} = \dfrac{\cos\theta}{r^2} \\ r\dfrac{\mathrm{d}\theta}{\mathrm{d}t} = \dfrac{\sin\theta}{r^2} \end{cases}$$

两式相除

$$\frac{\mathrm{d}r}{r} = \cot \mathrm{d}\theta$$

$$\ln r = \ln\sin\theta + \ln c$$

$$r = c\sin\theta$$

2.3.6

解：

$$\frac{\delta x}{x+t} = \frac{\delta y}{-y+t}$$

t 为参数, 积分

$$\ln(x+t) = \ln(-y+t) + \ln c$$

即

$$(x+t)(t-y) = c$$

上式表明任意时刻流线族是一双曲线族。$t = 0$ 时刻, 经 A 点 $(-1, -1)$ 的流线

$$(-1) \cdot (1) = c$$

即 $c = -1$, 所以流线为 $-xy = -1$, 即 $xy = 1$。

轨线

$$\begin{cases} \dfrac{\mathrm{d}x}{\mathrm{d}t} = x + t \\[2mm] \dfrac{\mathrm{d}y}{\mathrm{d}t} = -y + t \end{cases}$$

即

$$\begin{cases} \dfrac{\mathrm{d}x}{\mathrm{d}t} - x = t \\[2mm] \dfrac{\mathrm{d}y}{\mathrm{d}t} + y = t \end{cases}$$

常系数线性非齐次方程

$$\begin{cases} \dfrac{\mathrm{d}y}{\mathrm{d}x} + P(x)y = Q(x) \\[2mm] y = c\mathrm{e}^{-\int P(x)\mathrm{d}x} + \mathrm{e}^{-\int P(x)\mathrm{d}x} \int Q(x)\mathrm{e}^{\int P(x)\mathrm{d}x}\mathrm{d}x \end{cases}$$

或

$$\begin{cases} \dfrac{\mathrm{d}x}{\mathrm{d}t} = ax + bt \\[2mm] x = c\mathrm{e}^{at} - \dfrac{b}{a}t - \dfrac{b}{a^2} \end{cases}$$

所以

$$\begin{aligned} x &= c_1\mathrm{e}^t + \mathrm{e}^t \int t\mathrm{e}^{-t}\mathrm{d}t \\ &= c_1\mathrm{e}^t + \mathrm{e}^t \int t\mathrm{d}(\mathrm{e}^{-t}) \\ &= c_1\mathrm{e}^t + \mathrm{e}^t \left(-t\mathrm{e}^{-t} - \int -\mathrm{e}^{-t}\mathrm{d}t \right) \\ &= c_1\mathrm{e}^t + \mathrm{e}^t \left(-t\mathrm{e}^{-t} - \mathrm{e}^{-t} \right) \\ &= c_1\mathrm{e}^t - t - 1 \end{aligned}$$

或

$$\dfrac{\mathrm{d}x}{\mathrm{d}t}\mathrm{e}^{-t} - x\mathrm{e}^{-t} = t\mathrm{e}^{-t}$$

$$\dfrac{\mathrm{d}}{\mathrm{d}t}(x\mathrm{e}^{-t}) = t\mathrm{e}^{-t}$$

$$x\mathrm{e}^{-t} = \int t\mathrm{e}^{-t}\mathrm{d}t + c_1$$

$$x\mathrm{e}^{-t} - \int t\mathrm{d}(\mathrm{e}^{-t}) = x\mathrm{e}^{-t} - \left(t\mathrm{e}^{-t} - \int \mathrm{e}^{-t}\mathrm{d}t \right)$$

$$=x\mathrm{e}^{-t}-\left(t\mathrm{e}^{-t}+\int \mathrm{d}(\mathrm{e}^{-t})\right)$$
$$=x\mathrm{e}^{-t}-\left(t\mathrm{e}^{-t}+\mathrm{e}^{-t}\right)=c_1$$

所以

$$x=c_1\mathrm{e}^t-t-1$$

$$y=c_2\mathrm{e}^{-t}+\mathrm{e}^{-t}\int t\mathrm{e}^t\mathrm{d}t=c_2\mathrm{e}^{-t}+\mathrm{e}^{-t}\int t\mathrm{d}(\mathrm{e}^t)=c_2\mathrm{e}^{-t}+\mathrm{e}^{-t}\left[t\mathrm{e}^t-\int \mathrm{e}^t\mathrm{d}t\right]$$
$$=c_2\mathrm{e}^{-t}+\mathrm{e}^{-t}\left(t\mathrm{e}^t-\mathrm{e}^t\right)=c_2\mathrm{e}^{-t}+t-1$$

$$\frac{\mathrm{d}y}{\mathrm{d}t}+y=t$$

e^t 乘以上式

$$\frac{\mathrm{d}}{\mathrm{d}t}(y\mathrm{e}^t)=t\mathrm{e}^t$$

$$y\mathrm{e}^t=\int t\mathrm{e}^t\mathrm{d}t+c_2=\int t\mathrm{d}\mathrm{e}^t+c_2=t\mathrm{e}^t-\int \mathrm{e}^t\mathrm{d}t+c_2$$
$$=t\mathrm{e}^t-\mathrm{e}^t+c_2=\mathrm{e}^t(t-1)+c_2$$

$$y=(t-1)+c_2\mathrm{e}^{-t}$$
$$\begin{cases} x=c_1\mathrm{e}^t-t-1 \\ y=c_2\mathrm{e}^{-t}+t-1 \end{cases}$$

所以 $t=0$ 时，求位于 $(-1,-1)$ 点的流体质点的轨线时，可将 $t=0, x=-1, y=-1$ 代入可解出

$$c_1=c_2=0$$

所得轨线为

$$\begin{cases} x=-t-1 \\ y=t-1 \end{cases}$$

消去 t 可得

$$x+y=-2$$

2.4　变形运动

2.4.1

解：①

$$\Omega_z=\frac{\partial v}{\partial x}-\frac{\partial u}{\partial y}=0$$

所以

$$\boldsymbol{\Omega}|_{M_1}=0(\Omega_x=\Omega_y)$$
$$\nabla\cdot\boldsymbol{V}|_{M_1}=\left(\frac{\partial u}{\partial x}+\frac{\partial v}{\partial y}+\frac{\partial w}{\partial z}\right)\Bigg|_{M_1}=m-m+0=0$$
$$A_{ij}=0(i\neq j)$$

所以剪切变形速率为零。

②

$$u=x\big/\sqrt{x^2+z^2}, v=0, w=z\big/\sqrt{x^2+z^2}$$
$$\Omega_x=\Omega_z=0, \Omega_y=\frac{\partial u}{\partial z}-\frac{\partial w}{\partial x}=0$$

所以

$$\boldsymbol{\Omega}|_{M_1} = 0$$

体膨胀系数

$$\boldsymbol{\alpha}_V = \nabla \cdot \boldsymbol{V}|_{M_1} = \left(\frac{\partial u}{\partial x} + \frac{\partial v}{\partial y} + \frac{\partial w}{\partial z}\right)\bigg|_{M_1}$$

$$= \left[\frac{x^2}{(x^2 + z^2)^{\frac{3}{2}}} + 0 + \frac{z^2}{(x^2 + z^2)^{\frac{3}{2}}}\right]\bigg|_{M_1} = \frac{1}{\sqrt{x_1^2 + z_1^2}}$$

$$A_{12} = A_{23} = 0$$

$$A_{31} = \frac{1}{2}\left(\frac{\partial u}{\partial z} + \frac{\partial w}{\partial x}\right)\bigg|_{M_1} = \frac{1}{2}\frac{1}{(x^2 + z^2)^{\frac{3}{2}}}(-xz - xz)|_{M_1} = \frac{-x_1 z_1}{(x_1^2 + z_1^2)^{\frac{3}{2}}}$$

③因为

$$u = x, v = y, w = z$$

所以

$$\boldsymbol{\Omega} = 0$$

体膨胀系数

$$\boldsymbol{\alpha}_V = \nabla \cdot \boldsymbol{V}|_{M_1} = \left(\frac{\partial u}{\partial x} + \frac{\partial v}{\partial y} + \frac{\partial w}{\partial z}\right)\bigg|_{M_1} = 3$$

$$A_{12} = A_{23} = A_{31} = 0$$

2.4.2

解: ①

$$u = mx, v = my, w = m$$

$$\boldsymbol{\omega} = \frac{1}{2}\nabla \times \boldsymbol{V} = 0$$

所以

$$\boldsymbol{V}_r = \boldsymbol{\omega} \times \delta\boldsymbol{r} = 0$$

$$A_{11} = \frac{\partial u}{\partial x} = m, A_{22} = m, A_{33} = 0, A_{12} = A_{23} = A_{31} = 0$$

$$\boldsymbol{V}_D|_{M_0} = \boldsymbol{i}A_{11}x_0 + \boldsymbol{j}A_{22}y_0 = m(x_0\boldsymbol{i} + y_0\boldsymbol{j}) = m\boldsymbol{r}_0$$

②

$$u = mxy, v = myz, w = mz$$

$$\boldsymbol{\omega} = \frac{1}{2}m(-y\boldsymbol{i} + 0 - x\boldsymbol{k}) = \frac{1}{2}m(-y\boldsymbol{i} - x\boldsymbol{k})$$

$$\boldsymbol{\omega}|_{原点} = 0$$

所以

$$\boldsymbol{V}_r = \boldsymbol{\omega} \times \delta\boldsymbol{r} = 0$$

$$A_{11} = my, A_{12} = \frac{1}{2}\left(\frac{\partial v}{\partial x} + \frac{\partial u}{\partial y}\right) = \frac{1}{2}mx$$

$$A_{22} = mz, A_{23} = \frac{1}{2}my, A_{33} = m, A_{31} = 0$$

所以在原点, 只有

$$A_{33}|_{原点} = m, A_{11} = A_{22} = A_{12} = A_{23} = A_{31} = 0$$

$$\boldsymbol{V}|_{M_0} = A_{33}z_0\boldsymbol{k} = mz_0\boldsymbol{k}$$

③
$$u = my, v = -mx, w = m$$
$$\boldsymbol{\omega} = -m\boldsymbol{k}$$
$$\boldsymbol{\omega}|_{原点} = -m\boldsymbol{k}$$
$$\boldsymbol{V}_r|_{M_0} = \boldsymbol{\omega} \times \delta\boldsymbol{r} = m(y_0\boldsymbol{i} - x_0\boldsymbol{j})$$
$$A_{11} = A_{22} = A_{33} = 0, A_{23} = A_{31} = 0, A_{12} = 0$$

所以
$$\boldsymbol{A} = 0$$

所以
$$\boldsymbol{V}|_{M_0} = 0$$

④
$$u = my, v = 0, w = 0$$
$$\omega_x = \omega_y = 0, \omega_z = -\frac{1}{2}m$$
$$\boldsymbol{\omega} = -\frac{1}{2}m\boldsymbol{k}$$
$$\boldsymbol{V}_r|_{M_0} = \boldsymbol{\omega} \times \delta\boldsymbol{r}|_{M_0} = \frac{1}{2}m(y_0\boldsymbol{i} - x_0\boldsymbol{j})$$
$$A_{11} = A_{22} = A_{33} = 0, A_{23} = A_{31} = 0, A_{12} = \frac{1}{2}m$$
$$\boldsymbol{V}_0|_{M_0} = A_{21}y_0\boldsymbol{i} + A_{12}x_0\boldsymbol{j} = \frac{1}{2}m(y_0\boldsymbol{i} + x_0\boldsymbol{j})$$

2.5　流场分类

2.5.1
解：

①
$$\Omega_z = \frac{\partial v}{\partial x} - \frac{\partial u}{\partial y} = -c$$

所以流场有旋。

②
$$\Omega_z = \frac{\partial v}{\partial x} - \frac{\partial u}{\partial y} = c + c = 2c$$

所以流场有旋。

③
$$\Omega_z = \frac{\partial v}{\partial x} - \frac{\partial u}{\partial y} = 2x - (-2x) = 4x$$

所以流场有旋。

④
$$\Omega_z = \frac{\partial v}{\partial x} - \frac{\partial u}{\partial y} = -2x - (-2x) = 0$$

所以流场无旋。

⑤
$$\Omega_x = \frac{\partial w}{\partial y} - \frac{\partial v}{\partial z} = \frac{(x^2 + y^2) - 2y^2}{(x^2 + y^2)^2} - \frac{(x^2 - y^2)(x^2 + y^2)^2}{(x^2 + y^2)^4} = \frac{1}{(x^2 + y^2)^2}[x^2 - y^2 - x^2 + y^2] = 0$$

$$\Omega_y = \frac{\partial v}{\partial x} - \frac{\partial u}{\partial y} = \frac{-2xy(x^2+y^2)^2 + 2xyz \cdot 0}{(x^2+y^2)^4} - \frac{y \cdot 2x}{(x^2+y^2)^2} = \frac{-2xy+2xy}{(x^2+y^2)^2} = 0$$

$$\Omega_z = \frac{\partial v}{\partial x} - \frac{\partial u}{\partial y} = \frac{-2xz(x^2+y^2)^2 - (x^2-y^2)z2(x^2+y^2) \cdot 2x}{(x^2+y^2)^4}$$

$$- \frac{-2xz(x^2+y^2)^2 + 2xyz2(x^2+y^2) \cdot 2y}{(x^2+y^2)^4}$$

$$= \frac{1}{(x^2+y^2)^3}[2xz(x^2+y^2) - 4xz(x^2-y^2) + 2xz(x^2+y^2) - 8xy^2z]$$

$$= \frac{1}{(x^2+y^2)^3}[4xz(x^2+y^2) - 4xz(x^2+y^2)] = 0$$

所以

$$\boldsymbol{\Omega} = 0$$

所以流场无旋。

⑥

$$\frac{\partial v}{\partial x} - \frac{\partial u}{\partial y} = -2x - (-2x) = 0$$

$$\Omega_z = \frac{c(x^2+y^2) - cx \cdot 2x}{(x^2+y^2)^2} + \frac{c(x^2+y^2) - cy \cdot 2y}{(x^2+y^2)^2} = \frac{1}{x^2+y^2}[c(y^2-x^2) + c(x \cdot 2x)] = 0$$

所以流场无旋。

⑦

$$u = \frac{x}{r^5}, v = \frac{y}{r^5}, w = \frac{z}{r^5}$$

$$r^2 = x^2 + y^2 + z^2 \Rightarrow \frac{\partial r}{\partial x} = \frac{x}{r}, \frac{\partial r}{\partial y} = \frac{y}{r}, \frac{\partial r}{\partial z} = \frac{z}{r}$$

所以

$$\Omega_x = \frac{\partial w}{\partial y} - \frac{\partial v}{\partial z} = \frac{z5r^4\frac{y}{r}}{r^{10}} - \frac{y5r^4\frac{z}{r}}{r^{10}} = \frac{5}{r^7}(-yz+yz) = 0$$

$$\Omega_y = \frac{\partial v}{\partial x} - \frac{\partial u}{\partial y} = \frac{-x5r^4\frac{z}{r}}{r^{10}} - \frac{z5r^4\frac{x}{r}}{r^{10}} = \frac{5}{r^7}(-xz+xz) = 0$$

$$\Omega_z = \frac{\partial v}{\partial x} - \frac{\partial u}{\partial y} = \frac{-y5r^4\frac{x}{r}}{r^{10}} - \frac{x5r^4\frac{y}{r}}{r^{10}} = \frac{5}{r^7}(-xy+xy) = 0$$

所以

$$\boldsymbol{\Omega} = 0$$

所以流场无旋。

2.5.2

解:

　　① 一维, 定常

　　② 三维, 定常

　　③ 三维, 非定常

　　④ 三维, 非定常

　　⑤ 三维, 定常

2.5.3

解:

　　① 三维, 定常场

　　② 一维, 非定常场

2.6 综合

2.6.1

解:

① $t=0$ 时, 质点的初位置 $x=a, y=b, z=c$。

② $t=1$ 时, 位于 $(e,1/e,1)(1,1,1)$ 的流体质点

$$
\left.\begin{array}{r}
e = ae \\
\dfrac{1}{e} = b\dfrac{1}{e} \\
1 = c
\end{array}\right\} \Rightarrow
\left.\begin{array}{r}
a = 1 \\
b = 1 \\
c = 1
\end{array}\right\}
$$

所以 $t=0$ 时初位置为 $(1,1,1)$。

③ 初位置为 $(0,0,0)$, 则 $x=0, y=0, z=0$, 质点不动, $\boldsymbol{V}=0, \boldsymbol{a}=0$

初位置为 $(1,1,1)$, 则

$$
\left.\begin{array}{r}
x = e^t \\
y = e^{-t} \\
z = 1
\end{array}\right\} \Rightarrow
\left.\begin{array}{r}
u = e^t \\
v = -e^{-t} \\
w = 0
\end{array}\right\} \Rightarrow
\left.\begin{array}{r}
a_x = e^t \\
a_y = e^{-t} \\
a_z = 0
\end{array}\right\}
$$

④ 由

$$
\begin{cases}
x = ae^t \\
y = be^{-t} \\
z = c
\end{cases}
$$

消去 t, 可得

$$
xy = ab, z = c
$$

⑤ 由

$$
\begin{cases}
u = \dfrac{\mathrm{d}x}{\mathrm{d}t} = ae^t = x \\
v = \dfrac{\mathrm{d}y}{\mathrm{d}t} = -be^{-t} = -y \\
w = 0
\end{cases}
$$

可得

$$
\begin{cases}
u = x \\
v = -y \\
w = 0
\end{cases}
$$

⑥ 流线方程

$$
\frac{\mathrm{d}x}{x} = \frac{\mathrm{d}y}{-y} = \frac{\delta z}{0}
$$

所以

$$
\delta z = 0, z = c_2
$$
$$
\frac{\delta x}{x} = \frac{\delta y}{-y}
$$
$$
\ln x = -\ln y + \ln c_1
$$
$$
\ln(xy) = \ln c_1
$$

所以

$$
xy = c_1
$$

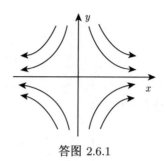

答图 2.6.1

2.6.2

解：① 由

$$\begin{cases} u = kx \\ v = ky \\ w = 0 \end{cases}$$

知流场为定常，故某一地点各时刻的流速是相同的，而某一流点的流速是随时刻而改变的，因不同时刻该流点将位于不同的空间位置。

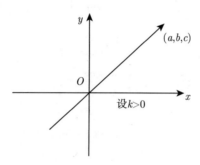

设 $k>0$

答图 2.6.2　流线图

② 流线

$$\begin{cases} \dfrac{\delta x}{kx} = \dfrac{\delta y}{ky} \\ \delta z = 0 \end{cases} \Rightarrow y = c_1 x, z = c_2$$

$t = 0$，过 (a,b,c) 点的流线为

$$\begin{cases} y = \dfrac{b}{a}x \\ z = c \end{cases}$$

2.6.3

解：①

$$u = xt, v = -2xy^2$$

$$(\nabla \cdot \boldsymbol{V}) = \frac{\partial u}{\partial x} + \frac{\partial v}{\partial y} = t - 4xy \neq 0$$

所以不存在流函数；

$$\varOmega_z = \frac{\partial v}{\partial x} - \frac{\partial u}{\partial y} = -2y^2 - 0 = -2y^2 \neq 0$$

所以不存在势函数。

$$\frac{\mathrm{d}x}{xt} = \frac{\mathrm{d}y}{-2xy^2}, \quad \frac{2}{t}x = \int -\frac{\mathrm{d}y}{y^2} = \frac{1}{y} + c$$

$$\frac{2}{t}x = \frac{1}{y} + c$$

$$t = 1, x = -2, y = 1$$

$$c = -5$$

流线:

$$\frac{2}{t}x = \frac{1}{y} - 5$$

即

$$2xy - t + 5yt = 0$$

$$t = 1 \text{ 时}, \ 2xy - 1 + 5y = 0$$

②

$$u = x^2 t, v = -2xyt$$

$$\left. \begin{array}{l} (\nabla \cdot \boldsymbol{V}) = \dfrac{\partial u}{\partial x} + \dfrac{\partial v}{\partial y} = 2xt - 2xt = 0 \\[2mm] \dfrac{\partial u}{\partial t} = \dfrac{\partial v}{\partial t} = 0, w = 0 \end{array} \right\}$$

且

$$\begin{cases} \mathrm{d}x = xt\mathrm{d}t \\ \mathrm{d}y = -2xy^2\mathrm{d}t \end{cases}$$

积分上式可得

$$\ln x = \frac{1}{2}t^2 + \ln c, x = ce^{\frac{1}{2}t^2}$$

$$\frac{1}{y} = \int 2x\mathrm{d}t = \int 2ce^{\frac{1}{2}t^2}\mathrm{d}t = \int 2ce^{\frac{1}{2}t^2}\frac{1}{t}\mathrm{d}\left(\frac{t^2}{2}\right)$$

所以存在流函数。

$$\Omega_z = \frac{\partial v}{\partial x} - \frac{\partial u}{\partial y} = -2yt - 0 = -2yt \neq 0$$

所以不存在势函数。

$$\frac{\partial \psi}{\partial x} = v = -2xyt$$

$$\psi = \int -2yx\mathrm{d}x + c(y) = -x^2 y + c(y)$$

$$\frac{\partial \psi}{\partial y} = -x^2 t + c'(y) = -x^2 t = -u$$

所以

$$c'(y) = 0$$

即

$$c(y) = c$$

$$\psi = -x^2 yt + c$$

流线方程

$$-x^2 yt = c'$$

$t = 1$ 时, 过 $(-2, 1)$ 点的流线

$$c' = -4$$

即

$$-xy^2 = -4, xy^2 = 4$$

轨线

$$\frac{2}{t}x = \frac{1}{y} - 5$$

即

$$\begin{cases} \mathrm{d}x = xt\mathrm{d}t \\ \mathrm{d}y = -2xyt\mathrm{d}t \end{cases}$$

$$\int x^{-2}\mathrm{d}x = \int t\mathrm{d}t$$

$$-\frac{1}{x} = \frac{t^2}{2} + c$$

即

$$xt^2 = -2 + c$$
$$t = 1, x = -2, y = 1$$

即

$$c = c, xt^2 = -2$$
$$\frac{\mathrm{d}y}{y} = -2xt\mathrm{d}t = -2\frac{-2}{t^2}t\mathrm{d}t = \frac{4}{t}\mathrm{d}t$$
$$\ln y = 4\ln t + \ln c$$

即

$$y = ct^4$$

代入 $t = 1, y = 1$ 得

$$c = 1$$

即

$$y = t^4$$

轨线参数方程

$$\begin{cases} xt^2 = -2 \\ y = t^4 \end{cases} \Rightarrow y = (t^2)^2 = \left(\frac{-2}{x}\right)^2 = \frac{4}{x^2}$$

即

$$x^2 y = 4$$

即 $t = 1$ 过 $(-2, 1)$ 的轨线。

$$a_x = u\frac{\partial u}{\partial x} + v\frac{\partial u}{\partial y} + w\frac{\partial u}{\partial z} = x^2 + x^2 t \cdot 2xt = x^2 + 2x^3 t^2$$

$$a_y = u\frac{\partial v}{\partial x} + v\frac{\partial v}{\partial y} + w\frac{\partial v}{\partial z} = -2xy - x^2 t2yzt - 2xyt \cdot 2xt$$

$$= -2xy - 2x^2 yzt^2 - 4x^2 yt^2 = -2xy - 6x^2 yt^2$$

即 $t = 1$ 过 $(-2, 1)$ 的加速度为

$$a_x = -12, a_y = -20$$

2.6.4

解:

$$\Omega_x = \Omega_y = 0$$

$$\Omega_z = \frac{\partial v}{\partial x} - \frac{\partial v}{\partial y} = -m$$

$$\nabla \times \boldsymbol{V} = -m\boldsymbol{k}, \nabla \cdot \boldsymbol{V} = 0$$

$$e_{xy} = e_{yx} = \frac{1}{2}\left(\frac{\partial v}{\partial x} + \frac{\partial u}{\partial y}\right) = \frac{m}{2}$$

$$伸长 = \delta y \sin\theta\delta\theta$$

$$BB' = \delta y\delta\theta = \delta y\left(-\frac{\partial u}{\partial y}\right)\delta t$$

①

$$\begin{aligned}
\Gamma &= \oint \boldsymbol{V} \cdot \mathrm{d}l \\
&= \oint u\mathrm{d}x \\
&= \int_{(0,0)}^{(1,1)} + \int_{(0,1)}^{(1,1)} + \int_{(1,1)}^{(0,1)} + \int_{(0,1)}^{(0,0)} \\
&= \int_{(1,1)}^{(0,1)} u\mathrm{d}x \\
&= \int_{(1,1)}^{(0,1)} m\mathrm{d}x \\
&= -m
\end{aligned}$$

②

$$\Gamma = \oint \boldsymbol{V} \cdot \mathrm{d}l = \iint \Omega\mathrm{d}\sigma = -m\iint \mathrm{d}\sigma = -m$$

沿第二条路线积分

$$\Gamma = -m\iint \mathrm{d}\sigma = -4m$$

第 3 章

3.1 连续性方程

3.1.1

解：取一微元系统，体积为

$$\delta\tau = \delta x\delta y\delta z$$

由定义

$$\begin{aligned}
\nabla \cdot \boldsymbol{V} &= \frac{1}{\delta\tau}\frac{\mathrm{d}(\delta\tau)}{\mathrm{d}t} = \frac{1}{\delta\tau}\frac{\mathrm{d}(\delta x\delta y\delta z)}{\mathrm{d}t} \\
&= \frac{1}{\delta\tau}\left[\frac{\mathrm{d}(\delta x)}{\mathrm{d}t}\delta y\delta z + \frac{\mathrm{d}(\delta y)}{\mathrm{d}t}\delta x\delta z + \frac{\mathrm{d}(\delta z)}{\mathrm{d}t}\delta x\delta y\right] \\
&= \frac{\delta\left(\dfrac{\mathrm{d}x}{\mathrm{d}t}\right)}{\delta x} + \frac{\delta\left(\dfrac{\mathrm{d}y}{\mathrm{d}t}\right)}{\delta y} + \frac{\delta\left(\dfrac{\mathrm{d}z}{\mathrm{d}t}\right)}{\delta z} \\
&= \frac{\partial u}{\partial x} + \frac{\partial v}{\partial y} + \frac{\partial w}{\partial z}
\end{aligned}$$

或者

$$\nabla \cdot \boldsymbol{V} = \frac{1}{\delta x}\frac{\mathrm{d}(\delta x)}{\mathrm{d}t} + \frac{1}{\delta y}\frac{\mathrm{d}(\delta y)}{\mathrm{d}t} + \frac{1}{\delta z}\frac{\mathrm{d}(\delta z)}{\mathrm{d}t}$$

3.1.2

解:

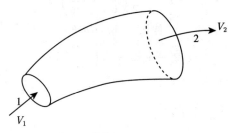

答图 3.1.2

(1) 控制体积法

取一微小流管 $\mathrm{d}s$ 作为控制体积, 单位时间内流管段界面流出质量为

1: $-\rho V \sigma$

2: $\rho V \sigma + \dfrac{\partial(\rho V \sigma)}{\partial s} \mathrm{d}s$

$$\frac{\partial(\rho V \sigma)}{\partial s} \mathrm{d}s = -\frac{\partial}{\partial t}(\rho \sigma \mathrm{d}s) = -\frac{\partial \rho}{\partial t}(\sigma \mathrm{d}s)$$

对定常流动

$$\frac{\partial \rho}{\partial t} = 0$$

所以

$$\frac{\partial(\rho V \sigma)}{\partial s} = 0$$

所以, 沿流线

$$\rho V \sigma = c$$

所以

$$\rho_1 V_1 \sigma_1 = \rho_2 V_2 \sigma_2$$

即

$$\rho V \sigma = c$$

$$V \sigma \mathrm{d}\rho + \rho \sigma \mathrm{d}V + \rho V \mathrm{d}\sigma = 0$$

$$\frac{\delta \rho}{\rho} + \frac{\delta \sigma}{\sigma} + \frac{\delta V}{V} = 0$$

(2) 拉格朗日观点

取一小流管 $\mathrm{d}s$ 作为流体块

$$\frac{\partial}{\partial t}(\delta m) = 0$$

$$\delta m = \rho_1 V_1 \mathrm{d}t \sigma_1 + \Delta m$$
$$\delta m' = \rho_2 V_2 \mathrm{d}t \sigma_2 + \Delta m$$
$$\delta m = \delta m'$$

所以

$$\rho_1 V_1 \sigma_1 = \rho_2 V_2 \sigma_2$$

由

$$\frac{\partial(\rho)}{\partial t} + \nabla \cdot (\rho \boldsymbol{V}) = 0$$

因为定常流动，所以

$$\frac{\partial \rho}{\partial t} = 0$$

即有

$$\nabla \cdot (\rho \boldsymbol{V}) = 0$$

即单位时间内通过闭合面的净流出流体质量为 0。因为

$$\oint_{\sigma} \rho \boldsymbol{V} \cdot \mathrm{d}\boldsymbol{\sigma} = \int_{\tau} \nabla \cdot (\rho \boldsymbol{V}) \mathrm{d}\tau = 0$$

即流进等于流出。对 σ 为一般流管

$$\oint_{\sigma} \rho \boldsymbol{V} \cdot \mathrm{d}\boldsymbol{\sigma} = -\rho_1 V_{1m}\sigma_1 + \rho_2 V_{2m}\sigma_2 = 0$$

即

$$\rho_1 V_{1m}\sigma_1 = \rho_2 V_{2m}\sigma_2$$

即

$$\rho V \sigma = c$$
$$\frac{1}{\rho V \sigma} = \frac{1}{c}$$
$$\alpha \left(\frac{1}{\rho V \sigma} \right) = 0$$
$$\frac{1}{V\sigma}\alpha\left(\frac{1}{\rho}\right) + \frac{1}{\rho\sigma}\alpha\left(\frac{1}{V}\right) + \frac{1}{\rho V}\alpha\left(\frac{1}{\sigma}\right) = 0$$
$$\frac{1}{V\sigma}\cdot\left(-\frac{1}{\rho^2}\right)\alpha\rho + \frac{1}{\rho\sigma}\left(-\frac{1}{V^2}\right)\alpha V + \frac{1}{\rho V}\alpha\left(-\frac{1}{\sigma^2}\right)\alpha\sigma = 0$$
$$-\frac{1}{\rho V \sigma}\left(\frac{\alpha\rho}{\rho} + \frac{\alpha V}{V} + \frac{\alpha\sigma}{\sigma}\right) = 0$$

即

$$\frac{\alpha\rho}{\rho} + \frac{\alpha V}{V} + \frac{\alpha\sigma}{\sigma} = 0$$

3.1.3

解：①

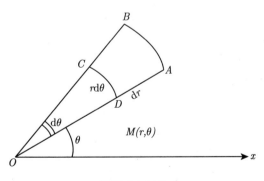

答图 3.1.3(1)

对不可压缩流体而言，单位时间内流入小面元的体积应等于流出的，即对此小体元的净流量为 0。

$$\left(V_r + \frac{\partial V_r}{\partial r}\mathrm{d}r\right)(r+\mathrm{d}r)\mathrm{d}\theta - V_r r\mathrm{d}\theta + \left(V_\theta + \frac{\partial V_\theta}{r\partial\theta}\cdot r\mathrm{d}\theta\right)\mathrm{d}r - V_\theta\mathrm{d}r = 0$$

$$V_r\mathrm{d}r\mathrm{d}\theta + r\frac{\partial V_r}{\partial r}\mathrm{d}r\mathrm{d}\theta + \frac{\partial V_r}{\partial r}(\mathrm{d}r)^2\mathrm{d}\theta + \frac{1}{r}\frac{\partial V_\theta}{\partial\theta}r\mathrm{d}\theta\mathrm{d}r = 0$$

略去高次项, 有

$$V_r + r\frac{\partial V_r}{\partial r}\frac{\partial V_\theta}{\partial \theta} = 0$$

即

$$\frac{\partial}{\partial r}(V_r r) + \frac{\partial}{\partial \theta}V_\theta = 0$$

AB 面: $-\rho V_r r d\theta$;

CD 面: $\left[\dfrac{\partial(\rho V_r)}{\partial r}dr + \rho V_r\right](r + dr)d\theta$;

BC 面: $-\rho V_\theta dr$;

AD 面: $\left[\rho V_\theta + \dfrac{\partial(\rho V_\theta)}{\partial \theta}d\theta\right]dr$。

单位时间内由 $ABCD$ 内净流出的流体质量为

$$\frac{\partial(\rho V_r)}{\partial r}r dr d\theta + \rho V_r dr d\theta + \frac{\partial(\rho V_\theta)}{\partial \theta}dr d\theta$$

由质量守恒, 上式应等于单位时间内 $ABCD$ 的质量减少

$$-\frac{\partial}{\partial t}(\rho r dr d\theta) = -\frac{\partial \rho}{\partial \theta}r dr d\theta$$

$$\frac{\partial}{\partial t}(\rho r dr d\theta) = -\frac{\partial(\rho V_r)}{\partial r}r dr d\theta + \rho V_r dr d\theta + \frac{\partial(\rho V_\theta)}{\partial \theta}dr d\theta = 0$$

$$\frac{\partial \rho}{\partial t} + \frac{\partial(\rho V_r)}{\partial r} + \frac{1}{r}V_r\rho + \frac{1}{r}\frac{\partial(\rho V_\theta)}{\partial \theta} = 0$$

$$\frac{\partial \rho}{\partial t} + V_r\frac{\partial \rho}{\partial r} + \rho\frac{\partial V_r}{\partial r} + \frac{1}{r}V_r\rho + \frac{1}{r}V_\theta\frac{\partial \rho}{\partial \theta} + \frac{1}{r}\rho\frac{\partial V_\theta}{\partial \theta} = 0$$

$$\frac{\partial \rho}{\partial t} + V_r\frac{\partial \rho}{\partial r} + \frac{1}{r}V_\theta\frac{\partial \rho}{\partial \theta} + \rho\frac{\partial V_r}{\partial r} + \frac{1}{r}\rho V_r + \frac{1}{r}\rho\frac{\partial V_\theta}{\partial \theta} = 0$$

$$\frac{d\rho}{dt} + \rho\left(\frac{\partial V_r}{\partial r} + \frac{1}{r}V_r + \frac{1}{r}\frac{\partial V_\theta}{\partial \theta}\right) = 0$$

$$\frac{\partial}{\partial r}(V_r r) + \frac{\partial}{\partial \theta}V_\theta = 0$$

$$\frac{d}{dt} = \frac{\partial}{\partial t} + \boldsymbol{V}\cdot\nabla = \frac{\partial}{\partial t} + V\frac{\partial}{\partial r} + \frac{V_\theta}{r}\frac{\partial}{\partial \theta}$$

② 取微元控制体为 $MABC$

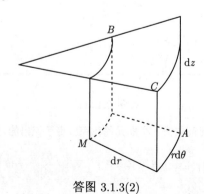

答图 3.1.3(2)

MC 面: $-\rho V_r r \mathrm{d}\theta \mathrm{d}z$

AC 面: $\rho V_\theta \mathrm{d}r \mathrm{d}z + \dfrac{\partial(\rho V_\theta \mathrm{d}r \mathrm{d}z)}{\partial \theta}\mathrm{d}\theta$

MB 面: $-\rho V_\theta \mathrm{d}r \mathrm{d}z$

AB 面: $\rho V_r r \mathrm{d}\theta \mathrm{d}z + \dfrac{\partial(\rho V_r r \mathrm{d}\theta \mathrm{d}z)}{\partial r}\delta r$

MA 面: $-\rho V_z r \mathrm{d}\theta \mathrm{d}r$

BC 面: $\rho V_z r \mathrm{d}\theta \mathrm{d}r + \dfrac{\partial(\rho V_z r \mathrm{d}\theta \mathrm{d}r)}{\partial z}\delta z$

$$\oint_\sigma \rho \boldsymbol{V}\cdot\delta\boldsymbol{\sigma} = \int\left[\frac{\partial(\rho V_r r)}{\partial r} + \frac{\partial(\rho V_\theta)}{\partial \theta} + \frac{\partial(\rho V_z)}{\partial z}r\right]\mathrm{d}r\mathrm{d}z\mathrm{d}\theta$$

$$-\int\frac{\partial\rho}{\partial t}\delta\tau = \int\frac{\partial\rho}{\partial t}r\mathrm{d}r\mathrm{d}z\mathrm{d}\theta$$

因为

$$\oint_\sigma \rho \boldsymbol{V}\cdot\delta\boldsymbol{\sigma} = -\int\frac{\partial\rho}{\partial t}\delta\tau$$

所以

$$\left[r\frac{\partial(\rho V_r)}{\partial r} + \rho V_r + \frac{\partial(\rho V_\theta)}{\partial \theta} + \frac{\partial(\rho V_z)}{\partial z}r\right] = -\frac{\partial\rho}{\partial t}r$$

$$\frac{\partial\rho}{\partial t} + \frac{\rho V_r}{r} + \frac{\partial(\rho V_r)}{\partial r} + \frac{1}{r}\frac{\partial(\rho V_\theta)}{\partial \theta} + \frac{\partial(\rho V_z)}{\partial z} = 0$$

或者

$$\frac{\partial\rho}{\partial t} + \frac{\rho V_r}{r} + +\rho\left(\frac{\partial V_r}{\partial r} + \frac{1}{r}\frac{\partial V_\theta}{\partial \theta} + \frac{\partial V_z}{\partial z}\right) = 0$$

③ 过程略, 结果为

$$\frac{\partial V_r}{\partial r} + \frac{1}{r}\frac{\partial V_\theta}{\partial \theta} + \frac{1}{r\sin\theta}\frac{\partial V_\varphi}{\partial \varphi} + \frac{2V_r}{r} + \frac{V_\theta\cot\theta}{r} = 0$$

3.1.4

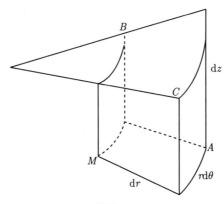

答图 3.1.4

解:

$$\boldsymbol{V} = V_\theta\boldsymbol{\theta}^0, V_\theta = V_z = 0$$

所以

$$\oint_\sigma \rho \boldsymbol{V}\cdot\delta\boldsymbol{\sigma} = \frac{\partial(\rho V_\theta \mathrm{d}z\mathrm{d}r)}{\partial \theta}\mathrm{d}\theta$$

$$-\int\frac{\partial\rho}{\partial t}\delta\tau = \int -\frac{\partial\rho}{\partial t}r\mathrm{d}z\mathrm{d}r\mathrm{d}\theta$$

所以

$$\frac{\partial \rho}{\partial t} + \frac{1}{r}\frac{\partial(\rho V_\theta)}{\partial \theta} = 0$$

所以

$$\frac{\partial \rho}{\partial t} + \frac{1}{r}\frac{\partial(\rho\omega r)}{\partial \theta} = 0$$

$$\frac{\partial \rho}{\partial t} + \frac{\partial(\rho\omega)}{\partial \theta} = 0$$

3.1.5

解:

$$\boldsymbol{V} = V_r \boldsymbol{r}^0 + V_z \boldsymbol{k}, V_\theta = 0$$

$$\oint_\sigma \rho \boldsymbol{V}\cdot\delta\boldsymbol{\sigma} = \int \frac{\partial(\rho V_r r\mathrm{d}\theta\mathrm{d}z)}{\partial r}\mathrm{d}r + \int \frac{\partial(\rho V_z r\mathrm{d}\theta\mathrm{d}r)}{\partial z}\mathrm{d}z$$

$$-\int \frac{\partial \rho}{\partial t}\delta\tau = -\int \frac{\partial \rho}{\partial t}r\mathrm{d}\theta\mathrm{d}z\mathrm{d}r$$

所以

$$r\frac{\partial \rho}{\partial t} + \frac{\partial(\rho V_r r)}{\partial r} + r\frac{\partial(\rho V_z)}{\partial z} = 0$$

3.1.6

解:

取控制体如答图 3.1.6 所示。

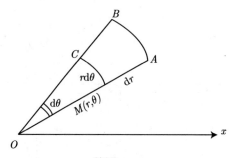

答图 3.1.6

因为为已知平面辐射流场，即

$$\boldsymbol{V} = V_r \boldsymbol{r}^0$$

MC 面: $-\rho V_r r\delta\theta$;

AC 面: 0;

AB 面: $\rho V_r r\delta\theta + \dfrac{\partial(\rho V_r r\delta\theta)}{\partial r}\delta r$;

BC 面: 0。

所以

$$\oint_\sigma \rho \boldsymbol{V}\cdot\delta\boldsymbol{\sigma} = \int \frac{\partial(\rho V_r r)}{\partial r}\delta r\delta\theta$$

$$-\oint_\sigma \frac{\partial \rho}{\partial t}\delta\sigma = -\int \frac{\partial \rho}{\partial t}r\delta r\delta\theta$$

所以

$$\frac{\partial(\rho V_r r)}{\partial r} = -\frac{\partial \rho}{\partial t}r$$

$$\frac{\partial \rho}{\partial t} + \frac{1}{r}\frac{\partial(\rho V_r r)}{\partial r} + \frac{1}{r}\rho V_r = 0$$

$$\frac{\partial \rho}{\partial t} + V_r \frac{\partial \rho}{\partial r} + \rho \left(\frac{\partial V_r}{\partial r} + \frac{V_r}{r} \right) = 0$$

3.1.7

解：

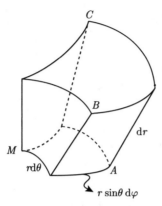

答图 3.1.7

计算 $\oint_{\sigma} \rho \boldsymbol{V} \cdot \delta \boldsymbol{\sigma}$，其中

MA 面：$-\rho V_r r^2 \sin\theta \mathrm{d}\theta \mathrm{d}\varphi$

MC 面：0

MB 面：$0(V_\varphi = 0)$

AC 面：0

AB 面：$0(V_\theta = 0)$

BC 面：$\rho V_r r \sin\theta \mathrm{d}\theta \mathrm{d}\varphi + \dfrac{\partial(\rho V_r r^2 \sin\theta)}{\partial r} \mathrm{d}\theta \mathrm{d}\varphi \mathrm{d}r$

$$\boldsymbol{V} = V_r(r)\boldsymbol{r}^0$$

所以

$$\oint \rho \boldsymbol{V} \cdot \delta \boldsymbol{\sigma} = \int \frac{\partial(\rho V_r r^2)}{\partial r} \sin\theta \mathrm{d}\theta \mathrm{d}r \mathrm{d}\varphi$$

$$-\int \frac{\partial \rho}{\partial t} \cdot \delta\tau = -\int \frac{\partial \rho}{\partial t} r^2 \sin\theta \mathrm{d}\theta \mathrm{d}r \mathrm{d}\varphi$$

$$\frac{\partial \rho}{\partial t} + \frac{1}{r^2} \frac{\partial(\rho V_r r^2)}{\partial r} = 0$$

$$\frac{\partial \rho}{\partial t} + V_r \frac{\partial(\rho)}{\partial r} + \frac{\rho}{r^2} \frac{\partial(V_r r^2)}{\partial r} = 0$$

3.1.8

解：

$$\boldsymbol{V} = V_\theta \boldsymbol{\theta}^0 + V_z \boldsymbol{z}^0, V_r = 0$$

$$\oint_{\sigma} \rho \boldsymbol{V} \cdot \delta \boldsymbol{\sigma} = \int \frac{\partial(\rho V_\theta \mathrm{d}z \mathrm{d}r)}{\partial \theta} \mathrm{d}\theta + \int \frac{\partial(\rho V_z r \mathrm{d}\theta \mathrm{d}r)}{\partial z} \mathrm{d}z$$

所以

$$-\int \frac{\partial \rho}{\partial t} \delta\tau = \int -\frac{\partial \rho}{\partial t} r \mathrm{d}\theta \mathrm{d}r \mathrm{d}z$$

$$\frac{\partial \rho}{\partial t} + \frac{1}{r} \frac{\partial(\rho V_\theta)}{\partial \theta} + \frac{\partial(\rho V_z)}{\partial z} = 0$$

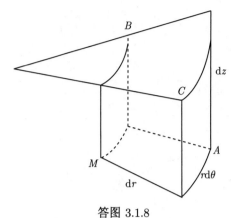

答图 3.1.8

3.1.9

解:

$$\boldsymbol{V} = V_\theta r^0 + V_\varphi \boldsymbol{\varphi}^0$$

$$\oint_\sigma \rho \boldsymbol{V} \cdot \delta \boldsymbol{\sigma} = \int \frac{\partial(\rho V_r r^2 \sin\theta \mathrm{d}\theta \mathrm{d}\varphi)}{\partial r} \delta r + \int \frac{\partial(\rho V_\varphi r \mathrm{d}\theta \mathrm{d}r)}{\partial \varphi} \mathrm{d}\varphi = -\int \frac{\partial \rho}{\partial t} r^2 \sin\theta \mathrm{d}\theta \mathrm{d}\varphi \mathrm{d}r$$

$$\frac{\partial \rho}{\partial t} + \frac{\partial(\rho V_r)}{\partial r} + \frac{2\rho V_r}{r} + \frac{1}{r \sin\theta} \frac{\partial(\rho V_\varphi)}{\partial \varphi} = 0$$

3.1.10

解:

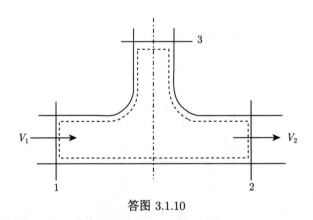

答图 3.1.10

对如答图 3.1.10 所示虚线包围范围使用不可压缩流体连续性方程可得

$$A_1 V_1 + A_2 V_2 + A_3 V_3 = 0$$

速度流入取负, 流出取正, 则

$$0.1 \times 0.1 + 0.1 \times (-0.1) + 0.2 \cdot V_3 = 0$$

$$V_3 = 0$$

所以自由水面的变化率为 0。

3.1.11

解：

①

$$\frac{\partial u}{\partial x} + \frac{\partial v}{\partial y} = \frac{\partial}{\partial x}(3x^2 + y^2) + \frac{\partial}{\partial y}[x^3 - x(y^2 - 2y)]$$
$$= 6x - x(2y - 2)$$
$$= 8x - 2xy$$
$$\neq 0$$

所以不可能是不可压缩流动。

②

$$\frac{\partial u}{\partial x} + \frac{\partial v}{\partial y} = \frac{\partial}{\partial x}(xt + 2y) + \frac{\partial}{\partial y}(xt^2 - yt)$$
$$= t + (-t)$$
$$= 0$$

所以可能是不可压缩流动。

③

$$\frac{\partial u}{\partial x} + \frac{\partial v}{\partial y} = \frac{\partial}{\partial x}(4xy + y^2) + \frac{\partial}{\partial y}(6xy + 3x)$$
$$= 4y + 6x$$
$$\neq 0$$

所以不可能是不可压缩流动。

④

$$\frac{\partial u}{\partial x} + \frac{\partial v}{\partial y} = \frac{\partial}{\partial x}(2x^2 + y^2) + \frac{\partial}{\partial y}\left[x^3 - x(y^2 - 2y)\right]$$
$$= 4x + (-2xy + 2x)$$
$$= 6x - 2xy$$
$$\neq 0$$

所以不可能是不可压缩流动。

⑤

$$\frac{\partial u}{\partial x} + \frac{\partial v}{\partial y} = \frac{\partial}{\partial x}(2xy - x^2 + y) + \frac{\partial}{\partial y}(2xy - y^2 + x^2)$$
$$= 2y - 2x + 2x - 2y$$
$$= 0$$

所以可能是不可压缩流动。

⑥

$$\frac{\partial u}{\partial x} + \frac{\partial v}{\partial y} = \frac{\partial}{\partial x}\left[(x + 2y)xt\right] + \frac{\partial}{\partial y}\left[-(2x + y)yt\right]$$
$$= 2xt + 2yt - 2xt - 2yt$$
$$= 0$$

所以可能是不可压缩流动。

3.1.12

解：对于不可压缩流体的流动，速度场应满足 $\nabla \cdot \boldsymbol{V} = 0$，此即不可压缩流体的连续性方程：

①

$$\frac{\partial u}{\partial x} + \frac{\partial v}{\partial y} + \frac{\partial w}{\partial z} = \frac{\partial}{\partial x}(a_1 x + b_1 y + c_1 z) + \frac{\partial}{\partial y}(a_2 x + b_2 y + c_2 z)$$

$$+ \frac{\partial}{\partial z}(a_3 x + b_3 y + c_3 z) = a_1 + b_2 + c_3 = 0$$

即可能流动的条件为

$$a_1 + b_2 + c_3 = 0$$

而对其他的常数则没有限制。

②

$$\frac{\partial u}{\partial x} + \frac{\partial v}{\partial y} + \frac{\partial w}{\partial z} = \frac{\partial}{\partial x}(axy) + \frac{\partial}{\partial y}(byz) + \frac{\partial}{\partial z}(ayz + dz^2) = ay + bz + ay + 2dz = 0$$

即要使 a, b, d 满足

$$ay + bz + ay + 2dz = 0$$

③

$$\frac{\partial u}{\partial x} + \frac{\partial v}{\partial y} + \frac{\partial w}{\partial z}$$

$$= \frac{\partial}{\partial x}(kxyzt) + \frac{\partial}{\partial y}(-kxyzt^2) + \frac{\partial}{\partial z}\left[\frac{kz^2}{2}(xt^2 - yt)\right]$$

$$= kyzt - kxzt^2 + kz(xt^2 - yt)$$

$$= 0$$

所以，对 k 没有任何要求 (k 为常数)。

3.1.13

解：

① $\nabla \cdot \boldsymbol{V} = 1 - 1 = 0$

所以可能是不可压缩流动。

② $\nabla \cdot \boldsymbol{V} = 2y - 2z - x^2 z + x^2 z = 2y - 2z \neq 0$

所以不可能是不可压缩流动。

③

$$\frac{\partial u}{\partial x} = \frac{\partial}{\partial x}\left[\frac{3xz}{(x^2 + y^2 + z^2)^{\frac{5}{2}}}\right]$$

$$= \frac{1}{(x^2 + y^2 + z^2)^{\frac{5}{2}}} \frac{\partial}{\partial x}(3xz) + 3xz \frac{\partial}{\partial x}\left[\frac{1}{(x^2 + y^2 + z^2)^{\frac{5}{2}}}\right]$$

$$= \frac{3z}{(x^2 + y^2 + z^2)^{\frac{5}{2}}} + 3xz \cdot \left(-\frac{5}{2}\right) \cdot \frac{2x}{(x^2 + y^2 + z^2)^{\frac{7}{2}}}$$

$$= \frac{3z}{(x^2 + y^2 + z^2)^{\frac{5}{2}}} - \frac{15x^2 z}{(x^2 + y^2 + z^2)^{\frac{7}{2}}}$$

$$= \frac{3z(x^2 + y^2 + z^2) - 15x^2 z}{(x^2 + y^2 + z^2)^{\frac{7}{2}}}$$

$$= 3z \frac{y^2 + z^2 - 4x^2}{(x^2 + y^2 + z^2)^{\frac{7}{2}}}$$

$$\frac{\partial v}{\partial y} = 3z \frac{x^2 + z^2 - 4y^2}{(x^2 + y^2 + z^2)^{\frac{7}{2}}}$$

$$\frac{\partial w}{\partial z} = \frac{\partial}{\partial z} \left[\frac{3z^2 - (x^2 + y^2 + z^2)}{(x^2 + y^2 + z^2)^{\frac{5}{2}}} \right]$$

$$= \frac{\partial}{\partial z} \left[\frac{2z^2 - x^2 - y^2}{(x^2 + y^2 + z^2)^{\frac{5}{2}}} \right]$$

$$= (2z^2 - x^2 - y^2) \frac{\partial}{\partial z} \left[\frac{1}{(x^2 + y^2 + z^2)^{\frac{5}{2}}} \right] + \left[\frac{1}{(x^2 + y^2 + z^2)^{\frac{5}{2}}} \right] \frac{\partial}{\partial z} \left[2z^2 - x^2 - y^2 \right]$$

$$= (2z^2 - x^2 - y^2) \cdot \left(-\frac{5}{2} \right) \cdot \frac{2z}{(x^2 + y^2 + z^2)^{\frac{7}{2}}} + \left[\frac{1}{(x^2 + y^2 + z^2)^{\frac{5}{2}}} \right] (4z)$$

$$= \frac{-5z(2z^2 - x^2 - y^2)}{(x^2 + y^2 + z^2)^{\frac{7}{2}}} + \frac{4z(x^2 + y^2 + z^2)}{(x^2 + y^2 + z^2)^{\frac{5}{2}}}$$

$$= z \frac{-10z^2 + 5x^2 + 5y^2}{(x^2 + y^2 + z^2)^{\frac{7}{2}}} + z \frac{4x^2 + 4y^2 + 4z^2}{(x^2 + y^2 + z^2)^{\frac{5}{2}}}$$

$$= z \frac{-6z^2 + 9x^2 + 9y^2}{(x^2 + y^2 + z^2)^{\frac{7}{2}}}$$

所以

$$\frac{\partial u}{\partial x} + \frac{\partial v}{\partial y} + \frac{\partial w}{\partial z} = 0$$

所以可能是不可压缩流动。

④ $\nabla \cdot \boldsymbol{V} = yzt - xzt^2 + z/(xt^2 - yt) \neq 0$

所以不可能是不可压缩流动。

⑤ $\nabla \cdot \boldsymbol{V} = 2z - 2z + x^2 z + x^2 z = 2x^2 z \neq 0$

所以不可能是不可压缩流动。

⑥ $\nabla \cdot \boldsymbol{V} = 3x/r^7 \times (3r^2 - 5x^2) + 3x/r^7 \times (r^2 - 5y^2) + 3x/r^7 \times (r^2 - 5z^2) = 0$

所以可能是不可压缩流动。

⑦ $\nabla \cdot \boldsymbol{V} = 3z/r^{10} \times (r^5 - 5r^3 x^2) + 3z/r^{10} \times (r^5 - 5r^3 y^2) + 1/r^{10} \times \left[(6z - 2z)r^5 - 5r^3(3z^2 - 5r^2)z \right] = 0$

所以可能是不可压缩流动。

3.1.14

解：

① 由不可压缩二维流动的连续性方程为

$$\frac{\partial u}{\partial x} + \frac{\partial v}{\partial y} = 0$$

则

$$\frac{\partial v}{\partial y} = -\frac{\partial u}{\partial x} = -\frac{\partial}{\partial x}(ax^2 - bx + cy) = -(2ax - b) = b - 2ax$$

所以

$$v = \int (b - 2ax)\mathrm{d}y = by - 2axy + c$$

式中, c 为常数, 所以不能获得唯一答案。

② 由不可压缩二维流动的连续性方程为

$$\frac{\partial u}{\partial x} + \frac{\partial v}{\partial y} = 0$$

则

$$\frac{\partial u}{\partial x} = -\frac{\partial v}{\partial y} = -\frac{\partial}{\partial y}(xt^2 - yt) = -(-t) = t$$

所以

$$u = \int (t)\mathrm{d}x = xt + c$$

式中, c 为常数, 所以不能获得唯一答案。

③ 由不可压缩二维流动的连续性方程为

$$\frac{\partial u}{\partial x} + \frac{\partial v}{\partial y} = 0$$

则

$$\frac{\partial v}{\partial y} = -\frac{\partial u}{\partial x} = -\frac{\partial}{\partial x}[(x+2y)xt] = -\frac{\partial}{\partial x}(x^2 t + 2yxt) = -2xt - 2yt$$

所以

$$v = \int (-2xt - 2yt)\mathrm{d}y = -2xyt - y^2 t + c$$

式中, c 为常数, 所以不能获得唯一答案。

3.1.15

解:

① 由不可压缩二维流动的连续性方程为

$$\frac{\partial u}{\partial x} + \frac{\partial v}{\partial y} = 0$$

所以

$$\frac{\partial v}{\partial y} = -\frac{\partial u}{\partial x} = -\frac{\partial}{\partial x}(2xy) = -2y$$

所以

$$v = \int (-2y)\mathrm{d}y = -y^2 + c(x)$$

式中, $c(x)$ 为只包含变量 x 的函数。

又由于流场无旋, 则

$$u = \frac{\partial \phi}{\partial x}, v = \frac{\partial \phi}{\partial y}$$

由 $u = 2xy$, 得

$$\phi = \int u\mathrm{d}x = \int (2xy)\mathrm{d}x = x^2 y + c_1(y)$$

由 $v = -y^2 + c(x)$, 得

$$\phi = \int v\mathrm{d}y = \int [-y^2 + c(x)]\mathrm{d}y = -\frac{y^3}{3} + c(x)y + c_3(x)$$

对比以上两式, 可知

$$c_1(y) = -\frac{y^3}{3}, c(x) = x^2, c_3(x) = 0$$

所以
$$v = \int (-2y)\mathrm{d}y = -y^2 + x^2$$

② 由不可压缩二维流动的连续性方程为
$$\frac{\partial u}{\partial x} + \frac{\partial v}{\partial y} = 0$$

所以
$$\frac{\partial u}{\partial x} = -\frac{\partial v}{\partial y} = -\frac{\partial}{\partial y}(y^2 + y - x^2) = -2y - 1$$

所以
$$u = \int (-2y - 1)\mathrm{d}x = -2xy - x + c(y)$$

式中, $c(y)$ 为只包含变量 y 的函数。

又由于流场无旋, 则
$$u = \frac{\partial \phi}{\partial x}, v = \frac{\partial \phi}{\partial y}$$

由 $v = y^2 + y - x^2$, 得
$$\phi = \int v\mathrm{d}y = \int (y^2 + y - x^2)\mathrm{d}y = \frac{y^3}{3} + \frac{y^2}{2} - x^2 y + c(x)$$

由 $u = -2xy - x + c(y)$, 得
$$\phi = \int u\mathrm{d}x = \int [-2xy - x + c(y)]\mathrm{d}x = -x^2 y - \frac{x^2}{2} + c(y)x + c_1(y)$$

对比以上两式, 可知
$$c_1(y) = \frac{y^3}{3} + \frac{y^2}{2}, c(y) = 0, c(x) = -\frac{x^2}{2}$$

所以
$$u = -2xy - x$$

3.1.16

解: 对于定常不可压缩流体连续性方程应为
$$\frac{\partial u}{\partial x} + \frac{\partial v}{\partial y} + \frac{\partial w}{\partial z} = 0$$

所以
$$\frac{\partial}{\partial x}(2x^2 - xy + z^2) + \frac{\partial}{\partial y}(x^2 - 4xy + y^2) + \frac{\partial}{\partial z}(-2xy - yz + y^2)$$
$$=(4x - y) + (-4x + 2y) + (-y)$$
$$=0$$

所以所给定的速度分量满足连续性方程。

3.1.17

解: 连续性方程为
$$\frac{\partial u}{\partial x} + \frac{\partial v}{\partial y} = 0$$

则
$$\frac{\partial v}{\partial y} = -\frac{\partial u}{\partial x} = -\frac{\partial}{\partial x}(3x^2 - y) = -6x$$

所以

$$v = -6xy + f(x)$$

因为

$$v|_{y=0} = f(x) = \frac{2}{x}$$

所以

$$f(x) = \frac{2}{x}$$

即

$$\boldsymbol{V} = (3x^2 - y)\boldsymbol{i} + \left(-6xy + \frac{2}{x}\right)\boldsymbol{j}$$

3.1.18

解: 由于是不可压缩流体, 因而满足连续性方程

$$\nabla \cdot \boldsymbol{V} = 0$$

所以

$$\nabla \cdot \boldsymbol{V} = \frac{\partial u}{\partial x} + \frac{\partial v}{\partial y} + \frac{\partial w}{\partial z} = 3 \neq 0$$

因此, 不可能存在。

3.1.19

解: 对于不可压缩流体应满足连续性方程

$$\nabla \cdot \boldsymbol{V} = 0$$

①

$$\frac{\partial u}{\partial x} + \frac{\partial v}{\partial y} + \frac{\partial w}{\partial z} = \frac{\partial}{\partial x}(2x^2 + y) + \frac{\partial}{\partial y}(2y^2 + z) + \frac{\partial}{\partial z}[-4(x+y)z + xy] = 0$$

所以表示的是可能的流动 (对不可压缩流体)。

②

$$\frac{\partial u}{\partial x} + \frac{\partial v}{\partial y} + \frac{\partial w}{\partial z} = \frac{\partial}{\partial x}\left[-2xyz/(x^2 + y^2)^2\right]$$

$$+ \frac{\partial}{\partial y}\left[(x^2 - y^2)z/(x^2 + y^2)^2\right] + \frac{\partial}{\partial z}\left[-2xyz/(x^2 + y^2)^3\right] = 0$$

所以表示的是可能的流动 (对不可压缩流体)。

③

$$\frac{\partial u}{\partial x} + \frac{\partial v}{\partial y} + \frac{\partial w}{\partial z} = \frac{\partial}{\partial x}(yzt) + \frac{\partial}{\partial y}(xzt) + \frac{\partial}{\partial z}(xyt) = 0$$

所以表示的是可能的流动 (对不可压缩流体)。

3.1.20

解:

由于定常, 不可压缩流体速度散度应为 0。

$$\nabla \cdot \boldsymbol{V} = 0$$

即

$$\frac{\partial u}{\partial x} + \frac{\partial v}{\partial y} + \frac{\partial w}{\partial z} = 0$$

所以对于二维流动，应该有

$$\frac{\partial u}{\partial x} + \frac{\partial v}{\partial y} = 0$$

①

$$\frac{\partial}{\partial x}(4xy + y^2) + \frac{\partial}{\partial y}(6xy + 3x) = 4y + 6x \neq 0$$

所以该流动是不可能的。

②

$$\frac{\partial}{\partial x}(2x^2 + y) + \frac{\partial}{\partial y}(-4xy) = 4x - 4x = 0$$

所以该流动是可能的。

3.1.21

解：由于流体满足不可压缩流体，则

$$\frac{\partial u}{\partial x} + \frac{\partial v}{\partial y} + \frac{\partial w}{\partial z} = 0$$

①

$$\frac{\partial w}{\partial z} = -\left(\frac{\partial u}{\partial x} + \frac{\partial v}{\partial y} \right) = -(2x + z)$$

$$w = -\int (2x + z)\mathrm{d}z + f(x, y) = -\left(2xz + \frac{1}{2}z^2 \right) + f(x, y)$$

②

$$\frac{\partial v}{\partial y} = -(2yz - 2yz) = 0, v = f(x, y)$$

③由连续性方程

$$\frac{\partial u}{\partial x} + \frac{\partial v}{\partial y} + \frac{\partial w}{\partial z} = 0$$

$$\frac{\partial u}{\partial x} = 2ax, \frac{\partial v}{\partial y} = -dx - ez$$

$$\frac{\partial w}{\partial z} = -\frac{\partial u}{\partial x} - \frac{\partial v}{\partial y} = -2ax + dx + ez$$

$$w = \int [(d - 2a)x + ez]\mathrm{d}z + f(x, y) = (d - 2a)xz + \frac{e}{2}z^2 + f(x, y)$$

④

$$\frac{\partial w}{\partial z} = -(0 + 0) = 0$$

$$w = f(x, y)$$

3.1.22

解：

见答图 3.1.22，必须假定在截面 1 和 2 处，流动为均匀流，在两截面处，流速为常数，这就保证了在截面 1 和 2 之间沿任一流线速度将在相同的限元间变化。这些假定是合理的，且对两截面间的流动只加了很小的限制。

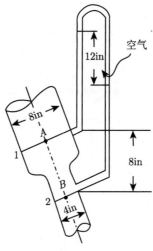

答图 3.1.22

由于管之斜率未知，就不可能将压力与高度头分开，代入伯努利方程，即

$$h_1 + \frac{V_1^2}{2g} = h_2 + \frac{V_2^2}{2g}$$

其中

$$h = y + \frac{p}{\gamma}$$

而由题设知

$$h_1 - h_2 = \frac{V_2^2}{2g} - \frac{V_1^2}{2g} = 1\text{ft}$$

另由连续性方程

$$V_1 \frac{\pi}{4} \left(\frac{8}{12}\right)^2 = V_2 \frac{\pi}{4} \left(\frac{4}{12}\right)^2$$

即

$$V_2 = 4V_1$$

代入

$$\frac{15V_1^2}{2g} = 1\text{ft} = 0.3048\text{m}$$

$$V_1 = \sqrt{\frac{2g}{15}} = 0.631\text{m/s}$$

所以

$$Q = \rho V_1 A_1 = 1.29 \times 0.631 \times \frac{\pi}{4} \times (8 \times 0.0254)^2 = 0.0264\text{m}^3/\text{s}$$

如管绕垂直位置旋转，保持压力计管垂直，常数流量将由压力计之常数差所反映，若压力计放在点 A 及点 B，在转动中压力差将减少，正是对 A 点相对 B 点之高度头的增加的补偿。

3.1.23

解：

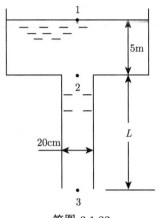

答图 3.1.23

假定在桶到管之入口处 (答图 3.1.23)，沿曲面之每一点的速度都不超过管内的平均速度，另外取大气压

$$p_{\text{atm}} = 1.013 \times 10^5 \text{N/m}^2$$

由水的相关热力参数表可查得在 20℃ 时，水的饱和蒸汽压为 $p_V = 2.34 \times 10^3 \text{N/m}^2$，在 70℃ 时，水的饱和蒸汽压为 $p_V = 3.12 \times 10^4 \text{N/m}^2$。由于前题中已求得

$$V_1 = V_2 = \sqrt{2g(z+L)}$$

故在平面 1 到平面 2 之间应用伯努利方程可得

$$L + \frac{p_1}{\gamma} = 0 + \frac{p_2}{\gamma}, \quad p_V = p_1, p_2 = p_{\text{atm}}$$

又

$$\gamma_{20℃} = 9790 \text{N/m}^3, \gamma_{70℃} = 9590 \text{N/m}^3$$

所以

$$L = \frac{p_2 - p_1}{\gamma} = \frac{101300 - 2340}{9790} = 10.11 \text{m}(20℃)$$

$$L = \frac{101300 - 31160}{9590} = 7.31 \text{m}(70℃)$$

$$Q = \sqrt{2g(z+L)}\frac{\pi}{4}D^2$$
$$= 0.54 \text{m}^3/\text{s}(20℃)$$
$$= 0.49 \text{m}^3/\text{s}(70℃)$$

3.1.24

解：此类问题可视为定常流动。

在沿流线应用伯努利方程求解问题时，必须选择一个合适的流线，在此问题中，可以很容易看出，在两种情况中选择从自由面经 1 到 2 的流线。取 2 点的高度为基准线，对表面上的点 0，对足够大的桶可不计其速度及速度头，现对二桶从 0 到 2 应用：

(a) 对 0 点，总头

$$H_0 = \frac{p_0}{\gamma} + y_0 + \frac{V_0^2}{2g} = 0 + (z+L) + 0$$

对 2 点, 总头

$$H_2 = \frac{p_2}{\gamma} + y_2 + \frac{V_2^2}{2g} = 0 + 0 + \frac{V_2^2}{2g}$$

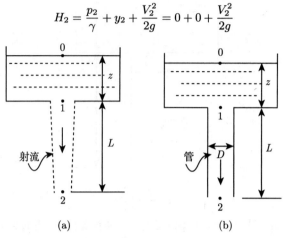

(a)   (b)

答图 3.1.24

所以

$$0 + (z + L) + 0 = 0 + 0 + \frac{V_2^2}{2g}$$

即

$$V_2 = \sqrt{2g(z + L)}$$

对 (b), 从 1 到 2:

$$0 + (z + L) + 0 = 0 + 0 + \frac{V_2^2}{2g}$$

即

$$V_2 = \sqrt{2g(z + L)}$$

对 (a), 从 0 到 1:

$$0 + (z + L) + 0 = 0 + L + \frac{V_2^2}{2g}$$

$$V_1 = \sqrt{2gz}$$

对 (b), 由连续性方程:

$$V_1 = V_2$$

小结:

		桶 (a)	桶 (b)
速度	点 1	$\sqrt{2gz}$	$\sqrt{2g(z + L)}$
	点 2	$\sqrt{2g(z + L)}$	$\sqrt{2g(z + L)}$
流量	$Q = AV$	$\sqrt{2gz}\frac{\pi}{4}D^2$	$\sqrt{2g(z + L)}\frac{\pi}{4}D^2$

故通过桶 (b) 的流量较大。

3.1.25

解:

在两截面处的平均速度:

A:

$$V = \frac{Q}{A} = \frac{0.0284}{0.00811} = 3.50 \mathrm{m/s}$$

B:

$$V = \frac{Q}{A} = \frac{0.0284}{0.00203} = 13.99 \mathrm{m/s}$$

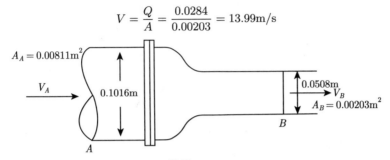

$A_A = 0.00811 \mathrm{m}^2$

V_A

$0.1016\mathrm{m}$

$0.0508\mathrm{m}$

V_B

$A_B = 0.00203 \mathrm{m}^2$

B

A

答图 3.1.25

(a) 一维伯努利方程:

$$\frac{p_A}{\gamma} + y_A + \alpha_A \frac{V_A^2}{2g} = \frac{p_B}{\gamma} + y_B + \alpha_B \frac{V_B^2}{2g}$$

$$\frac{p_A}{1000 \times 9.81} + \frac{(3.49)^2}{19.63} = \frac{(13.98)^2}{19.63}$$

因为两处高头相等,且在射流中,B 处压力为 0。

$$p_A = 91217.64 \mathrm{Pa}$$

(b) $\alpha_A = 0.0311, \alpha_B = 0.0288$

$$\frac{p_A}{1000 \times 9.81} + \frac{0.0311 \times (3.49)^2}{19.63} = \frac{0.0288 \times (13.98)^2}{19.63}$$

$$p_A = 92527.64 \mathrm{Pa}$$

故知典型湍流中 α 之值对结果的影响不大。

3.1.26

解:

用能量方程表示出口处的速度,因此只要压力在任一点不下降到蒸汽压,则流量只依赖于桶内水面及下面出口的向上距离。

因为在虹吸管内高处点的流速应等于出口处的。对于 2, 3 点有

$$\frac{p_2}{\gamma} + 1 + L = \frac{p_3}{\gamma} + 0$$

20℃ 水蒸气压为 $2.34 \mathrm{kN/m}^2$,大气压为 $101.3 \mathrm{kN/m}^2$。所以

$$p_2 = p_V = 2.34 \times 10^3 - 1.01 \times 10^5 = -9.9 \times 10^4 \mathrm{N/m}^2$$

且 $p_3 = 0$。故

$$-\frac{9.90 \times 10^4}{9.79 \times 10^3} + (1 + L) = 0$$

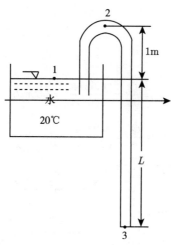

答图 3.1.26

解得

$$L = 9.11\text{m}$$

此即无气穴时的最大长度，因此将产生最大流量。由 1，3 点

$$L = \frac{V_3^2}{2g}, V_3 = \sqrt{2gL} = 13.37\text{m/s}$$

$$Q = (13.37)\left(\frac{\pi}{4}\right)(0.06)^2 = 0.0378\text{m}^3/\text{s}$$

注意在此情况下，如出口进一步降低，则在低压区将出现气穴。

3.1.27

解：

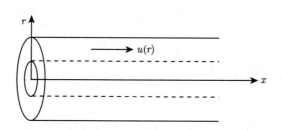

答图 3.1.27

求速度分布。

解法一：

$$\begin{cases} \dfrac{1}{\mu}\dfrac{\mathrm{d}p}{\mathrm{d}x} = \dfrac{1}{r}\dfrac{\mathrm{d}}{\mathrm{d}r}\left(r\dfrac{\mathrm{d}u}{\mathrm{d}r}\right) \\ u|_{r=a_1} = 0, u|_{r=a_2} = 0, \dfrac{\mathrm{d}p}{\mathrm{d}x} \neq 0 \end{cases}$$

其通解为

$$u = \frac{1}{4\mu}\frac{\mathrm{d}p}{\mathrm{d}x}r^2 + c_1 \ln r + c_2$$

由

$$r = a_1, u = 0 \Rightarrow -\frac{1}{4\mu}\frac{\mathrm{d}p}{\mathrm{d}x}a_1^2 = c_1 \ln a_1 + c_2$$

$$r = a_2, u = 0 \Rightarrow -\frac{1}{4\mu}\frac{\mathrm{d}p}{\mathrm{d}x}a_2^2 = c_1 \ln a_2 + c_2$$

$$\frac{1}{4\mu}\frac{\mathrm{d}p}{\mathrm{d}x}(a_2^2 - a_1^2) = -c_1 \ln\frac{a_2}{a_1}$$

所以

$$\begin{cases} c_1 = -\dfrac{1}{4\mu}\dfrac{\mathrm{d}p}{\mathrm{d}x}\dfrac{a_2^2 - a_1^2}{\ln(a_2/a_1)} \\ c_2 = -\dfrac{1}{4\mu}\dfrac{\mathrm{d}p}{\mathrm{d}x}a_1^2 + \dfrac{1}{4\mu}\dfrac{\mathrm{d}p}{\mathrm{d}x}(a_2^2 - a_1^2)\dfrac{\ln a_1}{\ln(a_2/a_1)} \end{cases}$$

所以

$$u = -\frac{1}{4\mu}\frac{\mathrm{d}p}{\mathrm{d}x}\left[a_1^2 - r^2 + \frac{a_2^2 - a_1^2}{\ln(a_2/a_1)}\ln\frac{r}{a_1}\right]$$

$$= \frac{p_1 - p_2}{4\mu l}\left[a_1^2 - r^2 + \frac{a_2^2 - a_1^2}{\ln(a_2/a_1)}\ln\frac{r}{a_1}\right]$$

解法二：

$$f_{rx} = \mu\frac{\mathrm{d}u}{\mathrm{d}r}, \quad F_{rx} = f_{rx}\sigma = 2\pi\mu l r\frac{\mathrm{d}u}{\mathrm{d}r}$$

厚度为 $\mathrm{d}r$ 的一层流体内外表面上的面力之差为 $\mathrm{d}F$

$$\mathrm{d}F = 2\pi\mu l \mathrm{d}\left(r\frac{\mathrm{d}u}{\mathrm{d}r}\right)$$

该力应与作用在圆管两端的压力差相平衡

$$2\pi\mu l \mathrm{d}\left(r\frac{\mathrm{d}u}{\mathrm{d}r}\right) + (p_1 - p_2)2\pi r\mathrm{d}r = 0$$

$$\mathrm{d}\left(r\frac{\mathrm{d}u}{\mathrm{d}r}\right) = -\frac{(p_1 - p_2)}{\mu l}r\mathrm{d}r$$

$$r\frac{\mathrm{d}u}{\mathrm{d}r} = -\frac{(p_1 - p_2)}{2\mu l}r^2 + c_1$$

$$\frac{\mathrm{d}u}{\mathrm{d}r} = -\frac{(p_1 - p_2)}{2\mu l}r + \frac{c_1}{r}$$

所以

$$u = -\frac{(p_1 - p_2)}{4\mu l}r^2 + c_1 \ln r + c_2$$

同前可解出 c_1, c_2。

求流量：

$$\mathrm{d}Q = u \cdot 2\pi r\mathrm{d}r = \frac{\pi(p_1 - p_2)}{2\mu l}\left[a_1^2 - r^2 + \frac{a_2^2 - a_1^2}{\ln(a_2/a_1)}\ln\frac{r}{a_1}\right]r\mathrm{d}r$$

$$Q = \int_{a_1}^{a_2}\mathrm{d}Q = \frac{\pi(p_1 - p_2)}{2\mu l}\int_{a_1}^{a_2}\left[a_1^2 r\mathrm{d}r - r^3\mathrm{d}r + \frac{a_2^2 - a_1^2}{\ln(a_2/a_1)}\ln\frac{r}{a_1}r\mathrm{d}r\right]$$

$$= \frac{\pi(p_1 - p_2)}{2\mu l}\left[a_1^2\frac{r^2}{2}\Big|_{a_1}^{a_2} - \frac{r^4}{4}\Big|_{a_1}^{a_2} + \int_{a_1}^{a_2}\frac{a_2^2 - a_1^2}{\ln(a_2/a_1)}a_1^2 \ln\left(\frac{r}{a_1}\right)\cdot\left(\frac{r}{a_1}\right)\mathrm{d}\left(\frac{r}{a_1}\right)\right]$$

$$= \frac{\pi(p_1 - p_2)}{2\mu l}\left\{\frac{a_1^2}{2}(a_2^2 - a_1^2) - \frac{a_2^2 - a_1^2}{4} + \frac{a_1^2(a_2^2 - a_1^2)}{\ln(a_2/a_1)}\right.$$

$$\left.\cdot\left[\left(\frac{a_2}{a_1}\right)^2\left(\frac{\ln(a_2/a_1)}{2} - \frac{1}{4}\right) - \left(\frac{a_1}{a_1}\right)^2\left(\frac{\ln(a_2/a_1)}{2} - \frac{1}{4}\right)\right]\right\}$$

$$=\frac{\pi\left(p_{1}-p_{2}\right)}{2\mu l}\left\{\frac{a_{1}^{2}}{2}\left(a_{2}^{2}-a_{1}^{2}\right)-\frac{a_{2}^{2}-a_{1}^{2}}{4}+\frac{a_{1}^{2}\left(a_{2}^{2}-a_{1}^{2}\right)}{\ln(a_{2}/a_{1})}\left[\left(\frac{a_{2}}{a_{1}}\right)^{2}\left(\frac{\ln(a_{2}/a_{1})}{2}-\frac{1}{4}\right)+\frac{1}{4}\right]\right\}$$

$$=\frac{\pi\left(p_{1}-p_{2}\right)}{2\mu l}\left[\frac{a_{1}^{2}}{2}\left(a_{2}^{2}-a_{1}^{2}\right)-\frac{a_{2}^{2}-a_{1}^{2}}{4}+\frac{a_{2}^{2}\left(a_{2}^{2}-a_{1}^{2}\right)}{\ln(a_{2}/a_{1})}\frac{\ln(a_{2}/a_{1})}{2}\right.$$
$$\left.-\frac{a_{2}^{2}\left(a_{2}^{2}-a_{1}^{2}\right)}{4\ln(a_{2}/a_{1})}+\frac{a_{1}^{2}\left(a_{2}^{2}-a_{1}^{2}\right)}{4\ln(a_{2}/a_{1})}\right]$$

$$=\frac{\pi\left(p_{1}-p_{2}\right)}{2\mu l}\left\{\frac{a_{1}^{2}}{2}\left(a_{2}^{2}-a_{1}^{2}\right)-\frac{a_{2}^{2}-a_{1}^{2}}{4}+\frac{a_{2}^{2}-a_{1}^{2}}{\ln(a_{2}/a_{1})}\left[\left(\frac{r}{a_{1}}\right)^{2}\left(\frac{\ln(r/a_{1})}{2}-\frac{1}{2^{2}}\right)\right]\Big|_{a_{1}}^{a_{2}}\right\}$$

$$=\frac{\pi\left(p_{1}-p_{2}\right)}{2\mu l}\left[\frac{1}{2}\left(a_{2}^{2}-a_{1}^{2}\right)\left(a_{2}^{2}+a_{1}^{2}\right)-\frac{a_{2}^{4}-a_{1}^{4}}{4}-\frac{1}{4}\frac{\left(a_{2}^{2}-a_{1}^{2}\right)^{2}}{\ln\left(a_{2}/a_{1}\right)}\right]$$

$$=\frac{\pi\left(p_{1}-p_{2}\right)}{8\mu l}\left[a_{2}^{4}-a_{1}^{4}-\frac{\left(a_{2}^{2}-a_{1}^{2}\right)^{2}}{\ln\left(a_{2}/a_{1}\right)}\right]$$

3.1.28

解：①

$$u=\frac{c}{y}\sin(xy),v=-\frac{c}{x}\sin(xy)$$

所以

$$\frac{\partial u}{\partial x}=c\cos(xy),\frac{\partial v}{\partial y}=-c\cos(xy)$$

所以

$$\frac{\partial u}{\partial x}+\frac{\partial v}{\partial y}=0$$

满足。

②

$$\begin{cases}u=cx\\v=-cy\end{cases}$$
$$\frac{\partial u}{\partial x}=c,\frac{\partial v}{\partial y}=-c$$
$$\frac{\partial u}{\partial x}=-\frac{\partial v}{\partial y}$$

满足。

③

$$\begin{cases}u=-c(x/y)\\v=c\ln xy\end{cases}$$
$$\frac{\partial u}{\partial x}=-c/y,\frac{\partial v}{\partial y}=cx/xy=c/y$$
$$\frac{\partial u}{\partial x}=-\frac{\partial v}{\partial y}$$

满足。

3.1.29

解：选控制体积如答图 3.1.29 所示。

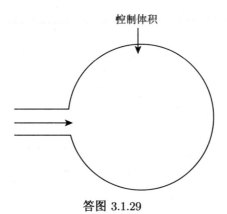

答图 3.1.29

由质量守恒定律

$$\frac{\mathrm{d}M}{\mathrm{d}t} = \frac{\partial M}{\partial t} + \int_{C.S.} \rho V_m \mathrm{d}A = 0$$

由于仅在管之入口处有流体流入控制体积

$$V_n = -2\mathrm{m/s}$$

$$\rho = \frac{p}{RT} = \frac{400\mathrm{kN/m^2}}{(0.3\mathrm{kN \cdot m/(kg \cdot K)) \cdot 330K}} = 4.04\mathrm{kg/m^3}$$

$$\int_{C.S.} \rho V_n \mathrm{d}A = -\int (4.04) \cdot 2\mathrm{d}A = -(4.04\mathrm{kg/m^3})(2\mathrm{m/s}) \cdot \frac{\pi}{4} \cdot (0.1)^2\mathrm{m^2} = -0.0635\mathrm{kg/s}$$

所以

$$\frac{\partial M}{\partial t} = \int_{C.S.} \rho V_n \mathrm{d}A = 0.0635\mathrm{kg/s}$$

又因为

$$M = \rho V$$

所以

$$\frac{\partial M}{\partial t} = V\frac{\partial \rho}{\partial t} = \frac{V}{RT}\frac{\partial p}{\partial t} = 0.0635\mathrm{kg/s}$$

又因为 p 仅为 t 的函数,所以

$$\frac{V}{RT}\frac{\mathrm{d}p}{\mathrm{d}t} = 0.0635\mathrm{kg/s}$$

积分可得

$$\frac{V}{RT}\int_0^{300\mathrm{kPa}} \mathrm{d}p = 0.0635\int_0^t \mathrm{d}t$$

代入数据可得

$$\frac{2\mathrm{m^3} \times 300\mathrm{kN/m^2}}{(0.3\mathrm{kN \cdot m/(kg \cdot K)) \cdot 300K}} = 0.0635t\mathrm{kg}$$

$$t = 105.0\mathrm{s}$$

3.1.30

解: 选水灌满水池之整个容积为控制体积,仅在水管入口处有水流入控制体积。

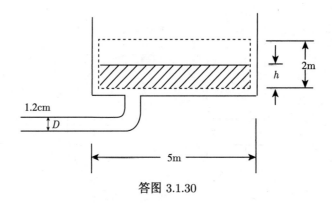

答图 3.1.30

故由

$$\frac{\mathrm{d}M}{\mathrm{d}t} = \frac{\partial M}{\partial t} + \int_{C.S.} \rho V_n \mathrm{d}A = 0$$

得

$$\frac{\partial M}{\partial t} = \rho V_n A$$

水池在任一给定时刻所包含的水质量为

$$M = \rho \frac{\pi}{4} 5^2 h$$

所以

$$\frac{\partial M}{\partial t} = \rho \frac{\pi}{4} 5^2 \frac{\mathrm{d}h}{\mathrm{d}t} = \rho V_n A$$

或者

$$\frac{\mathrm{d}h}{\mathrm{d}t} = \frac{(3\mathrm{m/s}) \left(\frac{\pi}{4} 0.012^2 \mathrm{m}^2 \right)}{\frac{\pi}{4} 5^2 \mathrm{m}^2} = 17.28 \times 10^{-6} \mathrm{m/s}$$

积分得

$$\int_0^{2\mathrm{m}} \mathrm{d}h = 17.28 \times 10^{-6} \int_0^t \mathrm{d}t$$

所以

$$t = \frac{2\mathrm{m}}{17.28 \times 10^{-5} \mathrm{m/s}} = 115741\mathrm{s} = 32.15\mathrm{h}$$

3.1.31

解：选控制体积如答图 3.1.31 虚线所示。

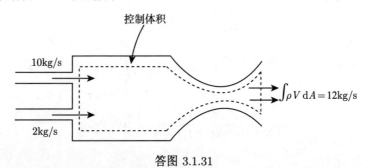

答图 3.1.31

由连续性方程

$$\int_{C.S.} \rho V_n \mathrm{d}A = 0$$

可得

$$\int_{\text{outlet}} \rho V_n \mathrm{d}A - 10 - 2 = 0$$

所以

$$\int_{\text{outlet}} \rho V_n \mathrm{d}A = 12\text{kg/s}$$

对在出口处的一维流

$$\rho_{\text{exit}} V_{\text{exit}} A_{\text{exit}} = 12\text{kg/s}$$

所以

$$\rho_{\text{exit}} = \frac{p_{\text{exit}}}{RT_{\text{exit}}} = \frac{101\text{kN/m}^2}{(0.6\text{kN} \cdot \text{m/(kg} \cdot \text{K)}) \cdot 800\text{K}} = 0.2104\text{kg/m}^3$$

所以

$$V_{\text{exit}} = \frac{12\text{kg/s}}{(0.2104\text{kg/m}^3)(0.04\text{m})^2} = 1426\text{m/s}$$

3.1.32

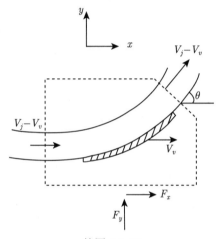

答图 3.1.32

解: 必须在相对叶片静止的参考系中写出动量方程。因此所有的速度都是相对叶片的,流体相对叶片进入控制体积的速度为 $V_j - V_v$,若忽略叶片的摩擦,则由伯努利方程可知,流体相对叶片离开控制体的速度应相同,即亦为 $V_j - V_v$,但沿与水平成 θ 角的方向。因为速度相同,所以流动的横截面必须相同,动量方程给出:

$$F_x = \rho A(V_j - V_v)^2 \cos\theta - \rho A(V_j - V_e)^2$$
$$F_y = \rho A(V_j - V_v)^2 \sin\theta$$

这就是维持叶片无加速度所需的力。因为叶片处于平衡位置,流体作用于叶片之力为 $-F_x, -F_y$,而叶片对流体的反作用力为 F_x, F_y,亦可将控制表面取在叶片之内表面上,因而只包含流体。可进行完全相同的分析,但立刻得到叶片所作用于流体之力为 F_x, F_y。

3.1.33

解: 因已知的速度分量以圆柱坐标表示,则此平面为流动的连续性方程为

$$\frac{\partial(rV_r)}{\partial r} + \frac{\partial V_\theta}{\partial \theta} = 0$$

由上式移项,并将 V_r 代入得

$$\frac{\partial V_\theta}{\partial \theta} = -\frac{\partial(rV_r)}{\partial r} = -\frac{\partial}{\partial r}\left(-\frac{A\cos\theta}{r}\right) = -A\cos\theta/r^2$$

积分得

$$V_\theta = \int (-A\cos\theta)/r^2 \mathrm{d}\theta + f(r) = -\frac{A\sin\theta}{r^2} + f(r)$$

3.1.34

解: 连续性方程为

$$\nabla \cdot \boldsymbol{V} = 0, \frac{\partial u}{\partial x} + \frac{\partial v}{\partial y} = 0$$

即

$$\frac{\partial u}{\partial x} = -\frac{\partial v}{\partial y} = x + 1$$

$$v = -xy - y + f(x)$$

3.1.35

解:

$$\frac{\mathrm{d}}{\mathrm{d}t}\int_\tau \varphi \mathrm{d}\tau = \int_\tau \frac{\partial\varphi}{\partial t}\mathrm{d}\tau + \int_\sigma \varphi \boldsymbol{V}\cdot\mathrm{d}\sigma$$

因为是流管元, 所以

$$\frac{\mathrm{d}}{\mathrm{d}t}\int_\tau (\varphi \mathrm{d}\tau) = \int_\tau \frac{\partial\varphi}{\partial t}\delta\tau + \varphi_1 V_1 d\sigma_1 - \varphi_2 V_2 d\sigma_2$$

$$\frac{\mathrm{d}}{\mathrm{d}t}\int_\tau (\boldsymbol{a}\mathrm{d}\tau) = \int_\tau \frac{\partial\boldsymbol{a}}{\partial t}\delta\tau + \int_\sigma \boldsymbol{a}\cdot(\boldsymbol{V}\cdot\mathrm{d}\sigma) = \int_\tau \frac{\partial\boldsymbol{a}}{\partial t}\delta\tau + \boldsymbol{a}_1 V_1\delta\sigma_1 - \boldsymbol{a}_2 V_2\delta\sigma_2$$

3.1.36

解:

$$\boldsymbol{R}: \begin{cases} x = f_1(a,b,c,t) \\ y = f_2(a,b,c,t) \\ z = f_3(a,b,c,t) \\ \rho = f_4(a,b,c,t) \end{cases} \quad \boldsymbol{R}_0: \begin{cases} x_0 = f_1(a,b,c,t_0) \\ y_0 = f_2(a,b,c,t_0) \\ z_0 = f_3(a,b,c,t_0) \\ \rho = f_4(a,b,c,t_0) \end{cases}$$

取一质量元 δm, 则由质量守恒且定常有

$$\frac{\mathrm{d}\delta m}{\mathrm{d}t} = 0, \delta m = \rho\delta\tau, \delta m_0 = \rho_0\delta\tau_0$$

所以

$$\rho\delta\tau = \rho_0\delta\tau_0$$

即

$$\rho(x,y,z,t)\delta x\delta y\delta z = \rho_0(x,y,z,t_0)\delta x_0\delta y_0\delta z_0$$

$$\rho(x,y,z,t)\frac{\partial(x,y,z)}{\partial(a,b,c)}\delta a\delta b\delta c = \rho_0(x,y,z,t_0)\frac{\partial(x_0,y_0,z_0)}{\partial(a,b,c)}\delta a\delta b\delta c$$

即有

$$\rho D = \rho_0 D$$

所以

$$\frac{\mathrm{d}(\rho D)}{\mathrm{d}t} = \left.\frac{\partial}{\partial t}(\rho D)\right|_{a,b,c} = 0$$

为拉格朗日变数下的连续性方程。

其中

$$D = \frac{\partial(x,y,z)}{\partial(a,b,c)}, D_0 = \frac{\partial(x_0,y_0,z_0)}{\partial(a,b,c)}$$

3.1.37

解：①平面轴对称流动：

$$\frac{\partial \rho}{\partial t} + \frac{\partial (\rho V_r)}{\partial r} = 0$$

或者

$$\frac{\partial \rho}{\partial t} + V_r \frac{\partial \rho}{\partial r} + \rho \frac{\partial V_r}{\partial r} = 0$$

② 其球坐标系中连续性方程为

$$\frac{\partial \rho}{\partial t} + V_r \frac{\partial \rho}{\partial r} + \frac{\rho}{r^2} \frac{\partial}{\partial r}(V_r r^2) = 0$$

③ 取直线为 z 轴，则其柱坐标系中连续性方程为

$$r \frac{\partial \rho}{\partial t} + \frac{\partial}{\partial r}(\rho V_r r) + r \frac{\partial}{\partial z}(\rho V_z) = 0$$

④ 设 ω 为质点角速度，其柱坐标下 $\omega = H'$，则其连续性方程为

$$\frac{\partial \rho}{\partial t} + \frac{\partial}{\partial H'}(\rho \omega) = 0$$

⑤ 在柱坐标中，连续性方程为

$$\frac{\partial \rho}{\partial t} + \frac{1}{r} \frac{\partial}{\partial H'}(\rho H') + \frac{\partial}{\partial z}(\rho V_z) = 0$$

⑥ 在球坐标系中，连续性方程为

$$\frac{\partial \rho}{\partial t} + \frac{\partial (\rho V_r)}{\partial r} + \frac{2\rho V_r}{r} + \frac{1}{r \sin H'} \frac{\partial}{\partial \psi}(\rho V_\psi) = 0$$

3.1.38

解：

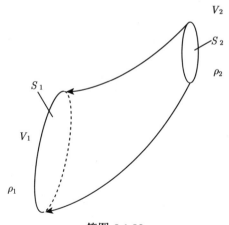

答图 3.1.38

$$\oint_\sigma \rho \boldsymbol{V} \cdot \mathrm{d}\boldsymbol{\sigma} = -\frac{\partial}{\partial t} \int_\tau \rho \mathrm{d}\tau$$

① 质量守恒定律应表示为

$$\oint_{S_1} \rho_1 \boldsymbol{V}_1 \cdot \mathrm{d}\boldsymbol{\sigma}_1 - \oint_{S_2} \rho_2 \boldsymbol{V}_2 \cdot \mathrm{d}\boldsymbol{\sigma}_2 = -\frac{\partial}{\partial t} \int_\tau \rho \mathrm{d}\tau$$

② 由于

$$\frac{\partial}{\partial t} = 0$$

所以

$$\oint_{S_1} \rho_1 \boldsymbol{V}_1 \cdot \mathrm{d}\boldsymbol{\sigma}_1 = \oint_{S_2} \rho_2 \boldsymbol{V}_2 \cdot \mathrm{d}\boldsymbol{\sigma}_2$$

即通过任总两截面的流量 (质量流) 相等。

③ 因为是不可压缩流体，所以 ρ 为常数，故

$$\rho \int_{S_1} \boldsymbol{V}_1 \cdot \mathrm{d}\boldsymbol{\sigma}_1 - \rho \int_{S_2} \boldsymbol{V}_2 \cdot \mathrm{d}\boldsymbol{\sigma}_2 = -\rho \frac{\partial}{\partial t} \int_{\tau} \mathrm{d}\tau$$

即

$$\int_{S_1} \boldsymbol{V}_1 \cdot \mathrm{d}\boldsymbol{\sigma}_1 - \int_{S_2} \boldsymbol{V}_2 \cdot \mathrm{d}\boldsymbol{\sigma}_2 = -\frac{\partial V}{\partial t}$$

即单位时间内流出 $\sigma(S_1, S_2, S)$ 的体积等于单位时间内 τ 内的体积减小。

3.1.39

解：由理论力学知，绝对速度 $\boldsymbol{V}$ 和相对速度 $\boldsymbol{V}_r$ 的关系为

$$\boldsymbol{V} = \boldsymbol{V}_r + \boldsymbol{V}_e$$

式中，$\boldsymbol{V}_e$ 为牵连速度。

$$\boldsymbol{V}_e = \boldsymbol{U} + \boldsymbol{\omega} \times \boldsymbol{r}$$

$\boldsymbol{r}$ 为所选用的坐标系中的矢径 $\boldsymbol{V}_r = \dfrac{\mathrm{d}\boldsymbol{r}}{\mathrm{d}t}$。

所以

$$\boldsymbol{V}_r = \boldsymbol{V} - \boldsymbol{U} - \boldsymbol{\omega} \times \boldsymbol{r}$$

所以在所选的坐标系中连续性方程为

$$\frac{\partial \rho}{\partial t} + \nabla \cdot (\rho \boldsymbol{V}_r) = 0$$

即

$$\frac{\partial \rho}{\partial t} + \nabla \cdot \left(\rho \frac{\mathrm{d}\boldsymbol{r}}{\mathrm{d}t} \right) = 0$$

3.1.40

解：由于是不可压缩流体，应满足连续性方程

$$\nabla \cdot \boldsymbol{V} = 0$$

即

$$\frac{\partial u}{\partial x} + \frac{\partial v}{\partial y} + \frac{\partial w}{\partial z} = 0$$

$$\frac{\partial w}{\partial z} = -\frac{\partial u}{\partial x} - \frac{\partial v}{\partial y} = -\frac{\partial}{\partial x}(5x) - \frac{\partial}{\partial y}(-3y) = -2$$

所以

$$w = 2z + f(x, y)$$

因为

$$\boldsymbol{V}|_{(0,0,0)} = 0$$

所以

$$f(0,0) = 0$$

当值取 $f(x,y) = 0$，亦能使 w 满足连续性方程 $\nabla \cdot \boldsymbol{V} = 0$。所以 $w = 2z$ 为可能运动的第三个分量 (对不可压缩流体而言)。

3.1.41

解：取一以流管为侧面，与两截面 S_1, S_2 所围的控制面，此从控制面流出的流量为

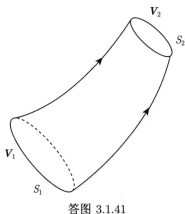

答图 3.1.41

$$\oint_\sigma \rho \boldsymbol{V} \cdot \mathrm{d}\boldsymbol{\sigma} = -\int_{S_1} \rho V_1 \mathrm{d}\sigma + \int_{S_2} \rho V_2 \mathrm{d}\sigma = \int_\tau \nabla \cdot (\rho \boldsymbol{V}) \mathrm{d}\tau$$

对于不可压缩流体

$$\nabla \cdot (\rho \boldsymbol{V}) = \rho \nabla \cdot \boldsymbol{V} = 0$$

所以有

$$\int_{S_1} \rho V_1 \mathrm{d}\sigma = \int_{S_2} \rho V_2 \mathrm{d}\sigma$$

3.1.42

解：注意有一有限体积 τ，其表面积为 σ 的运动流块，由于外力以及所围流体的反力的作用，此流体块按照达朗贝尔原理 (d'Alembert principle) 满足以下方程：

$$\int_\tau \left(\boldsymbol{f} - \frac{\mathrm{d}\boldsymbol{V}}{\mathrm{d}t} \right) \rho \mathrm{d}\tau + \oint_\sigma \boldsymbol{p}_n \cdot \mathrm{d}\boldsymbol{\sigma} = 0$$

$$\oint_\sigma \boldsymbol{p}_n \cdot \mathrm{d}\boldsymbol{\sigma} = \oint_\sigma (\alpha \boldsymbol{p}_x + \beta \boldsymbol{p}_y + \gamma \boldsymbol{p}_z) \mathrm{d}\sigma = \int_\tau \nabla \cdot \boldsymbol{p} \mathrm{d}\tau$$

以及方程的微分形式为

$$\frac{\mathrm{d}\boldsymbol{V}}{\mathrm{d}t} - \boldsymbol{f} - \frac{1}{\rho} \nabla \cdot \boldsymbol{p} = 0$$

对欧拉变数

$$\frac{\mathrm{d}\boldsymbol{V}}{\mathrm{d}t} = \frac{\partial \boldsymbol{V}}{\partial t} + (\boldsymbol{V} \cdot \nabla)\boldsymbol{V}$$

所以欧拉观点的运动方程为

$$\frac{\partial \boldsymbol{V}}{\partial t} + (\boldsymbol{V} \cdot \nabla)\boldsymbol{V} = \boldsymbol{f} + \frac{1}{\rho}\nabla \cdot \boldsymbol{p}$$

其中

$$\nabla \cdot \boldsymbol{p} = \frac{\partial \boldsymbol{p}_x}{\partial x} + \frac{\partial \boldsymbol{p}_y}{\partial y} + \frac{\partial \boldsymbol{p}_z}{\partial z}$$

3.1.43

解:

$$v = \int -\frac{\partial u}{\partial x}\mathrm{d}y + f(x) = \int (2ax - b)\mathrm{d}y + f(x) = -2axy + by + f(x)$$

所以不能得到唯一答案。

3.2 动量方程

3.2.1

解:

$$\boldsymbol{F} = m\boldsymbol{a} = \rho\mathrm{d}\tau\frac{\mathrm{d}\boldsymbol{V}}{\mathrm{d}t} = \rho\mathrm{d}x\mathrm{d}y\mathrm{d}z\frac{\mathrm{d}\boldsymbol{V}}{\mathrm{d}t}$$

3.2.2

解:选控制体积如答图 3.2.2 虚线所示,采用动量方程对定常流动有

$$\boldsymbol{F}_s + \int_{C.V.} \boldsymbol{B}\mathrm{d}\tau = \int_{C.S.} \boldsymbol{V}\rho(\boldsymbol{V} \cdot \mathrm{d}\boldsymbol{A})$$

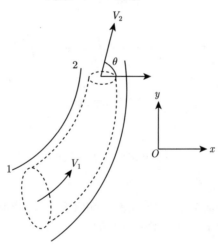

答图 3.2.2

假定在截面 A_1 及 A_2 上压力及速度是均匀的,x 及 y 方向的表面力分别为

$$\begin{cases} F_{sx} = p_1 A_1 - p_2 A_2 \cos\theta + F_{px} \\ F_{sy} = -p_2 A_2 \sin\theta + F_{py} \end{cases}$$

式中,p 为压力,F_{px} 及 F_{py} 为管壁作用于流体上的未知力,唯一的体力是重力,等于截面 1 和 2 之间的流体的重量,对许多问题,该重量与其他的力相比较,均略去不计,特别对气体更如此,此处也略去不计,动量通项为

$$\begin{cases} \displaystyle\int_{C.S.} \boldsymbol{V}_x\rho\boldsymbol{V} \cdot \mathrm{d}\boldsymbol{A} = -\rho_1 A_1 V_1^2 + \rho_2 A_2 V_2^2 \cos\theta \\ \displaystyle\int_{C.S.} \boldsymbol{V}_y\rho\boldsymbol{V} \cdot \mathrm{d}\boldsymbol{A} = \rho_2 A_2 V_2^2 \sin\theta \end{cases}$$

故有

$$\begin{cases} F_{px} = p_2 A_2 \cos\theta - p_1 A_1 + \rho_2 A_2 V_2^2 \cos\theta - \rho_1 A_1 V_1^2 \\ F_{py} = p_2 A_2 \sin\theta + \rho_2 A_2 V_2^2 \sin\theta \end{cases}$$

流体作用于管的力设为 R_x 及 R_y，应与 F_{px}, F_{py} 反向，因此

$$\begin{cases} R_x = p_1 A_1 - p_2 A_2 \cos\theta + \rho_1 A_1 V_1(V_1 - V_2 \cos\theta) \\ R_y = -p_2 A_2 \sin\theta - \rho_2 A_2 V_2^2 \sin\theta \end{cases}$$

3.2.3

解： 取控制体积如答图 3.2.3 所示。射流暴露于大气中，在射流与叶片的整个面积上产生一附加的力，此力即为使射流转向所需的力，且作用于射流一侧的大气压力被另一侧的力所抵消。故有

$$F_x = \rho A V^2 \cos\theta - \rho A V^2$$
$$F_y = \rho A V^2 \sin\theta$$

此即维持叶片不动所需之力。

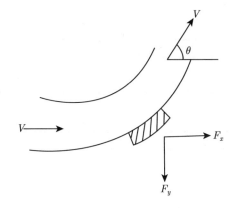

答图 3.2.3

3.2.4

解： 设坐标如答图 3.2.4 所示。

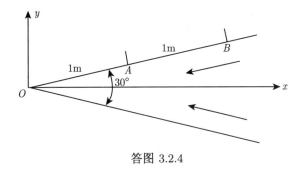

答图 3.2.4

由动量定理

$$f = \rho \Delta s \cdot (V_2^2 - V_1^2)$$

其中

$$\Delta s = \pi \left(\Delta x \frac{15}{180} \right)^2$$

由连续性定理

$$\frac{V_1}{V_2} = \frac{s_2}{s_1} = \frac{d_2^2}{d_1^2} = \frac{1}{4}$$

所以单位面积作用在 AB 上的力

$$f_1 = \rho\pi\left(\frac{1}{12}\right)^2\left(4 - \frac{1}{4}\right)$$
$$= \rho\pi\left(\frac{1}{12}\right)^2\left(\frac{15}{4}\right)$$
$$= 0.0818\rho$$

ρ 为流体密度。

3.2.5

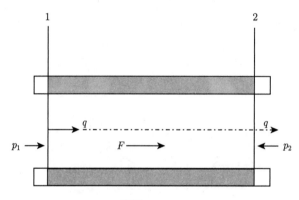

答图 3.2.5

解：

①黏性流体

$$F = \rho Q(q_1 - q_2) + (p_1 A_1 - p_2 A_2)$$

$$A_1 = A_2 = A$$

根据连续性方程

$$\rho A q_1 = \rho A q_2$$

所以

$$q_1 = q_2$$

$$F = (p_1 - p_2)A$$

所以

$$p_1 - p_2 = \frac{F}{A}$$

即由于 1，2 间的摩擦损失，使压力减少。

②理想流体

由①的结果

$$p_1 - p_2 = \frac{F}{A}$$

由于

$$F = 0$$

所以

$$p_1 = p_2$$

即由于 1,2 之间没有摩擦损失，不会引起压力的减少。

3.2.6

解：

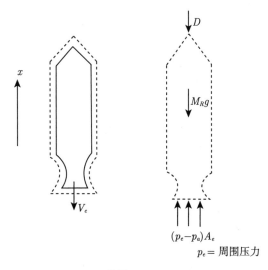

答图 3.2.6

取控制表面如答图 3.2.6 所示，控制表面所受之力亦标在图上：

$$\sum F_r = (p_e - p_a)A_e - D - M_R g$$

应用非惯性控制体积的动量方程：

$$\sum \boldsymbol{F} - M\frac{\mathrm{d}}{\mathrm{d}t}\boldsymbol{V}_{C.V.} = \frac{\partial}{\partial t}(M\boldsymbol{V}_{rc})_{C.V.} + \int_{C.S.}\boldsymbol{V}_{rc}(\rho\boldsymbol{V}_{rc}\cdot\mathrm{d}\boldsymbol{A})$$

得

$$(p_e - p_a)A_e - D - M_R g - M_R\frac{\mathrm{d}V_R}{\mathrm{d}t} = \frac{\partial}{\partial t}(M_R V_{xrc})_{C.V.} - V_e\dot{m}_f$$

上式右端第一项是贮于控制体积内流体的动量变化率，其中速度 V_{xrc} 是相对于控制体积的。火箭的机体、未燃烧的燃料以及其有效载荷均以火箭的速度运行，因此它们相对于控制体积的速度为 0，燃烧的气体相对于控制体积的速度 V_e 为常数，因此对动量的时变率没有贡献。因此上式右边第一项等于 0，火箭的运动方程成为

$$(p_e - p_a)A_e - D - M_R g - M_R\frac{\mathrm{d}V_R}{\mathrm{d}t} = -V_e\dot{m}_f$$

如略去阻力和重力，上式可以化为

$$(p_e - p_a)A_e = M_R\frac{\mathrm{d}V_R}{\mathrm{d}t} - V_e\dot{m}_f$$

但

$$M_R = M_0 - \dot{m}_f t$$

M_0 为初始的火箭质量, 因此上式变为

$$(p_e - p_a)A_e = (M_0 - \dot{m}_f t)\frac{\mathrm{d}V_R}{\mathrm{d}t} - V_e \dot{m}_f$$

$$\frac{\mathrm{d}V_R}{(p_e - p_a)A_e + V_e \dot{m}_f} = \frac{\mathrm{d}t}{(M_0 - \dot{m}_f t)}$$

对 $t = 0, V_R = 0$, 积分上式, 可得

$$V_R = -[(p_e - p_a)A_e + V_e \dot{m}_f] \left.\frac{\ln(M_0 - \dot{m}_f t)}{\dot{m}_f}\right|_0^t$$

$$= -\left[\frac{(p_e - p_a)A_e}{\dot{m}_f} + V_e\right]\ln\left(1 - \frac{\dot{m}_f t}{M_0}\right)$$

3.2.7

解: 由于无压力存在, 火箭推力可以写作

$$T = \dot{m}_f V_e$$

或

$$V_e = \frac{T}{\dot{m}_f} = \frac{7.295 \times 10^6 \mathrm{N}}{2832 \mathrm{kg/s}} = 2.5 \times 10^3 \mathrm{m/s}$$

应用上题结果

$$V_R = -\left[\frac{(p_e - p_a)A_e}{\dot{m}_f} + V_e\right]\ln\left(1 - \frac{\dot{m}_f t}{M_0}\right)$$

有

$$V_R = -V_e \ln\left(1 - \frac{\dot{m}_f t}{M_0}\right)$$

假定燃料的质量流率为常数, 项 $\dot{m}_f t$ 表示从 0 到 t 所消耗的总燃料, 如果 t 是燃料燃烧时间, $\dot{m}_f t$ 是火箭所带总的燃料, 为 $4 \times 10^5 \mathrm{kg}$, 因此有

$$V_R = -V_e \ln\left(1 - \frac{\dot{m}_f t}{M_0}\right) = 2.96 \times 10^3 \mathrm{m/s}$$

3.2.8

解:

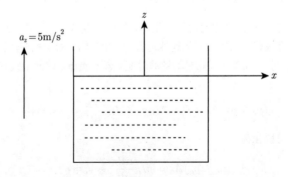

答图 3.2.8

此情况流体的压力方程为

$$p = p_0 - \rho[a_x x + a_y y + (a_z + g)z]$$

$$\Rightarrow p = p_0 - \rho(a_z + g)z$$

①在桶底

$$z = -0.2\mathrm{m}, a_z = 5\mathrm{m/s^2}$$

$$\therefore p - p_0 = 2.96\mathrm{kPa}$$

②

$$a_z = -5\mathrm{m/s^2}$$

$$\therefore p - p_0 = 0.962\mathrm{kPa}$$

③

$$a_z = -9.81\mathrm{m/s^2}$$

$$\therefore p - p_0 = 0$$

④

$$a_z = 0$$

$$\therefore p - p_0 = 1.96\mathrm{kPa}$$

此式亦可写作

$$p - p_0 = \rho g(0 - z)$$

3.2.9

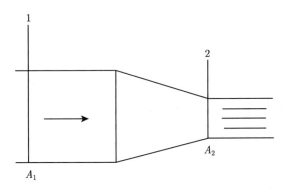

答图 3.2.9

解：由动量定理

$$F = \rho Q(q_1 - q_2) + (p_1 A_1 - p_2 A_2)$$

$$= \frac{\gamma Q}{g}\left(\frac{Q}{A_1} - \frac{Q}{A_2}\right) + (p_1 A_1 - p_2 A_2) \tag{1}$$

又

$$p_2 = 大气压 = 0 \tag{2}$$

又由伯努利方程有

$$\frac{\gamma}{2g}q_1^2 + p_1 = \frac{\gamma}{2g}q_2^2 + p_2 = \frac{\gamma}{2g}q_2^2$$

$$\therefore p_1 = \frac{\gamma}{2g}(q_2^2 - q_1^2) = \frac{\gamma}{2g}\left[\left(\frac{Q}{A_2}\right)^2 - \left(\frac{Q}{A_1}\right)^2\right] \tag{3}$$

由式 (1)~式 (3)

$$F = \frac{\gamma Q}{g}\left[\frac{Q}{A_1} - \frac{Q}{A_2}\right] + \frac{\gamma A_1}{2g}\left[\left(\frac{Q}{A_2}\right)^2 - \left(\frac{Q}{A_1}\right)^2\right] = \frac{\gamma A_1 Q^2}{2g}\left(\frac{A_1 - A_2}{A_1 A_2}\right)^2$$

3.2.10

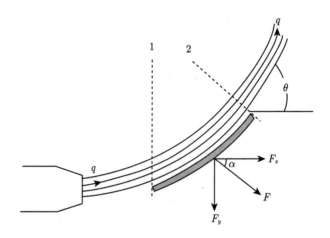

答图 3.2.10

解: 如答图 3.2.10 所示, 设作用于 1, 2 之间固定面上沿 x, y 的力的分量为 F_x, F_y。

根据动量定理有

$$\begin{cases} F_x = \rho Q(q_1 - q_2\cos\theta) + (p_1 A_1 - p_2 A_2\cos\theta) \\ F_y = -\rho Q q_2\cos\theta - p_2 A_2\sin\theta \end{cases}$$

在上式中

$$Q = Aq, q = q_1 = q_2, p_1 = p_2 = 0$$

$$\therefore F_x = \rho Aq^2(1 - \cos\theta), F_y = -pAq^2\sin\theta$$

因此, 合力的大小和方向为

$$F = \sqrt{F_x^2 + F_y^2} = \rho Aq^2\sqrt{2(1 - \cos\theta)}$$

$$\alpha = \arctan\left(\frac{F_y}{F_x}\right) = \arctan\left[(-\sin\theta/(1 - \cos\theta)\right]$$

3.2.11

解:

由动量定律

$$F = \rho Q(q_1 - q_2\cos\theta) + (p_1 A_1 - p_2 A_2\cos\theta)$$

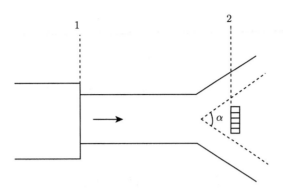

答图 3.2.11

其中

$$q_1 = q_2 = q, \theta = \alpha, p_1 = p_2 = 0$$

所以

$$F = \rho Q q (1 - \cos \alpha)$$

3.2.12

解：飞行速度

$$u_0 = 400 \times 1000/3600 = 111 \text{m/s}$$

推进器处的流速

$$u = \frac{Q}{A} = \frac{465}{\pi \times 2.1^2/4} = 134.5 \text{m/s}$$

推进器后的流速为

$$u_2 = 2u - u_0 = 2 \times 134.5 - 111 = 158 \text{m/s}$$

所以推力为

$$F = \rho Q (u_2 - u_0) = 1.22 \times 465 \times (158 - 111) = 26663.1 \text{N}$$

功率为

$$P = F u_0 = 26663.1 \times 111 = 2.96 \times 10^3 \text{kW}$$

3.2.13

解：

高温气体在喷气式飞机的入口、出口处满足连续性方程，又

$$F = \rho_2 Q_2 (u_2 - u_0)$$

且

$$\rho_2 = \frac{\gamma}{g} = \frac{p}{RTg} = \frac{1.033 \times 10^4}{29.27 \times (273 + 649) \times 9.81} = 0.039 \text{kg} \cdot \text{s}^2/\text{m}^4$$

$$Q_2 = A_2 u_2 = \frac{\pi}{4} \times 0.2^2 \times 460 = 14.45 \text{m}^3/\text{s}$$

$$u_0 = 580000/3600 = 161 \text{m/s}$$

所以

$$F = \rho_2 Q_2 (u_2 - u_0) = 0.039 \times 14.45 \times (460 - 161) = 169 \text{kg}$$

即

$$F = 169 \times 9.81 = 1.66 \times 10^3 \text{N}$$

3.2.14

解:

$$F = \frac{W}{g} u_j = \frac{12.5}{9.81} \times 2350 = 3 \times 10^4 = 30 \text{t}$$

即

$$F = 3 \times 10^4 \times 9.81 = 2.94 \times 10^5 \text{N}$$

3.2.15

解:

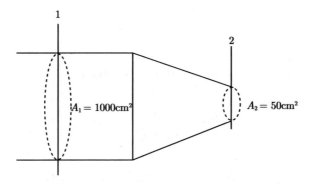

答图 3.2.15

利用题 3.2.9 的结果

$$F = \frac{\gamma A_1 Q^2}{2g} \left(\frac{A_1 - A_2}{A_1 A_2} \right)^2$$

$$= \frac{1000 \times 0.1 \times 0.1^2}{2 \times 9.81} \left(\frac{0.1 - 0.005}{0.1 \times 0.005} \right)^2$$

$$= 1840 \text{kg}$$

3.2.16

解:

由于

$$A = \frac{\pi}{4} d^2 = \frac{\pi}{4} \times 1^2 = 0.785 \text{m}^2$$

$$Q = A_1 q_1 = A_2 q_2 = 0.785 \times 3.0 = 2.355 \text{m}^3/\text{s}$$

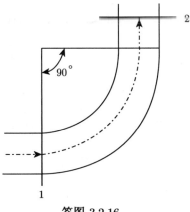

答图 3.2.16

流体对弯管的作用力在入口、出口方向分别为 F_x, F_y，根据动量定理

$$
\begin{aligned}
F_x &= \rho(q_1 - q_2 \cos\theta) + (p_1 A_1 - p_2 A_2 \cos\theta) \\
&= \frac{1000}{9.81} \times 2.355 \times \left(3 - 3\cos\frac{\pi}{2}\right) + \left(10^4 \times 0.785 - 10^4 \times 0.785\cos\frac{\pi}{2}\right) \\
&= 720 + 7850 \\
&= 8570\text{kg} \\
&= 8.57\text{t}
\end{aligned}
$$

$$
\begin{aligned}
F_y &= -\rho Q q_2 \sin\theta - p_2 A_2 \cos\theta \\
&= -\frac{1000}{9.81} \times 2.355 \times 3\sin\frac{\pi}{2} - 10^4 \times 0.785\sin\frac{\pi}{2} \\
&= -8.57\text{t}
\end{aligned}
$$

因此，力的大小为

$$
\sqrt{8.57^2 + (-8.57)^2} = 12.12\text{t}
$$

方向为

$$
\alpha = \arctan\left(-\frac{8.57}{8.57}\right) = -\frac{\pi}{4}
$$

3.2.17

解：

$$
F = \rho Q(q_1 - q_2 \cos\theta) + (p_1 A_1 - p_2 A_2 \cos\theta)
$$

$$
\because q_1 - q_2 = q, \theta = \alpha, p_1 = p_2 = p_0 = 0
$$

$$
\therefore F = \rho Q q(1 - \cos\alpha)
$$

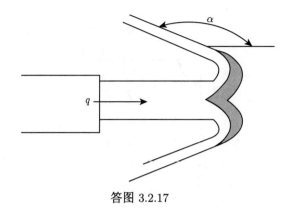

答图 3.2.17

3.2.18

解：

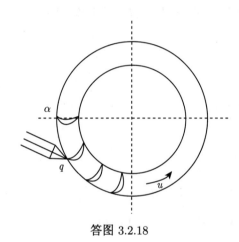

答图 3.2.18

在题 3.2.17 中，用 $q-u$ 代替 q，代入 $F=\rho Qq(1-\cos\alpha)$，因为水车以 u 的速度旋转，又因为水车内叶片很多，水车的流量一直为 $Q=aq$，结果

力

$$F=\rho aq(q-u)(1-\cos\alpha)$$

功率

$$P=Fu=\rho aq(q-u)(1-\cos\alpha)u$$

3.2.19

解：飞行速度

$$u_0=322\text{km/h}=89\text{m/s}$$

对于推进器处的流速 u

$$\because u_0/u=0.85$$

$$\therefore u=89/0.85=105\text{m/s}$$

推进器后的流速为 u_2

$$\because u=(u_2+u_0)/2$$

$$\therefore u_2=2u-u_0=2\times105-89=121\text{m/s}$$

推进器的推力 F 为

$$F = \rho Q(u_2 - u_0) = 1.225 \times \frac{\pi \times 2.1^2}{4} \times 105 \times (121 - 89) = 1.43 \times 10^4 \text{N}$$

功率为

$$P = Fu_0 = 1.43 \times 10^4 \times 89 = 1.27 \times 10^3 \text{kW}$$

3.2.20

解：

$$F = \rho_2 Q_2 u_2 - \rho_0 Q_0 u_0$$

$$u_0 = 800 \text{km/h} = 222 \text{m/s}$$

$$\rho_0 q_0 = 25 \text{kg/s}$$

$$u_2 = 400 \text{m/s}$$

$$\rho_2 q_2 = 25 + 25 \times 0.025 = 25.625 \text{kg/s}$$

$$F = 25.625 \times 400 - 25 \times 222 = 4.7 \times 10^3 \text{N}$$

3.2.21

解：

$$F = \frac{W}{g} u_j = \frac{136 + 10}{9.81} \times 610 = 9080 \text{kg}$$

即

$$F = 8.9 \times 10^4 \text{N}$$

3.2.22

解：

$$F = \frac{W}{g} u_j = \frac{25 \times 800}{9.81} = 2040 \text{kg}$$

即

$$F = 2.0 \times 10^4 \text{N}$$

3.2.23

解：

选整个火箭作为控制体积，为了确定传递给工作台的总力，包含了马达与容器，由题 3.1.31 可知出口处质量流为 12kg/s，出口处的速度为 1426m/s。

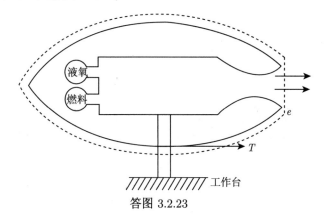

答图 3.2.23

由一维定常流的动量定律

$$\sum F_x = \int_{C.S.} V_x(\rho V_m \mathrm{d}A) = -V_1 \rho_1 V_1 A_1 + V_2 \rho_2 V_2 A_2 = \dot{m}(V_2 - V_1)$$

在此题中, 作用于控制体积的外力即为所加的力, 如答图 3.2.23 所示之 T。

故由上式可得

$$T = \dot{m}(V_2 - V_1) = \dot{m}V_e$$

其中 V_e 为出口处之速度, 而 $V_1 = 0$

$$T = 12\mathrm{kg/s} \times 1426\mathrm{m/s} = 17.11\mathrm{kN}$$

3.2.24

解:

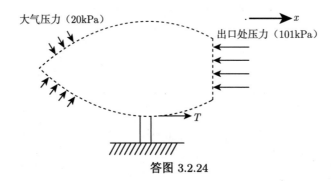

大气压力（20kPa）

出口处压力（101kPa）

答图 3.2.24

此时有一附加外力 (压力) 作用在控制体积上, 由于在出口处压力高于周围的压力, 因而造成压力不均衡, 应记住压力总是沿表面之法向向内的作用力, 结果压力等于 $(p_a - p_e)A_e$, 此处 $p_e = 101\mathrm{kPa}$, $p_a = 20\mathrm{kPa}$。因此压力作用于负 x 方向。应用动量方程

$$T + (p_a - p_e)A_e = \dot{m}V_e$$

所以

$$
\begin{aligned}
T &= 17.11\mathrm{kN} + \left[(101-20)\mathrm{kN/m^2})(0.04\mathrm{m^2})\right] \\
&= 17.11\mathrm{kN} + 3.24\mathrm{kN} \\
&= 20.35\mathrm{kN}
\end{aligned}
$$

3.2.25

解:

选择包括喷水机转子的固定控制体积, 如答图 3.2.25 所示, 由于喷嘴的大小与距中心的距离相较很小, 因此可自喷嘴中心取常数力臂 R, 因此流体沿转轴方向进入喷水机, 故无角动量。对自喷嘴的均匀出流而言, 角动量方程

$$T_0 = \frac{\partial}{\partial t}\int_{C.V.} rV\sin\theta\,\mathrm{d}M + \int_{C.S.} rV\sin\theta(\rho V_n)\mathrm{d}A$$

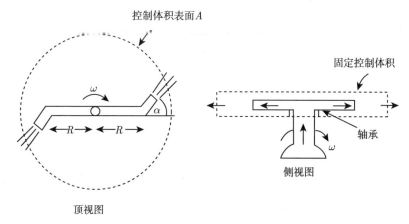

控制体积表面A

固定控制体积

ω

α

R　R

轴承

ω

顶视图

侧视图

答图 3.2.25

可写为

$$T_0 = \int_{C.S.} rV\sin\theta(\rho V_n)\mathrm{d}A = -0 + \rho RV\sin\theta Q$$

流入　　流出

式中，Q 是自控制体流出的总体积，V 是水离开喷嘴的绝对速度。为建立力矩与转动角速度间的联系，需以角速 ω 及流体相对于运动喷嘴的相对速度 V_r 表示绝对速度 V。

由答图 3.2.25 侧视图可知绝对速度之切向分量 $V_t = V\sin\theta$。转子在 V_r 之切向分量的相反方向运动，由答图 3.2.25 知 V_r 之切向分量为 $V_r\sin\alpha$。

故有

$$V_t = V_r\sin\alpha - \omega R$$

因此

$$T_0 = \rho QR(V_r\sin\alpha - \omega R)$$

应用连续性方程将喷嘴的流量与流出控制体积的流量联系起来，可得

$$Q = V_n S = 2V_r\cos\alpha\frac{(\pi/4)d^2}{\cos\alpha}$$

其中 V_n 为控制体表面之速度分量 (此处为径向)。$\frac{\pi}{4}d^2$ 为每一个喷嘴的横截面积，故有

$$V_r = \frac{Q}{\frac{\pi}{2}d^2}$$

此结果可以由质量守恒更简便得出，而流出控制体积的质量为 ρQ，应等于流出喷嘴的质量

$$\left[\rho V_r\left(\frac{\pi}{2}\right)d^2\right]$$

将 V_r 代入 T_0 的表达式可得

$$T_0 = \rho QR\left[\frac{Q}{\left(\frac{\pi}{2}\right)d^2}\sin\alpha - \omega R\right]$$

由此结果可知，当给定喷嘴面积 $\left(\frac{\pi}{4}\right)d^2$ 及方位 α 和流量 Q，则摩擦力矩与转动角速度之间存在线性关

系。T_0 之截止值 $(\omega = 0)$ 为

$$T_0 = \rho Q R \frac{Q}{\left(\frac{\pi}{2}\right) d^2} \sin \alpha$$

它表示为保持喷水机静止 (当水通过它洒出时) 所需要的力矩。

ω 之截止值 $(T_0 = 0)$ 为

$$\omega = \frac{Q}{\left(\frac{\pi}{2}\right) d^2 R} \sin \alpha$$

它表示如无外力矩作用时喷水机能达到的转速。由此可知当 $\alpha = 90°$ 时，可得截止角速之最大值。当 $\alpha = 0°$ 时，喷水机将不转动。

3.2.26

解:

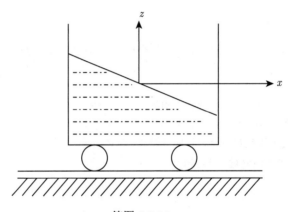

答图 3.2.26

$$p - p_0 = -\rho \left[a_x x + a_y y + (a_z + g) z \right]$$

$$a_x = 0.8 \text{m/s}^2, a_y = 0, a_z = 0$$

$$\therefore p - p_0 = -\rho \left(a_x x + g z \right)$$

自由面上

$$p = p_0 \Rightarrow a_x x = -g z$$

$$\therefore y = -\frac{0.8x}{9.81} = -0.0815x$$

为一直线方程。

3.2.27

解: 由旋转控制体积之压力方程

$$p = p_0 - \rho g(z - h_0) + \rho \frac{\omega^2 r^2}{2}, h_0 = H$$

$$\therefore p = p_0 + \rho \left[(H - z)g + \frac{\omega^2 r^2}{2} \right]$$

当容器静止时，等压力线为水平直线，如答图 3.2.27(a) 所示，压力随距 $z = H$ 的距离的增加而增加，也即随淹没深度 $H - z$ 的增加而增加。

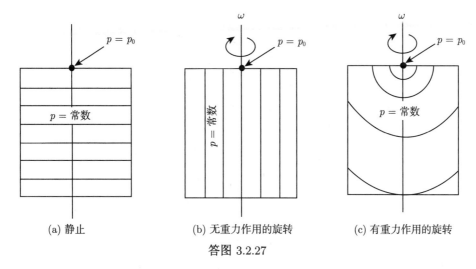

(a) 静止　　　　　　　(b) 无重力作用的旋转　　　　　(c) 有重力作用的旋转

答图 3.2.27

当容器转动，且外部空间之重力可以略去不计时，压力分布为 (离心压力)

$$p - p_0 = \rho\frac{\omega^2 r^2}{2}$$

等压线为垂直直线，如答图 3.2.27(b) 所示。

若重力存在时，等压线为抛物线，等压线在 z 轴上截距为

令压力方程中

$$r = 0$$

得到

$$p = p_0 + \rho(H - z)g$$

而

$$z = H - \frac{p - p_0}{\rho g}$$

如答图 3.2.27(c) 所示。

3.2.28

解:

考虑板的控制体积，如答图 3.2.28 所示，自由射流和周围是大气压，因此当控制体积上净压力，使阻挡力 R_x 作用在板底保持板竖直，力 F_x 表示由板在与射流接触点处作用在液体上的力，取绕悬点的力矩

$$F_x L/2 = R_x L, F_x = 2R_x$$

应用动量方程和连续性方程，并应用 xy 坐标系

$$\sum F = \dot{m}(U_2 - U_1)$$

$$-F_x = \rho_1 A_1 U_1(0 - Ux_1) = 10^3 \times \frac{\pi}{4} \times 0.02^2 \times 15 \times (0 - 15)$$

$$F_x = 70.5\text{N}$$

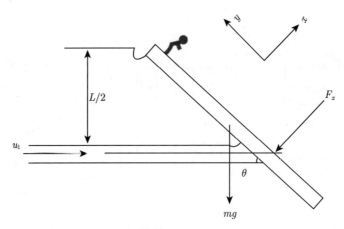

答图 3.2.28

力的方向向左

$$R_x = F_x/2 = 35.25\text{N}$$

注意, 由牛顿第三定律, 流体施加在板上的力与 F_x 即 70.5N (向左) 是等值反向的. 如板可绕平衡位置自由转动, 由射流产生与板的重力矩平衡, 让 F_x 代表面板施在流体上垂直于板阻力, 取绕悬点的力矩.

$$\frac{F_x}{2\cos\theta} = \frac{mgL\sin\theta}{2}$$

$$F_x = mgL\sin\theta\cos\theta \tag{1}$$

应用动量方程和连续性方程, 采用如答图 3.2.28 所示坐标系 (x 轴垂直于板)

$$-F_x = \rho_1 A_1 U_1(0 - Ux_1) = \rho_1 A_1 U_1(0 - U_1\cos\theta) \tag{2}$$

从方程 (1)(2)

$$\sin\theta = \frac{\rho_1 A_1 U_1^2}{mg} = \frac{10^3 \times \dfrac{\pi}{4} \times 0.02^2 \times 15^2}{100} = 0.707$$

注意射流冲击后是平行于板面流动的, 所以

$$F_y = 0$$

3.2.29

解:

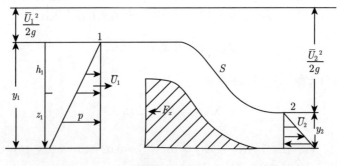

答图 3.2.29

假设摩擦效应可略去，上游和下游处具有一维的水压分布，由伯努利方程给出

$$h_1 + \frac{\bar{U}_1^2}{2g} + z_1 = h_2 + \frac{\bar{U}_2^2}{2g} + z_2$$

所以

$$\frac{\bar{U}_1^2}{2g} + y_1 = \frac{\bar{U}_2^2}{2g} + y_2 \tag{1}$$

连续性方程给出

$$Q = \bar{U}_1 A_1 = \bar{U}_2 A_2 \tag{2}$$

由方程 (1)(2) 可得

$$\frac{Q^2}{2gy_1^2} + y_1 = \frac{Q^2}{2gy_2^2} + y_2$$

即

$$\frac{15^2}{2 \times 9.81 \times 5^2} + 5 = \frac{15^2}{2 \times 9.81 \times y_2^2} + y_2$$

$$y_2 = 1.76\text{m}$$

$$\bar{U}_2 = \frac{Q}{A_2} = \frac{15}{1.76} = 8.523\text{m/s}, \bar{U}_1 = 3\text{m/s}$$

F_x 表示溢洪道单位长度上作用在液体上的力，方向如答图 3.2.29 所示，流体静力学效应力

$$F = \frac{1}{2}\rho gy^2$$

用到 1 和 2 间的动量方程中得

$$\sum F = \frac{1}{2}\rho gy_1^2 - F_x - \frac{1}{2}\rho gy_2^2 = \dot{m}(\bar{U}_2 - \bar{U}_1)$$

$$0.5 \times 10^3 \times 9.81 \times 5^2 - F_x - \frac{1}{2} \times 10^3 \times 9.81 \times 1.76^2 = 10^3 \times 15 \times (8.523 - 3)$$

$$F_x = 24.46\text{N}$$

由流体作用在溢洪道上的力与 F_x 等值反向，即 24.46N，方向向右。

3.2.30

解：

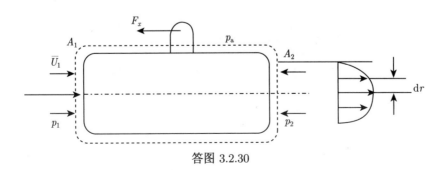

答图 3.2.30

考虑包围发动机的控制体积, 即由发动机四周表面和输入、输出口平面 A_1, A_2 组成的控制表面, 对稳定流动, 动量方程为

$$\sum F = \int_s \boldsymbol{u}(\rho\boldsymbol{u}\cdot\mathrm{d}\boldsymbol{A}) \tag{1}$$

作用在发动机外部的力为 F_x, 大气压力为 p_a, 作用在 A_1 和 A_2 上相对压强为 p_1, p_2, 将方程 (1) 作用于 x 方向

$$(p_1 - p_a)A_1 - (p_2 - p_a)A_2 - F_x = \int_{A_2} u(\rho u \mathrm{d}A) - \int_{A_1} u(\rho u \mathrm{d}A) \tag{2}$$

空气均速 u_1, 密度 ρ_1, 进入 A_1, 因此

$$\int_{A_1} u(\rho_1 u \mathrm{d}A) = \rho_1 u_1^2 \int_{A_1} \mathrm{d}A = \rho_1 u_1^2 A_1 \tag{3}$$

排气管以设计的无震后部压力排气, 因此 $p_a = p_2$, 在半径 r 处速度是 $u = u_m(1 - r^2/R^2)$, 考虑穿出面元 $\mathrm{d}A$ 的流量

$$\mathrm{d}A = 2\pi r \mathrm{d}r$$

$$\int_{A_2} u(\rho u \mathrm{d}A) = \int_0^R \rho u_m^2(1 - r^2/R^2)^2 2\pi r \mathrm{d}r = \rho_2 \pi R^2 u_m^2/3 \tag{4}$$

将式 (3) 和式 (4) 代入式 (2) 并整理, 得

$$F_x = (p_1 - p_a)A_1 - (\rho_2 \pi R^2 u_m^2)/3 + \rho_1 u_1^2 A_1 \tag{5}$$

运用连续性方程于入口 A_1, 出口 A_2, 并考虑由于燃料增加, 质量流量增加 1.5%, 得

$$\int_{A_1} \rho u \mathrm{d}A = 1.015 \int_R^0 \rho u \mathrm{d}A$$

$$\int_0^R \rho u_m(1 - r^2/R^2)^2 2\pi r \mathrm{d}r = 1.015 \rho_1 A_1 u_1$$

$$\rho_2 = 0.829 \mathrm{kg/m}^3$$

代入方程 (5)

$$F_x = -11.23 \mathrm{kN}$$

即 F_x 方向向右。负号指出作用在发动机上保持其静止的外力是向右指向右方, 由牛顿第三定律, 由流体施给发动机的力是等值反向的, 即发动机的反推力是 $11.23\mathrm{kN}$ 向左。

注意从方程可见, 常引力是两进出口到流体的动量引起的反动量和作用在如出口平面上的压力引起的反冲压力组成。

3.2.31

解:

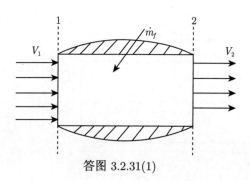

答图 3.2.31(1)

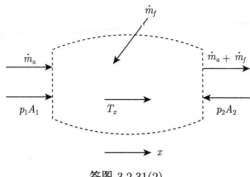

答图 3.2.31(2)

取在引擎之内截面 1, 2 之间包围流体之控制体, 定常流动之动量方程

$$F_x = (\dot{m}_a + \dot{m}_f)V_{2x} - \dot{m}_a V_{1x}$$

式中, F_x 是作用于引擎的合外力, 包括压力及固定基座之反作用力 T_x, $\dot{m}_a$ 为空气的质量流量, $\dot{m}_f$ 是燃料的质量流量, 由连续性方程知 $\dot{m}_a$ 在出口及入口处应相等。假定燃料进入引擎时, 沿 x 方向的动量可忽略不计。

$$p_1 A_1 - p_2 A_2 + T_x = (\dot{m}_a + \dot{m}_f)V_{2x} - \dot{m}_a V_{1x}$$

因入口与出口的面积相等, 且又假定 p_1, p_2 均为大气压力。故有

$$T_x = (\dot{m}_a + \dot{m}_f)V_{2x} - \dot{m}_a V_{1x}$$

$$= \left(\frac{\dot{m}_f}{\dot{m}_a} + 1 \right) \dot{m}_a V_{2x} - \dot{m}_a V_{1x}$$

假定流入的空气处于标准状况, 则空气质量流量为

$$\dot{m}_a = \rho_1 A_1 V_1 = 35.0 \mathrm{kg/s}$$

$$T_x = 32750 \mathrm{N}$$

作用于引擎的静力学推力应与 T_x 相等反向。

3.2.32
解:

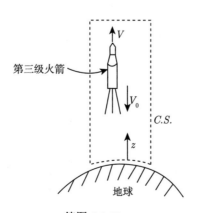

答图 3.2.32

取圆柱形控制体如答图 3.2.32 所示，控制体包含了第三级火箭、它的燃料及所有由它排出的物质。

火箭加燃料加一切被排出物质的动量保持为常数，没有力作用在控制体上。

$M = $ 第三级火箭的质量。

$m = $ 在火箭内的燃料的瞬时质量。

$\dfrac{\mathrm{d}m}{\mathrm{d}t} \equiv \dot{m} = $ 火箭内燃料的变化率为小于 0 的数。

因为 m 在减少，若 V 是火箭的速度，则在时刻 t 火箭加在其内之燃料的动量的分量为

$$(M + m)V$$

被排出的燃料的动量为

$$\int_0^t -\frac{\mathrm{d}m}{\mathrm{d}t}(V - V_0)\mathrm{d}t$$

所以有

$$0 = \frac{\mathrm{d}}{\mathrm{d}t}\left[(M + m)V\right] - \frac{\mathrm{d}m}{\mathrm{d}t}(V - V_0) = (M + m)\frac{\mathrm{d}V}{\mathrm{d}t} + V_0\frac{\mathrm{d}m}{\mathrm{d}t}$$

式中，V 是火箭在 z 方向的绝对速度。而

$$m = m_0 + \frac{\mathrm{d}m}{\mathrm{d}t}t$$

式中，m_0 是 $t = 0$ 时当第三级火箭开始燃烧时的燃料质量。

$\dfrac{\mathrm{d}m}{\mathrm{d}t} = \dot{m}$ 假定为常数，所以

$$0 = (M + m + \dot{m}t)\frac{\mathrm{d}V}{\mathrm{d}t} + V_0\dot{m}$$

上式从 $t = 0, V = 0$ 积分到当燃料排出且 $m = 0$ 时，$V = V_f, V_f$ 是第三级火箭的最后速度，燃料在 $t = m_0/(-\dot{m})$ 时烧光。

$$\int_0^{V_f} \mathrm{d}V = -\int_0^{-m_0/\dot{m}} \frac{V_0\dot{m}}{M + m_0 + \dot{m}t}\mathrm{d}t$$

且

$$V_f = V_0 \ln\frac{M + m_0}{M}$$

3.2.33

解：

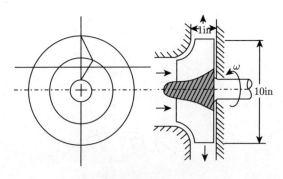

答图 3.2.33(1)

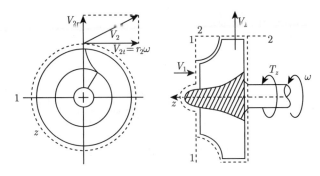

答图 3.2.33(2)

输入功率为轴作用于转子的力矩 T，与转子的角速度 ω 之积。即

$$P = T\omega$$

角速度是给定的，力矩可由角动量方程求出，对转轴之力矩

$$T_z = \int_{C.S.} (\boldsymbol{r} \times \boldsymbol{V})_z \rho \boldsymbol{V} \cdot \mathrm{d}\boldsymbol{A}$$

控制表面取为包围涡轮，因此出现在方程中的力矩即为驱动轴作用于转子的力矩。假定在入口和出口表面速度是均匀的，则有

$$T_z = \rho Q(r_2 V_{t_2} - r_1 V_{t_1})$$

式中，$\rho Q = \dot{m}$ 是流动的质量流量。由于在涡轮入口的流动沿周向，故其速度之切向分量 $V_{t_1} = 0$，于是只需确定在出口处的速度的切向分量。

假定在涡轮出口无滑动，也就是说流体沿叶片外围流动，则在出口处的切向速度为

$$V_{t_2} = r\omega = (10 \times 0.0254) \times (1000 \times 2\pi/60) = 26.6\mathrm{m/s}$$

$$T_x = 1000 \times 0.0283 \times 0.0254 \times 26.6 = 191.2\mathrm{N \cdot m}$$

$$P = 191.2 \times (1000 \times 2\pi/60) = 20\,022.4\mathrm{W}$$

3.2.34

解：

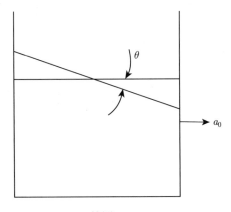

答图 3.2.34

由于自由面的斜率必须等于压力头的梯度

$$|\theta| = \arctan\left(\frac{a_s}{g}\right)$$

$$\therefore \theta = \arctan\left(\frac{a_s}{g}\right) = \arctan\left(\frac{2.45\text{m/s}^2}{9.80\text{m/s}^2}\right) = 14.04°$$

因没有溢流，则汽油表面将对于中点旋转，或升高，或降低相同的量。

$$\Delta y = (5\text{m}) \times (\tan 14.04°) = 1.25\text{m}$$

在桶的前端处，深度为

$$2.0 - 1.25 = 0.75\text{m}$$

在桶的后端处，深度为

$$2.0 + 1.25 = 3.25\text{m}$$

所以对应压力为

$$p_{\text{front}} = \gamma y_{\text{front}} = (1000\text{kg/m}^3 \times 9.8\text{m/s}^2 \times 0.88) \times (0.75\text{m}) = 6.5 \times 10^3\text{N/m}^3$$

$$p_{\text{back}} = \gamma y_{\text{back}} = (1000\text{kg/m}^3 \times 9.8\text{m/s}^2 \times 0.88) \times (3.25\text{m}) = 2.8 \times 10^4\text{N/m}^3$$

注意压力受液体之密度影响，而表面之斜率则与之无关。

3.2.35

解：对桶顶和桶底两点应用动量定理有

$$h_2 - h_1 = \frac{\omega^2}{2g}(r_2^2 - r_1^2)$$

且压力头

$$h = \frac{p}{\gamma} + y$$

故有

$$\left(\frac{p_2}{\gamma} + y_2\right) - \left(\frac{p_1}{\gamma} + y_1\right) = \frac{\omega^2}{2g}(r_2^2 - r_1^2)$$

$$\left(\frac{p_2}{1000 \times 9.8} + 0\right) - \left(\frac{4 \times 6894.76}{1000 \times 9.8} + 3\right) = \frac{100^2 \times (2\pi)^2(1^2 - 0^2)}{60^2 \times 2 \times 9.8}$$

解之

$$p_2 = 4 \times 6894.76\text{Pa}$$

3.2.36

解：

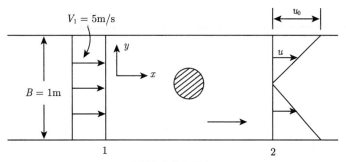

答图 3.2.36

在应用动量定理求阻力之前, 先由连续性方程确定 u_0 之值。

$$(1\text{m}) \times (5\text{m/s}) = (u_0\text{m/s}) \times (1\text{m}) \times \frac{1}{2}$$

所以

$$u_0 = 10\text{m/s}$$

为了考虑压力差的影响, 能量方程可在截面 1, 2 之间应用

$$\frac{p_1}{\gamma} + \frac{V_1^2}{2g} = \frac{p_2}{\gamma} + \alpha_2 \frac{V_2^2}{2g}$$

p_1 为平面 1 处的压力, p_2 为平面 2 处的压力, A 为单位厚度的面积。其中

$$V_1 = V_2 = 5\text{m/s}$$

且

$$\alpha_2 = \frac{1}{V^3(B/2)} \int_0^{B/2} u^3 \mathrm{d}y = \frac{2}{BV^3} \int_0^{B/2} \left(\frac{yu_0}{B/2}\right)^3 \mathrm{d}y = 2$$

所以

$$p_1 - p_2 = \frac{\rho V_1^2}{2g}(\alpha_2 - 1) = 1.2 \times 10^4 \text{N/m}^2$$

由动量方程给出

$$p_1 A - p_2 A - F_B = \rho \beta_2 Q V_2 - \rho Q V_1$$

$$\beta_2 = \frac{1}{V^2(B/2)} \int_0^{B/2} u^2 \mathrm{d}y = \frac{2}{BV^2} \int_0^{B/2} \left(\frac{yu_0}{B/2}\right)^2 \mathrm{d}y = \frac{4}{3}$$

将此 β 值代入前面之动量方程, 可以求得

$$F_B = 4.16 \times 10^3 \text{N}$$

3.2.37

解:

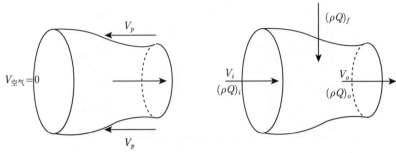

答图 3.2.37

此问题可以直接通过定常状态解提出,为避免高速气流可能的压缩性影响,考虑取质量流量,流入的速度 V_i 将是飞机相对空气的速度 (一般为 V_p),流入的空气质量流量为 $(\rho Q)_i$,通过连续性方程可求出出口处排出气体的流量为

$$(\rho Q)_o = (\rho Q)_i + (\rho Q)_f$$

式中,$(\rho Q)_f$ 是燃料消耗的质量流量。

假定出口压力等于环境压力,则由动量方程

$$F = (\rho Q V)_o - (\rho Q V)_i$$
$$= [(\rho Q)_i + (\rho Q)_f] V_o - (\rho Q)_i V_i$$

一般燃烧消耗的质量流量与空气流动的质量流量相比是很小的,在此情况下,推力可表示为

$$F = (\rho Q)_i (V_o - V_i)$$

应记住 V_i 近似是飞机的速度,而 V_o 是相对于飞机本身表示的。

3.2.38

解:

①在这一类型的问题中,一般均不计水之质量以及高度变化的影响,即使射流是竖直抛射的。

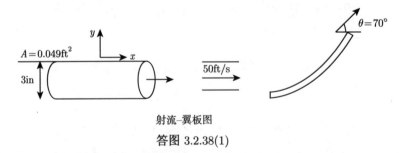

射流-翼板图
答图 3.2.38(1)

逼近的射流及当射流离开板时均处于大气压中,由于在 1,2 两截面既无高度变化也没有压力变化,所以速度头也必须相等,因此在出口处射流的速度亦为 50ft/s,虽然流动方向及截面形状 (但不是截面积) 已经改变。

由动量方程的水平分量 (答图 3.2.38(2) 上之力是作用在水上的)

$$-F_h = \rho Q(V_2 \cos\theta - V_1)$$

$$\therefore F_h = 1.94 \times 0.0491 \times 50 \times (50 - 50\cos 70°) = 156.7\text{lb}$$

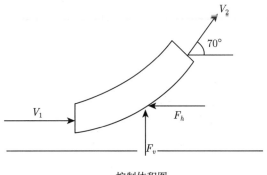

控制体积图

答图 3.2.38(2)

即

$$F_h = 156.7\text{lb} = 156.7 \times 0.45359\text{kg} = 71.1\text{kg}$$

转化为国际单位制为

$$F_h = 697.3\text{N}$$

垂直分量方程

$$F_v = \rho Q(V_2 \sin \theta - 0) = 223.8\text{lb}$$

即

$$F_v = 223.8\text{lb} = 223.8 \times 0.45359\text{kg} = 101.5\text{kg}$$

转化为国际单位制为

$$F_v = 995.8\text{N}$$

板所受之力与答图 3.2.38(2) 上所示的反向即向右及向下, 应注意, 由于动量是矢量, 故速度引起了动量通量, 而流量是标量, 在两截面处是相等的。

②现在为一相对运动问题, 若选择随板运动的参考系, 则可使问题简化, 视板为静止, 而在流场中每一点均叠加一与板反向的速度即可, 如答图 3.2.38(3) 中 (a) 及 (b) 所表示的即为定常流动。

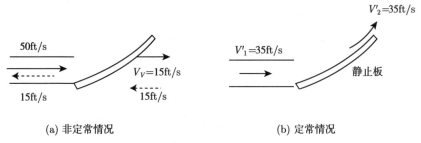

(a) 非定常情况　　　　　　　　　　　　(b) 定常情况

答图 3.2.38(3)

现暂以 35ft/s 的速度为基础, 实际达到板的流量, 且 x 方向的动量方程为

$$-F_h = 1.94 \times 0.0491 \times 35 \times (\cos 70° - 1) = -76.8\text{lb}$$
$$\therefore F_h = 76.8\text{lb}$$

即

$$F_h = 76.8\text{lb} = 76.8 \times 0.45359\text{kg} = 34.84\text{kg}$$

转化为国际单位制为

$$F_h = 341.74\text{N}$$

类似地

$$F_v = 1.94 \times 0.0491 \times 35 \times 35 \sin 70° = 109.6\text{lb}$$

即

$$F_v = 109.6\text{lb} = 109.6 \times 0.45359\text{kg} = 49.7\text{kg}$$

转化为国际单位制为

$$F_v = 487.7\text{N}$$

由于力的大小不依赖于参考系，所以这就是所需之力。为求得出口处实际速度的大小和方向，V_2' 必须变换回原来的参考系，如答图 3.2.38(4) 所示。

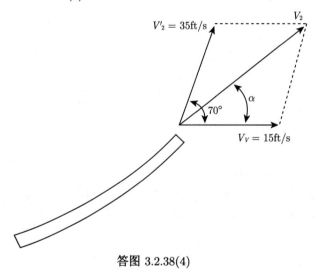

答图 3.2.38(4)

V_2 的两分量为

$$V_{2x} = 15 + 35 \cos 70° = 26.97\text{ft/s} = 8.22\text{m/s}$$

$$V_{2y} = 35 \sin 70° = 32.89\text{ft/s} = 10.02\text{m/s}$$

$$V_2 = \sqrt{V_{2x}^2 + V_{2y}^2} = 42.53\text{ft/s} = 12.96\text{m/s}$$

$$\alpha = \arctan\left(\frac{V_{2y}}{V_{2x}}\right) = 50.66°$$

3.2.39

解：

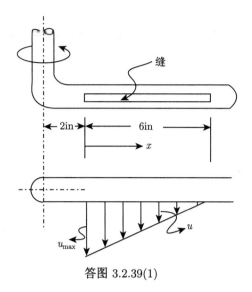

答图 3.2.39(1)

首先确定速度的表达式

$$u = u_{\max}\left(1 - \frac{x}{6}\right)$$

$u_{\max}$ 的值可以从连续性方程解出，总流量 Q

$$Q = \int_A u \mathrm{d}A = \int_0^6 u_{\max}\left(1 - \frac{x}{6}\right)\left(\frac{1}{8}/12\right)\mathrm{d}x = 1$$

故有

$$u_{\max} = 32 \mathrm{ft/s}$$

即

$$u_{\max} = 9.75 \mathrm{m/s}$$

其次通过如答图 3.2.39(2) 所示之控制体可以确定相连管作用于水平管的反作用力矩。

因为

$$\boldsymbol{r} \perp \boldsymbol{V}, \mathrm{d}\boldsymbol{A} \parallel \boldsymbol{V}$$

所以

$$\boldsymbol{M} = \int_{C.S.} (\boldsymbol{r} \times \boldsymbol{V})\rho \boldsymbol{V} \cdot \mathrm{d}\boldsymbol{A} = \int_{C.S.} (ru)\rho u \mathrm{d}\boldsymbol{A}$$

由于

$$r = 2 + x, u = 32(1 - x/6)$$

所以

$$M = (32)^2 \rho \int_0^6 (2 + x)(1 - x/6)^2 \left(\frac{1}{8}/12\right) \mathrm{d}x$$

将 ρ 代入可得

$$M = 196.7 \mathrm{N} \cdot \mathrm{m}$$

这是关于相连管轴的力矩，它对于决定管内应力很重要，力矩的符号如答图 3.2.39(2) 所示，由水平管作用于垂直管的力矩是与 M 相等反向的。

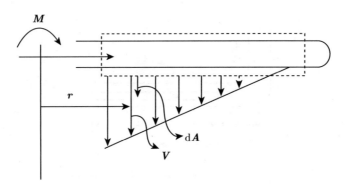

答图 3.2.39(2)

3.2.40

解:

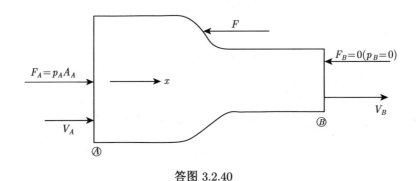

答图 3.2.40

作用在喷嘴这一控制体积内流体上的力如答图 3.2.40 所示。利用题 3.1.25 的结果，已由能量方程求出

$$V_A = 11.45\text{ft/s} = 3.48\text{m/s}$$

$$V_B = 45.87\text{ft/s} = 13.98\text{m/s}$$

$$p_A = 1905\text{psf} = 13.23\text{psi} = 13.23 \times 6.895 \times 10^3\text{Pa} = 9.21 \times 10^4\text{Pa}$$

作用在截面上 A 的压力 F_A 决定于 p_A，假设 α, β 均为 1，剩下的力 F 是收缩截面作用于流体的力，它本身在喷嘴平衡时就等于结合处的应力。因而即为问题所求之解。由动量方程

$$p_A A_A - F = \rho Q(V_B - V_A)$$

$$1905 \times 0.0873 - F = 1.94 \times 1 \times (45.87 - 11.45)$$

$$\therefore F = 99.53\text{lb}$$

即

$$F = 443.28\text{N}$$

画一自由物体，如答图 3.2.40 可以易于看出，这个力事实上等于在结合处的法应力，若结合处由法兰螺栓构成，它即为螺栓内的全部法应力。应注意本题中先应用能量方程再应用动量方程。

3.2.41

解:

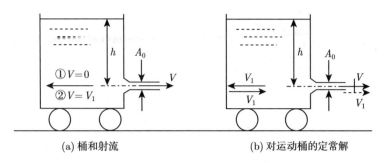

(a) 桶和射流　　　　　　　　　(b) 对运动桶的定常解

答图 3.2.41

当静止时，由能量方程得

$$V = \sqrt{2gh}$$

由动量方程，作用于水之力为

$$F_a = \rho Q(V - 0) = \rho V^2 A_0 = \rho 2gh A_0$$

当桶以 V_1 向左运动时，问题为非定常的；但可以使之转化为定常问题处理，如答图 3.2.41 所示，即在所有的点上均叠加一向右的速度 V_1(实际以运动的桶为参考系)，于是出口速度成为 $V + V_1$，且由能量方程得

$$V_1 + V = \sqrt{2gh}$$

由动量方程可得

$$F_b = \rho Q\left[(V_1 + V) - 0\right]$$

此处

$$Q = (V_1 + V)A_0$$

所以

$$F_b = \rho A_0(V_1 + V)^2 = \rho A_0(2gh)$$

故知由射流所施加的推力是相同的，不论桶是静止的还是运动的，但应肯定的是当桶运动时，水离开桶的实际速度是小的。

3.2.42

解：

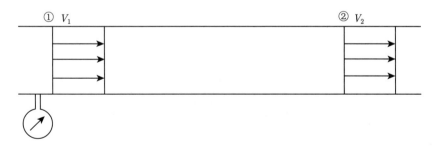

答图 3.2.42

由于管径为常数，所以由连续性方程可以求得

$$V_2 = V_1$$

因而可由能量方程求得 p_2。应用动量方程可计算流体作用于管的力。

因为摩擦力存在，所以管壁处流体为静止的，因此摩擦力不对流体做功。

因为不存在外力的功和热交换，故能量方程可写作

$$\frac{p_1}{\rho} + gz_1 + \frac{V_1^2}{2} = \left(\frac{p_2}{\rho} + gz_2 + \frac{V_2^2}{2}\right) + u_2 - u_1$$

因为 $V_2 = V_1 = 0$，$z_1 = z_2$。所以

$$\frac{p_2}{\rho} = \frac{p_1}{\rho} - (u_2 - u_1)$$

而动量方程可写为

$$\sum F_x = f_x + p_1 A - p_2 A = 0$$

f_x 为管作用于流体之摩擦力。因此

$$f_x = -p_1 A + [p_1 - \rho(u_2 - u_1)] A$$
$$= -\rho(u_2 - u_1)A$$

作用于管之摩擦力为 $-f_x$，即沿流动方向，因沿流动方向有内能的增加。

3.2.43

解：

对一维流动，在 $1, 2, 3$ 处，由动量方程可得

$$\sum F_x = \int_{C.S.} V_x \rho V_m \mathrm{d}A = -0 + 0 + (V_3)_x \rho V_3 A_3$$

$$\text{流入 1 流出 2 流出 3}$$

$$\sum F_y = \int_{C.S.} V_y \rho V_m \mathrm{d}A = -V_1 \rho V_1 A_1 + V_2 \rho V_2 A_2 + (V_3)_y \rho V_3 A_3$$

$$\text{流入 1} \qquad \text{流出 2} \qquad \text{流出 3}$$

此处 $\sum F_x$ 是作用于流体上的 x 方向的一切外力之和。

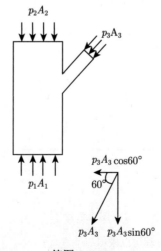

答图 3.2.43

由下式给定：

$$\sum F_x = f_x - p_3 A_3 \cos 60°$$

f_x 是 Y 形管作用在流体上之力的 x 分量。

$\sum F_y$ 是作用于流体上的 y 方向的一切外力之和。

$$\sum F_y = f_y + p_1 A_1 - p_2 A_2 - p_3 A_3 \sin 60°$$

f_y 是 Y 形管作用在流体上之力的 y 分量。

代入动量方程则得

$$f_x - p_3 A_3 \cos 60° = V_3 \cos 60° \rho V_3 A_3$$

$$f_y + p_1 A_1 - p_2 A_2 - p_3 A_3 \sin 60° = -V_1 \rho V_1 A_1 + V_2 \rho V_2 A_2 + V_3 \sin 60° \rho V_3 A_3$$

现在为求 f_x, f_y，需先求得未知速度和压力，为此可应用连续性方程和伯努利方程。

由连续性方程

$$\int_{C.S.} \rho V_m \mathrm{d}A = -\rho V_1 A_1 + \rho V_2 A_2 + \rho V_3 A_3 = 0$$

即

$$Q_1 = Q_2 + Q_3$$

$$Q = AV, \ \rho \text{为常数}$$

所以

$$Q_3 = 15\text{L/s} - 10\text{L/s} = 5\text{L/s}$$

即

$$V_1 = \frac{Q_1}{A_1} = \frac{15 \times 10^{-3}}{\frac{\pi}{4} \times 0.1^2} = 1.910\text{m/s}$$

$$V_2 = \frac{Q_2}{A_2} = \frac{10 \times 10^{-3}}{\frac{\pi}{4} \times 0.08^2} = 1.989\text{m/s}$$

$$V_3 = \frac{Q_3}{A_3} = \frac{5 \times 10^{-3}}{\frac{\pi}{4} \times 0.06^2} = 1.768\text{m/s}$$

由伯努利方程可得

$$\frac{p_3 - p_1}{\rho} = \frac{V_1^2 - V_3^2}{2} + g(z_1 - z_3) = 0.522\text{N} \cdot \text{m/kg}$$

及

$$\frac{p_2 - p_1}{\rho} = \frac{V_1^2 - V_2^2}{2} + g(z_1 - z_2) = -0.308\text{N} \cdot \text{m/kg}$$

因此

$$p_3 = 30.522\text{kPa}$$
$$p_2 = 29.692\text{kPa}$$

将上述速度及压力值代入动量方程，则得 f_x, f_y

$$f_x = V_3 \cos 60° \rho V_3 A_3 + p_3 A_3 \cos 60° = 0.0475\text{kN}$$

$$f_y = -V_1 \rho V_1 A_1 + V_2 \rho V_2 A_2 + V_3 \sin 60° \rho V_3 A_3 + p_2 A_2 + p_3 A_3 \sin 60° - p_1 A_1 = -0.0128\text{kN}$$

f_x, f_y 是 Y 形分支管作用于流体的力，流体以相等反向之力作用于 Y 形分支管，故维持 Y 形分支管在原地的力即为 f_x, f_y 之矢量和。

3.2.44

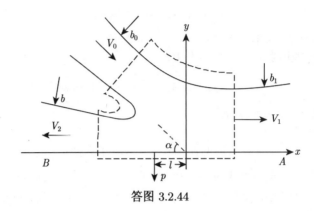

答图 3.2.44

解: 取一封闭曲线, 它的各边由流线及垂直流线的线段组成 (在答图 3.2.44 中用虚线表示), S 面就是以这一虚线为底, 厚度为 1 的封闭面, 设除平板 AB 表面外, S 面上其他部分均作用大气压力 p_0。取坐标如图, 由动量定理

$$\begin{cases} \displaystyle\int_s \rho V_n V_x \mathrm{d}s = p_x \\ \displaystyle\int_s \rho V_n V_y \mathrm{d}s = p_y \end{cases}$$

由图可知:

$$\begin{cases} \rho V_1 V_1 b_1 + \rho V_2 (-V_2) b + \rho(-V_0)(V_0 \cos\alpha) b_0 = 0 \\ 0 + \rho(-V_0)(-V_0 \sin\alpha) b_0 = p \end{cases} \tag{1}$$

设流体的压力, 除平板 AB 表面外, 处处等于大气压力 p, 因而由伯努利方程有

$$p + \frac{1}{2}\rho V^2 = c$$

所以

$$V_1 = V_2 = V_0 \tag{2}$$

另外由流管的连续性方程

$$V_0 b = V_1 b_1 + V_2 b_2 \tag{3}$$

将式 (2) 代入上式可得

$$b = b_1 + b_2 \tag{4}$$

将式 (2) 和式 (4) 代入式 (1) 便可以得到

$$\begin{cases} p = \rho V_0^2 b_0 \sin\alpha \\ b_1 = \dfrac{1 + \cos\alpha}{2} b_0 \\ b_2 = \dfrac{1 - \cos\alpha}{2} b_0 \end{cases} \tag{5}$$

式中, b_1, b_2 分别为来流冲击平板后分为上下流层的厚度, p 为平板对流体所作用的力, 其方向沿 y 轴正向。根据作用及反作用的关系, 流体对平板的冲击力的方向和力相反, 在图中所表示的是后者的方向。可以应用动量矩定理来决定冲击力作用点 f 的位置, 以坐标原点 O 为力矩中心。

$$-\frac{b_1 V_1}{2} \rho V_1 b_1 + \frac{b_2 V_2}{2} \rho V_2 b_2 = pl$$

式中，l 为冲击力 p 偏离坐标系原点的距离 Of，将式 (2) 和式 (5) 两式代入上式，并将其整理后

$$l = -\frac{b_0}{2}\cot\alpha$$

式中，负号表示 f 点在 x 轴的负方向上。

3.2.45

解：假定船底作用的压力为 p，以单位厚度的喷柱为研究对象，根据动量定理可得

$$\rho V_0^2 b_0(1 + \cos\theta) = ph \tag{1}$$

船的质量 W 全部由气垫所承担，因此

$$W = pS \tag{2}$$

将上式代入式 (1) 可得

$$h = \rho V_0^2 b_0(1 + \cos\theta)\frac{S}{W} = K_0(1 + \cos\theta)\frac{S}{W}$$

其中

$$K_0 = \rho V_0^2 b_0$$

为喷出的流体的动量，由风扇的内径决定。船重 W 越大，间距 h 越小。而底面面积 S 增大时，则 h 增大，所以气垫船的形状比较扁平，以便于使得 S 较大。

3.2.46

解：由于除了滑行艇的底部外，在自由表面上处处大气压力为 p_0，因此根据伯努利方程，可以得到

$$V_1 = V_2 = V_0$$

又根据连续性方程可知

$$h_0 = h + \delta$$

这样代入动量定理后可得

$$-\rho V_0^2 h_0 + \rho V_0^2 \delta\cos\alpha + \rho V_0^2 h_0 = -p\sin\alpha$$

所以

$$p = -\rho V_0^2\delta\frac{1 + \cos\alpha}{\sin\alpha}$$

或写成

$$p = -\rho V_0^2\delta\cot\frac{\alpha}{2}$$

式中，p 为以流体作为讨论对象，艇对流体的作用力。p 为负值表示力的方向与图示方向相反，根据作用和反作用的关系可知，如果以滑行艇为讨论对象，则流体对滑行艇的作用力 p 与图示方向一致。

3.2.47

解：

$$\boldsymbol{V} = \boldsymbol{\omega}\times\boldsymbol{r} = -\boldsymbol{\omega}\times(x\boldsymbol{i} + y\boldsymbol{j} + g\boldsymbol{k}) = -\omega y\boldsymbol{i} + \omega x\boldsymbol{j}$$

所以

$$\nabla\cdot\boldsymbol{V} = 0$$

$$F = x^2 + y - a^2 = 0$$

$$u\cdot 2x + v\cdot 2y = 0$$

而

$$u = -\omega y, v = -\omega x$$

所以

$$-\omega y \cdot 2x - \omega x \cdot 2y = 0$$

$$\frac{\mathrm{d}\boldsymbol{V}}{\mathrm{d}t} = \frac{\mathrm{d}\boldsymbol{\omega}}{\mathrm{d}t} \times \boldsymbol{r} + \boldsymbol{\omega} \times \frac{\mathrm{d}\boldsymbol{r}}{\mathrm{d}t}$$

$$= \frac{\mathrm{d}\omega}{\mathrm{d}t}\boldsymbol{k} \times (x\boldsymbol{i} + y\boldsymbol{j} + z\boldsymbol{k}) + \omega\boldsymbol{k} \times (-\omega y\boldsymbol{i} + \omega x\boldsymbol{j})$$

$$= \frac{\mathrm{d}\omega}{\mathrm{d}t}x\boldsymbol{j} - \frac{\mathrm{d}\omega}{\mathrm{d}t}y\boldsymbol{i} - \omega^2 y\boldsymbol{j} - \omega^2 x\boldsymbol{i}$$

$$= \boldsymbol{i}\left(-\frac{\mathrm{d}\omega}{\mathrm{d}t}y - \omega^2 x\right) + \boldsymbol{j}\left(\frac{\mathrm{d}\omega}{\mathrm{d}t}x - \omega^2 y\right)$$

由欧拉方程可得

$$\frac{\mathrm{d}\boldsymbol{V}}{\mathrm{d}t} = \boldsymbol{f} - \frac{1}{\rho}\nabla p$$

且

$$\boldsymbol{f} = (\alpha x + \beta y)\boldsymbol{i} + (\gamma x + \delta y)\boldsymbol{j} - g\boldsymbol{k}$$

$$\begin{cases} -\dfrac{\mathrm{d}\omega}{\mathrm{d}t}y - \omega^2 x = \alpha x + \beta y - \dfrac{1}{\rho}\dfrac{\partial p}{\partial x} & \text{①} \\[2mm] \dfrac{\mathrm{d}\omega}{\mathrm{d}t}x - \omega^2 y = \gamma x + \delta y - \dfrac{1}{\rho}\dfrac{\partial p}{\partial y} & \text{②} \\[2mm] 0 = -g - \dfrac{1}{\rho}\dfrac{\partial p}{\partial z} & \text{③} \end{cases}$$

①对 y 求偏导, 减去②对 x 求偏导可得

$$\frac{\mathrm{d}\omega}{\mathrm{d}t} = \frac{1}{2}(\gamma - \beta)$$

且

$$\begin{cases} -\dfrac{\mathrm{d}\omega}{\mathrm{d}t} = \beta - \dfrac{1}{\rho}\dfrac{\partial^2 p}{\partial x\partial y} \\[2mm] \dfrac{\mathrm{d}\omega}{\mathrm{d}t} = \gamma - \dfrac{1}{\rho}\dfrac{\partial^2 p}{\partial x\partial y} \end{cases}$$

将上式改写为

$$\begin{cases} \dfrac{1}{\rho}\dfrac{\partial p}{\partial x} = (\alpha + \omega^2)x + (\beta + \dfrac{\mathrm{d}\omega}{\mathrm{d}t})y \\[2mm] \dfrac{1}{\rho}\dfrac{\partial p}{\partial y} = (\gamma - \dfrac{\mathrm{d}\omega}{\mathrm{d}t})x + (\delta + \omega^2)y \\[2mm] \dfrac{1}{\rho}\dfrac{\partial p}{\partial z} = -g \end{cases}$$

将此三式分别乘以 $\mathrm{d}x, \mathrm{d}y, \mathrm{d}z$ 相加可得

$$\frac{\mathrm{d}p}{\rho} = \mathrm{d}\left\{\frac{1}{2}\omega^2(x^2 + y^2) + \frac{1}{2}\left[\alpha x^2 + (\beta + \gamma)xy + \delta y^2\right] - gz\right\}$$

所以

$$\frac{p}{\rho} = \frac{1}{2}\omega^2(x^2 + y^2) + \frac{1}{2}\left[\alpha x^2 + (\beta + \gamma)xy + \delta y^2\right] - gz + F(t)$$

3.2.48

解：注意

$$\tan \theta = \frac{V_0}{u_0}, \cos \theta = \frac{u_0}{V_0}$$

在原点及 (x, y) 之间：

$$\frac{V_0^2}{2g} = y + \frac{V^2}{2g}$$

$$u_0 = V_0 \cos \theta, v_0 = V_0 \sin \theta, u_0^2 + v_0^2 = V_0^2$$

$$\frac{V_0^2}{2g} = \frac{u_0^2}{2g} + \frac{v_0^2}{2g}$$

类似比有

$$\frac{V^2}{2g} = \frac{u^2}{2g} + \frac{v^2}{2g}$$

又

$$a_x = \frac{\mathrm{d}u}{\mathrm{d}t} = 0, a_y = \frac{\mathrm{d}v}{\mathrm{d}t} = -g$$

$$\Rightarrow u = c_1 = u_0 \Rightarrow v = -gt + c_2$$

且

$$t = 0, v = V_0 \quad \therefore c_2 = V_0$$

另

$$u = \frac{\mathrm{d}x}{\mathrm{d}t}, v = \frac{\mathrm{d}y}{\mathrm{d}t}$$

$$x = u_0 t + c_3, t = 0, x = 0 \quad \therefore c_3 = 0$$

$$y = -\frac{g}{2}t^2 + V_0 t + c_4, t = 0, y = 0 \quad \therefore c_4 = 0$$

故有

$$\begin{cases} x = u_0 t \\ y = -\dfrac{g}{2}t^2 + V_0 t \end{cases}$$

消去 $t, y = \dfrac{v_0}{u_0}x - \left(\dfrac{g}{2u_0^2}\right)x^2, y_{\max} = \dfrac{V_0^2}{2g}$。

即

$$y = x \tan \theta - \frac{gx^2}{2V_0^2 \cos^2 \theta}$$

$$y = 0 \Rightarrow \sin \theta = \frac{gx}{2V_0^2 \cos \theta}$$

因此

$$x = \frac{2V_0^2}{g} \sin \theta \cos \theta = \frac{V_0^2}{g} \sin 2\theta$$

所以当

$$\theta = 45°, x = x_{\max} = \frac{V_0^2}{g}$$

为初始速度头的两倍，注意，存在两个 θ 值，能使射流达到最大值。

3.2.49

解:

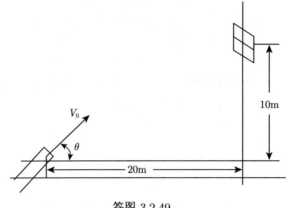

答图 3.2.49

利用方程

$$y = x\tan\theta - \frac{gx^2}{2V_0^2\cos^2\theta}$$

代入已知条件

$$10 = 20\tan\theta - \frac{400g}{2V_0^2\cos^2\theta}$$

$$V_0^2\cos^2\theta(20\tan\theta - 10) = 200g$$

或者

$$V_0^2 = \frac{200g}{20\sin\theta\cos\theta - 10\cos^2\theta}$$

$$\frac{\mathrm{d}V_0}{\mathrm{d}\theta} = \frac{V_0^3}{400g}(20\cos 2\theta + 10\sin 2\theta) = 0$$

$$\theta = 76.7°$$

最小射流速度为

$$V_0 = 22.30\mathrm{m/s}$$

3.2.50

解:

在截面 1 和 2 之间具有不可忽视的转动形式的高度非均匀区, 能量的大量损失, 使该跃变成为一能量的消耗. 因为截面 1 和 2 在均流区, 在两截面上的压力分布是流体静止分布, 如答图 3.2.50(b) 所示. 因此动量方程为

$$\frac{1}{2}\gamma y_1^2 b - \frac{1}{2}\gamma y_2^2 b = \rho Q(V_2 - V_1)$$

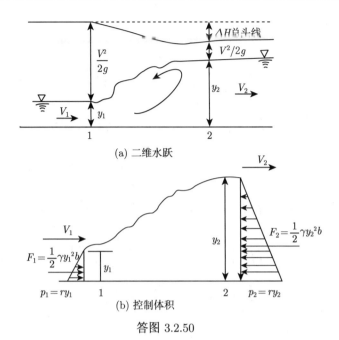

(a) 二维水跃

(b) 控制体积

答图 3.2.50

连续性方程

$$Q = V_1 y_1 b = V_2 y_2 b$$

所以

$$y_1^2 - y_2^2 = \frac{2y_1 V_1^2}{g}\left(\frac{y_1}{y_2} - 1\right)$$

$$y_1 + y_2 = 2\frac{y_1}{y_2}\frac{V_1^2}{g}$$

$$\frac{y_2}{y_1}\left(\frac{y_2}{y_1} + 1\right) = \frac{2V_1^2}{gy_1}$$

解此 $\frac{y_2}{y_1}$ 的二次方程, 所以

$$\frac{y_2}{y_1} = \frac{1}{2}\left(\sqrt{1 + \frac{8V_1^2}{gy_1}} - 1\right)$$

因此下游的深度, 特别是下游深度与上游深度的比值, 只由已知的上游条件所决定。能量损失为

$$\Delta H = \left(\frac{p_1}{\gamma} + y_1 + \frac{V_1^2}{2g}\right) - \left(\frac{p_2}{\gamma} + y_2 + \frac{V_2^2}{2g}\right)$$

由于截面 1,2 在均流区, 压力头在垂直截面内应为一常数, 且对渠内的基准, 压力头应等于深度

$$\Delta H = \left(y_1 + \frac{V_1^2}{2g}\right) - \left(y_2 + \frac{V_2^2}{2g}\right)$$

或者

$$\frac{\Delta H}{y_1} = \left(1 + \frac{V_1^2}{2gy_1}\right) - \frac{y_2}{y_1} - \frac{V_2^2}{2gy_1}$$

可将上边 $\frac{y_2}{y_1}$ 之值代入结果得一个很复杂的方程, 但它仍只包含已知的上游处的条件。

3.2.51

解: 运动方程的积分形式

$$\iiint \left(\boldsymbol{F} - \frac{\mathrm{d}\boldsymbol{V}}{\mathrm{d}t} \right) \rho \mathrm{d}\tau = -\iint p_n \mathrm{d}s$$

$$\iiint \boldsymbol{r} \times \left(\boldsymbol{F} - \frac{\mathrm{d}\boldsymbol{V}}{\mathrm{d}t} \right) \rho \mathrm{d}\tau = -\iint \boldsymbol{r} \times \boldsymbol{p}_n \mathrm{d}s$$

$$\iint \boldsymbol{r} \times \boldsymbol{p}_n \mathrm{d}s = \iint_s \boldsymbol{r} \times (\boldsymbol{p}_x n_x + \boldsymbol{p}_y n_y + \boldsymbol{p}_z n_z) \mathrm{d}s = \iint_s (\boldsymbol{r} \times \boldsymbol{p}_x n_x + \boldsymbol{r} \times \boldsymbol{p}_y n_y + \boldsymbol{r} \times \boldsymbol{p}_z n_z) \mathrm{d}s$$

$$\iint \boldsymbol{r} \times \boldsymbol{p}_n \mathrm{d}s = \iiint_\tau \left(\frac{\partial \boldsymbol{r} \times \boldsymbol{p}_x}{\partial x} + \frac{\partial \boldsymbol{r} \times \boldsymbol{p}_y}{\partial y} + \frac{\partial \boldsymbol{r} \times \boldsymbol{p}_z}{\partial z} \right) \mathrm{d}\tau$$

$$= \iiint_\tau \left\{ \left[\boldsymbol{r} \times \left(\frac{\partial \boldsymbol{p}_x}{\partial x} + \frac{\partial \boldsymbol{p}_y}{\partial y} + \frac{\partial \boldsymbol{p}_z}{\partial z} \right) \right] + \left(\frac{\partial \boldsymbol{r}}{\partial x} \times \boldsymbol{p}_x \right) \right.$$

$$\left. + \left(\frac{\partial \boldsymbol{r}}{\partial y} \times \boldsymbol{p}_y \right) + \left(\frac{\partial \boldsymbol{r}}{\partial z} \times \boldsymbol{p}_z \right) \right\} \mathrm{d}\tau$$

但

$$\frac{\partial \boldsymbol{r}}{\partial x} = \boldsymbol{i}, \frac{\partial \boldsymbol{r}}{\partial y} = \boldsymbol{j}, \frac{\partial \boldsymbol{r}}{\partial z} = \boldsymbol{k} (\because \boldsymbol{r} = \boldsymbol{i}x + \boldsymbol{j}y + \boldsymbol{k}z)$$

运动方程为

$$\boldsymbol{F} - \frac{\mathrm{d}\boldsymbol{V}}{\mathrm{d}t} = -\frac{1}{\rho} \left(\frac{\partial \boldsymbol{p}_x}{\partial x} + \frac{\partial \boldsymbol{p}_y}{\partial y} + \frac{\partial \boldsymbol{p}_z}{\partial z} \right)$$

$$\therefore \iint_s (\boldsymbol{r} \times \boldsymbol{p}_n) \mathrm{d}s = \iiint_\tau \left\{ -\left[\boldsymbol{r} \times \left(\boldsymbol{F} - \frac{\mathrm{d}\boldsymbol{V}}{\mathrm{d}t} \right) \right] \mathrm{d}\tau + [(\boldsymbol{i} \times \boldsymbol{p}_x) + (\boldsymbol{j} \times \boldsymbol{p}_y) + (\boldsymbol{k} \times \boldsymbol{p}_z)] \right\} \mathrm{d}\tau$$

上式等式左边与等式右边第一项抵消, 所以:

$$\boldsymbol{i} \times \boldsymbol{p}_x + \boldsymbol{j} \times \boldsymbol{p}_y + \boldsymbol{k} \times \boldsymbol{p}_z = 0$$

$$i \times p_x = i \times (p_{xx}i + p_{xy}j + p_{xz}k) = p_{xy}k - p_{xz}j$$

$$j \times p_y = j \times (p_{yx}i + p_{yy}j + p_{yz}k) = -p_{yx}k + p_{yz}i$$

$$k \times p_z = k \times (p_{zx}i + p_{zy}j + p_{zz}k) = p_{zx}j - p_{zy}i$$

$$\therefore p_{xy}k - p_{xz}j - p_{yx}k + p_{yz}i + p_{zx}j - p_{zy}i = 0$$

$$\because i \times p_x + j \times p_y + k + p_z = 0$$

$$\therefore (p_{yz} - p_{zy})i + (p_{zx} - p_{xz})j + (p_{xy} - p_{yx})k = 0$$

$$\therefore p_{yz} = p_{zy}, p_{zx} = p_{xz}, p_{xy} = p_{yx}$$

3.2.52

解:

取控制体如答图 3.2.52 虚线所示, 相对控制体的速度为 $V - u = 100 - 30 = 70\mathrm{ft/s}$, 沿 x 方向进入控制体, 而以 $V - u = 70\mathrm{ft/s}$ 沿图示方向离开, 作用于流体上的力由定常流动动量方程决定。

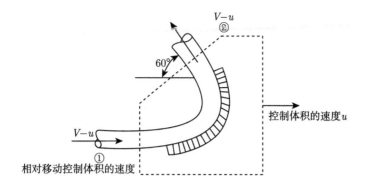

答图 3.2.52

x 方向

$$F_x = \dot{m}(V_{2x} - V_{1x})$$

式中, $\dot{m}$ 为相对控制表面的质量流量, 且

$$\dot{m} = \rho A(V - u)$$

在 x 方向进入和离开控制体的速度为

$$V_{1x} = V - u, \quad V_{2x} = -(V - u)\cos 60^\circ$$

代入动量方程

$$\begin{aligned} F_x &= \rho A(V - u)\left[-(V - u)\cos 60^\circ - (V - u)\right] \\ &= -\rho A(V - u)^2 (\cos 60^\circ + 1) \\ &= -2531.04\text{N} \end{aligned}$$

作用在流体上, 即 $F_x = 2531.04\text{N}$ 作用在叶片上。

y 方向

$$F_y = \dot{m}(V_{2y} - V_{1y})$$

沿 y 方向进入和和离开控制体的速度为

$$V_{1y} = 0, \quad V_{2y} = (V - u)\sin 60^\circ$$

代入上式

$$\begin{aligned} F_y &= \rho A(V - u)[(V - u)\sin 60^\circ - 0] \\ &= \rho A(V - u)^2 \sin 60^\circ \\ &= 1463.47\text{N} \end{aligned}$$

作用在流体上。所以, $F_y = -1463.47\text{N}$ 作用在叶片上。

作用在叶片上合力的数值为

$$|\boldsymbol{F}| = (F_x^2 + F_y^2)^{\frac{1}{2}} = 2926.93\text{N}$$

$$\theta = \arctan\left(-\frac{329}{569}\right) = -30°$$

因 F_y 为正, 而 F_x 为负, 选择 $150°$ 方向。

3.2.53

解:

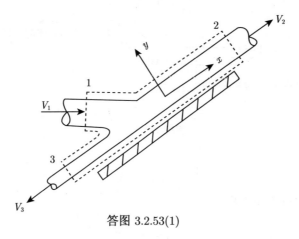

答图 3.2.53(1)

选控制体如答图 3.2.53(1) 所示, 流体在截面 1 处流入, 在 2, 3 处流出, 流体进入的质量通量应等于流出的质量通量。

$$\rho A_1 V_j = \rho A_2 V_2 + \rho A_3 V_3$$

或者

$$A_1 V_j = A_2 V_2 + A_3 V_3$$

在 1 及 2 之间, 1 及 3 之间沿流线写出伯努利方程

$$\frac{p_1}{\rho} + \frac{1}{2}V_j^2 = \frac{p_2}{\rho} + \frac{1}{2}V_2^2$$

$$\frac{p_1}{\rho} + \frac{1}{2}V_j^2 = \frac{p_3}{\rho} + \frac{1}{2}V_3^2$$

其中未计所有的高度变化。

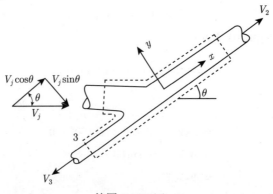

答图 3.2.53(2)

若假定在截面 1, 2, 3 处压力均为大气压力, 则有

$$V_j = V_2 = V_3$$

由此则得

$$A_1 = A_2 + A_3$$

x 方向的动量方程

$$F_x = 0 = \rho A_2 V_2^2 - \rho A_3 V_3^2 - \rho A_1 V_j^2 \cos\theta$$

所以

$$A_1 \cos\theta = A_2 - A_3$$

$$A_2 = \frac{1}{2}(1 + \cos\theta)A_1$$

$$A_3 = \frac{1}{2}(1 - \cos\theta)A_1$$

y 方向动量方程

$$F_y = \rho A_1 V_j^2 \sin\theta$$

代入数据

$$F_y = (62.4/32.2)(1.0/144)(100)^2 \sin\theta = 135 \sin\theta \text{lbf}$$

即

$$F_y = 135 \sin\theta \text{lbf} = 600\text{N}$$

3.2.54

解: 取控制体积附于叶片上, 即随叶片运动, 由于 (叶片) 控制体积以匀速运动, 故

$$\sum \boldsymbol{F} = \frac{\mathrm{d}(M\boldsymbol{V})}{\mathrm{d}t} = \frac{\partial}{\partial t}(M\boldsymbol{V}) + \int_{C.S.} \boldsymbol{V}(\rho\boldsymbol{V} \cdot \mathrm{d}\boldsymbol{A})$$

可以应用, 其中一切速度均相对于运动坐标系而测量的, 由于流场为自由射流, 所以唯一作用于流体的力是由叶片所施加的, 因此有

$$F_x = \int_{C.S.} \boldsymbol{V}_x(\rho\boldsymbol{V}_m\mathrm{d}\boldsymbol{A}) = -V_x\rho V_x A + 0$$
$$\phantom{F_x = \int_{C.S.} \boldsymbol{V}_x(\rho\boldsymbol{V}_m\mathrm{d}\boldsymbol{A}) = } \text{流入} \qquad \text{流出}$$

式中, F_x 是作用于流体上在 x 方向的力, V_x 是流入的射流相对于运动坐标系的速度, 在此题中应有

$$V_x = V_{\text{对流}} + V_{\text{叶片}}$$

$$F_x = -\rho V_x^2 A = -\rho(V_{\text{对流}} + V_{\text{叶片}})^2 A$$

即叶片作用于流体的力沿 x 负向, 反之, 流体作用于叶片以一相等但方向相反之力. 因叶片与射流上, 沿射流之法向 y 方向, 不存在力的作用. 当叶片运动方向与射流相同时, 有 $V_x = V_{\text{对流}} - V_{\text{叶片}}$。

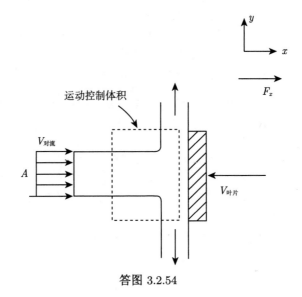

答图 3.2.54

也就是说，流体相对于运动的控制体积的速度将比射流速度小，若叶片以等于射流的速度离开射流，则 $V_x = V_{对流} - V_{叶片} = 0$，对叶片沿射流方向运动的情况，叶片作用于流体的力为 $F_x = -\rho(V_{对流} - V_{叶片})^2 A$，当 $V_{叶片}$ 保持固定时，$V_{叶片} = 0$，则有 $F_x = -\rho V_{对流}^2 A$。

3.2.55

解：

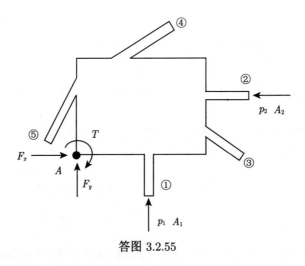

答图 3.2.55

在管①及②处的速度和力为

$$V_1 = V_2 = \frac{Q}{A} = \frac{0.332}{\left(\dfrac{\pi}{4}\right)(0.25)^2} = 6.56\text{m/s}$$

$$F_1 = F_2 = (32000\text{N/m}^2)\left[\left(\frac{\pi}{4}\right)(0.25)^2\text{m}^2\right] = 1571\text{N}$$

通过管③, ④, ⑤的流量分别为

$$Q_3 = (8) \times \left(\frac{\pi}{4}\right)(0.15)^2 = 0.141 \mathrm{m}^3/\mathrm{s}$$

$$Q_4 = Q_5 = (8) \times \left(\frac{\pi}{4}\right)(0.2)^2 = 0.251 \mathrm{m}^3/\mathrm{s}$$

x 方向的动量方程为

$$F_x - F_2 = (\rho Q_3 V_3 \sin 45^\circ + \rho Q_4 V_4 \cos 30^\circ - \rho Q_5 V_5 \sin 20^\circ)_{\mathrm{out}} - (-\rho Q_2 V_2)_{\mathrm{in}}$$

由于在 A 点力和力矩的方向是未知的, 在答图 3.2.55 中, 假定作用在控制体积上是正方向, 为保持各项的符号原有的情况。在上式中将流出的动量与流入的动量分别用括号括起, 与每一项联系的特有符号都在括号内, 均按其方向标出。

$$F_x - 1571\mathrm{N} = \left[(1000\mathrm{kg/m}^3)(0.141\mathrm{m}^3/\mathrm{s})(8\sin 45^\circ \mathrm{m/s}) + (1000)(0.251)(8\cos 30^\circ)\right]$$

$$- (1000)(0.251)(8\sin 20^\circ) - \left[-(1000)(0.332)(6.56)\right]$$

$$= 5599\mathrm{N}$$

类似地, 在 y 方向有

$$F_y + 1571\mathrm{N} = \left[-(1000\mathrm{kg/m}^3)(0.141\mathrm{m}^3/\mathrm{s})(8\cos 45^\circ \mathrm{m/s}) + (1000)(0.251)(8\sin 30^\circ)\right]$$

$$- (1000)(0.251)(8\cos 20^\circ) - \left[(1000)(0.332)(6.56)\right]$$

$$= -5429\mathrm{N}$$

由于这些力分量是作用在水上, 所以由水作用在铰链上的力

$$F = \sqrt{F_x^2 + F_y^2} = 7799\mathrm{N}, \theta = \arctan\left(\frac{5429}{5599}\right) = 44.1^\circ$$

式中, θ 为 F 与 F_x 的夹角。

动量矩方程可写为

$$T - F_1 \times 2.0 - F_2 \times 2.5$$

$$= [\rho Q_3 V_3 \sin 45^\circ \times 0.5 + \rho Q_3 V_3 \cos 45^\circ \times 5.6 + \rho Q_4 V_4 \cos 30^\circ \times 5.0$$

$$- \rho Q_4 V_4 \sin 30^\circ \times 3.0 - \rho Q_5 V_5 \cos 20^\circ \times 1.0]_{\mathrm{out}} - [\rho Q_1 V_1 \times 2.0 - \rho Q_2 V_2 \times 2.5]_{\mathrm{in}}$$

所以

$$T = 2.5 \times 10^4 \mathrm{N} \cdot \mathrm{m}$$

方向如答图 3.2.55 所示, 这是作用于水上的力矩, 故水作用于铰链上之力矩具有逆时针方向。

3.2.56

解: 如答图 3.2.56 所示, 考虑以 O 为中心, 半径分别为 r_1, r_2 的圆环, 由连续性方程

$$2\pi r_1 c_{1m} \rho = 2\pi r_2 c_{2m} \rho$$

所以

$$r_1 c_{1m} = r_2 c_{2m} \tag{1}$$

一般

$$rc_m = c \qquad (2)$$

又因为

$$M = \rho Q(c_{2u} r_2 - c_{1u} r_1)$$

M 为作用于流体的力矩，按题意

$$M = 0$$

所以

$$c_{2u} r_2 - c_{1u} r_1 = 0$$
$$c_{2u} r_2 = c_{1u} r_1$$

一般

$$rc_u = c$$

由式 (1) 和式 (2)

$$c_m / c_u = c$$

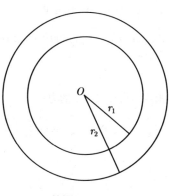

答图 3.2.56

3.2.57

解：将火箭的内部视为一控制体积，因在燃烧时间内火箭以一竖直加速度向上飞行，故所选定的控制体积为非惯性控制体积，在此问题中应注意采用惯性坐标，将基准定于地面。应用

$$F_y = \oiint\limits_{C.S.} V(\rho \boldsymbol{V} \cdot \mathrm{d}\boldsymbol{A}) + \frac{\partial}{\partial t} \iiint\limits_{C.V.} V \rho \mathrm{d}\tau \qquad (1)$$

令时间 t 时，火箭的速度为 $\boldsymbol{V}$，则作用在控制体积上的总作用力为

$$F_y = -mg + (p_e - p_a)A_e - kt$$

式中，m 为 t 时火箭本身和燃料的总质量，A_e 是出口处喷嘴的面积。

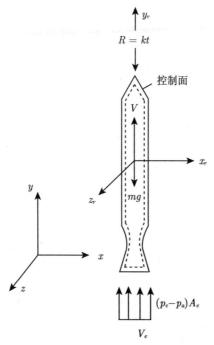

答图 3.2.57

显然 $m = m_0 - \dot{m}t$，两动量项可用下式表示：

$$\oiint\limits_{C.S.} V(\rho \boldsymbol{V} \cdot \mathrm{d}\boldsymbol{A}) = \oiint\limits_{A_0} V(\rho \boldsymbol{V} \cdot \mathrm{d}\boldsymbol{A}) = (V - V_e)\dot{m}\boldsymbol{j}$$

$(V - V_e)\boldsymbol{j}$ 为地面所观察的喷出气体的速度。

$$\frac{\partial}{\partial t} \oiint\limits_{C.V.} V\rho \mathrm{d}V = \boldsymbol{j}\frac{\partial}{\partial t}(mV) = \left(V\frac{\partial m}{\partial t} + m\frac{\partial V}{\partial t}\right)\boldsymbol{j} = \left[V(-\dot{m}) + (m_0 - \dot{m}t)\frac{\partial V}{\partial t}\right]\boldsymbol{j}$$

将所得结果代入式 (1) 中，可得飞行方向的动量方程

$$-(m_0 - \dot{m}t)g + (p_e - p_a)A_e - kt = (V - V_e)\dot{m} + V(-\dot{m}) + (m_0 - \dot{m}t)\frac{\partial V}{\partial t} \qquad (2)$$

将式 (2) 化简可得

$$\frac{\partial V}{\partial t} = \dot{m}V_e/(m_0 - \dot{m}t) + (p_e - p_a)A_e/(m_0 - \dot{m}t) - kt/(m_0 - \dot{m}t) - g$$

将上式积分，并代入初始条件

$$t = 0, V = 0$$

得在燃烧期间

$$\begin{aligned}
V &= V_e \ln\frac{m_0}{m_0 - \dot{m}t} + \frac{(p_e - p_a)A_e}{\dot{m}} \ln\frac{m_0}{m_0 - \dot{m}t} - \left(-\frac{kt}{\dot{m}} + \frac{km_0}{\dot{m}^2}\ln\frac{m_0}{m_0 - \dot{m}t}\right) \\
&= \left[V_e + \frac{(p_e - p_a)A_e}{\dot{m}} + \left(\frac{km_0}{\dot{m}^2}\right)\right]\ln\frac{m_0}{m_0 - \dot{m}t} + \left(\frac{k}{\dot{m}} - g\right)t
\end{aligned}$$

由火箭的引擎产生的推进力称为推力，由上面的计算可知，火箭的推力等于动量流出率 $V\dot{m}$ 和出口处压力 $(p_e - p_a)A_e$ 的和，动量流出率 $V\dot{m}$ 常写作 $V_e\rho V_e A_e$，它的量纲为 $\mathrm{MLT^{-2}}$。

3.2.58

解：

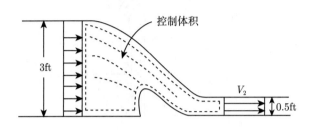

答图 3.2.58(1)

作用在堰上的总力，可根据选定的控制体积写出 x 方向的动量方程而得。图中所示的 F_x 为堰对流水的作用总力，而所求作用在堰上的力为 F_x 的反力。

为了简化问题，将设其任一水渠的断面上的水流均为等速，并将介于两端截面之间的水四壁所产生的摩擦阻力忽略不计，因水流为 x 方向，所以液体静压力分布于控制体积的两端截面。

根据上述假设和分析，在 x 方向的动量方程可写成下式：

$$\gamma y_{1c}A_1 - \gamma y_{2c}A_2 + F_x = \rho V_2^2 A_2 - \rho V_1^2 A_1$$

如答图 3.2.58(2) 所示上式中的下标 1,2 分别表水流在控制面上流入和流出的两个断面。

水流经控制体积的连续性方程为

$$A_1 V_1 = V_2 A_2$$

将已知的数值代入动量方程可得

$$V_2 = \frac{A_1}{A_2}V_1 = 12\mathrm{ft/s}$$

$$F_x = -6965.92\mathrm{N}$$

故作用在堰上的力为 6965.92N。

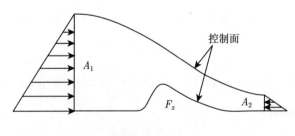

答图 3.2.58(2)

3.2.59

解：

选定管道断面 1 与 2 之间管的内部为控制体积，为虚线所包围。答图 3.2.59(2) 中的 F_R 表示管壁作用于液体的摩擦力，所以所求的摩擦阻力为 $(-F_R)$，F_R 可由经过控制体积，在 z 方向的动量方程求得。因

由控制面中断面 2 流出速度不均匀，所以必须用积分法求其动量方程，可写成

$$p_1 A - p_2 A + F_R = \iint_A \rho V_z^2 \mathrm{d}A - \rho V_1^2 \mathrm{d}A$$

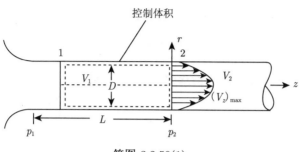

答图 3.2.59(1)

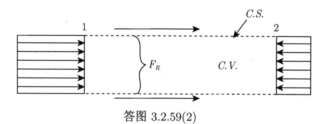

答图 3.2.59(2)

为了求 F_R，必须先把 V_z 表示成已知量的函数，由解析几何，对于断面 2 处的抛物线状速度分布函数而言，其 V_z 为

$$V_z = (V_z)_{\max}(1 - 4r^2/D^2)$$

式中，$(V_z)_{\max}$ 为在管轴上的最大速度，$(V_z)_{\max}$ 之值可由连续性方程求解

$$V_1 \times \frac{\pi D^2}{4} = \int_0^{D/2} V_z \cdot 2\pi r \mathrm{d}r = \int_0^{D/2} (V_z)_{\max}(1 - 4r^2/D^2) \cdot 2\pi r \mathrm{d}r = (V_z)_{\max} \pi \frac{D^2}{8}$$

所以

$$(V_z)_{\max} = 2V_1$$

所以

$$V_z = 2V_1(1 - 4r^2/D^2)$$

将已知各量代入动量方程可得

$$p_1 \frac{\pi D^2}{4} - p_2 \frac{\pi D^2}{4} + F_R = \int_0^{D/2} \rho \left[2V_1(1 - 4r^2/D^2)\right] 2\pi r \mathrm{d}r - \rho V_1^2 \frac{\pi D^2}{4}$$

积分、化简并移项可得

$$F_R = -(p_1 - p_2)\frac{\pi D^2}{4} + \frac{1}{12}\pi D^2 \rho V_1^2$$

3.2.60

解：

(a) 由于传递给叶片的功率 P 等于沿运动方向的叶片所受的力与叶片速度的乘积，即

$$P = F_x V_v$$

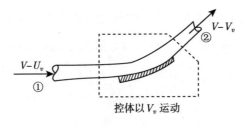

答图 3.2.60

流体作用于叶片的力可以由叶片运动控制体的动量方程求得, 即

$$F_x = \dot{m}(V_{2x} - V_{1x})$$

对流体而言, 相对控制体有

$$\dot{m} = \rho A(V - V_v)$$

$$V_{2x} = (V - V_v)\cos 60^\circ, V_{1x} = V - V_v$$

所以

$$
\begin{aligned}
F_x &= \rho A(V - V_v)\left[(V - V_v)\cos 60^\circ - (V - V_v)\right] \\
&= \rho A(V - V_v)^2(\cos 60^\circ - 1) \\
&= (62.4/32.2)(100/12 - 40/12)^2(\cos 60^\circ - 1) \\
&= -6.48\text{lbf} \\
&= -28.8\text{N}
\end{aligned}
$$

所以 $F_x = 28.8$N 作用于叶片, 故对叶片提供的功率为

$$P = F_x V_v = 6.48 \times 40 = 259\text{ft} \cdot \text{lbf/s} = 0.472\text{hp} = 346.9\text{W}$$

　　(b) 离开叶片的速度, 即为流体相对于叶片的速度叠加上叶片的速度。流体离开叶片的绝对速度的 x 分量

$$V_{2x} = V_{x相对} + V_v = (100 - 40)\cos 60^\circ + 40 = 70\text{ft/s}$$

y 分量

$$V_{2y} = (100 - 40)\sin 60^\circ = 51.9\text{ft/s}$$

所以

$$|\boldsymbol{V}_2| = \left(V_{2x}^2 + V_{2y}^2\right)^{\frac{1}{2}} = \left(70^2 + 51.9^2\right)^{\frac{1}{2}} = 87.2\text{ft/s}$$

$$\theta = \arctan\left(\frac{51.9}{70}\right) = 36.6^\circ$$

3.3 能量方程

3.3.1

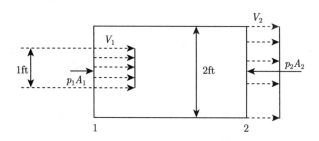

答图 3.3.1

解：截面 1 和 2 之间的控制体积如答图 3.3.1 所示，假定速度分布也标在图上，在截面 1 处，不是在整个截面上为常数，这是由于膨胀时产生了分离区，如同射流进入大气一样，射流在截面 1 处必须具有与周围空气相同的压力，因此压力 p_1 将在整个截面上为常数，在收缩处的涡旋不携带动量进入或者离开此截面，这正是能量损失的主要原因。

由动量方程有

$$p_1 A_1 - p_2 A_2 = (\rho Q V)_2 - (\rho Q V)_1$$

$$p_1 - p_2 = \frac{\rho Q}{A_2}(V_2 - V_1)$$

而已知

$$Q = 3.40 \mathrm{m^3/s}$$

$$\rho = 4.04 \mathrm{kg/m^3}$$

$$V_1 = \frac{3.40}{\pi \times (0.3)^2/4} = 46.57 \mathrm{m/s}$$

$$V_2 = \frac{3.40}{\pi \times (0.6)^2/4} = 11.64 \mathrm{m/s}$$

$$p_1 - p_2 = 477.84 \mathrm{Pa}$$

由于在截面 1 处的速度比 2 处高，所以 1 处的压力较低，由于在气流中总头难以观察，现将总头 H 及其各成分均乘以 γ，因此有

$$H\gamma = p + \gamma y + \frac{\rho V^2}{2}$$

因为 H 是每单位质量流体的能量，而上式中 $H\gamma$ 表示单位体积流体的能量，在两截面间的能量损失为

$$\Delta(H\gamma) = \left(p_1 + \gamma y_1 + \frac{\rho V_1^2}{2}\right) - \left(p_2 + \gamma y_2 + \frac{\rho V_2^2}{2}\right)$$

即

$$\Delta(H\gamma) = (p_1 - p_2) + \frac{\rho}{2}(V_1^2 - V_2^2) = 714.85 \mathrm{Pa}$$

对应的功率损失为

$$\Delta P = \Delta(H\gamma) \cdot Q = 714.85 \times 3.40 = 2430.98 \mathrm{W}$$

虽然计算了压力差，但在一给定截面处的压力没有定出。由于管之摩擦产生的附加损失未考虑在内。在很短收缩长度内，它与这里计算的膨胀损失相比是很小的。

3.3.2

解:

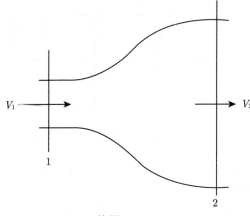

答图 3.3.2

由理想气体状态方程, 计算两截面处的密度

$$\rho = \frac{p}{RT}$$

由定常流之连续性方程可得 p_2, V_2 间的关系式

$$\rho_1 V_1 A_1 = \frac{p_1}{RT_1} V_1 A_1 = \rho_2 V_2 A_2 = \frac{p_2}{RT_1} V_2 A_2$$

或

$$p_2 = p_1 \frac{V_1 A_1}{V_2 A_2}$$

类似地, 由伯努利方程也可得 p_2, V_2 间的关系式, 从而可以解出 p_2, V_2。

$$\int_1^2 \frac{\mathrm{d}p}{\rho} + \frac{V_2^2 - V_1^2}{2} + g(z_2 - z_1) = 0$$

$$RT_1 \ln \frac{p_2}{p_1} = \frac{V_1^2 - V_2^2}{2}$$

代入上边所得 p_2 之表达式

$$RT_1 \ln \left(\frac{V_1 A_1}{V_2 A_2} \right) = \frac{V_1^2 - V_2^2}{2}$$

应用能量方程计算维持气体恒温所需供给的热量。

$$\frac{\mathrm{d}}{\mathrm{d}t}(\tilde{Q}) = p_1 A_1 V_1 \left[(h_2 - h_1) + \frac{V_2^2 - V_1^2}{2} + g(z_2 - z_1) \right]$$

此处 $h_2 - h_1 = 0 (T = c$ 且 $z_2 - z_1 \approx 0)$。

3.3.3

解: 选择控制体积, 使其表面包含这种参数为已知截面, 如答图 3.3.3 所示在控制体积之入口处水池的表面, 其上压力为大气压力, 流速可略, 控制体积之出口取在建筑物处, 此处之流动及压力亦为已知。解此类题的依据是定常流动的能量方程

$$\frac{\mathrm{d}}{\mathrm{d}t}(\tilde{Q} - W) = \left[\left(h_2 + \frac{V_2^2}{2} + gz_2 \right) - \left(h_1 + \frac{V_1^2}{2} + gz_1 \right) \right] pAV$$

其中

$$h = u + \frac{p}{\rho}$$

此题中有条件

$$\tilde{Q} = 0, h_2 - h_1 = \frac{p_2 - p_1}{\rho}$$

因为

$$u_2 - u_1 = 0, \rho = c$$

故有

$$-\frac{\mathrm{d}W}{\mathrm{d}t} = \rho A V \left[\left(\frac{p_2}{\rho} + \frac{V_2^2}{2} + gz_2 \right) - \left(\frac{p_1}{\rho} + \frac{V_1^2}{2} + gz_1 \right) \right]$$

此处，$p_2 = p_1 = $ 大气压，水的质量流量为

$$\dot{m} = 50\mathrm{kg/s}$$

$$V_2 = \frac{\dot{m}}{\rho A^2} = 6.366\mathrm{m/s}$$

因此

$$-\frac{\mathrm{d}W}{\mathrm{d}t} = 50.06\mathrm{kW}$$

负号表示功率是外界对流体所做的。

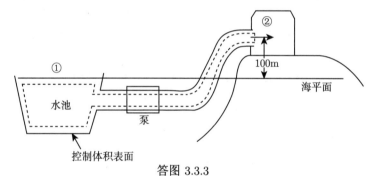

答图 3.3.3

3.3.4

解：由能量方程

$$\frac{\mathrm{d}}{\mathrm{d}t}(\tilde{Q} - W) = \frac{\partial E}{\partial t} + \int_{C.S.} \left(h + \frac{V^2}{2} + gz \right) \rho V_n \mathrm{d}A$$

对定常绝热流，则有

$$-\frac{\mathrm{d}W}{\mathrm{d}t} = \int_{C.S.} \left(h + \frac{V^2}{2} + gz \right) \rho V_n \mathrm{d}A$$

当对问题中气体流应用时，与焓变成动能的变化相较，势能的任何改变均可略去，因此

$$-\frac{\mathrm{d}W}{\mathrm{d}t} = \left[\left(\frac{V_2^2}{2} + h_2 \right) - \left(\frac{V_1^2}{2} + h_1 \right) \right] \times 40\mathrm{kg/s}$$

$$= \left[c_p(T_2 - T_1) + \frac{V_2^2 - V_1^2}{2} \right] \times 40\mathrm{kg/s}$$

$$= -1.3 \times 10^4 \mathrm{kJ/s}$$

或

$$输出功率 = 1.3 \times 10^4 \text{kW}$$

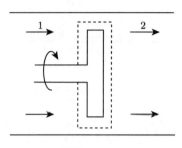

答图 3.3.4

3.3.5

解：注意一有限体积为 τ，表面积为 σ 的运动流块。按照能量守恒定理知其总能量 (机械能和内能的总和) 的个别变化，应等于外力和包围流体 (应力) 对该流块所做的功率以及流块从外界所获得热量，即

$$\frac{\mathrm{d}}{\mathrm{d}t}\int_\tau \left(c_V T + \frac{V^2}{2}\right)\rho\mathrm{d}\tau = \int_\tau (\boldsymbol{f}\cdot\boldsymbol{V})\rho\mathrm{d}\tau + \oint_\sigma (\boldsymbol{p}_n\cdot\boldsymbol{V})d\sigma + \int_\tau q\rho\mathrm{d}\tau$$

由高斯定理，上式化为

$$\frac{\mathrm{d}}{\mathrm{d}t}\int_\tau \left(c_V T + \frac{V^2}{2}\right)\rho\mathrm{d}\tau = \int_\tau (\boldsymbol{f}\cdot\boldsymbol{V})\rho\mathrm{d}\tau + \int_\tau \nabla\cdot(\boldsymbol{p}_n\cdot\boldsymbol{V})\mathrm{d}\tau + \int_\tau \rho q\mathrm{d}\tau$$

$$\frac{\partial}{\partial t}\int_\tau \left(c_V T + \frac{V^2}{2}\right)\rho\mathrm{d}\tau + (\boldsymbol{V}\cdot\nabla)\int_\tau \left(c_V T + \frac{V^2}{2}\right)\rho\mathrm{d}\tau = \int_\tau (\boldsymbol{f}\cdot\boldsymbol{V})\rho\mathrm{d}\tau + \int_\tau \nabla\cdot(\boldsymbol{p}_n\cdot\boldsymbol{V})\mathrm{d}\tau + \int_\tau \rho q\mathrm{d}\tau$$

3.3.6

解：因射流流入大气，所以作用于射流表面的压力为常数，假定为一维流动，且射流内之压力为常数，并等于大气压力。

$$\frac{p_1 - p_0}{\rho} + \frac{V_1^2 - V_0^2}{2} + gh = 0$$

其中

$$p_1 = p_0 = p_a$$

所以

$$V_1^2 = -2gh + V_0^2 \tag{1}$$

为确定平衡高度 h，在该处射流以速度 V_1 作用于板上的力与板和物之重力 Mg 相平衡，应用动量方程

$$F_y = -Mg = -\rho A_1 V_1^2$$

式中，F_y 为作用于控制体内流体上的沿 y 正向的力。

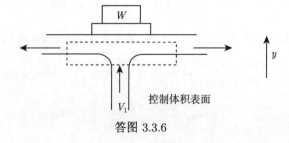

答图 3.3.6

将上边所得 V_1 代入表达式, 代入式 (1) 得

$$\frac{Mg}{\rho A_1} = V_0^2 - 2gh$$

或

$$h = \frac{1}{2g}\left(V_0^2 - \frac{Mg}{\rho A_1}\right)$$

此处 A_1 是射流在高为 h 处的截面积, 尚待确定。

为确定 A_1, 应用连续性方程

$$V_0 A_0 = V_1 A_1 \tag{2}$$

式中, A_0 是在喷嘴出口处射流截面积, 将 $V_1 = \sqrt{V_0^2 - 2gh}$ 代入式 (2), 可得

$$V_0 A_0 = \sqrt{V_0^2 - 2gh}A_1$$

所以

$$A_1 = \frac{A_0}{\sqrt{1 - 2gh/V_0^2}}$$

代入 h 之表达式

$$h + \frac{1}{2g}\frac{Mg}{\rho A_0}\sqrt{1 - 2gh/V_0^2} - \frac{V_0^2}{2g} = 0$$

解出

$$h = \frac{V_0^2}{2g} - \frac{1}{2g}\left(\frac{Mg}{\rho A_0 V_0}\right)^2$$

3.4 应力与应变

3.4.1

解:

参见正文图 3.3.3, $\boldsymbol{p}_n$ 为面元 ABC 所受应力, $\boldsymbol{p}_x$ 为面元 MAB 所受应力, $\boldsymbol{p}_y$ 为面元 MBC 所受应力, $\boldsymbol{p}_z$ 为面元 MAC 所受应力。

即 $\boldsymbol{p}_n = \alpha\boldsymbol{p}_x + \beta\boldsymbol{p}_y + \gamma\boldsymbol{p}_z$ 将 ABC 面元所受应力分解为三个垂直面元所受应力。

$\boldsymbol{i}p_{nx}$ 表示 $\boldsymbol{p}_n$ 在 x 方向的分量; $\boldsymbol{j}p_{ny}$ 表示 $\boldsymbol{p}_n$ 在 y 方向的分量; $\boldsymbol{k}p_{nz}$ 表示 $\boldsymbol{p}_n$ 在 z 方向的分量。

所以 $\boldsymbol{p}_n = \boldsymbol{i}p_{nx} + \boldsymbol{j}p_{ny} + \boldsymbol{k}p_{nz}$ 是将 $\boldsymbol{p}_n$ 分解为三个方向的向量。

3.4.2

解: 由于 $\nabla \cdot \boldsymbol{V} = 0$, 所以其满足不可压缩流体条件。

$$p_{ij} = -p\delta_{ij} + 2\mu\frac{\partial u_i}{\partial x_j}$$

若 $i = j$, 则

$$p_{xx} = -p = p_{yy} = p_{zz}$$

若 $i \neq j$, 则

$$p_{xy} = \mu\left(\frac{\partial u}{\partial y} + \frac{\partial v}{\partial x}\right) = \mu(2 + 1) = 3\mu$$

$$p_{yz} = \mu\left(\frac{\partial w}{\partial y} + \frac{\partial v}{\partial z}\right) = \mu(4 + 3) = 7\mu$$

$$p_{xz} = \mu\left(\frac{\partial w}{\partial x} + \frac{\partial u}{\partial z}\right) = \mu(2 + 3) = 5\mu$$

即

$$p_{xy} = 0.024\text{Pa}$$
$$p_{xz} = 0.04\text{Pa}$$
$$p_{yz} = 0.056\text{Pa}$$

3.4.3

解:

$$\nabla \cdot \boldsymbol{V} = 10xyz + 6xyz - 16xyz = 0$$

所以满足不可压缩流体条件。

$$p_{ii} = -p + 2\mu \frac{\partial u_i}{\partial x_i}, \ p_{ij} = \mu \left(\frac{\partial u_i}{\partial x_j} + \frac{\partial u_j}{\partial x_i} \right)$$

$$p_{xx} = -p + 2\mu \cdot 10xyz = -p + 20\mu xyz$$

$$p_{yy} = -p + 2\mu \cdot 6xyz = -p + 12\mu xyz$$

$$p_{zz} = -p + 2\mu \cdot (-16xyz) = -p - 32\mu xyz$$

$$p_{xy} = \mu \left(\frac{\partial v}{\partial x} + \frac{\partial u}{\partial y} \right) = \mu(3y^2 z + 5x^2 z) = \mu(3y^2 + 5x^2)z$$

$$p_{yz} = \mu \left(\frac{\partial w}{\partial y} + \frac{\partial v}{\partial z} \right) = \mu(-8xz^2 + 3xy^2) = \mu(-8z^2 + 3y^2)x$$

$$p_{zx} = \mu \left(\frac{\partial u}{\partial z} + \frac{\partial w}{\partial x} \right) = \mu(-8yz^2 + 5x^2 y) = \mu(-8z^2 + 5x^2)y$$

在点 $(2, 4, -6)$ 处

$$p_{xx} = -(p + 10272)\text{Pa}$$
$$p_{yy} = -(p + 6163.2)\text{Pa}$$
$$p_{zz} = -(p + 16435.2)\text{Pa}$$

$$p_{xy} = -2910.4\text{Pa}$$
$$p_{yz} = -1712\text{Pa}$$
$$p_{xz} = -4622.4\text{Pa}$$

3.4.4

解:

$$\nabla \cdot \boldsymbol{V} = m + ln = 0 \Rightarrow m = -ln$$

即为不可压缩流体流动。

$$p_{ij} = \begin{cases} -p + 2\mu \dfrac{\partial u_i}{\partial x_i}, \ i = j \\ \mu \left(\dfrac{\partial u_i}{\partial x_j} + \dfrac{\partial u_j}{\partial x_i} \right), \ i \neq j \end{cases}$$

$$p_{xy} = \mu \left(\frac{\partial u}{\partial y} + \frac{\partial v}{\partial x} \right) = \mu(mn + l) = \mu l(1 - n^2)$$

$$p_{yz} = p_{zx} = 0$$

$$p_{11} = -p + 2\mu m = -p - 2\mu nl$$

$$p_{22} = -p + 2\mu nl$$

$$p_{33} = -p$$

$$\boldsymbol{p}_n = (\alpha, \beta, \gamma) \begin{bmatrix} -p - 2\mu nl & \mu l(1 - n^2) & 0 \\ \mu l(1 - n^2) & -p + 2\mu nl & 0 \\ 0 & 0 & -p \end{bmatrix}$$

$$= (-\alpha(p + 2\mu nl) + \beta\mu l(1 - n^2), \alpha\mu l(1 - n^2) + \beta(-p + 2\mu nl), -\gamma p)$$

$$p_{nn} = -\alpha^2(p + 2\mu nl) + \beta^2(-p + 2\mu nl) - \gamma^2 p + 2\alpha\beta\mu l(1 - n^2)$$

3.4.5

解：

① $u = kz, \nabla \cdot \boldsymbol{V} = 0$

所以

$$p_{ij} = -p\delta_{ij} + 2\mu A_{ij}$$

$$\begin{cases} p_{zx} = \mu\left(\dfrac{\partial u}{\partial z} + \dfrac{\partial w}{\partial x}\right) = \mu\dfrac{\mathrm{d}u}{\mathrm{d}z} = \mu k \\[3mm] p_{zy} = \mu\left(\dfrac{\partial v}{\partial z} + \dfrac{\partial w}{\partial y}\right) = 0 \\[3mm] p_{zz} = -p + 2\mu\dfrac{\partial w}{\partial z} = -p \end{cases}$$

上板处：

板对水之剪切力：$p_{zx}|_{z=h} = \mu k = 10k\mathrm{N/m}^2$

水对板之剪切力：$p_{-zx}|_{z=h} = -p_{zx}|_{z=h} = -\mu k = -10k\mathrm{N/m}^2$

下板处：

水对板之剪切力：$p_{zx}|_{z=0} = \mu k = 10k\mathrm{N/m}^2$

板对水之剪切力：$p_{-zx}|_{z=0} = -p_{zx}|_{z=0} = -\mu k = -10k\mathrm{N/m}^2$

② $u = k\sin z, \nabla \cdot \boldsymbol{V} = 0$

$$p_{zx} = \mu\frac{\mathrm{d}u}{\mathrm{d}z} = \mu k\cos z$$

上板处：

板对水之剪切力：$p_{zx}|_{z=\frac{h}{2}} = \mu k\cos z|_{z=\frac{h}{2}} = \mu k\cos\dfrac{h}{2}$

水对板之剪切力：$p_{-zx}|_{z=\frac{h}{2}} = -p_{zx}|_{z=\frac{h}{2}} = -\mu k\cos\dfrac{h}{2}$

下板处：

板对水之剪切力：$p_{-zx}|_{z=-\frac{h}{2}} = -p_{zx}|_{z=-\frac{h}{2}} = -\mu k\cos z|_{z=-\frac{h}{2}} = -\mu k\cos\dfrac{h}{2}$

水对板之剪切力：$p_{zx}|_{z=-\frac{h}{2}} = -p_{zx}|_{z=-\frac{h}{2}} = \mu k\cos\dfrac{h}{2}$

$z = 0$ 处，上层流体对下层流体之剪应力：

$$p_{zx}|_{z=0} = \mu k\cos z|_{z=0} = \mu k$$

下层流体对上层流体之剪应力：

$$p_{-zx}|_{z=0} = -p_{zx}|_{z=0} = -\mu k\cos z|_{z=0} = -\mu k$$

3.4.6

解：① 上平板面作用在单位面积的流体上的阻力为

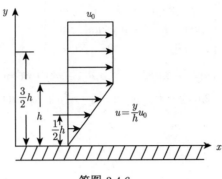

答图 3.4.6

$$p_{-yx} = \tau = -\mu \frac{\mathrm{d}u}{\mathrm{d}y}\bigg|_{y=0} = -\mu \frac{u_0}{h}$$

所以在板上的总阻力为

$$f_D = p_{-yx}\big|_{y=0}^{2lb} = \tau \cdot 2lb = -\mu \frac{u_0}{h} \cdot 2lb$$

② y 正向的流体对负向流体的作用力 (单位面积上的) 为

$$f = p_{yx}\big|_{y=\frac{h}{2}} = \mu \frac{\mathrm{d}u}{\mathrm{d}y}\bigg|_{y=\frac{h}{2}} = \mu \frac{u_0}{h}$$

即上层流体对下层流体的作用。

同样 y 负向流体对正向的作用为

$$f = p_{-yx}\big|_{y=\frac{h}{2}} = -p_{yx}\big|_{y=\frac{h}{2}} = -\mu \frac{u_0}{h}$$

③ 因为 $y > h$ 时, $u = u_0$ 为常数。

所以

$$\mu \frac{\mathrm{d}u}{\mathrm{d}y} = \mu \cdot 0 = 0$$

即在 $y > h$ 处无内摩擦。

3.4.7

解:

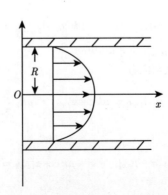

答图 3.4.7

$$\nabla \cdot \mathbf{V} = \frac{V_r}{r} + \frac{\partial V_r}{\partial r} + \frac{1}{r} \frac{\partial V_\theta}{\partial \theta} + \frac{\partial V_z}{\partial z} = 0$$

$$\because V_r = V_\theta = 0, V_z = u = u(r)$$

$$p_{r\theta} = p_{\theta z} = 0, p_{zz} = p_{rr} = p_{\theta\theta} = -p$$

$$p_{rz} = p_{rx} = \mu \left(\frac{\partial V_z}{\partial r} + \frac{\partial V_r}{\partial z} \right)$$

$$p_{rx} = \mu \frac{\mathrm{d}u}{\mathrm{d}r} = -2\mu c r$$

① $f_D\big|_{r=R} = -2\mu c R \cdot 2\pi R \cdot 1 = -4\pi c R^2 \mu$ (沿 x 负向)

② $f_D\big|_{r=\frac{1}{2}R} = -2\mu c \frac{R}{2} \cdot 2\pi \frac{R}{2} \cdot 1 = -\pi c R^2 \mu$ (上层对下层作用的内摩擦力沿 x 负向)

3.4.8

解:

$$p_{nn} = \alpha^2 p_{xx} + \beta^2 p_{yy} + \gamma^2 p_{zz} + 2\alpha\beta p_{xy} + 2\beta\gamma p_{yz} + 2\gamma\alpha p_{zx}$$

$$\therefore p_{nn} = \frac{3}{4}(5x + 7y^2) + \frac{1}{4}(9xy - 4y^2) - 3\sqrt{3}x^2$$

$$p_{nn} = \mathbf{n} \cdot (p_{ij})$$

$$= \left(\frac{\sqrt{3}}{2}, \frac{1}{2}, 0 \right) \begin{bmatrix} 5x + 7y^2 & -6x^2 & 0 \\ -6x^2 & 9xy - 4y^2 & 0 \\ 0 & 0 & 0 \end{bmatrix}$$

$$= \left(\frac{\sqrt{3}}{2}(5x + 7y^2) - 3x^2, -3\sqrt{3}x^2 + \frac{1}{2}(9xy - 4y^2), 0 \right)$$

$$= \left[\frac{\sqrt{3}}{2}(5x + 7y^2) - 3x^2 \right] \mathbf{i} + \left[-3\sqrt{3}x^2 + \frac{1}{2}(9xy - 4y^2) \right] \mathbf{j}$$

或

$$p_{nn} = \mathbf{n} \cdot \mathbf{p}_n$$

$$= \frac{3}{4}(5x + 7y^2) - \frac{3\sqrt{3}}{2}x^2 + \frac{1}{4}(9xy - 4y^2) - \frac{3\sqrt{3}}{2}x^2$$

$$= \frac{3}{4}(5x + 7y^2) + \frac{1}{4}(9xy - 4y^2) - 3\sqrt{3}x^2$$

3.4.9

解:

由

$$\sigma_{ij} = -\left(p + \frac{2}{3}\mu\nabla \cdot \mathbf{V} \right) \mathbf{I} + 2\mu A_{ij}$$

可得

$$\left(p + \frac{2}{3}\mu\nabla \cdot \mathbf{V} \right) = -\sigma_{yy} + 2\mu \frac{\partial v}{\partial y} = 85.4 \text{N/m}^2$$

$$u = 5x^2y, v = 3xyz, w = -8xz^2$$

$$\frac{\partial u}{\partial x}\bigg|_M = 10xy\big|_M = 80; \quad \frac{\partial u}{\partial y}\bigg|_M = 5x^2\big|_M = 20; \quad \frac{\partial u}{\partial z}\bigg|_M = 0;$$

$$\frac{\partial v}{\partial x}\bigg|_M = 3yz\big|_M = -72; \quad \frac{\partial v}{\partial y}\bigg|_M = 3xz\big|_M = -36; \quad \frac{\partial v}{\partial z}\bigg|_M = 3xy\big|_M = 24;$$

$$\frac{\partial w}{\partial x}\bigg|_M = -8z^2\big|_M = -288; \quad \frac{\partial w}{\partial y}\bigg|_M = 0; \quad \frac{\partial w}{\partial z}\bigg|_M = -16xz\big|_M = 192;$$

$$p_{yy} = -\left[p + \frac{2}{3}\mu(10xy - 13xz)\right] + 6\mu xz$$

所以

$$p_{yy} = -85.4 + 6 \times 0.144 \times 2 \times (-6) = -95.76\text{N/m}^2$$

$$p_{xx} = -\left[p + \frac{2}{3}\mu(10xy - 13xz)\right] + 20\mu xy$$

$$p_{xx}|_{(2,4,-6)} = -62.36\text{N/m}^2$$

$$p_{zz}|_{(2,4,-6)} = -30.1\text{N/m}^2$$

3.4.10

解:

设 $\boldsymbol{p}_1, \boldsymbol{p}_2, \boldsymbol{p}_3$ 是三个正交面元上的应力，且与对应面元法向平行，即主应力，取主应力方向的新坐标轴 x', y', z'。又设原坐标轴矢量在新坐标系中方向余弦分别为 $x(\alpha_1, \beta_1, \gamma_1), y(\alpha_2, \beta_2, \gamma_2), z(\alpha_3, \beta_3, \gamma_3)$。则按应力定义，$\boldsymbol{p}_x, \boldsymbol{p}_y, \boldsymbol{p}_z$ 均可用主应力表示。

$$\begin{cases} \boldsymbol{p}_x = \alpha_1\boldsymbol{p}_1 + \beta_1\boldsymbol{p}_2 + \gamma_1\boldsymbol{p}_3 \\ \boldsymbol{p}_y = \alpha_2\boldsymbol{p}_1 + \beta_2\boldsymbol{p}_2 + \gamma_2\boldsymbol{p}_3 \\ \boldsymbol{p}_z = \alpha_3\boldsymbol{p}_1 + \beta_3\boldsymbol{p}_2 + \gamma_3\boldsymbol{p}_3 \end{cases}$$

写出分量形式

$$\boldsymbol{p}_x \begin{cases} p_{xx} = \alpha_1^2 p_1 + \beta_1^2 p_2 + \gamma_1^2 p_3 \\ p_{xy} = \alpha_1\alpha_2 p_1 + \beta_1\beta_2 p_2 + \gamma_1\gamma_2 p_3 \\ p_{xz} = \alpha_1\alpha_3 p_1 + \beta_1\beta_3 p_2 + \gamma_1\gamma_3 p_3 \end{cases}$$

$$\boldsymbol{p}_y \begin{cases} p_{yx} = \alpha_1\alpha_2 p_1 + \beta_1\beta_2 p_2 + \gamma_1\gamma_2 p_3 \\ p_{yy} = \alpha_2^2 p_1 + \beta_2^2 p_2 + \gamma_2^2 p_3 \\ p_{yz} = \alpha_2\alpha_3 p_1 + \beta_2\beta_3 p_2 + \gamma_2\gamma_3 p_3 \end{cases}$$

$$\boldsymbol{p}_z \begin{cases} p_{zx} = \alpha_3\alpha_1 p_1 + \beta_3\beta_1 p_2 + \gamma_3\gamma_1 p_3 \\ p_{zy} = \alpha_3\alpha_2 p_1 + \beta_3\beta_2 p_2 + \gamma_3\gamma_2 p_3 \\ p_{zz} = \alpha_3^2 p_1 + \beta_3^2 p_2 + \gamma_3^2 p_3 \end{cases}$$

比较各分量得

$$\begin{cases} p_{xy} = p_{yx} \\ p_{yz} = p_{zy} \\ p_{xz} = p_{zx} \end{cases}$$

物理意义: p_{xy} 是右侧流体通过单位面元作用在左侧流体上的黏滞力在 y 方向投影。

$$p_{xy} = \mu\left(\frac{\partial v}{\partial x} + \frac{\partial u}{\partial y}\right) = p_{yx}$$

3.4.11

解: 由于均匀变形，所以流体质点沿各个方向的变形量是相等的，因而根据牛顿黏性定理可知应力在各个方向的分量也是相等的，所以应力主轴均为 $(\alpha, \beta, \gamma) = \left(\dfrac{\sqrt{3}}{3}, \dfrac{\sqrt{3}}{3}, \dfrac{\sqrt{3}}{3}\right)$。

3.4.12

解: ① 设存在主应力 $\boldsymbol{\delta}$，则

$$\boldsymbol{\delta} = \boldsymbol{p}_x\alpha + \boldsymbol{p}_y\beta + \boldsymbol{p}_z\gamma$$

根据主应力定义，(α, β, γ) 既是 δ 的方向余弦，又是 δ 所作用的小面元的方向余弦。将上式写成分量形式

$$\begin{cases} \delta_x = \delta\alpha = \alpha p_{xx} + \beta p_{yx} + \gamma p_{zx} \\ \delta_y = \delta\beta = \alpha p_{xy} + \beta p_{yy} + \gamma p_{zy} \\ \delta_z = \delta\gamma = \alpha p_{xz} + \beta p_{yz} + \gamma p_{zz} \end{cases}$$

即

$$\begin{cases} 0 = \alpha(p_{xx} - \delta) + \beta p_{yx} + \gamma p_{zx} \\ 0 = \alpha p_{xy} + \beta(p_{yy} - \delta) + \gamma p_{zy} \\ 0 = \alpha p_{xz} + \beta p_{yz} + \gamma(p_{zz} - \delta) \end{cases} \tag{1}$$

方程组有非零解的条件为

$$\begin{vmatrix} p_{xx} - \delta & p_{yx} & p_{zx} \\ p_{xy} & p_{yy} - \delta & p_{zy} \\ p_{xz} & p_{yz} & p_{zz} - \delta \end{vmatrix} = 0 \tag{2}$$

　　根据线性代数知识，因行列式相应非对角元素相等，所以只有实根，设 δ 的三个实根为 $\delta_1, \delta_2, \delta_3$，将 $\delta_1, \delta_2, \delta_3$ 分别代入方程，并解方程 (1)，可得三组方向余弦 $(\alpha_1, \beta_1, \gamma_1)$，$(\alpha_2, \beta_2, \gamma_2)$，$(\alpha_3, \beta_3, \gamma_3)$。沿这三组方向余弦确定的直线的应力是与这些应力所在的作用面元垂直的。

　　写出三个主应力在各方向的分量形式

$$\begin{cases} \delta_1\alpha_1 = \alpha_1 p_{xx} + \beta_1 p_{yx} + \gamma_1 p_{zx} \\ \delta_1\beta_1 = \alpha_1 p_{xy} + \beta_1 p_{yy} + \gamma_1 p_{zy} \\ \delta_1\gamma_1 = \alpha_1 p_{xz} + \beta_1 p_{yz} + \gamma_1 p_{zz} \end{cases}$$

$$\begin{cases} \delta_2\alpha_2 = \alpha_2 p_{xx} + \beta_2 p_{yx} + \gamma_2 p_{zx} \\ \delta_2\beta_2 = \alpha_2 p_{xy} + \beta_2 p_{yy} + \gamma_2 p_{zy} \\ \delta_2\gamma_2 = \alpha_2 p_{xz} + \beta_2 p_{yz} + \gamma_2 p_{zz} \end{cases}$$

$$\begin{cases} \delta_3\alpha_3 = \alpha_3 p_{xx} + \beta_3 p_{yx} + \gamma_3 p_{zx} \\ \delta_3\beta_3 = \alpha_3 p_{xy} + \beta_3 p_{yy} + \gamma_3 p_{zy} \\ \delta_3\gamma_3 = \alpha_3 p_{xz} + \beta_3 p_{yz} + \gamma_3 p_{zz} \end{cases}$$

分别以 $\alpha_2, \beta_2, \gamma_2$ 乘以第一组中各方程，以 $-\alpha_1, -\beta_1, -\gamma_1$ 乘以第二组中各方程，然后相加，则

$$(\delta_1 - \delta_2)(\alpha_1\alpha_2 + \beta_1\beta_2 + \gamma_1\gamma_2) = 0$$

若 $\delta_1 \neq \delta_2$，则 $\alpha_1\alpha_2 + \beta_1\beta_2 + \gamma_1\gamma_2 = 0$，即 δ_1, δ_2 的作用面无互相垂直，同理可证另外两组的垂直关系。

　　② 由 $p_{xx} + p_{yy} + + p_{zz} = \delta_1 + \delta_2 + \delta_3$，知作用在与三坐标轴垂直的小面元上的法应力之和为坐标变换不变量。

　　即

$$3p_{nn} = \delta_1 + \delta_2 + \delta_3$$

若

$$\delta_1 \geqslant \delta_2 \geqslant \delta_3$$

则

$$\delta_1 \geqslant P_{nn} \geqslant \delta_3$$

故证明之。

3.4.13

解：

(1) 仅作 p_x：

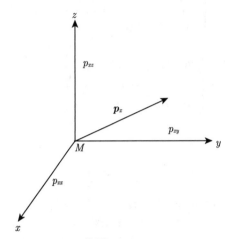

答图 3.4.13

(2) p_{xx} 表示作用在该方向为 x 的面元上的应力在 x 轴上的投影。

p_{xy} 表示作用在该方向为 y 的面元上的应力在 y 轴上的投影。

p_{xz} 表示作用在该方向为 z 的面元上的应力在 z 轴上的投影。

τ_{xy} 表示作用在该方向为 x 的面元上的应力在 y 轴上的投影。

τ_{yx} 表示作用在该方向为 y 的面元上的应力在 x 轴上的投影。

τ_{zx} 表示作用在该方向为 z 的面元上的应力在 x 轴上的投影。

τ_{xz} 表示作用在该方向为 x 的面元上的应力在 z 轴上的投影。

τ_{yz} 表示作用在该方向为 y 的面元上的应力在 z 轴上的投影。

τ_{zy} 表示作用在该方向为 z 的面元上的应力在 y 轴上的投影。

3.4.14

解：在黏性流体中，应力与变形速度成比例。遵循广义牛顿定律。理想流体压力是作用在物体表面上沿负法线方向的表面应力。黏性流体压力是三个主应力的算术平均值。

$$p = -\frac{p_1 + p_2 + p_3}{3} = -\frac{p_{xx} + p_{yy} + p_{zz}}{3}$$

符号的规定是以拉力为正，压力为负。在黏性流体中作用在物体表面上沿法线方向上的表面应力是法向应力 p_{nn}，而不是黏性流体压力 p。

3.4.15

解：

$$
\begin{aligned}
\boldsymbol{f}_\sigma &= \nabla \cdot \boldsymbol{p} \\
&= \left(\frac{\partial}{\partial x}\boldsymbol{i} + \frac{\partial}{\partial y}\boldsymbol{j} + \frac{\partial}{\partial z}\boldsymbol{k}\right)(\boldsymbol{ii}p_{xx} + \boldsymbol{ij}p_{xy} + \boldsymbol{ik}p_{xz} + \boldsymbol{ji}p_{yx} \\
&\quad + \boldsymbol{jj}p_{yy} + \boldsymbol{jk}p_{yz} + \boldsymbol{ki}p_{zx} + \boldsymbol{kj}p_{zy} + \boldsymbol{kk}p_{zz}) \\
&= \frac{\partial}{\partial x}(\boldsymbol{i}p_{xx} + \boldsymbol{j}p_{xy} + \boldsymbol{k}p_{xz}) + \frac{\partial}{\partial y}(\boldsymbol{i}p_{yx} + \boldsymbol{j}p_{yy} + \boldsymbol{k}p_{yz}) + \frac{\partial}{\partial z}(\boldsymbol{i}p_{zx} + \boldsymbol{j}p_{zy} + \boldsymbol{k}p_{zz}) \\
&= \frac{\partial \boldsymbol{p}_x}{\partial x} + \frac{\partial \boldsymbol{p}_y}{\partial y} + \frac{\partial \boldsymbol{p}_z}{\partial z}
\end{aligned}
$$

或

$$f_\sigma = \nabla \cdot \boldsymbol{p}$$
$$= \left(\frac{\partial}{\partial x} \boldsymbol{i} + \frac{\partial}{\partial y} \boldsymbol{j} + \frac{\partial}{\partial z} \boldsymbol{k} \right) (\boldsymbol{i} \boldsymbol{p}_x + \boldsymbol{j} \boldsymbol{p}_y + \boldsymbol{k} \boldsymbol{p}_z)$$
$$= \frac{\partial \boldsymbol{p}_x}{\partial x} + \frac{\partial \boldsymbol{p}_y}{\partial y} + \frac{\partial \boldsymbol{p}_z}{\partial z}$$

其中

$$\nabla = \left(\frac{\partial}{\partial x}, \frac{\partial}{\partial y}, \frac{\partial}{\partial z} \right)$$

$$\boldsymbol{p} = \begin{bmatrix} p_{xx} & p_{xy} & p_{xz} \\ p_{yx} & p_{yy} & p_{yz} \\ p_{zx} & p_{zy} & p_{zz} \end{bmatrix}$$

或者

$$\boldsymbol{f}_\sigma = \nabla \cdot \boldsymbol{p}$$
$$= \left(\frac{\partial}{\partial x}, \frac{\partial}{\partial y}, \frac{\partial}{\partial z} \right) \begin{bmatrix} p_{xx} & p_{xy} & p_{xz} \\ p_{yx} & p_{yy} & p_{yz} \\ p_{zx} & p_{zy} & p_{zz} \end{bmatrix}$$
$$= \left(\frac{\partial p_{xx}}{\partial x} + \frac{\partial p_{yx}}{\partial y} + \frac{\partial p_{zx}}{\partial z}, \frac{\partial p_{xy}}{\partial x} + \frac{\partial p_{yy}}{\partial y} + \frac{\partial p_{zy}}{\partial z}, \frac{\partial p_{xz}}{\partial x} + \frac{\partial p_{yz}}{\partial y} + \frac{\partial p_{zz}}{\partial z} \right)$$
$$= \boldsymbol{i} \left(\frac{\partial p_{xx}}{\partial x} + \frac{\partial p_{yx}}{\partial y} + \frac{\partial p_{zx}}{\partial z} \right) + \boldsymbol{j} \left(\frac{\partial p_{xy}}{\partial x} + \frac{\partial p_{yy}}{\partial y} + \frac{\partial p_{zy}}{\partial z} \right) + \boldsymbol{k} \left(\frac{\partial p_{xz}}{\partial x} + \frac{\partial p_{yz}}{\partial y} + \frac{\partial p_{zz}}{\partial z} \right)$$
$$= \frac{\partial \boldsymbol{p}_x}{\partial x} + \frac{\partial \boldsymbol{p}_y}{\partial y} + \frac{\partial \boldsymbol{p}_z}{\partial z}$$

3.4.16
解：

$$\boldsymbol{p}_n = \boldsymbol{p}_x \alpha + \boldsymbol{p}_y \beta + \boldsymbol{p}_z \gamma$$
$$\boldsymbol{p} = 2\mu A - (p + \frac{2}{3}\mu \nabla \cdot \boldsymbol{V}) \boldsymbol{I}$$

对于理想流体，$\mu = 0$。

所以应力转变为

$$\boldsymbol{p} = -p\boldsymbol{I} = \begin{bmatrix} p & 0 & 0 \\ 0 & p & 0 \\ 0 & 0 & p \end{bmatrix} = \begin{bmatrix} p_{xx} & 0 & 0 \\ 0 & p_{yy} & 0 \\ 0 & 0 & p_{zz} \end{bmatrix}$$

则

$$p_{xx} = p_{yy} = p_{zz} = p$$
$$p_{12} = p_{21} = p_{13} = p_{31} = p_{23} = p_{32} = 0$$

证明在理想流体时

$$\boldsymbol{p}_{xx} = p_{xx}\boldsymbol{i}, \ \boldsymbol{p}_{yy} = p_{yy}\boldsymbol{i}, \ \boldsymbol{p}_{zz} = p_{zz}\boldsymbol{i}, \ \boldsymbol{p}_n = p_n\boldsymbol{n}$$
$$\boldsymbol{p}_n = p_n n_x \boldsymbol{i} + p_n n_y \boldsymbol{j} + p_n n_z \boldsymbol{k}$$

将这些值代入应力的三个表达式

$$p_{nx} = n_x p_{11}$$
$$p_{ny} = n_y p_{22}$$
$$p_{nz} = n_z p_{33}$$

所以

$$p_x n_x = n_x p_{11}$$
$$p_y n_y = n_y p_{22}$$
$$p_z n_z = n_z p_{33}$$

所以

$$p_{11} = p_{22} = p_{33} = p_n$$

方法二：理想流体证明，应力的切向分量等于 0，即

$$p_{xy} = p_{yx} = p_{yz} = p_{zy} = p_{zx} = p_{xz} = 0$$

应力表示法向的应力。

x 为法向的应力： $\boldsymbol{p}_x = p_{xx}\boldsymbol{i}$

y 为法向的应力： $\boldsymbol{p}_y = p_{yy}\boldsymbol{j}$

z 为法向的应力： $\boldsymbol{p}_z = p_{zz}\boldsymbol{k}$

$\boldsymbol{n}$ 为法向的应力： $\boldsymbol{p}_n = p_n\boldsymbol{n}$

这里 p_n 的大小可以用压力 $-p$ 来表示。

$$\boldsymbol{p}_n = -n_x p\boldsymbol{i} - n_y p\boldsymbol{j} - n_z p\boldsymbol{k}$$

代入

$$\boldsymbol{p}_n = n_x \boldsymbol{p}_x + n_y \boldsymbol{p}_y + n_z \boldsymbol{p}_z$$

则

$$\boldsymbol{p}_n = n_x p_{xx}\boldsymbol{i} + n_y p_{yy}\boldsymbol{j} + n_z p_{zz}\boldsymbol{k}$$

即

$$-n_x p\boldsymbol{i} - n_y p\boldsymbol{j} - n_z p\boldsymbol{k} = n_x p_{xx}\boldsymbol{i} + n_y p_{yy}\boldsymbol{j} + n_z p_{zz}\boldsymbol{k}$$

所以

$$-p = p_{xx} = p_{yy} = p_{zz}$$

$$\boldsymbol{p} = 2\mu A - \left(p + \frac{2}{3}\mu \nabla \cdot \boldsymbol{V}\right)\boldsymbol{I}$$

由于

$$\mu = 0$$

所以

$$\boldsymbol{p} = -p\boldsymbol{I}$$

左边化为

$$\begin{bmatrix} p_{xx} & 0 & 0 \\ 0 & p_{yy} & 0 \\ 0 & 0 & p_{zz} \end{bmatrix}$$

右边化为

$$
\begin{bmatrix}
p & 0 & 0 \\
0 & p & 0 \\
0 & 0 & p
\end{bmatrix}
$$

所以

$$
p_{xx} = p_{yy} = p_{zz} = -p
$$

当有切向应力出现时

$$
p_{xx} \neq p_{yy} \neq p_{zz}
$$

3.4.17

解：

由于

$$
\Pi = \boldsymbol{ii}p_{xx} + \boldsymbol{ij}p_{xy} + \boldsymbol{ik}p_{xz} + \boldsymbol{ji}p_{yx} + \boldsymbol{jj}p_{yy} + \boldsymbol{jk}p_{yz} + \boldsymbol{ki}p_{zx} + \boldsymbol{kj}p_{zy} + \boldsymbol{kk}p_{zz}
$$

所以

$$
\begin{aligned}
\boldsymbol{p}_n &= \boldsymbol{n} \cdot \Pi \\
&= (\boldsymbol{i}n_x + \boldsymbol{j}n_y + \boldsymbol{k}n_z) \cdot \Pi \\
&= \boldsymbol{i}n_x p_{xx} + \boldsymbol{j}n_x p_{xy} + \boldsymbol{k}n_x p_{xz} + \boldsymbol{i}n_y p_{yx} + \boldsymbol{j}n_y p_{yy} + \boldsymbol{k}n_y p_{yz} + \boldsymbol{i}n_z p_{zx} + \boldsymbol{j}n_z p_{zy} + \boldsymbol{k}n_z p_{zz} \\
&= \boldsymbol{i}\left(n_x p_{xx} + n_y p_{xy} + n_z p_{xz}\right) + \left(n_x p_{yx} + n_y p_{yy} + n_z p_{yz}\right) + \boldsymbol{k}\left(n_x p_{zx} + n_y p_{zy} + n_z p_{zz}\right)
\end{aligned}
$$

3.4.18

解：

$$
p_{ij} = 2\mu A_{ij} \ (i \neq j)
$$

$$
p_{xy} = p_{yx} = \mu\left(\frac{\partial u}{\partial y} + \frac{\partial v}{\partial x}\right) = 3\mu = 0.024 \mathrm{N/m^2}
$$

$$
p_{xz} = p_{zx} = \mu\left(\frac{\partial u}{\partial z} + \frac{\partial w}{\partial x}\right) = 5\mu = 0.04 \mathrm{N/m^2}
$$

$$
p_{yz} = p_{zy} = \mu\left(\frac{\partial v}{\partial z} + \frac{\partial w}{\partial y}\right) = 7\mu = 0.056 \mathrm{N/m^2}
$$

3.4.19

解： 以柱坐标表示流场，则有

$$
V_r = V_\theta = 0, \ V_z = W = F(r, \theta)
$$

于是

$$
\nabla \cdot \boldsymbol{V} = \frac{V_r}{r} + \frac{\partial V_r}{\partial r} + \frac{1}{r}\frac{\partial V_\theta}{\partial \theta} + \frac{\partial V_z}{\partial z} = 0
$$

即流体为不可压缩的

$$
\begin{cases}
p_{rr} = -p + 2\mu \dfrac{\partial V_r}{\partial r} \\[2mm]
p_{\theta\theta} = -p + 2\mu \left(\dfrac{V_r}{r} + \dfrac{1}{r}\dfrac{\partial V_\theta}{\partial \theta} \right) \\[2mm]
p_{zz} = -p + 2\mu \left(\dfrac{\partial V_z}{\partial z} \right) \\[2mm]
p_{r\theta} = \mu \left(\dfrac{1}{r}\dfrac{\partial V_r}{\partial \theta} + \dfrac{\partial V_\theta}{\partial r} - \dfrac{V_\theta}{r} \right) \\[2mm]
p_{\theta z} = \mu \left(\dfrac{\partial V_\theta}{\partial z} + \dfrac{1}{r}\dfrac{\partial V_z}{\partial \theta} \right) \\[2mm]
p_{zr} = \mu \left(\dfrac{\partial V_z}{\partial r} + \dfrac{\partial V_r}{\partial z} \right)
\end{cases}
\Rightarrow
\begin{cases}
p_{rr} = -p = p_{\theta\theta} = p_{zz} \\[2mm]
p_{r\theta} = 0 \\[2mm]
p_{\theta z} = \mu \dfrac{1}{r}\dfrac{\partial V_z}{\partial \theta} = \mu \dfrac{1}{r}\dfrac{\partial F}{\partial \theta} \\[2mm]
p_{zr} = \mu \dfrac{\partial V_z}{\partial r} = \mu \dfrac{\partial F}{\partial r}
\end{cases}
$$

$$
(p_{ij}) =
\begin{bmatrix}
-p & 0 & \mu \dfrac{\partial F}{\partial r} \\[2mm]
0 & -p & \mu \dfrac{1}{r}\dfrac{\partial F}{\partial \theta} \\[2mm]
\mu \dfrac{\partial F}{\partial r} & \mu \dfrac{1}{r}\dfrac{\partial F}{\partial \theta} & -p
\end{bmatrix}
$$

$$
\begin{aligned}
\boldsymbol{p}_n &= (\alpha, \beta, \gamma)\,(p_{ij}) \\
&= \left(-\alpha p + \gamma\mu\dfrac{\partial F}{\partial r},\ -\beta p + \gamma\mu\dfrac{1}{r}\dfrac{\partial F}{\partial \theta},\ \alpha\mu\dfrac{\partial F}{\partial r} + \dfrac{\beta}{r}\mu\dfrac{\partial F}{\partial \theta} - \gamma p \right) \\
&= \boldsymbol{i}_r \left(-\alpha p + \gamma\mu\dfrac{\partial F}{\partial r} \right) + \boldsymbol{i}_\theta \left(-\beta p + \gamma\mu\dfrac{1}{r}\dfrac{\partial F}{\partial \theta} \right) + \boldsymbol{i}_z \left(\alpha\mu\dfrac{\partial F}{\partial r} + \dfrac{\beta}{r}\mu\dfrac{\partial F}{\partial \theta} - \gamma p \right)
\end{aligned}
$$

3.4.20

解:

1 处

$$
p_1 + \rho g z_1 = 250 + 9.81 \times 1.0 \times \frac{1260}{1000} = 262.36 \text{kN/m}^2
$$

2 处, 因为

$$
z_2 = 0
$$

所以

$$
p_2 + \rho g z_2 = 80 \text{kN/m}^2
$$

所以取 2 处为参考点, 则上板向上运动, 流体向下运动, 压力梯度为

$$
\frac{\mathrm{d}p^*}{\mathrm{d}x} = -\frac{(262.36 - 80)}{1 \times \sqrt{2}} = -182.36/\sqrt{2}\,\text{kN/m}
$$

$$
p^* = p + \rho g z = -128.95 \text{kN/m}^2
$$

$$
u = \frac{y}{Y}U - \frac{1}{2\mu}\frac{\mathrm{d}}{\mathrm{d}x}(p + \rho g z)(Y_y - y^2)
$$

$$
u = y\frac{U}{Y} - \frac{1}{2\mu}\frac{\mathrm{d}p^*}{\mathrm{d}x}(Y_y - y^2)
$$

把 $U = -1.5\text{m/s}$ 和 $Y = 0.01\text{m}$ 代入速度场

$$u = \frac{-1.5}{0.01}y + \frac{128.95 \times 10^3}{2 \times 0.9}\left(0.01y - y^2\right) = 566.4y - 71.64 \times 10^3 y^2$$

切应力分布为 $\tau_y = \mu\left(\dfrac{\mathrm{d}u}{\mathrm{d}y}\right)_y$，$\dfrac{\mathrm{d}u}{\mathrm{d}y} = 566.4 - 143.28 \times 10^3 y$

$$\tau_y = 509.76 - 128.95 \times 10^3 y$$

$\dfrac{\mathrm{d}u}{\mathrm{d}y} = 0$ 时，$U = U_{\max}$，由 $\dfrac{\mathrm{d}u}{\mathrm{d}y} = 0$，可得 $y = 0.395 \times 10^{-2}$。

所以，$U_{\max} = 3.36\text{m/s}$。

作用在上板上的切应力为 $\tau_y = \mu\left(\dfrac{\mathrm{d}u}{\mathrm{d}y}\right)_{y=Y} = 0.78\text{kN/m}^2$，这个使板的运动受到阻碍。

3.4.21

解：$u = u(z)$，取六面体 $\mathrm{d}x\mathrm{d}y\mathrm{d}z$，则周围流体通过体元上底面对流体所做功率为

$$(\tau_{zx} \cdot u)_{z+\mathrm{d}z}\mathrm{d}x\mathrm{d}y = \left(\mu\frac{\mathrm{d}u}{\mathrm{d}z} \cdot u\right)_{z+\mathrm{d}z}\mathrm{d}x\mathrm{d}y$$

而通过下底面对体元所做的功率为

$$(\tau_{-zx} \cdot u)\mathrm{d}x\mathrm{d}y = -\left(\mu\frac{\mathrm{d}u}{\mathrm{d}z} \cdot u\right)\mathrm{d}x\mathrm{d}y$$

故对小体元净做功率为

$$\begin{aligned}\frac{\mathrm{d}W_\sigma}{\mathrm{d}t} &= \left[\mu\frac{\mathrm{d}u}{\mathrm{d}z} + \frac{\mathrm{d}}{\mathrm{d}z}\left(\mu\frac{\mathrm{d}u}{\mathrm{d}z}\right)\mathrm{d}z\right]\left(u + \frac{\mathrm{d}u}{\mathrm{d}z}\mathrm{d}z\right)\mathrm{d}x\mathrm{d}y - \mu\frac{\mathrm{d}u}{\mathrm{d}z}u\mathrm{d}x\mathrm{d}y \\ &= \mu\left(\frac{\mathrm{d}u}{\mathrm{d}z}\right)^2\mathrm{d}x\mathrm{d}y\mathrm{d}z + \mu u\frac{\mathrm{d}^2 u}{\mathrm{d}z^2}\mathrm{d}x\mathrm{d}y\mathrm{d}z\end{aligned}$$

又由 N-S 方程

$$\frac{\mathrm{d}u}{\mathrm{d}t} = \frac{\mu}{\rho}\frac{\mathrm{d}^2 u}{\mathrm{d}z^2}$$

$$\frac{\mathrm{d}}{\mathrm{d}t}\left(\frac{1}{2}\rho u^2\right) = \rho u\frac{\mathrm{d}u}{\mathrm{d}t} = u\mu\frac{\mathrm{d}^2 u}{\mathrm{d}z^2}$$

所以单位体积流体动能的变率：

$$\frac{\mathrm{d}}{\mathrm{d}t}\left(\frac{1}{2}\rho u^2\right)\mathrm{d}x\mathrm{d}y\mathrm{d}z = u\mu\frac{\mathrm{d}^2 u}{\mathrm{d}z^2}\mathrm{d}x\mathrm{d}y\mathrm{d}z$$

$$\frac{\mathrm{d}W_\sigma}{\mathrm{d}t} - \frac{\mathrm{d}}{\mathrm{d}z}\left(\frac{1}{2}\rho u^2\right)\mathrm{d}x\mathrm{d}y\mathrm{d}z = \mu\left(\frac{\mathrm{d}u}{\mathrm{d}z}\right)^2\mathrm{d}x\mathrm{d}y\mathrm{d}z$$

$$D = \frac{\dfrac{\mathrm{d}W_\sigma}{\mathrm{d}t}}{\mathrm{d}x\mathrm{d}y\mathrm{d}z} = \mu\left(\frac{\mathrm{d}u}{\mathrm{d}z}\right)^2$$

即单位时间内黏性应力对单位体积流体所做的功部分用来改变流体的动能，部分消耗为热能。所以 $D = \mu\left(\dfrac{\mathrm{d}u}{\mathrm{d}z}\right)^2$ 为单位体积流体在单位时间内的能量耗损。

第 4 章

4.1 基本方程

4.1.1

解: 由

$$\frac{\mathrm{d}\boldsymbol{V}}{\mathrm{d}t} = \boldsymbol{f} - \frac{1}{\rho}\nabla p$$

$$\nabla p = \rho\boldsymbol{f} - \rho\frac{\mathrm{d}\boldsymbol{V}}{\mathrm{d}t}$$

而

$$\frac{\mathrm{d}\boldsymbol{V}}{\mathrm{d}t} = \frac{\partial\boldsymbol{V}}{\partial t} + u\frac{\partial\boldsymbol{V}}{\partial x} + v\frac{\partial\boldsymbol{V}}{\partial y} + w\frac{\partial\boldsymbol{V}}{\partial z}$$

$$= Ax \cdot A\boldsymbol{i} + Ay \cdot A\boldsymbol{j} + 2Az \cdot 2A\boldsymbol{k}$$

$$= A^2(x\boldsymbol{i} + y\boldsymbol{j} + 4z\boldsymbol{k})$$

所以

$$\nabla p = \rho\boldsymbol{f} - \rho A^2(x\boldsymbol{i} + y\boldsymbol{j} + 4z\boldsymbol{k})$$

$$= -\rho\left[A^2(x\boldsymbol{i} + y\boldsymbol{j}) + (4A^2 z + g)\boldsymbol{k}\right]$$

$$= -1000\left[(\boldsymbol{i} + 2\boldsymbol{j}) + (20 + 9.8)\boldsymbol{k}\right]$$

$$= -1000(\boldsymbol{i} + 2\boldsymbol{j} + 29.8\boldsymbol{k})\mathrm{N/m^3}$$

4.1.2

解: 由

$$\frac{\mathrm{d}\boldsymbol{V}}{\mathrm{d}t} = \boldsymbol{f} - \frac{1}{\rho}\nabla p$$

$$\nabla p = \rho\boldsymbol{f} - \rho\frac{\mathrm{d}\boldsymbol{V}}{\mathrm{d}t}$$

$$\frac{\mathrm{d}\boldsymbol{V}}{\mathrm{d}t} = \frac{\partial\boldsymbol{V}}{\partial t} + u\frac{\partial\boldsymbol{V}}{\partial x} + v\frac{\partial\boldsymbol{V}}{\partial y} + w\frac{\partial\boldsymbol{V}}{\partial z}$$

$$= (3x^2 - 2xy)\left[(6x - 2y)\boldsymbol{i} + (-6y)\boldsymbol{j} - y^2\boldsymbol{k}\right] + (y^2 - 6xy + 3yz^2)\left[-2x\boldsymbol{i} + (2y - 6x + 3z^2)\boldsymbol{j} - 2xy\boldsymbol{k}\right]$$

$$\quad - (z^3 + xy^2)\left[6yz\boldsymbol{j} - 3z^2\boldsymbol{k}\right]$$

$$= \boldsymbol{i}(18x^3 - 12x^2 y - 6x^2 y + 4xy^2 - 2xy^2 + 12x^2 y - 6xyz^2)$$

$$\quad + \boldsymbol{j}(-18x^2 y + 12xy^2 + 2y^3 - 12xy^2 + 6y^2 z^2 - 6xy^2$$

$$\quad + 36x^2 y - 18xyz^2 + 3y^2 z^2 - 18xyz^2 + 9yz^4 + 6yz^4 + 6xy^3 z)$$

$$\quad + \boldsymbol{k}(-3x^2 y^2 + 2xy^3 - 2xy^3 + 12x^2 y^2 - 6xy^2 z^2 - 3z^5 - 3xy^2 z^2)$$

$$= \boldsymbol{i}(18x^3 - 6x^2 y + 2xy^2 - 6xyz^2) + \boldsymbol{j}(18x^2 y - 6xy^2 + 9y^2 z^2 + 2y^3 + 6xy^3 z + 15yz^4)$$

$$\quad + \boldsymbol{k}(9x^2 y^2 - 9xy^2 z^2 - 3z^5)$$

$$= \boldsymbol{i}\left[6x^2(3x - y) + 2xy(y - 3z^2)\right] + \boldsymbol{j}\left[6xy(3x - y + y^2 z) + y^2(9z^2 + 2y) + 15yz^4\right]$$

$$\quad + \boldsymbol{k}\left[9xy^2(x - z^2) - 3z^5\right]$$

$$\left.\frac{\mathrm{d}\boldsymbol{V}}{\mathrm{d}t}\right|_{(2,3,1)} = \boldsymbol{i}(24 \cdot 3 + 12 \cdot 0) + \boldsymbol{j}(36 \cdot 12 + 9 \cdot 15 + 15 \cdot 3) + \boldsymbol{k}(162 \cdot 1 - 3)$$

$$=(i72 + j612 + k159)\text{ft/s}^2$$

$$\nabla p = \rho \left(\boldsymbol{f} - \frac{\mathrm{d}\boldsymbol{V}}{\mathrm{d}t} \right)$$
$$= -\rho[g\boldsymbol{k} + (72\boldsymbol{i} + 612\boldsymbol{j} + 159\boldsymbol{k})]$$
$$= -1000[(-10 + 159)\boldsymbol{k} + 72\boldsymbol{i} + 612\boldsymbol{j}]$$
$$= -1000(72\boldsymbol{i} + 612\boldsymbol{j} + 149\boldsymbol{k})\text{Pa/m}$$

4.1.3

解:

由 N-S 方程

$$\frac{\mathrm{d}\boldsymbol{V}}{\mathrm{d}t} = \boldsymbol{f} - \frac{1}{\rho}\nabla p + \frac{\nu}{3}\nabla(\nabla \cdot \boldsymbol{V}) + \nu^2\nabla^2\boldsymbol{V}$$

因为定常不可压, 所以上式化为

$$\nabla(\nabla \cdot \boldsymbol{V}) = \boldsymbol{f} - \frac{1}{\rho}\nabla p + \nu^2\nabla^2\boldsymbol{V}$$

写成分量形式

$$\begin{cases} (\boldsymbol{V} \cdot \nabla)u = -\dfrac{1}{\rho}\dfrac{\partial p}{\partial x} + \nu^2\nabla^2 u \\[2mm] (\boldsymbol{V} \cdot \nabla)v = -\dfrac{1}{\rho}\dfrac{\partial p}{\partial y} + \nu^2\nabla^2 v \\[2mm] (\boldsymbol{V} \cdot \nabla)w = -\dfrac{1}{\rho}\dfrac{\partial p}{\partial z} + \nu^2\nabla^2 w \end{cases}$$

$$\Rightarrow \begin{cases} \dfrac{1}{\rho}\dfrac{\partial p}{\partial x} = \nu\nabla^2 u - (\boldsymbol{V} \cdot \nabla)u = \nu \cdot (0) - (18xy^2 + 60xyt + 25xt^2) = -(18xy^2 + 60xyt + 25xt^2) \\[2mm] \dfrac{1}{\rho}\dfrac{\partial p}{\partial y} = \nu\nabla^2 v - (\boldsymbol{V} \cdot \nabla)v = -\nu \cdot (-6) - (18y^3) = 6\nu - 18y^3 \\[2mm] \dfrac{1}{\rho}\dfrac{\partial p}{\partial z} = \nu\nabla^2 w - (\boldsymbol{V} \cdot \nabla)w = \nu \cdot (0) - (25zt^2) = -25zt^2 \end{cases}$$

$$\begin{cases} \left.\dfrac{\partial p}{\partial x}\right|_{(2,1,-4)} = -(18xy^2 + 60xyt + 25xt^2)\rho = -(36 + 360 + 450) \cdot 1000 = -8.46 \times 10^5 \\[2mm] \left.\dfrac{\partial p}{\partial y}\right|_{(2,1,-4)} = (6\nu - 18y^3)\rho = -18 \cdot 1^3 \cdot 1000 = -1.8 \times 10^4 \\[2mm] \left.\dfrac{\partial p}{\partial z}\right|_{(2,1,-4)} = -25zt^2\rho = -25 \times (-4) \times 3^2 \cdot 1000 = 9 \times 10^5 \end{cases}$$

4.1.4

解:

由 N-S 方程

$$\frac{\mathrm{d}\boldsymbol{V}}{\mathrm{d}t} = \boldsymbol{f} - \frac{1}{\rho}\nabla p + \frac{\nu}{3}\nabla(\nabla \cdot \boldsymbol{V}) + \nu^2\nabla^2\boldsymbol{V}$$

因为定常不可压, 所以上式化为

$$\nabla(\nabla \cdot \boldsymbol{V}) = \boldsymbol{f} - \frac{1}{\rho}\nabla p + \nu^2\nabla^2\boldsymbol{V}$$

写成分量形式

$$
\begin{cases}
(\boldsymbol{V} \cdot \nabla)u = -\dfrac{1}{\rho}\dfrac{\partial p}{\partial x} + \nu^2\nabla^2 u \\[2mm]
(\boldsymbol{V} \cdot \nabla)v = -\dfrac{1}{\rho}\dfrac{\partial p}{\partial y} + \nu^2\nabla^2 v \\[2mm]
(\boldsymbol{V} \cdot \nabla)w = -\dfrac{1}{\rho}\dfrac{\partial p}{\partial z} + \nu^2\nabla^2 w - g
\end{cases}
$$

$$
\Rightarrow
\begin{cases}
\dfrac{1}{\rho}\dfrac{\partial p}{\partial x} = \nu\nabla^2 u - (\boldsymbol{V}\cdot\nabla)u = \nu(16z) - \left[50x^3y^2 + \left(4yz^3 - 8xz^2\right)5x^2\right] \\[2mm]
\dfrac{1}{\rho}\dfrac{\partial p}{\partial y} = \nu\nabla^2 v - (\boldsymbol{V}\cdot\nabla)v = -\nu\left(12z^2 + 12y^2\right) - \left[6\times 12y^3z^4 - 12\left(4yz^3 - 8xz^2\right)6y^2z\right] \\[2mm]
\dfrac{1}{\rho}\dfrac{\partial p}{\partial z} = \nu\nabla^2 w - (\boldsymbol{V}\cdot\nabla)w - g = \nu(24yz - 16x) - \left(24y^2z^5 - 160xyz^4 + 168x^2z^3\right) - g
\end{cases}
$$

$$
\left.\frac{\partial p}{\partial x}\right|_{(1,2,3)} = \mu(16z) - \rho\left[50x^3y^2 + \left(4yz^3 - 8xz^2\right)5x^2\right] = -1.216\times 10^5
$$

$$
\left.\frac{\partial p}{\partial y}\right|_{(1,2,3)} = -\mu\left(12z^2 + 12y^2\right) - \rho\left[6\times 12y^3z^4 - 12\left(4yz^3 - 8xz^2\right)6y^2z\right] = 8.4\times 10^1
$$

$$
\left.\frac{\partial p}{\partial z}\right|_{(1,2,3)} = \mu(24yz - 16x) - \rho\left(24y^2z^5 - 160xyz^4 + 168x^2z^3\right) - \rho g = -3.504\times 10^3
$$

4.1.5

解:

为简化起见, 今考虑 yz 平面上的流动, 流线坐标为 (s,n), 由于流速 $\boldsymbol{V}$ 必须与流线相切, 故有 $\boldsymbol{V} = \boldsymbol{V}(s,t)$, 今对体积为 $\mathrm{d}s\mathrm{d}n\mathrm{d}x$ 流体元应用牛顿第二定律 (不计黏性力), 设体元中心处压力为 p

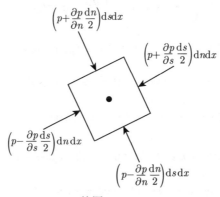

答图 4.1.5

切向分量方程

$$
\left(p - \frac{\partial p}{\partial s}\frac{\mathrm{d}s}{2}\right)\mathrm{d}n\mathrm{d}x - \left(p + \frac{\partial p}{\partial s}\frac{\mathrm{d}s}{2}\right)\mathrm{d}n\mathrm{d}x - \rho g\sin\beta\,\mathrm{d}n\mathrm{d}x\mathrm{d}s = \rho\,\mathrm{d}s\mathrm{d}n\mathrm{d}x\,a_s
$$

式中, β 为流线切向与水平方向的夹角, a_s 为流点沿流线的加速度, 由答图 4.1.5 可知

$$
\sin\beta = \frac{\partial z}{\partial s}
$$

化简上式, 得

$$
-\frac{1}{\rho}\frac{\partial p}{\partial s} - g\frac{\partial z}{\partial s} = a_s
$$

沿任意流线 $V_s = V_s(s, t)$，流点沿流线方向的总加速度为

$$a_s = \frac{\mathrm{d}V_s}{\mathrm{d}t} = \frac{\partial V_s}{\partial t} + V_s \frac{\partial V_s}{\partial s}$$

因为 V 与流线相切，故 V_s 之下标 s 可省略，于是在取 z 轴为竖直向上时，欧拉方程沿流线方向的分量方程为

$$-\frac{1}{\rho}\frac{\partial p}{\partial s} - g\frac{\partial z}{\partial s} = \frac{\partial V}{\partial t} + V\frac{\partial V}{\partial s} \tag{1}$$

对定常流动，且不计质量力，式 (1) 可改写为

$$-\frac{1}{\rho}\frac{\partial p}{\partial s} = V\frac{\partial V}{\partial s} \tag{1$'$}$$

式 (1)$'$ 表明，沿流线速度的减小总是伴随着压力的增加，反之亦然。

法向分量方程

$$\left(p - \frac{\partial p}{\partial n}\frac{\mathrm{d}n}{2}\right)\mathrm{d}s\mathrm{d}x - \left(p + \frac{\partial p}{\partial n}\frac{\mathrm{d}n}{2}\right)\mathrm{d}s\mathrm{d}x - \rho g\cos\beta\mathrm{d}n\mathrm{d}x\mathrm{d}s = \rho a_n\mathrm{d}n\mathrm{d}x\mathrm{d}s$$

式中，β 为法向与竖直方向之夹角，$\cos\beta = \dfrac{\partial z}{\partial n}$，$a_n$ 为流点在法向的加速度，a_n 指向曲率中心，在定常流中，$a_n = -\dfrac{V^2}{R}$，在非定常流中，流型可随时间改变，此时应有：$a_n = -\dfrac{V_s^2}{R} + \dfrac{\partial V_n}{\partial t}$，其中 R 为曲率半径，故有法向分量方程为

$$\frac{1}{\rho}\frac{\partial p}{\partial n} + g\frac{\partial z}{\partial n} = \frac{V^2}{R} - \frac{\partial V_n}{\partial t} \tag{2}$$

对定常流有

$$\frac{1}{\rho}\frac{\partial p}{\partial n} + g\frac{\partial z}{\partial n} = \frac{V^2}{R} \tag{3}$$

对水平面中的定常流，法向分量方程为

$$\frac{1}{\rho}\frac{\partial p}{\partial n} = \frac{V^2}{R} \tag{4}$$

式 (4) 表明，压力沿流线的法向 (但曲率中心向外) 增加，对于流线直线的区域，由于 $R \to \infty$，则沿流线法向无压力的变化。

4.1.6

解：流线坐标系中的欧拉方程

$$\begin{cases} \dfrac{\partial}{\partial s}\left(\dfrac{p}{r} + y\right) = -\dfrac{1}{g}\left[\dfrac{\partial V}{\partial t} + \dfrac{\partial}{\partial s}\left(\dfrac{V^2}{2}\right)\right] \\[3mm] \dfrac{\partial}{\partial n}\left(\dfrac{p}{r} + y\right) = -\dfrac{1}{g}\dfrac{V^2}{r} \end{cases}$$

在没有加速度的情况下，上两式中右端皆为零。所以量 $\left(\dfrac{p}{r} + y\right)$ 在 s 及 n 方向均不变化，也就是 $\left(\dfrac{p}{r} + y\right)$ 在任一点均保持常数。这与静力学压力分布相同。y 为竖直方向。当 $y =$ 常数 (即在某一水平面上)，则 $\dfrac{p}{r}$ 为常数，当 y 增加时，$\dfrac{p}{r}$ 则下降。

4.1.7

解：

①

$$\boldsymbol{V} = -\nabla\varphi = -(2x\boldsymbol{i} + 2y\boldsymbol{j} + 2z\boldsymbol{k})$$

$$\nabla^2\varphi = 2 + 2 + 2 = 6$$

②

$$\boldsymbol{V} = -\nabla\varphi = -[\boldsymbol{i}(2x-1) + \boldsymbol{j}(2y) + \boldsymbol{k}(4)] = -[(2x-1)\boldsymbol{i} + (2y)\boldsymbol{j} + 4\boldsymbol{k}]$$

$$\nabla^2\varphi = 2 + 2 = 4$$

③

$$\boldsymbol{V} = -\nabla\varphi = \frac{-1}{(x+a)^2 - y^2}[2(x+a)\boldsymbol{i} - 2y\boldsymbol{j}] = \frac{2}{(x+a)^2 - y^2}[(x+a)\boldsymbol{i} - 2y\boldsymbol{j}]$$

$$\nabla^2\varphi = \frac{\partial}{\partial x}\left[\frac{2(x+a)}{(x+a)^2 - y^2}\right] + \frac{\partial}{\partial y}\left[\frac{-2y}{(x+a)^2 - y^2}\right]$$

$$= \frac{1}{[(x+a)^2 - y^2]^2} \cdot [4(x+a)^2 - 4y^2] = \frac{4}{(x+a)^2 - y^2}$$

④

$$\boldsymbol{V} = -\nabla\varphi = +\frac{1}{1+(y/x)^2} \cdot \frac{-y}{x^2}\boldsymbol{i} - \left(1 - \frac{1}{1+(y/x)^2} \cdot \frac{1}{x}\right)\boldsymbol{j} = -\frac{y}{x^2+y^2}\boldsymbol{i} - \left(1 - \frac{x}{x^2+y^2}\right)\boldsymbol{j}$$

$$\nabla^2\varphi = \frac{\partial}{\partial x}\left(\frac{y}{x^2+y^2}\right) + \frac{\partial}{\partial y}\left(1 - \frac{x}{x^2+y^2}\right) = 0$$

⑤

$$\boldsymbol{V} = -\nabla\varphi = -\mathrm{e}^x\cos y\boldsymbol{i} + \mathrm{e}^x\sin y\boldsymbol{j}$$

$$\nabla^2\varphi = \mathrm{e}^x\cos y - \mathrm{e}^x\cos y = 0$$

所以④⑤两式所确定的速度场满足连续性方程 $\nabla \cdot \boldsymbol{V} = 0$，即 $\nabla^2\varphi = 0$。

4.1.8

解：取坐标系 $\begin{cases} x' = x - Ut \\ y' = y \end{cases}$，边界曲面为 $y'^2 = k^2x'$，即任一时刻 t，边界面的方程为

$$y^2 = k^2(x - Ut)$$

或者

$$F = y^2 - k^2(x - Ut) = 0$$

由运动学边界条件

$$u\frac{\partial F}{\partial x} + v\frac{\partial F}{\partial y} + w\frac{\partial F}{\partial z} + \frac{\partial F}{\partial t} = 0$$

$$u(-k^2) + v(2y) + k^2U = 0$$

$$-k^2u + 2yv + k^2U = 0$$

$$2yv = k^2(u - U)$$

$$\frac{k^2}{2y} = \frac{v}{u - U}$$

t 时刻固壁曲面为 $F(x, y, z, t) = 0$

$$F(x + \mathrm{d}x, y + \mathrm{d}y, z + \mathrm{d}z, t + \mathrm{d}t)$$

$$= F(x, y, z, t) + \frac{\partial F}{\partial x}\mathrm{d}x + \frac{\partial F}{\partial y}\mathrm{d}y + \frac{\partial F}{\partial z}\mathrm{d}z + \frac{\partial F}{\partial t}\mathrm{d}t$$

$$= 0$$

$$\frac{\partial F}{\partial x}\frac{\mathrm{d}x}{\mathrm{d}t} + \frac{\partial F}{\partial y}\frac{\mathrm{d}y}{\mathrm{d}t} + \frac{\partial F}{\partial z}\frac{\mathrm{d}z}{\mathrm{d}t} + \frac{\partial F}{\partial t} = 0$$

即

$$u\frac{\partial F}{\partial x} + v\frac{\partial F}{\partial y} + w\frac{\partial F}{\partial z} + \frac{\partial F}{\partial t} = 0$$

此式即运动固壁应满足的边界条件，若固壁静止，则 $\frac{\partial F}{\partial t} = 0$，即

$$u\frac{\partial F}{\partial x} + v\frac{\partial F}{\partial y} + w\frac{\partial F}{\partial z} = 0$$

或者

$$V_n\big|_{\sum} = 0$$

固壁法矢量 $\boldsymbol{n}(F_x, F_y, F_z)$。

4.1.9

解：

(1)

$$(x - Ut)^2 + (y - Vt)^2 + (z - Wt)^2 = R^2$$

(2)

$$F = (x - Ut)^2 + (y - Vt)^2 + (z - Wt)^2 - R^2 = 0$$

$$u\frac{\partial F}{\partial x} + v\frac{\partial F}{\partial y} + w\frac{\partial F}{\partial z} + \frac{\partial F}{\partial t} = 0$$

$$u2(x - Ut) + v2(y - Vt) + w2(z - Wt) + 2(x - Ut)(-U) + 2(y - Vt)(-V) + 2(z - Wt)(-W) = 0$$

$$(x - Ut)(u - U) + (y - Vt)(v - V) + (z - Wt)(w - W) = 0$$

4.1.10

解：取 Ox 轴沿管轴方向，并取定坐标原点后，则有

欧拉方程：

$$\frac{\partial v}{\partial t} + v\frac{\partial v}{\partial x} = -\frac{1}{\rho}\frac{\partial p}{\partial x} \tag{1}$$

连续性方程：

$$\frac{\partial \rho}{\partial t} + \frac{\partial(\rho v)}{\partial x} = 0 \tag{2}$$

问题在于组成一个仅包含 v 的方程式，将式 (1) 对 t 微分，有

$$\frac{\partial^2 v}{\partial t^2} + \frac{\partial^2 v}{\partial x \partial t}v + \frac{\partial v}{\partial t}\frac{\partial v}{\partial x} = -\frac{k}{\rho}\frac{\partial^2 \rho}{\partial x \partial t} + \frac{k}{\rho^2}\frac{\partial \rho}{\partial t}\frac{\partial \rho}{\partial x}$$

或者

$$\frac{\partial^2 v}{\partial t^2} + \frac{\partial v}{\partial x}\left(v\frac{\partial v}{\partial t}\right) = -\frac{\partial}{\partial x}\left(\frac{k}{\rho}\frac{\partial \rho}{\partial t}\right)$$

将式 (2) 代入上式可得

$$\frac{\partial^2 v}{\partial t^2} + \frac{\partial}{\partial x}\left(v\frac{\partial v}{\partial t}\right) = \frac{\partial}{\partial x}\left[\frac{k}{\rho}\frac{\partial(\rho v)}{\partial x}\right] = k\frac{\partial^2 v}{\partial x^2} + \frac{\partial}{\partial x}\left(\frac{kv}{\rho}\frac{\partial \rho}{\partial x}\right)$$

其中

$$\frac{kv}{\rho}\frac{\partial \rho}{\partial x} = \frac{v}{\rho}\frac{\partial p}{\partial x} = -v\frac{\partial v}{\partial t} - v^2\frac{\partial v}{\partial x}$$

所以上式有

$$\frac{\partial^2 v}{\partial t^2} + \frac{\partial}{\partial x}\left(2v\frac{\partial v}{\partial t} + v^2\frac{\partial v}{\partial x}\right) = k\frac{\partial^2 v}{\partial x^2}$$

4.1.11

解:

由欧拉方程

$$\frac{\partial v}{\partial t} + v\frac{\partial v}{\partial x} = -\frac{1}{\rho}\frac{\partial p}{\partial x} \tag{1}$$

当 $p = k\rho$ 时，上式为

$$\frac{\partial v}{\partial t} + v\frac{\partial v}{\partial x} = -\frac{k}{\rho}\frac{\partial \rho}{\partial x} \tag{1'}$$

由连续性方程

$$\frac{\partial p}{\partial t} + \frac{\partial(\rho v)}{\partial x} = 0 \tag{2}$$

对 t 微分，得

$$\frac{\partial^2 p}{\partial t^2} + \frac{\partial^2(\rho v)}{\partial x\partial t} = 0 \tag{3}$$

由式 (1)′ 可得

$$\rho\frac{\partial v}{\partial t} = -\left(k\frac{\partial \rho}{\partial x} + \rho v\frac{\partial v}{\partial x}\right) \tag{4}$$

由式 (2) 得

$$v\frac{\partial p}{\partial t} = -v\frac{\partial(\rho v)}{\partial x} = -\left(v^2\frac{\partial \rho}{\partial x} + \rho v\frac{\partial v}{\partial x}\right) \tag{5}$$

将式 (4) 与式 (5) 相加得

$$\frac{\partial(\rho v)}{\partial t} = -\left[2\rho v\frac{\partial v}{\partial x} + (v^2 + k)\frac{\partial \rho}{\partial x}\right] = -\frac{\partial}{\partial x}\left[(v^2 + k)\rho\right] \tag{6}$$

式 (6) 对 x 微分代入式 (3)，则得

$$\frac{\partial^2 \rho}{\partial t^2} = \frac{\partial^2}{\partial x^2}\left[(v^2 + k)\rho\right]$$

4.1.12

解: 略。

4.1.13

解: 略。

4.2 运动积分

4.2.1

解: 根据伯努利方程

$$\frac{V_2^2 - V_1^2}{2} + g(z_2 - z_1) + \frac{p_2 - p_1}{\rho} = 0 \tag{1}$$

和连续性方程求解。

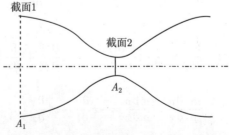

答图 4.2.1

对一维理想流 (在截面 1 和 2 之间), 由式 (1) 可得

$$\frac{p_1 - p_2}{\rho} + g(z_1 - z_2) = \frac{V_2^2 - V_1^2}{2} \tag{2}$$

此处

$$z_1 - z_2 = 0$$

对 $\rho = c$ 的流动, 由连续性方程可得

$$Q = V_1 A_1 = V_2 A_2$$

或者

$$V_1 = \frac{V_2 A_2}{A_1}$$

代入式 (2) 可得

$$\frac{p_1 - p_2}{\rho} = \frac{V_2^2 - V_2^2 (A_2 / A_1)^2}{2}$$

解出 V_2

$$V_2 = \sqrt{\frac{2}{\rho} \frac{p_1 - p_2}{1 - A_2^2 / A_1^2}}$$

因此

$$Q = A_2 \sqrt{\frac{2}{\rho} \frac{p_1 - p_2}{1 - A_2^2 / A_1^2}}$$

4.2.2

解: (1) 由伯努利方程:

$$\frac{p_1 - p_2}{\rho} + g(z_1 - z_2) = \frac{V_2^2 - V_1^2}{2}$$

因为

$$p_1 = p_2 = p_a$$
$$V_1^2 \approx 0, \ A_1 \gg A_2$$

所以

$$V_2 = \sqrt{2gh}$$

(2) 在出口处的速度的数值保持不变, 并由下式给定 (无耗损流动): $V_2 = \sqrt{2gh}$。对 2, 3 二点间应用伯努利方程, 射流升高到最大的位置处, 射流速度 $V_3 = 0$

$$\frac{p_3 - p_2}{\rho} + g(z_3 - z_2) = \frac{V_2^2 - V_3^2}{2}$$

其中

$$p_2 = p_3 = p_a$$

所以

$$gz = \frac{V_2^2}{2}$$

所以

$$V_2^2 = 2gh$$

故有 $gz = gh$, 即 $z = h$。

即如无损耗, 则水射流可达容器开始的水面高度。

如有损耗, 则水射流最大高度将在容器中的水平面之下, 在上述解法中, 应用伯努利方程两次, 一次在 1 和 2 之间, 另一次在 2 与 3 之间, 也可直接在 1 与 3 之间应用伯努利方程来解此问题:

$$\frac{p_1 - p_3}{\rho} + g(z_1 - z_3) = \frac{V_3^2 - V_1^2}{2}$$

其中

$$p_1 = p_3 = p_a, V_1 \approx 0, V_3 = 0, z_1 = z_3$$

此即表示射流达到容器中原水面的高度, 与前结果相同。对无流动发生的特例, 速度为 0, 由伯努利方程可得

$$\frac{p_2 - p_1}{\rho} = g(z_1 - z_2)$$

此方程可视为流体静力方程。

应注意到伯努利方程在形式上与一维能量方程相似, 现比较这两个方程在什么情况下它们是一样的。

一维能量方程

$$\frac{1}{\dot{m}} \frac{\mathrm{d}(\tilde{Q} - W)}{\mathrm{d}t} = u_2 - u_1 + \frac{p_2}{\rho_2} - \frac{p_1}{\rho_1} + \frac{V_2^2 - V_1^2}{2} + g(z_2 - z_1) \tag{1}$$

其中

$$\dot{m} = \rho V A, \ h = u + \frac{p}{\rho}$$

对不可压缩流动, 且不对外力做功, 则上式为

$$\frac{1}{\dot{m}} \frac{\mathrm{d}\tilde{Q}}{\mathrm{d}t} = u_2 - u_1 + \frac{p_2 - p_1}{\rho} + \frac{V_2^2 - V_1^2}{2} + g(z_2 - z_1) \tag{2}$$

与无损耗伯努利方程相比较

$$\frac{V_2^2 - V_1^2}{2} + g(z_2 - z_1) + \frac{p_2 - p_1}{\rho} = 0 \tag{3}$$

由于这两个方程必须同时正确, 故任何热量的传递将直接引起流体内能的变化。对无摩擦流动, 不对外做功, 又无热交换, 则能量方程与由动量方程推导得到的伯努利方程相同, 因此对不可压缩流无热交换和功的存在, 则为描述流动只需连续性方程与伯努利方程两个方程即可, 对可压缩流, 由热力学而言, 对可逆过程有

$$\tilde{q} = \int T \mathrm{d}s$$

$\tilde{q}$ 为对单位质量所吸收的热量, s 为单位质量的熵, 对任何热力学过程均有

$$T \mathrm{d}s = \mathrm{d}u + p \mathrm{d}\left(\frac{1}{\rho}\right)$$

所以

$$\tilde{q} = \int \mathrm{d}u + \int p \mathrm{d}\left(\frac{1}{\rho}\right)$$

将此结果联系能量方程, 并注意到

$$\mathrm{d}\left(\frac{p}{\rho}\right) = \frac{\mathrm{d}p}{\rho} + \rho \mathrm{d}\left(\frac{1}{\rho}\right)$$

$$0 = \frac{1}{\dot{m}} \frac{\mathrm{d}W}{\mathrm{d}t} + \int_1^2 \frac{\mathrm{d}p}{\rho} + \frac{V_2^2 - V_1^2}{2} + g(z_2 - z_1)$$

如流体不做功, 能量方程即成为无摩擦流的伯努利方程

$$0 = \int_1^2 \frac{\mathrm{d}p}{\rho} + \frac{V_2^2 - V_1^2}{2} + g(z_2 - z_1)$$

4.2.3

解:

$$\frac{\mathrm{d}u}{\mathrm{d}t} = A^2 x, \ \frac{\mathrm{d}v}{\mathrm{d}t} = A^2 y$$

所以，欧拉方程为

$$\begin{cases} A^2 x = -\dfrac{1}{\rho}\dfrac{\partial p}{\partial x} \\[2mm] A^2 y = -\dfrac{1}{\rho}\dfrac{\partial p}{\partial y} \\[2mm] 0 = -g - \dfrac{1}{\rho}\dfrac{\partial p}{\partial z} \end{cases}$$

$$p = -\int \rho A^2 x \mathrm{d}x + f(y,z) = -\frac{\rho}{2} A^2 x^2 + f(y,z)$$

$$\frac{\partial p}{\partial y} = \frac{\partial f}{\partial y} = -\rho A^2 y$$

所以

$$f = -\int \rho A^2 y \mathrm{d}y + f_1(z) = -\frac{\rho}{2} A^2 y^2 + f_1(z)$$

所以

$$f = -\frac{\rho}{2} A^2 (x^2 + y^2) + f_1(z)$$

$$\frac{\partial p}{\partial z} = \frac{\partial f_1}{\partial z} = -\rho g$$

所以

$$f_1 = -\int \rho g \mathrm{d}z = -\rho g z + c$$

所以

$$p = -\frac{\rho}{2} A^2 (x^2 + y^2) - \rho g z + c$$

$$p|_{(0,0,0)} = p_0 = c$$

所以

$$p = -\frac{\rho}{2} A^2 (x^2 + y^2) - \rho g z + p_0$$

4.2.4

解: 理想涡度方程

$$\frac{\mathrm{d}\boldsymbol{\Omega}}{\mathrm{d}t} - (\boldsymbol{\Omega} \cdot \nabla)V + \boldsymbol{\Omega}(\nabla \cdot V) = \nabla \times \boldsymbol{F} + \frac{1}{\rho^2}(\nabla \rho \times \nabla p)$$

不可压

$$\nabla \rho \times \nabla p = 0, \ \nabla \cdot \boldsymbol{V} = 0$$

定常

$$\frac{\mathrm{d}\boldsymbol{\Omega}}{\mathrm{d}t} = \frac{\partial \boldsymbol{\Omega}}{\partial t} + (\boldsymbol{V} \cdot \nabla)\boldsymbol{\Omega} = (\boldsymbol{V} \cdot \nabla)\boldsymbol{\Omega}$$

二元运动

$$\boldsymbol{\Omega} = \boldsymbol{k}\Omega, \ (\boldsymbol{\Omega} \cdot \nabla)\boldsymbol{V} = \Omega \frac{\partial \boldsymbol{V}}{\partial z} = 0$$

质量力忽略

$$\boldsymbol{F} = 0$$

上式化简为

$$(\boldsymbol{V} \cdot \nabla)\boldsymbol{\Omega} = 0$$

即

$$\left(u\frac{\partial}{\partial x} + v\frac{\partial}{\partial y}\right)\Omega = 0$$

亦即

$$u\Omega_x + v\Omega_y = 0$$

因为

$$\begin{cases} \psi_x = v \\ \psi_y = -u \end{cases}$$

得到

$$-\boldsymbol{\Omega}_x\psi_y + \boldsymbol{\Omega}_y\psi_x = 0$$

即

$$\frac{\partial(\boldsymbol{\Omega}, \psi)}{\partial(x, y)} = 0$$

因为定常，所以在同一流线上伯努利方程为

$$\frac{p}{\rho} + \frac{V^2}{2} = c$$

由 $(\boldsymbol{V} \cdot \nabla)\boldsymbol{\Omega} = 0$，可得

$$\boldsymbol{V}\frac{\partial \boldsymbol{\Omega}}{\partial l} = 0, \; V\frac{\partial \Omega}{\partial l} = 0$$

即沿流线 Ω 为常数，所以

$$\boldsymbol{\Omega} \cdot \psi = c$$

有

$$\frac{p}{\rho} + \frac{V^2}{2} + \Omega\psi = c$$

4.2.5
解：

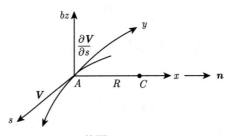

答图 4.2.5

设 A 点之坐标系如答图 4.2.5 所示，在 A 点处的流线位于 xy 平面上，z 轴与重力方向平行，x 轴上的 C 点就是流线在 A 点处的曲率中心。

因为

$$\frac{\partial}{\partial t} = 0$$

所以在 A 点处单位体积流体的运动方程为

$$-\nabla p + \rho\boldsymbol{g} = \rho(\boldsymbol{V} \cdot \nabla)\boldsymbol{V}$$

在流线坐标系中可写为

$$-\nabla p - \rho g\boldsymbol{e}_b = \rho\left(V\frac{\partial V}{\partial s}\boldsymbol{e}_s + \frac{V^2}{R}\boldsymbol{e}_n\right)$$

其中

$$e_s \times e_n = e_b$$

所以

$$-\nabla p - (1.94 \times 9.8)e_b = 1.94\left[20 \cdot (-3e_s) + \frac{(20)^2}{5}e_n\right]$$

$$\therefore -\nabla p - 19.0e_b = -116.4e_s + 155.2e_n$$

$$\because e_s = -j, \ e_n = i, \ e_b = k$$

$$\therefore -\nabla p - 19.0k = 116.4j + 155.2i$$

$$\therefore \nabla p = -155.2i - 116.4j - 19.0k$$

其中 ∇p 单位为 N/m^3。

欧拉方程在流线坐标系中的分量方程如下:

$$\left.\begin{array}{l} s: -\dfrac{\partial p}{\partial s} + \rho g_s = \rho\left(V\dfrac{\partial V}{\partial s} + \dfrac{\partial V}{\partial t}\right) \\[3mm] n: -\dfrac{\partial p}{\partial n} + \rho g_n = \rho\left(\dfrac{V^2}{R} + \dfrac{\partial V_n}{\partial t}\right) \\[3mm] b: -\dfrac{\partial p}{\partial b} + \rho g_b = 0 \end{array}\right\}$$

注: n 之方向指向曲率中心。

4.2.6

解: ①

$$\boldsymbol{V} = -\nabla\varphi = -2y\boldsymbol{i} - (2x+1)\boldsymbol{j}$$

$$\rho = \rho_{\text{水}} = 1000\text{kg/m}^3$$

$$\begin{aligned} \nabla p &= -\rho(\boldsymbol{V} \cdot \nabla)\boldsymbol{V} \\ &= -\rho\left[2y\frac{\partial}{\partial x} + (2x+1)\frac{\partial}{\partial y}\right][2y\boldsymbol{i} + (2x+1)\boldsymbol{j}] \\ &= -\rho\left[4y\boldsymbol{i} + 2(2x+1)\boldsymbol{j}\right] \end{aligned}$$

所以, 在 $(3, 4, 0)$ 处的压力梯度为

$$\nabla p = -\rho(14\boldsymbol{i} + 16\boldsymbol{j})$$

②

$$\boldsymbol{V} = -\nabla\varphi = -(2x+1)\boldsymbol{i} + 2y\boldsymbol{j}$$

$$\begin{aligned} \nabla p &= -\rho(\boldsymbol{V} \cdot \nabla)\boldsymbol{V} \\ &= -\rho\left[(2x+1)\frac{\partial}{\partial x} - 2y\frac{\partial}{\partial y}\right][(2x+1)\boldsymbol{i} - 2y\boldsymbol{j}] \\ &= -\rho\left[2(2x+1)\boldsymbol{i} + 4y\boldsymbol{j}\right] \end{aligned}$$

所以, 在 $(3, 4, 0)$ 处压力梯度为

$$\nabla p = -\rho(14\boldsymbol{i} + 16\boldsymbol{j})$$

③

$$\boldsymbol{V} = -\nabla\varphi = \boldsymbol{e}_r\frac{\partial\varphi}{\partial r} + \boldsymbol{e}_\theta \cdot \frac{1}{r}\frac{\partial\varphi}{\partial\theta} = -\left(\frac{10}{r}\boldsymbol{e}_r + \frac{20}{r}\boldsymbol{e}_\theta\right)$$

$$\nabla p = -\rho(\boldsymbol{V} \cdot \nabla)\boldsymbol{V}$$

$$= -\rho\left(\frac{10}{r}\frac{\partial}{\partial r} + \frac{20}{r^2}\frac{\partial}{\partial \theta}\right)\left(\frac{10}{r}\boldsymbol{e}_r + \frac{20}{r}\boldsymbol{e}_\theta\right)$$

$$= -\rho\left(-\frac{100}{r^3}\boldsymbol{e}_r - \frac{200}{r^3}\boldsymbol{e}_\theta\right)$$

$$= \rho\left(\frac{100}{r^3}\boldsymbol{e}_r + \frac{200}{r^3}\boldsymbol{e}_\theta\right)$$

$$= \frac{\rho 100}{r^3}\left(\boldsymbol{e}_r + 2\boldsymbol{e}_\theta\right)$$

所以，在 $(3,4,0)$ 处即 $r = \sqrt{3^2 + 4^2} = 5, \theta = \arctan\frac{4}{3}, z = 0$ 处的压力梯度为

$$\nabla p = \frac{\rho 100}{5^3}\left(\boldsymbol{e}_r + 2\boldsymbol{e}_\theta\right) = \frac{4\rho}{5}\left(\boldsymbol{e}_r + 2\boldsymbol{e}_\theta\right)$$

4.2.7

解:

$$\nabla p = -\rho\frac{\mathrm{d}\boldsymbol{V}}{\mathrm{d}t}$$

$$= -\rho\left\{(x - 2y)\boldsymbol{i} + (y - 2x)\boldsymbol{j} + (x - 2y)t\left[t\boldsymbol{i} - 2t\boldsymbol{j}\right] + (y - 2x)t\left[-2t\boldsymbol{i} + t\boldsymbol{j}\right]\right\}$$

$$= -\rho\left\{\boldsymbol{i}\left[(x - 2y)(1 + t^2) + 2(2x - y)t^2\right] + \boldsymbol{j}\left[(y - 2x)(1 + t^2) + 2(2y - x)t^2\right]\right\}$$

所以

$$\nabla p\big|_{(1,2)}^{t=1\mathrm{s}} = -1500\left[\boldsymbol{i}\left(-3 \times 2 + 0\right) + \boldsymbol{j}\left(0 + 6\right)\right]$$

$$= -1500\left(-6\boldsymbol{i} + 6\boldsymbol{j}\right)$$

4.2.8

解: 略。

4.2.9

解: 因为

$$\boldsymbol{\Omega} = \boldsymbol{k}\nabla^2\psi = \boldsymbol{k}(2 - 2) = 0$$

所以为无旋流动。

$$\nabla p = -\rho(\boldsymbol{V} \cdot \nabla)\boldsymbol{V}$$

$$= -\rho\left[\left(-\frac{\partial \psi}{\partial y}\boldsymbol{i} + \frac{\partial \psi}{\partial x}\boldsymbol{j}\right) \cdot \left(\boldsymbol{i}\frac{\partial}{\partial x} + \boldsymbol{j}\frac{\partial}{\partial y}\right)\right]\left(-\frac{\partial \psi}{\partial y}\boldsymbol{i} + \frac{\partial \psi}{\partial x}\boldsymbol{j}\right)$$

$$= -\rho\left[-\frac{\partial \psi}{\partial y}\frac{\partial}{\partial x} + \frac{\partial \psi}{\partial x}\frac{\partial}{\partial y}\right]\left(-\frac{\partial \psi}{\partial y}\boldsymbol{i} + \frac{\partial \psi}{\partial x}\boldsymbol{j}\right)$$

$$= -\rho\left\{\left[\frac{\partial \psi}{\partial y}\frac{\partial^2 \psi}{\partial y \partial x} - \frac{\partial \psi}{\partial x}\frac{\partial^2 \psi}{\partial y^2}\right]\boldsymbol{i} + \left[-\frac{\partial \psi}{\partial y}\frac{\partial^2 \psi}{\partial x^2} + \frac{\partial \psi}{\partial x}\frac{\partial^2 \psi}{\partial y \partial x}\right]\boldsymbol{j}\right\}$$

$$= -\rho\left(4x\boldsymbol{i} + 4y\boldsymbol{j}\right)$$

$$= -4\rho x\boldsymbol{i} - 4\rho y\boldsymbol{j}$$

对于水, 有

$$\rho = 1$$

所以

$$\nabla p = -4x\boldsymbol{i} - 4y\boldsymbol{j}$$

4.2.10

解: 由 $\nabla \cdot \boldsymbol{V} = 0$, 即

$$\frac{\partial V_r}{\partial r} + \frac{1}{r}\frac{\partial V_\theta}{\partial \theta} + \frac{\partial V_z}{\partial z} + \frac{V_r}{r} = 0$$

知流体为不可压缩均质流体, $\rho = c$。

由欧拉方程

$$\begin{cases} \dfrac{\mathrm{d}V_r}{\mathrm{d}t} - \dfrac{V_\theta^2}{r} = -\dfrac{1}{\rho}\dfrac{\partial p}{\partial r} \\[2mm] \dfrac{\mathrm{d}V_\theta}{\mathrm{d}t} + \dfrac{V_r V_\theta}{r} = -\dfrac{1}{\rho}\dfrac{\partial p}{r\,\partial \theta} \\[2mm] \dfrac{\mathrm{d}V_z}{\mathrm{d}t} = -\dfrac{1}{\rho}\dfrac{\partial p}{\partial z} \end{cases}$$

因为

$$\frac{\mathrm{d}}{\mathrm{d}t} = 0, \quad V_r = V_z = 0$$

所以上式可简化为

$$\begin{cases} -\dfrac{V_\theta^2}{r} = -\dfrac{1}{\rho}\dfrac{\partial p}{\partial r} \\[2mm] 0 = \dfrac{\partial p}{\partial \theta} \\[2mm] 0 = \dfrac{\partial p}{\partial z} \end{cases}$$

所以

$$p = p(r)$$

且

$$\frac{\mathrm{d}p}{\mathrm{d}r} = \rho \frac{V_\theta^2}{r}$$

① $V_\theta = r\omega$

$$\frac{\mathrm{d}p}{\mathrm{d}r} = \rho r \omega^2 \Rightarrow p = \frac{1}{2}\rho r^2 \omega^2 + c'$$

伯努利积分

$$\frac{1}{2}V^2 + \frac{p}{\rho} = B$$

即

$$\frac{1}{2}r^2\omega^2 + \frac{1}{2}r^2\omega^2 + \frac{c'}{\rho} = B$$
$$B = B(r) = r^2\omega^2 + \frac{c'}{\rho}$$

即定常涡旋运动沿流线 B 为常数, 不同流线 $(r$ 不同$)B$ 不同。

② $V_\theta = c/r$

$$\frac{\mathrm{d}p}{\mathrm{d}r} = \rho \frac{c^2}{r^3}$$

可得

$$p = -\frac{1}{2}c^2\rho \frac{1}{r^2} + c''$$

伯努利方程

$$\frac{1}{2}\frac{c^2}{r^2} + \left(-\frac{c^2}{2}\frac{1}{r^2}\right) + \frac{c''}{\rho} = B$$

所以

$$B = \frac{c''}{\rho}$$

即定常涡旋运动, 对整个流场而言 B 为常数。

4.2.11

解:

$$
\begin{aligned}
Q &= \int_A^B \boldsymbol{V} \cdot \delta\boldsymbol{\sigma} = \int_A^B \boldsymbol{V} \cdot \mathrm{d}l \cdot 1 \cdot \boldsymbol{n} \\
&= \int_A^B \boldsymbol{V} \cdot (\mathrm{d}\boldsymbol{l} \times \boldsymbol{k}) = \int_A^B (\boldsymbol{k} \times \nabla\psi) \cdot (\mathrm{d}\boldsymbol{l} \times \boldsymbol{k}) \\
&= \int_A^B [(\boldsymbol{k} \cdot \nabla\psi)\boldsymbol{k} - \nabla\psi] \cdot \mathrm{d}\boldsymbol{l} = -\int_A^B \nabla\psi \cdot \mathrm{d}\boldsymbol{l} \\
&= -\int_A^B \mathrm{d}\psi = \psi_A - \psi_B
\end{aligned}
$$

所以, 对于 $A(0,2), B(2,0)$

$$
\psi_A = 0 - 0 + 2l^3 \times 2 = 4t^3
$$
$$
\psi_B = 3 \times 2^2 - 2 \times 0 + 2t^3 \times 0 = 12
$$
$$
\psi_O = 0
$$

① $Q = \psi_A - \psi_B = 4 \times 4^3 - 12 = 244$。

② 流经 OA 和 OB 路径的流量率分别为

$$
Q_{OA} = \psi_O - \psi_A = 0 - 4 \times 4^3 = -256
$$
$$
Q_{OB} = \psi_O - \psi_B = 0 - 12 = -12
$$

其流量率单位为 m^3/s。

4.2.12

解:

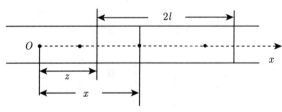

答图 4.2.12

取管轴作为 Ox 轴, 并以定点为坐标原点, 从连续性方程有

$$
\frac{\partial u}{\partial x} = 0, \quad (v = w = 0)
$$

又由于

$$
\boldsymbol{f} = -\beta x \boldsymbol{i}
$$

欧拉方程有

$$
\frac{\partial u}{\partial t} = -\beta x - \frac{1}{\rho}\frac{\partial p}{\partial x}, \quad \frac{\partial p}{\partial y} = 0, \quad \frac{\partial p}{\partial z} = 0
$$

由于 u 及 $\dfrac{\partial u}{\partial t}$ 均与 x 无关, 将上式对 x 积分可得

$$
x\frac{\partial u}{\partial t} = -\frac{1}{2}\beta x^2 - \frac{p}{\rho} + c
$$

设边界条件为 $x = z$ 及 $x = z + 2l$ 时, $p = 0$, 即

$$z\frac{\partial u}{\partial t} = c - \frac{1}{2}\beta z^2$$

$$(z + 2l)\frac{\partial u}{\partial t} = c - \frac{1}{2}\beta(z + 2l)^2$$

所以

$$c = z\frac{\partial u}{\partial t} + \frac{1}{2}\beta z^2$$

及

$$2l\frac{\partial u}{\partial t} = -\frac{1}{2}\beta \cdot 2l \cdot 2(z + l)$$

或者

$$\frac{\partial u}{\partial t} = -\beta \cdot (z + l)$$

由于 $u = \dfrac{\mathrm{d}z}{\mathrm{d}t} = \dot{z}$, 故上式为

$$\ddot{z} + \beta \cdot (z + l) = 0$$

积分可得

$$z + l = A\sin(\beta t + \varepsilon)$$

将 c 代入可得压力分布

$$\begin{aligned}\frac{p}{\rho} &= c - \frac{1}{2}\beta x^2 - x\frac{\partial u}{\partial t}\\ &= (z - x)\frac{\partial u}{\partial t} + \frac{1}{2}\beta(z^2 - x^2)\\ &= \frac{1}{2}\beta(x - z)(z + 2l - x)\end{aligned}$$

故知整个流体体积在坐标原点附近做简谐振动, 当它在任何位置时流体内的压力分布就确定了, 在体积中心将有

$$\frac{p}{\rho} = \frac{1}{2}\beta l^2$$

4.3 流函数和势函数

4.3.1

解: 速度曲线应为

$$\left(y - \frac{b}{2}\right)^2 = -\frac{b^2}{4\bar{U}}(u - \bar{U}) \Rightarrow u = \bar{U} - \frac{4\bar{U}}{b^2}\left(y - \frac{b}{2}\right)^2$$

由题设 $v = 0, \boldsymbol{U} = u\boldsymbol{i}$

所以

$$-\frac{\partial \psi}{\partial y} = u, \quad \frac{\partial \psi}{\partial x} = v$$

$$\psi = -\int u\delta y = -\bar{U}y + \frac{4\bar{U}}{b^2} \cdot \frac{1}{3}\left(y - \frac{b}{2}\right)^3 + f(x)$$

$$0 = v = \frac{\partial \psi}{\partial x} = f'(x)$$

所以

$$f(x) = c$$

所以

$$\psi = -\bar{U}y + \frac{4\bar{U}}{b^2} \cdot \frac{1}{3}(y - \frac{b}{2})^3 + c$$

c 为常数。

$$\boldsymbol{\Omega} = \boldsymbol{k}\nabla^2\psi = \boldsymbol{k}\frac{8\bar{U}}{b^2}\left(y - \frac{b}{2}\right)$$

为有旋流动。

4.3.2

解：只要是无旋流场，则一定存在势函数，而对不可压平面流动，则一定存在流函数。

① $\boldsymbol{V} = 2xy\boldsymbol{i} + (x^2 - y^2)\boldsymbol{j}$

$$\boldsymbol{\Omega} = \boldsymbol{k}\left[\frac{\partial}{\partial x}(x^2 - y^2) - \frac{\partial}{\partial y}(2xy)\right] = 0$$

$$\nabla \cdot \boldsymbol{V} = \frac{\partial}{\partial x}(2xy) + \frac{\partial}{\partial y}(x^2 - y^2) = 0$$

② $\boldsymbol{V} = (x^2 - y^2)\boldsymbol{i} - 2xy\boldsymbol{j}$

$$\boldsymbol{\Omega} = \boldsymbol{k}\left[\frac{\partial}{\partial x}(-2xy) - \frac{\partial}{\partial y}(x^2 - y^2)\right] = 0$$

$$\nabla \cdot \boldsymbol{V} = \frac{\partial}{\partial x}(x^2 - y^2) + \frac{\partial}{\partial y}(-2xy) = 0$$

③ $\boldsymbol{V} = (x^2 + x - y^2)\boldsymbol{i} - (2xy + y)\boldsymbol{j}$

$$\boldsymbol{\Omega} = \boldsymbol{k}\left[\frac{\partial}{\partial x}(-2xy - y) - \frac{\partial}{\partial y}(x^2 + x - y^2)\right] = 0$$

$$\nabla \cdot \boldsymbol{V} = \frac{\partial}{\partial x}(x^2 + x - y^2) + \frac{\partial}{\partial y}(-2xy - y) = 0$$

④ $\boldsymbol{V} = (-2xy - x)\boldsymbol{i} + (y^2 + y - x^2)\boldsymbol{j}$

$$\boldsymbol{\Omega} = \boldsymbol{k}\left[\frac{\partial}{\partial x}(y^2 + y - x^2) - \frac{\partial}{\partial y}(-2xy - x)\right] = 0$$

$$\nabla \cdot \boldsymbol{V} = \frac{\partial}{\partial x}(-2xy - x) + \frac{\partial}{\partial y}(y^2 + y - x^2) = 0$$

所以①②③④所示的流场均存在流函数和势函数。

①

$$u = -\frac{\partial\varphi}{\partial x} = -\frac{\partial\psi}{\partial y} = 2xy \tag{1}$$

$$v = -\frac{\partial\varphi}{\partial y} = \frac{\partial\psi}{\partial x} = -(x^2 - y^2) \tag{2}$$

由式 (1) 可得

$$\varphi = -x^2y + f(y), \ \psi = -xy^2 + f(x) \tag{3}$$

由式 (2) 可得

$$\varphi = \frac{y^3}{3} - x^2y + f(x), \ \psi = -xy^2 + \frac{x^3}{3} + f(y) \tag{4}$$

对比式 (3) 和式 (4) 可得

$$\varphi = \frac{y^3}{3} - x^2y + c, \ \psi = -xy^2 + \frac{x^3}{3} + c$$

② $V = (x^2 - y^2)i - 2xyj$

$$u = -\frac{\partial \varphi}{\partial x} = -\frac{\partial \psi}{\partial y} = x^2 - y^2 \tag{1}$$

$$v = -\frac{\partial \varphi}{\partial y} = \frac{\partial \psi}{\partial x} = -2xy \tag{2}$$

由式 (1) 可得

$$\varphi = xy^2 - \frac{x^3}{3} + f(y), \ \psi = \frac{y^3}{3} - x^2 y + f(x) \tag{3}$$

由式 (2) 可得

$$\varphi = x^2 y + f(x), \ \psi = -x^2 y + f(y) \tag{4}$$

对比式 (3) 和式 (4) 可得

$$\varphi = -\frac{x^3}{3} + x^2 y + c, \ \psi = -xy^2 + \frac{y^3}{3} + c$$

③ $V = (x^2 + x - y^2)i - (2xy + y)j$

$$u = -\frac{\partial \varphi}{\partial x} = -\frac{\partial \psi}{\partial y} = x^2 + x - y^2 \tag{1}$$

$$v = -\frac{\partial \varphi}{\partial y} = \frac{\partial \psi}{\partial x} = -2xy - y \tag{2}$$

由式 (1) 可得

$$\varphi = xy^2 - \frac{x^3}{3} - \frac{x^2}{2} + f(y), \ \psi = \frac{y^3}{3} - x^2 y - xy + f(x) \tag{3}$$

由式 (2) 可得

$$\varphi = xy^2 + \frac{y^2}{2} + f(x), \ \psi = -x^2 y - xy + f(y) \tag{4}$$

对比式 (3) 和式 (4) 可得

$$\varphi = -\frac{x^3}{3} - \frac{x^2}{2} + x^2 y + \frac{y^2}{2} + c, \ \psi = -x^2 y - xy + \frac{y^3}{3} + c$$

④ $V = -(2xy + x)i + (y^2 + y - x^2)j$

$$u = -\frac{\partial \varphi}{\partial x} = -\frac{\partial \psi}{\partial y} = -(2xy + x) \tag{1}$$

$$v = -\frac{\partial \varphi}{\partial y} = \frac{\partial \psi}{\partial x} = y^2 + y - x^2 \tag{2}$$

由式 (1) 可得

$$\varphi = x^2 y + \frac{x^2}{2} + f(y), \ \psi = xy^2 + xy + f(x) \tag{3}$$

由式 (2) 可得

$$\varphi = x^2 y - \frac{y^3}{3} - \frac{y^2}{2} + f(x), \ \psi = xy^2 + xy - \frac{x^3}{3} + f(y) \tag{4}$$

对比式 (3) 和式 (4) 可得

$$\varphi = -\frac{y^3}{3} - \frac{y^2}{2} + x^2 y + \frac{x^2}{2} + c, \ \psi = x^2 y + xy - \frac{x^3}{3} + c$$

4.3.3

解: 只需证

$$\frac{\partial v}{\partial x} - \frac{\partial u}{\partial y} = 0; \ \frac{\partial u}{\partial x} + \frac{\partial v}{\partial y} = 0$$

因为

$$\frac{\partial u}{\partial y} = \bar{U} \left[-\frac{a(x^2 + y^2) - 2ay^2}{(x^2 + y^2)^2} + \frac{-2b^2 y}{(x^2 + y^2)^2} - \frac{2b^2(x^2 - y^2) \cdot 2y}{(x^2 + y^2)^3} \right]$$

$$\frac{\partial v}{\partial x} = \bar{U} \left[\frac{a(x^2 + y^2) - 2ax^2}{(x^2 + y^2)^2} + \frac{2b^2 y}{(x^2 + y^2)^2} - \frac{2b^2 xy \cdot 2x}{(x^2 + y^2)^3} \right]$$

所以

$$\frac{\partial v}{\partial x} - \frac{\partial u}{\partial y} = 0$$

又因为

$$\frac{\partial u}{\partial x} = \bar{U} \left[\frac{2axy}{(x^2 + y^2)^2} + \frac{2b^2(3y^2 - x^2) \cdot x}{(x^2 + y^2)^3} \right]$$

$$\frac{\partial v}{\partial y} = \bar{U} \left[-\frac{2axy}{(x^2 + y^2)^2} - \frac{2b^2 x(3y^2 - x^2)}{(x^2 + y^2)^3} \right]$$

所以

$$\nabla \cdot \boldsymbol{V} = 0$$

所以

$$\varphi = -\int u\mathrm{d}x + v\mathrm{d}y = -\bar{U} \int \left[1 - \frac{ay}{x^2 + y^2} + \frac{b^2(x^2 - y^2)}{(x^2 + y^2)^2} \right] \mathrm{d}x + \left[\frac{ax}{x^2 + y^2} + \frac{2b^2 xy}{(x^2 + y^2)^2} \right] \mathrm{d}y$$

$$= -\bar{U} \int \mathrm{d}x + \frac{a(x\mathrm{d}y - y\mathrm{d}x)}{x^2 + y^2} + \frac{b^2 \left[(x^2 - y^2)\mathrm{d}x + 2xy\mathrm{d}y \right]}{(x^2 + y^2)^2}$$

$$= -\bar{U} \int \mathrm{d}x + a\mathrm{d}\left(\arctan\frac{y}{x} \right) - b^2 \mathrm{d}\left(\frac{x}{x^2 + y^2} \right)$$

$$\therefore \varphi = -\bar{U} \left(x + a\arctan\frac{y}{x} - b^2 \frac{x}{x^2 + y^2} \right) + c$$

$$\psi = \int -u\mathrm{d}y + v\mathrm{d}x = \bar{U} \int -\left[1 - \frac{ay}{x^2 + y^2} + \frac{b^2(x^2 - y^2)}{(x^2 + y^2)^2} \right] \mathrm{d}y + \left[\frac{ax}{x^2 + y^2} + \frac{2b^2 xy}{(x^2 + y^2)^2} \right] \mathrm{d}x$$

$$= \bar{U} \int -\mathrm{d}y + \frac{a(y\mathrm{d}y + x\mathrm{d}x)}{x^2 + y^2} - \frac{b^2 \left[(x^2 - y^2)\mathrm{d}y - 2xy\mathrm{d}x \right]}{(x^2 + y^2)^2}$$

$$= \bar{U} \int -\mathrm{d}y + \frac{a}{2}\mathrm{d}\ln(x^2 + y^2) - b^2 \mathrm{d}\left(\frac{y}{x^2 + y^2} \right)$$

$$= \bar{U} \left[-y + \frac{a}{2}\ln(x^2 + y^2) - b^2 \frac{y}{x^2 + y^2} \right]$$

极坐标系下

$$\varphi = -\bar{U} \left(r\cos\theta + a\theta - \frac{b^2 \cos\theta}{r} \right)$$

$$\psi = -\bar{U} \left(r\sin\theta - a\ln r + \frac{b^2 \sin\theta}{r} \right)$$

所以

$$F(z) = \varphi + \mathrm{i}\psi$$

$$= -\bar{U} \left[r(\cos\theta + \mathrm{i}\sin\theta) + a(\theta - \mathrm{i}\ln r) - \frac{b^2}{r}(\cos\theta - \mathrm{i}\sin\theta) \right]$$

$$= -\bar{U}\left(z + \frac{a}{\mathrm{i}}\ln z - \frac{b^2}{z}\right)$$

设 $\bar{U},a,b$ 均大于零。流动是由：① 平行于 x 正向的均流，$-\bar{U}z$；② 逆时针流动的点涡，$-\dfrac{\bar{U}a}{\mathrm{i}}\ln z$；③ 偶极矩在 x 轴正向位于原点的偶极子 $\dfrac{\bar{U}b^2}{z}$，$\bar{U}$ 表示均流速度。

因为 $2\pi\bar{U}a = \varGamma$，所以 $a = \dfrac{\varGamma}{2\pi\bar{U}}$，因此 a 表示涡强度的 $\dfrac{1}{\bar{U}}$ 倍。

因为 $2\pi\bar{U}b^2 = \mu$，所以 $b = \sqrt{\dfrac{\mu}{2\pi\bar{U}}}$，因此 b 表示偶极矩的 $\dfrac{1}{2\pi\bar{U}}$ 倍的平方根。

4.3.4

解： 流场中全部流体的动能由下式得

$$K = \frac{\rho}{2}\oiint_A \varphi\frac{\partial\varphi}{\partial n}\mathrm{d}A = -\frac{\rho}{2}\oiint_A \varphi\frac{\partial\varphi}{\partial R}\mathrm{d}A = \frac{\rho}{2}\oiint_A \frac{1}{2}V_0^2\frac{R_0^6}{R^5}\cos^2\theta\mathrm{d}A$$

上式沿球 $R = R_0$ 的表面积分，$\mathrm{d}A = 2\pi R_0\sin\theta R_0\mathrm{d}\theta$，将 $\mathrm{d}A$ 及 R_0 代入可得

$$K = \frac{\rho}{2}V_0^2\pi R_0^3\int_0^\pi \cos^2\theta\sin\theta\mathrm{d}\theta = \frac{1}{2}\left(\frac{1}{3}\pi R_0^3\rho\right)V_0^2$$

由所求得的动能得，流场中全部流体的动能等于球所排开的流体质量的一半，以速度 V_0 运动时所具有的动能。

4.3.5

解：

$$K_e = \frac{\rho}{2}\oint_\sigma \varphi\frac{\partial\varphi}{\partial n}\mathrm{d}\sigma$$

$$= -\frac{\rho}{2}\oint_\sigma \varphi\frac{\partial\varphi}{\partial\sigma}\mathrm{d}\sigma$$

$$= -\frac{\rho}{2}\oint_\sigma -V_0^2\frac{r_0^2}{r}\cos^2\theta\frac{r_0^2}{r^2}\mathrm{d}\sigma$$

$$= \frac{\rho}{2}\frac{V_0^2}{r_0^3}r_0^4\oint_l \cos^2\theta\mathrm{d}l$$

$$= \rho V_0^2 r_0^2 \cdot \frac{\pi}{2}$$

$$= \frac{\rho}{2}\pi V_0^2 r_0^2$$

式中，σ 为 $r = r_0$ 处单位长度的圆柱面，为 $\mathrm{d}\sigma = 1\cdot\mathrm{d}l$，上式为圆柱体 (单位长度) 外围所有的流体的动能，它等于排开流体质量的一半，以速度 V_0 运动时所具有的动能。

4.3.6

解： 由于流体等加速运动，则

$$\boldsymbol{a} = \frac{\partial\boldsymbol{V}}{\partial t} + u\frac{\partial\boldsymbol{V}}{\partial x} + v\frac{\partial\boldsymbol{V}}{\partial y}$$

$$a_x = \frac{\partial u}{\partial t} + u\frac{\partial u}{\partial x} + v\frac{\partial u}{\partial y} = -q_0 y + (-q_0 ty)\cdot 0 + q_0 tx\cdot(-q_0 t) = -q_0 y - q_0^2 t^2 x$$

$$a_y = \frac{\partial v}{\partial t} + u\frac{\partial v}{\partial x} + v\frac{\partial v}{\partial y} = q_0 x + (-q_0 ty)\cdot(q_0 t) + q_0 tx\cdot 0 = q_0 x - q_0^2 t^2 y$$

4.3.7

解：

$$\psi = \int v \mathrm{d}x - u \mathrm{d}y$$

$$= \int (q_0 t x) \mathrm{d}x + (q_0 t y) \mathrm{d}y$$

$$= q_0 t \left(\int x \mathrm{d}x + y \mathrm{d}y \right)$$

$$= q_0 t \left(\frac{x^2}{2} + \frac{y^2}{2} + c \right)$$

4.3.8

解：

①

$$\psi = x + y$$

流线：$x + y = c$，即 $y = c - x$

$$u = -\frac{\partial \psi}{\partial y} = -1, \ v = \frac{\partial \psi}{\partial x} = 1$$

$$|V| = \sqrt{2}$$

$$\alpha = \arctan\left(\frac{v}{u}\right) = \arctan(-1) = 135°$$

$$a = 0$$

②

$$\psi = xy$$

流线：$xy = c$

$$u = -\frac{\partial \psi}{\partial y} = -x, \ v = \frac{\partial \psi}{\partial x} = y$$

$$|V| = \sqrt{x^2 + y^2}$$

$$a_x = u\frac{\partial u}{\partial x} + v\frac{\partial u}{\partial y} = -x \cdot (-1) = x$$

$$a_y = u\frac{\partial v}{\partial x} + v\frac{\partial v}{\partial y} = y$$

$$a = \sqrt{x^2 + y^2}$$

③

$$\psi = x/y$$

流线：$x/y = c, y = c'x$

$$u = -\frac{\partial \psi}{\partial y} = \frac{x}{y^2}, \ v = \frac{\partial \psi}{\partial x} = \frac{1}{y}$$

$$|V| = \sqrt{\frac{x^2}{y^4} + \frac{1}{y^2}} = \frac{1}{y^2}\sqrt{x^2 + y^2}$$

$$a_x = u\frac{\partial u}{\partial x} + v\frac{\partial u}{\partial y} = \frac{x}{y^2}\frac{1}{y^2} + \frac{1}{y}x\cdot\frac{-2y}{y^4} = \frac{x}{y^4} - \frac{2x}{y^4} = -\frac{x}{y^4}$$

$$a_y = u\frac{\partial v}{\partial x} + v\frac{\partial v}{\partial y} = \frac{x}{y^2}\cdot 0 + \frac{1}{y}\frac{-1}{y^2} = -\frac{1}{y^3}$$

④

$$\psi = x^2 - y^2$$

流线：$x^2 - y^2 = c$

$$u = -\frac{\partial \psi}{\partial y} = 2y, \ v = \frac{\partial \psi}{\partial x} = 2x$$

$$|V| = 2\sqrt{x^2 + y^2}$$

$$a_x = u\frac{\partial u}{\partial x} + v\frac{\partial u}{\partial y} = -\frac{2}{x}, \ a_y = u\frac{\partial v}{\partial x} + v\frac{\partial v}{\partial y} = \frac{2}{y}$$

$$a = 4\sqrt{x^2 + y^2}$$

4.3.9

①

$$u = y, \ v = -x$$

$$(\nabla \cdot \boldsymbol{V}) = 0, \ \frac{\partial u}{\partial z} = \frac{\partial v}{\partial z} = 0, \ w = 0$$

所以存在流函数；

$$\therefore \Omega_z = \frac{\partial v}{\partial x} - \frac{\partial u}{\partial y} = -1 - 1 = -2$$

所以不存在势函数。

$$u = -\frac{\partial \psi}{\partial y} = y, \ v = \frac{\partial \psi}{\partial x} = -x$$

$$\psi = \int -x\mathrm{d}x - y\mathrm{d}y = -\int x\mathrm{d}x + y\mathrm{d}y = -\int r\mathrm{d}r = -\frac{r^2}{2} = -\frac{1}{2}(x^2 + y^2)$$

②

$$u = x - y, \ v = x + y$$
$$(\nabla \cdot \boldsymbol{V}) = \frac{\partial u}{\partial x} + \frac{\partial v}{\partial y} = 1 + 1 = 2 \neq 0$$

所以不存在流函数；

$$\therefore \Omega_z = \frac{\partial v}{\partial x} - \frac{\partial u}{\partial y} = 1 + 1 = 2 \neq 0$$

所以不存在势函数。

③

$$u = x^2 - y^2 + x, \ v = -(2xy + y)$$

$$(\nabla \cdot \boldsymbol{V}) = \frac{\partial u}{\partial x} + \frac{\partial v}{\partial y} = 2x + 1 - 2x - 1 = 0$$

$$\frac{\partial u}{\partial z} = \frac{\partial v}{\partial z} = 0, w = 0$$

所以存在流函数；

$$\therefore \Omega_z = \frac{\partial v}{\partial x} - \frac{\partial u}{\partial y} = -2y + 2y = 0$$

所以存在势函数。

$$u = -\frac{\partial \psi}{\partial y} = x^2 - y^2 + x$$
$$v = \frac{\partial \psi}{\partial x} = -(2xy + y)$$

$$\psi = \int -(2xy + y)\mathrm{d}x - (x^2 - y^2 + x)\mathrm{d}y$$

$$= \int -2xy\mathrm{d}x - y\mathrm{d}x - x^2\mathrm{d}y + y^2\mathrm{d}y - x\mathrm{d}y$$

$$= \int -(2xy\mathrm{d}x + x^2\mathrm{d}y) - (y\mathrm{d}x + x\mathrm{d}y) + y^2\mathrm{d}y$$

$$= \int -\mathrm{d}(x^2 y) - \mathrm{d}(xy) + \mathrm{d}\left(\frac{y^3}{3}\right)$$

$$= -x^2 y - xy + \frac{y^3}{3} + c$$

$$\varphi = \int \frac{\partial \varphi}{\partial x}\mathrm{d}x + \frac{\partial \varphi}{\partial y}\mathrm{d}y$$

$$= \int (2xy + y)\mathrm{d}y - (x^2 - y^2 + x)\mathrm{d}x$$

$$= \int 2xy\mathrm{d}y + y\mathrm{d}y - x^2\mathrm{d}x + y^2\mathrm{d}x - x\mathrm{d}x$$

$$= \int \mathrm{d}(y^2 x) + \mathrm{d}\left(\frac{y^2}{2}\right) - \mathrm{d}\left(\frac{x^3}{3}\right) - \mathrm{d}\left(\frac{x^2}{2}\right)$$

$$= y^2 x + \frac{y^2}{2} - \frac{x^3}{3} - \frac{x^2}{2}$$

4.3.10

解：

$$u = -\frac{\partial \varphi}{\partial x} = -yz, \; v = -\frac{\partial \varphi}{\partial y} = -xz, \; w = -\frac{\partial \varphi}{\partial z} = -xy$$

$$|V| = \sqrt{x^2 z^2 + y^2 x^2 + z^2 y^2}, \; u|_p = -2, \; v|_p = -1, \; w|_p = -2, |V|_p = 3$$

$$a_x = u\frac{\partial u}{\partial x} + v\frac{\partial u}{\partial y} + w\frac{\partial u}{\partial z} = xz^2 + xy^2 = x(z^2 + y^2)$$

$$a_y = u\frac{\partial v}{\partial x} + v\frac{\partial v}{\partial y} + w\frac{\partial v}{\partial z} = yz^2 + x^2 y = y(z^2 + x^2)$$

$$a_z = u\frac{\partial w}{\partial x} + v\frac{\partial w}{\partial y} + w\frac{\partial w}{\partial z} = y^2z + x^2z = z(y^2 + x^2)$$

$$|a| = \sqrt{x^2(z^2 + y^2)^2 + y^2(z^2 + x^2)^2 + z^2(y^2 + x^2)^2}$$

$$|a_x|_p = 5, \ |a_y|_p = 4, \ |a_z|_p = 5, \ |a|_p = \sqrt{66}$$

流线

$$\frac{\mathrm{d}x}{-yz} = \frac{\mathrm{d}y}{-xz} = \frac{\mathrm{d}z}{-xy}$$

$$\left.\begin{array}{l} x\mathrm{d}x = y\mathrm{d}y \\ x\mathrm{d}x = z\mathrm{d}z \end{array}\right\} \Rightarrow \left\{\begin{array}{l} x^2 - y^2 = c \\ x^2 - z^2 = c' \end{array}\right.$$

$$\varphi = xyzt$$

$$u = -\frac{\partial \varphi}{\partial x} = -yzt, \ v = -\frac{\partial \varphi}{\partial y} = -xzt, \ w = -\frac{\partial \varphi}{\partial z} = -xyt$$

$$a_x = u\frac{\partial u}{\partial x} + v\frac{\partial u}{\partial y} + w\frac{\partial u}{\partial z} = -yz + xz^2t^2 + xy^2t^2 = xt^2(z^2 + y^2) - yz$$

$$a_y = u\frac{\partial v}{\partial x} + v\frac{\partial v}{\partial y} + w\frac{\partial v}{\partial z} = -xz + yz^2t^2 + x^2yt^2 = yt^2(x^2 + z^2) - xz$$

$$a_z = u\frac{\partial w}{\partial x} + v\frac{\partial w}{\partial y} + w\frac{\partial w}{\partial z} = -yx + y^2zt^2 + x^2zt^2 = zt^2(x^2 + y^2) - xy$$

$$\frac{\mathrm{d}x}{-yzt} = \frac{\mathrm{d}y}{-xzt} = \frac{\mathrm{d}z}{-xyt}$$

$$\Rightarrow \left\{\begin{array}{l} x^2 - y^2 = c \\ x^2 - z^2 = c' \end{array}\right.$$

所以，过 $(1, 2, 1)$ 的流线为

$$c = -3$$
$$c' = 0$$
$$2x^2 - y^2 - z^2 + 3 = 0$$

又因为

$$x^2 = z^2$$

所以

$$x^2 - y^2 = -3, \ z^2 - y^2 = -3$$

4.3.11
解:

$$u = -\frac{\partial \psi}{\partial y} = 3ax^2 - 3ay^2$$

$$\therefore \psi = \int 3a(y^2 - x^2)\mathrm{d}y + c(x) = ay^3 - 3ax^2y + c(x)$$

$$v = \frac{\partial \psi}{\partial x} = -6axy + c'(x)$$

$$x = 0, y = 0, u = 0, v = 0$$

$$\therefore c'(x) = 0, c(x) = 0$$
$$\therefore \psi = ay^3 - 3ax^2y$$

$$Q = \psi(0,0) - \psi(1,1) = 2a$$

4.3.12

解: ①

解法一:

$$\begin{aligned}
\mathrm{d}\psi &= v\mathrm{d}x - u\mathrm{d}y \\
&= (1 + 2x + y)\mathrm{d}x + (1 + x + 2y)\mathrm{d}y \\
&= (1 + 2x)\mathrm{d}x + (1 + 2y)\mathrm{d}y + y\mathrm{d}x + x\mathrm{d}y \\
&= (1 + 2x)\mathrm{d}x + (1 + 2y)\mathrm{d}y + \mathrm{d}(xy)
\end{aligned}$$

所以

$$\psi = x + x^2 + y + y^2 + xy + c$$

解法二:

$$\frac{\partial \psi}{\partial y} = (1 + 2x + y)$$

所以

$$\psi = \int (1 + x + 2y)\mathrm{d}y + f_1(x)$$

$$\psi = y + xy + y^2 + f_1(x)$$

$$\frac{\partial \psi}{\partial x} = y + f_1'(x) = 1 + 2x + y$$

所以

$$f_1'(x) = 1 + 2x$$

$$f_1(x) = \int (1 + 2x)\mathrm{d}x = x + x^2 + c$$

故

$$\psi = x + x^2 + y + y^2 + xy + c$$

②

解法一:

$$\begin{aligned}
\mathrm{d}\psi &= B\mathrm{e}^{-y}\cos x\mathrm{d}x - (A + B\mathrm{e}^{-y}\sin x)\mathrm{d}y \\
&= -A\mathrm{d}y + B(\mathrm{e}^{-y}\cos x\mathrm{d}x - \mathrm{e}^{-y}\sin x\mathrm{d}y) \\
&= -A\mathrm{d}y + B\mathrm{d}(\mathrm{e}^{-y}\sin x)
\end{aligned}$$

所以

$$\psi = -Ay + Be^{-y}\sin x + c$$

解法二：

由

$$\frac{\partial \psi}{\partial x} = Be^{-y}\cos x$$

得

$$\psi = \int (Be^{-y}\cos x)\mathrm{d}x + f_1(y) = Be^{-y}\sin x + f_1(y)$$

所以

$$\frac{\partial \psi}{\partial y} = -Be^{-y}\sin x + f_1'(y) = -A - Be^{-y}\sin x$$

$$f_1'(y) = -A, \ f_1(y) = -Ay + c$$

故

$$\psi = -Ay + Be^{-y}\sin x + c$$

4.3.13

解：

①对于 $\varphi = 2xy + y$，可知 $\nabla^2\varphi = 0$，故存在 ψ。

由

$$\begin{cases} \dfrac{\partial \varphi}{\partial x} = \dfrac{\partial \psi}{\partial y} = 2y \\ \dfrac{\partial \varphi}{\partial y} = -\dfrac{\partial \psi}{\partial x} = 2x + 1 \end{cases}$$

$$\Rightarrow \psi = \int 2y\mathrm{d}y + f_1(x) = y^2 + f_1(x)$$

$$\frac{\partial \psi}{\partial x} = f_1'(x) = -(2x + 1)$$

$$f_1(x) = -x^2 - x + c$$

$$\therefore \psi = y^2 - x^2 - x + c$$

②对于 $\varphi = x^2 + x - y^2$，可知 $\nabla^2\varphi = 0$，故存在 ψ。

由

$$\begin{cases} \dfrac{\partial \varphi}{\partial x} = \dfrac{\partial \psi}{\partial y} = 2x + 1 \\ \dfrac{\partial \varphi}{\partial y} = -\dfrac{\partial \psi}{\partial x} = -2y \end{cases}$$

$$\Rightarrow \mathrm{d}\psi = 2y\mathrm{d}x + (2x + 1)\mathrm{d}y = 2\mathrm{d}(xy) + \mathrm{d}y$$

$$\therefore \psi = 2xy + y$$

③对于 $\varphi = \dfrac{A}{3}x^2 - Axy^2 + C$，可知 $\nabla^2\varphi = 0$，故存在 ψ。

由

$$\begin{cases} \dfrac{\partial \varphi}{\partial x} = \dfrac{\partial \psi}{\partial y} = Ax^2 - Ay^2 \\ \dfrac{\partial \varphi}{\partial y} = -\dfrac{\partial \psi}{\partial x} = -2Axy \end{cases}$$

$$\Rightarrow \mathrm{d}\psi = 2Axy\mathrm{d}x + A(x^2 - y^2)\mathrm{d}y$$

$$\therefore \psi = \int A(x^2 - y^2)\mathrm{d}y + f_1(x)$$

$$=Ax^2y - \frac{A}{3}y^3 + f_1(x)$$

$$\frac{\partial \psi}{\partial x} = 2Axy + f_1'(x)$$

所以

$$f_1'(x) = 0, \ f_1(x) = c$$

$$\therefore \psi = Ax^2y - \frac{A}{3}y^3 + c$$

4.3.14

解:

①

$$u = -2y, v = -(2x + y)$$

$$\frac{\partial \varphi}{\partial x} = 2y, \frac{\partial \varphi}{\partial y} = 2x + y$$

$$\mathrm{d}\varphi = 2y\mathrm{d}x + (2x + y)\mathrm{d}y = 2(y\mathrm{d}x + x\mathrm{d}y) + y\mathrm{d}y = 2\mathrm{d}(xy) + \frac{1}{2}\mathrm{d}y^2$$

$$\varphi = 2xy + \frac{1}{2}y^2 + c$$

②

$$u = -(2x + 1), \ v = 2y$$

$$\frac{\partial \varphi}{\partial x} = 2x + 1, \ \frac{\partial \varphi}{\partial y} = -2y$$

$$\varphi = \int (2x + 1)\mathrm{d}x + f_1(y) = x^2 + x + f_1(y)$$

$$\frac{\partial \varphi}{\partial y} = f_1'(y) = -2y$$

$$f_1 = \int -2y\mathrm{d}y = -y^2 + c^2$$

$$\varphi = x^2 + x - y^2 + c^2$$

③

$$\mathrm{d}\varphi = 2x\mathrm{d}x + 2y\mathrm{d}y + 2z\mathrm{d}z$$

$$\varphi = x^2 + y^2 + z^2 + c$$

④

$$\mathrm{d}\varphi = \mathrm{e}^x \cos y\mathrm{d}x - \mathrm{e}^x \sin y\mathrm{d}y = \mathrm{d}(\mathrm{e}^x \cos y)$$

$$\therefore \varphi = \mathrm{e}^x \cos y + c$$

⑤

$$\varphi = \int A(x^2 - y^2)dx + f_1(y) = \frac{Ax^3}{3} - Ay^2x + f_1(y)$$

$$\frac{\partial \varphi}{\partial y} = -2Axy + f_1'(y) = -2Axy$$

$$\therefore f_1'(y) = 0, \ f_1 = c$$

$$\varphi = \frac{Ax^3}{3} - Ay^2x + c$$

⑥
略

4.3.15

解：①

$$\begin{cases} \dfrac{\partial w}{\partial y} = \dfrac{\partial v}{\partial z} = 0 \\ \dfrac{\partial u}{\partial z} = \dfrac{\partial w}{\partial x} = 0 \\ \dfrac{\partial v}{\partial x} = \dfrac{\partial u}{\partial y} = 0 \end{cases}$$

所以流场无旋, 即有势。

$$\varphi = \int d\varphi$$

$$= \int \left(\frac{\partial \varphi}{\partial x}dx + \frac{\partial \varphi}{\partial y}dy + \frac{\partial \varphi}{\partial z}dz \right)$$

$$= \int (udx + vdy + wdz)$$

$$= \int (3dx + 4dy + 5dz)$$

$$= 3x + 4y + 5z + c$$

② 由于

$$w = 0$$

$$u = -2y, \ v = -(2x + y)$$

$$\frac{\partial u}{\partial y} = -2 = \frac{\partial v}{\partial x}$$

所以流场有势

$$\varphi = \int d\varphi$$

$$= \int \left(\frac{\partial \varphi}{\partial x}dx + \frac{\partial \varphi}{\partial y}dy \right)$$

$$= \int (udx + vdy)$$

$$= \int (-2ydx - (2x + y)dy)$$

$$= \int -2y\mathrm{d}x - 2x\mathrm{d}y - y\mathrm{d}y$$

$$= -4xy - \frac{y^2}{2} + c$$

③ 由于

$$u = Ax(x^2 + y^2), \ v = Ay(x^2 + y^2), \ w = 0$$

$$\frac{\partial u}{\partial y} = 2Axy = \frac{\partial v}{\partial x}$$

所以

$$\varphi = \int \mathrm{d}\varphi$$

$$= \int \left(\frac{\partial \varphi}{\partial x}\mathrm{d}x + \frac{\partial \varphi}{\partial y}\mathrm{d}y \right)$$

$$= \int (u\mathrm{d}x + v\mathrm{d}y)$$

$$= \int \left(Ax(x^2 + y^2)\mathrm{d}x + Ay(x^2 + y^2)\mathrm{d}y \right)$$

$$= \frac{Ax^4}{4} + Ax^2y^2 + \frac{Ay^4}{4} + c$$

4.3.16
解: ①

$$u = -\frac{\partial \psi}{\partial y}, \ v = \frac{\partial \psi}{\partial x}(\because \boldsymbol{V} = \boldsymbol{k} \times \nabla \psi)$$

所以

$$u = -(1 + x + 2y), v = 1 + x + 2y$$

$$\nabla \times \boldsymbol{V} = \boldsymbol{k} \left(\frac{\partial v}{\partial x} - \frac{\partial u}{\partial y} \right) = \boldsymbol{k}(2 + 2) = 4\boldsymbol{k}$$

②

$$\boldsymbol{V} = \boldsymbol{k} \times \nabla \psi$$

$$V_r = -\frac{1}{r}\frac{\partial \psi}{\partial \theta} = -A\cos\theta, \ V_\theta = \frac{\partial \psi}{\partial r} = A\sin\theta$$

$$\nabla \times \boldsymbol{V} = \boldsymbol{k} \left(\frac{\partial V_\theta}{\partial r} - \frac{1}{r}\frac{\partial V_r}{\partial \theta} \right) = \boldsymbol{k} \left(0 - \frac{1}{r}A\sin\theta \right) = -\frac{A}{r}\sin\theta\boldsymbol{k}$$

③

$$V_r = -\frac{1}{r}\frac{\partial \psi}{\partial \theta} = -A\left(1 - \frac{B^2}{r^2} \right)\cos\theta, \quad V_\theta = \frac{\partial \psi}{\partial r} = A\left(1 + \frac{B^2}{r^2} \right)\sin\theta$$

$$\nabla \times \boldsymbol{V} = \boldsymbol{k} \left(\frac{\partial V_\theta}{\partial r} - \frac{1}{r}\frac{\partial V_r}{\partial \theta} \right)$$

$$= \boldsymbol{k} \left[-\frac{2AB}{r^3}\sin\theta - A\left(\frac{1}{r} - \frac{B}{r^3} \right)\sin\theta \right]$$

$$= \boldsymbol{k} \left(-\frac{AB}{r^3}\sin\theta - \frac{A}{r}\sin\theta \right)$$

④

$$\boldsymbol{V} = \boldsymbol{k} \times \nabla \psi$$

$$u = -\frac{\partial \psi}{\partial y} = -\left[-A + B\sin x \mathrm{e}^{-y}(-1) \right] = A + B\sin x \mathrm{e}^{-y}, \quad v = \frac{\partial \psi}{\partial x} = B\cos x \mathrm{e}^{-y}$$

所以

$$\nabla \times \boldsymbol{V} = \boldsymbol{k}\left(\frac{\partial v}{\partial x} - \frac{\partial u}{\partial y} \right) = \boldsymbol{k}(-B\sin x \mathrm{e}^{-y} + B\sin x \mathrm{e}^{-y}) = 0$$

上式所表示的流函数为一无旋场。

4.3.17

解:

$$u = -\frac{\partial \varphi}{\partial x} = -3, \quad v = -\frac{\partial \varphi}{\partial y} = 4, \quad w = -\frac{\partial \varphi}{\partial z} = -5$$

所以

$$\varphi = -3x + f(y, z)$$

$$\frac{\partial \varphi}{\partial y} = \frac{\partial f(y, z)}{\partial y} = -4$$

所以

$$f = -4y + g(z)$$

$$\frac{\partial \varphi}{\partial z} = \frac{\partial f(y, z)}{\partial z} = g'(z) = 5$$

所以

$$g(z) = 5z + c$$

所以

$$\varphi = -3x - 4y + 5z + c, \quad c \text{ 为常数}$$

4.3.18

解:

因为是不可压缩流体, 所以

$$\frac{\partial u}{\partial x} + \frac{\partial v}{\partial y} = 0, \text{ 即 } \frac{\partial v}{\partial y} = -\frac{\partial u}{\partial x}$$

由流线方程

$$\frac{\mathrm{d}x}{u} = \frac{\mathrm{d}y}{v}, \text{ 即 } v\mathrm{d}x - u\mathrm{d}y = 0$$

此函数就是流函数 $\mathrm{d}\psi = v\mathrm{d}x - u\mathrm{d}y$。

$$u = -\frac{\partial \psi}{\partial y}, \ v = \frac{\partial \psi}{\partial x}$$

所以

$$\psi = -\int u\mathrm{d}y = -xy + f(x)$$

又由

$$\frac{\partial \psi}{\partial x} = -y + f'(x) = -(3x + y)$$

所以

$$f'(x) = -3x, \quad f(x) = -\frac{3}{2}x^2 + c, c \text{ 为常数}$$

所以

$$\psi = -xy - \frac{3}{2}x^2 + c$$

4.3.19

解: ①

$$V = xi - (3x - y)j$$

由于 $\nabla \cdot V = 1 + 1 \neq 0$, 所以该速度分布不满足连续性方程, 不存在流函数。

②

$$V = -(1 + x + 2y)i + (1 + 2x + y)j$$

$\nabla \cdot V = -1 + 1 = 0$, 所以该速度分布满足连续性方程, 存在流函数。

$$\frac{\partial \psi}{\partial y} = -(1 + x + 2y)$$

$$-\frac{\partial \psi}{\partial x} = 1 + 2x + y$$

$$\psi = \int \frac{\partial \psi}{\partial y} \mathrm{d}y + f(x)$$

$$= -\int (1 + x + 2y)\mathrm{d}y + f(x)$$

$$= -(y + xy + y^2) + f(x)$$

$$\frac{\partial \psi}{\partial x} = -y + f'(x) = -1 - 2x - y$$

$$\therefore f'(x) = -1 - 2x$$

$$f(x) = -x - x^2 + c$$

$$\therefore \psi = -(y + xy + y^2) - x - x^2 + c$$

4.3.20

解: ①

$$\nabla \cdot V = 0$$

不可压缩

$$\nabla \times V = -10$$

有旋, 无速度势

$$\Omega = \frac{\partial \psi}{\partial x}$$

$$\mathrm{d}\psi = -u\mathrm{d}y + v\mathrm{d}x$$

$$\psi = -10 \int x\mathrm{d}x = -5x^2 + c$$

②

$$\nabla \cdot V = 10$$

$$(\nabla \times V)_r = 0$$

$$u = -\frac{\partial \varphi}{\partial x}, \quad -\mathrm{d}\varphi = u\mathrm{d}x + v\mathrm{d}y$$

$$-\varphi = -10 \int x\mathrm{d}x$$

$$\varphi = 5x^2 + c$$

③

$$\nabla \cdot \boldsymbol{V} = 0 \quad \vee \times \boldsymbol{V} \neq 0$$

$$u = -\frac{\partial \psi}{\partial y}, \quad v = \frac{\partial \psi}{\partial x}$$

$$\mathrm{d}\psi = -u\mathrm{d}y + v\mathrm{d}x$$

$$\mathrm{d}\psi = -5y^2 - 5x^2 + c$$

4.3.21
解：

$$\frac{\partial u}{\partial x} = \frac{\mu}{2\pi} \frac{6xy^2 - 2x^3}{(x^2 + y^2)^3} - \frac{\mu}{2\pi} \frac{2xy}{(x^2 + y^2)^2}$$

$$\frac{\partial v}{\partial y} = \frac{\mu}{2\pi} \frac{2x^3 - 6xy^2}{(x^2 + y^2)^3} + \frac{\mu}{2\pi} \frac{2xy}{(x^2 + y^2)^2}$$

$$\frac{\partial u}{\partial y} = \frac{\mu}{2\pi} \frac{2y^3 - 6x^2y}{(x^2 + y^2)^3} - \frac{\mu}{2\pi} \frac{x^2 - y^2}{(x^2 + y^2)^2}$$

$$\frac{\partial v}{\partial x} = \frac{\mu}{2\pi} \frac{2y^3 - 6x^2y}{(x^2 + y^2)^3} + \frac{\mu}{2\pi} \frac{y^2 - x^2}{(x^2 + y^2)^2}$$

$$\nabla \cdot \boldsymbol{V} = 0, \nabla \times \boldsymbol{V} = 0, \mathrm{d}\varphi = -u\mathrm{d}x$$

$$\varphi = -\overline{U}\mathrm{d}x + \frac{\mu}{2\pi} \frac{x}{x^2 + y^2} + \frac{\mu}{2\pi} \tan^{-1} \frac{x}{y} + c_1(y)$$

$$\psi = -\overline{U}\mathrm{d}y - \frac{\mu}{2\pi} \frac{y}{x^2 + y^2} + \frac{\mu}{4\pi} \ln(x^2 + y^2) + c_2(x)$$

$$-\frac{\partial \psi}{\partial y} = \frac{\mu}{2\pi} \frac{2xy}{(x^2 + y^2)^2} + \frac{\mu}{2\pi} \frac{x}{x^2 + y^2} - \frac{\partial c_1(y)}{\partial y} = v$$

$$\therefore \frac{\partial c_1(y)}{\partial y} = 0$$

故 c_1 是与 y 无关的任意常数。

$$\frac{\partial \psi}{\partial x} = \frac{\mu}{2\pi} \frac{2xy}{x^2 + y^2} + \frac{\mu}{4\pi} \frac{2x}{x^2 + y^2} + \frac{\partial c_2(x)}{\partial x} = v$$

$$\therefore \frac{\partial c_2(x)}{\partial x} = 0$$

故 c_2 是与 x 无关的任意常数。

4.3.22
解：

$$-u = \frac{\partial \varphi}{\partial x} = kx, \quad -v = \frac{\partial \varphi}{\partial y} = -ky, \quad \frac{\mathrm{d}x}{kx} = \frac{\mathrm{d}y}{ky}$$

$$\ln x = -\ln y + \ln c$$

$$\frac{\partial^2 \varphi}{\partial x^2} = k, \quad \frac{\partial^2 \varphi}{\partial y^2} = -k, \quad \mathrm{d}z = 0$$

$$\nabla^2 \varphi = k - k = 0$$

所以无辐散。

$$z = c$$

$$xy = c$$

$$\mathrm{d}\psi = \frac{\partial \psi}{\partial x}\mathrm{d}x + \frac{\partial \psi}{\partial y}\mathrm{d}y = v\mathrm{d}x - u\mathrm{d}y = ky\mathrm{d}x + kx\mathrm{d}y$$

$$\psi = 2kxy + c, \quad xy = c$$

4.4 无旋运动

4.4.1

解：

①由于流体层是薄的，因此流动沿球面，无沿球面法向之流动。故 $V_r = 0$，而 V_θ, V_β 分别为经向和纬向速度分量。由连续性方程

$$\frac{\partial(r^2 V_r)}{\partial r} + \frac{1}{\sin\theta}\left[\frac{\partial V_\beta}{\partial \beta} + \frac{\partial(\sin\theta V_\theta)}{\partial \theta}\right] = 0$$

其中，ψ 为流函数。

可得

$$\frac{\partial}{\partial \theta}(V_\theta \sin\theta) + \frac{\partial V_\beta}{\partial \beta} = 0 \tag{1}$$

流线为

$$\frac{a\mathrm{d}\theta}{V_\theta} = \frac{a\sin\theta\mathrm{d}\beta}{V_\beta}$$

即

$$V_\beta \mathrm{d}\theta - V_\theta \sin\theta\mathrm{d}\beta = 0 \tag{2}$$

由式 (1) 可知式 (2) 为全微分。故可取

$$V_\beta \mathrm{d}\theta - V_\theta \sin\theta\mathrm{d}\beta = d\psi = \frac{\partial \psi}{\partial \theta}\mathrm{d}\theta + \frac{\partial \psi}{\partial \beta}\mathrm{d}\beta$$

可得

$$V_\beta = \frac{\partial \psi}{\partial \theta}, \quad -V_\theta \sin\theta = \frac{\partial \psi}{\partial \beta}$$

故得

$$\begin{cases} V_\beta = \dfrac{\partial \psi}{\partial \theta} \\ V_\theta = -\dfrac{1}{\sin\theta}\dfrac{\partial \psi}{\partial \beta} \end{cases} \tag{3}$$

②

由式 (2) $\Rightarrow$ d$\psi = 0 \Rightarrow \psi = c \Rightarrow \psi$ 为流函数。

令 φ 为速度势，则

$$V_\theta = -\frac{1}{a}\frac{\partial \varphi}{\partial \theta}, \quad V_\beta = -\frac{1}{a\sin\theta}\frac{\partial \varphi}{\partial \beta}$$

取 $a = 1$，或把 a 包含于 φ 内，则

$$V_\theta = -\frac{\partial \varphi}{\partial \theta}, \quad V_\beta = -\frac{1}{\sin\theta}\frac{\partial \varphi}{\partial \beta}$$

即
$$\frac{\partial \varphi}{\partial \theta} = \frac{1}{\sin \theta} \frac{\partial \psi}{\partial \beta}, \quad -\frac{1}{\sin \theta} \frac{\partial \varphi}{\partial \beta} = \frac{\partial \psi}{\partial \theta}$$

所以
$$\frac{\partial \varphi}{\partial \theta} = \frac{1}{\sin \theta} \frac{\partial \psi}{\partial \beta}, \quad \frac{\partial \psi}{\partial \theta} = \frac{-1}{\sin \theta} \frac{\partial \varphi}{\partial \beta}$$

③
$$\frac{\partial}{\partial \theta}(\varphi + i\psi) = \frac{\partial \varphi}{\partial \theta} + i \frac{\partial \psi}{\partial \theta} = \frac{1}{\sin \theta} \frac{\partial \psi}{\partial \beta} + i\left(-\frac{1}{\sin \theta}\right)\frac{\partial \varphi}{\partial \beta} = \frac{1}{\sin \theta} \frac{\partial}{\partial \beta}(\psi - i\varphi) = -\frac{i}{\sin \theta} \frac{\partial}{\partial \beta}(\varphi + i\psi)$$

取
$$w = \varphi + i\psi$$

则上式变为
$$\frac{\partial w}{\partial \theta} + \frac{i}{\sin \theta} \frac{\partial w}{\partial \beta} = 0$$

或者
$$\sin \theta \frac{\partial w}{\partial \theta} + i \frac{\partial w}{\partial \beta} = 0 \tag{4}$$

与拉格朗日偏微分方程相比较
$$P \frac{\partial \xi}{\partial x} + Q \frac{\partial \xi}{\partial y} = R$$

其解为
$$\frac{\mathrm{d}x}{P} = \frac{\mathrm{d}y}{Q} = \frac{\mathrm{d}\xi}{R}$$

则由式 (4) 可得
$$\frac{\mathrm{d}\theta}{\sin \theta} = \frac{\mathrm{d}\beta}{i} = \frac{\mathrm{d}w}{0} \tag{5}$$

由前两比例得
$$\frac{1}{\sin \theta} \mathrm{d}\theta = -i\mathrm{d}\beta$$

积分可得
$$\ln \left(\tan \frac{\theta}{2}\right) = -i\beta + \ln A$$

或
$$\tan \frac{\theta}{2} = A\mathrm{e}^{-i\beta}$$

或者
$$\mathrm{e}^{-i\beta} \tan \frac{\theta}{2} = A(b)$$

取后两比例
$$\mathrm{d}w = 0$$

即
$$w = c = F(A)$$

即
$$w = F\left(\mathrm{e}^{-i\beta} \tan \frac{\theta}{2}\right)$$

4.4.2
解: 令
$$\dot{x} = u, \quad \dot{y} = v$$

若运动无旋，需

$$\frac{\partial u}{\partial y} - \frac{\partial v}{\partial x} = 0$$

$$\frac{\partial(\dot{x},x)}{\partial(a,b)} = \frac{\partial(u,x)}{\partial(a,b)} = \begin{vmatrix} \dfrac{\partial u}{\partial a} & \dfrac{\partial u}{\partial b} \\[2mm] \dfrac{\partial x}{\partial a} & \dfrac{\partial x}{\partial b} \end{vmatrix}$$

$$= \frac{\partial u}{\partial a}\frac{\partial x}{\partial b} - \frac{\partial x}{\partial a}\cdot\frac{\partial u}{\partial b}$$

$$= \left(\frac{\partial u}{\partial x}\frac{\partial x}{\partial a} + \frac{\partial u}{\partial y}\frac{\partial y}{\partial a}\right)\frac{\partial x}{\partial b} - \frac{\partial x}{\partial a}\left(\frac{\partial u}{\partial x}\frac{\partial x}{\partial b} + \frac{\partial u}{\partial y}\frac{\partial y}{\partial b}\right)$$

$$= \frac{\partial u}{\partial y}\left(\frac{\partial x}{\partial b}\frac{\partial y}{\partial a} - \frac{\partial x}{\partial a}\frac{\partial y}{\partial b}\right) = -\frac{\partial u}{\partial y}\frac{\partial(x,y)}{\partial(a,b)} \tag{1}$$

$$\frac{\partial(\dot{y},y)}{\partial(a,b)} = \frac{\partial(v,y)}{\partial(a,b)} = \begin{vmatrix} \dfrac{\partial v}{\partial a} & \dfrac{\partial v}{\partial b} \\[2mm] \dfrac{\partial y}{\partial a} & \dfrac{\partial y}{\partial b} \end{vmatrix}$$

$$= \frac{\partial v}{\partial a}\frac{\partial y}{\partial b} - \frac{\partial y}{\partial a}\frac{\partial v}{\partial b}$$

$$= \left(\frac{\partial v}{\partial x}\frac{\partial x}{\partial a} + \frac{\partial v}{\partial y}\frac{\partial y}{\partial a}\right)\frac{\partial y}{\partial b} - \frac{\partial y}{\partial a}\left(\frac{\partial v}{\partial x}\frac{\partial x}{\partial b} + \frac{\partial v}{\partial y}\frac{\partial y}{\partial b}\right)$$

$$= \frac{\partial v}{\partial x}\left(\frac{\partial x}{\partial a}\frac{\partial y}{\partial b} - \frac{\partial x}{\partial b}\frac{\partial y}{\partial a}\right)$$

$$= \frac{\partial v}{\partial x}\frac{\partial(x,y)}{\partial(a,b)} \tag{2}$$

由式 (1) 和式 (2)

$$\Rightarrow \frac{\partial(\dot{x},x)}{\partial(a,b)} + \frac{\partial(\dot{y},y)}{\partial(a,b)} = \left(\frac{\partial v}{\partial x} - \frac{\partial u}{\partial y}\right)\frac{\partial(x,y)}{\partial(a,b)} \tag{3}$$

若运动无旋，即

$$\frac{\partial v}{\partial x} - \frac{\partial u}{\partial y} = 0$$

则

$$\frac{\partial(\dot{x},x)}{\partial(a,b)} + \frac{\partial(\dot{y},y)}{\partial(a,b)} = 0$$

4.4.3
解:

$$\boldsymbol{f} = -\nabla\Pi, \quad \rho = c$$

欧拉方程

$$\frac{\mathrm{d}\boldsymbol{V}}{\mathrm{d}t} = \boldsymbol{f} - \frac{1}{\rho}\nabla p = -\nabla\Pi - \nabla\left(\frac{p}{\rho}\right) = -\nabla\left(\Pi + \frac{p}{\rho}\right) \Rightarrow \frac{\mathrm{d}u}{\mathrm{d}t} = -\frac{\partial}{\partial x}\left(\Pi + \frac{p}{\rho}\right)$$

令

$$\lambda = \frac{\partial u}{\partial t} - v\left(\frac{\partial v}{\partial x} - \frac{\partial u}{\partial y}\right) + w\left(\frac{\partial u}{\partial z} - \frac{\partial w}{\partial x}\right)$$

或

$$\lambda = \left(\frac{\partial}{\partial t} + u\frac{\partial}{\partial x} + v\frac{\partial}{\partial y} + w\frac{\partial}{\partial z}\right)u - \left(u\frac{\partial u}{\partial x} + v\frac{\partial v}{\partial x} + w\frac{\partial w}{\partial x}\right)$$

$$= \frac{\mathrm{d}u}{\mathrm{d}t} - \frac{\partial}{\partial x}\left(\frac{u^2 + v^2 + w^2}{2}\right)$$

$$= -\frac{\partial}{\partial x}\left(\Pi + \frac{p}{\rho}\right) - \frac{1}{2}\frac{\partial V^2}{\partial x}$$

即

$$\lambda = -\frac{\partial}{\partial x}\left(\Pi + \frac{p}{\rho} + \frac{V^2}{2}\right) = -\frac{\partial Q}{\partial x}$$

$$Q = \Pi + \frac{p}{\rho} + \frac{V^2}{2}$$

$$\therefore \lambda \mathrm{d}x = -\frac{\partial Q}{\partial x}\mathrm{d}x$$

类似的可得

$$\lambda \mathrm{d}x + \mu \mathrm{d}y + \nu \mathrm{d}z = -\left(\frac{\partial Q}{\partial x}\mathrm{d}x + \frac{\partial Q}{\partial y}\mathrm{d}y + \frac{\partial Q}{\partial z}\mathrm{d}z\right) = -\mathrm{d}Q$$

为一全微分。

4.4.4

解：考虑两邻近点 $P(x, y, z)$ 及 $Q(x + \delta x, y + \delta y, z + \delta z)$, $PQ = \delta s$

$$\frac{\mathrm{d}}{\mathrm{d}t}(V \cdot PQ) = \frac{\mathrm{d}}{\mathrm{d}t}(u\delta x + v\delta y + w\delta z)$$

或

$$\frac{\mathrm{d}}{\mathrm{d}t}(V \cdot PQ) = \frac{\mathrm{d}}{\mathrm{d}t}\sum u\delta x \tag{1}$$

而

$$\frac{\mathrm{d}}{\mathrm{d}t}(u\delta x) = \frac{\mathrm{d}u}{\mathrm{d}t}\delta x + u\delta u \tag{2}$$

已知存在外力 $\propto \boldsymbol{V}$, 所以欧拉方程

$$\frac{\mathrm{d}\boldsymbol{V}}{\mathrm{d}t} = -\nabla\Pi - \nabla\int\frac{\mathrm{d}p}{\rho} - k\boldsymbol{V} \Rightarrow \frac{\mathrm{d}u}{\mathrm{d}t} = -\frac{\partial\Pi}{\partial x} - \frac{\partial}{\partial x}\int\frac{\mathrm{d}p}{\rho} - ku$$

代入式 (2)

$$\Rightarrow \frac{\mathrm{d}}{\mathrm{d}t}(u\delta x) = \left(-\frac{\partial\Pi}{\partial x} - \frac{\partial}{\partial x}\int\frac{\mathrm{d}p}{\rho} - ku\right)\delta x + u\delta u$$

$$\therefore \sum\frac{\mathrm{d}}{\mathrm{d}t}(u\delta x) = -\sum\frac{\partial\Pi}{\partial x}\delta x - \sum\frac{\partial}{\partial x}\int\frac{\partial p}{\rho}\mathrm{d}x - k\sum u\delta x + \sum u\delta u$$

或

$$\frac{\mathrm{d}}{\mathrm{d}t}\sum u\delta x = -\delta\Pi - \delta\int\frac{\mathrm{d}p}{\rho} + \frac{1}{2}\delta V^2 - k\sum u\delta x$$

$$\therefore (1) \Rightarrow \frac{\mathrm{d}}{\mathrm{d}t}(V \cdot PQ) = -\delta\Pi - \delta\int\frac{\mathrm{d}p}{\rho} + \frac{1}{2}\delta V^2 - k\sum u\delta x \tag{3}$$

设 P 为沿 APA 之环流, 则

$$\Gamma = \int_A^A (u\delta x + v\delta y + w\delta z) = \int_A^A\left(\sum u\delta x\right) \tag{4}$$

$$\frac{\mathrm{d}\Gamma}{\mathrm{d}t} = \int_A^A\frac{\mathrm{d}}{\mathrm{d}t}\sum u\delta x = \int_A^A\frac{\mathrm{d}}{\mathrm{d}t}(V \cdot PQ) = \int_A^A\left(-\delta\Pi - \delta\int\frac{\mathrm{d}p}{\rho} + \frac{1}{2}\delta V^2 - k\sum u\delta x\right)$$

$$= \left[-\Pi + \frac{1}{2}V^2 - \int\frac{\mathrm{d}p}{\rho}\right]_A^A - k\Gamma = 0 - k\Gamma$$

故

$$\frac{\mathrm{d}\Gamma}{\mathrm{d}t} = -k\Gamma$$

或

$$\frac{\mathrm{d}\Gamma}{\Gamma} = -k\mathrm{d}t$$

积分可得

$$\Gamma = c\mathrm{e}^{-kt}$$

若 $t = 0$, 则

$$\Gamma = \Gamma_0$$

即

$$c = \Gamma_0, \quad \Gamma = \Gamma_0 \mathrm{e}^{-kt} \tag{5}$$

若 $t = 0$, 运动无旋, 则 $\Gamma_0 = 0$, 故由式 (5) 可得在任一时刻均有 $\Gamma = 0$。

4.4.5

解: 流体之运动是由边界之运动而引起的, 瞬时作用力方程为

$$\boldsymbol{V}_2 - \boldsymbol{V}_1 = \boldsymbol{I} - \frac{1}{\rho}\nabla\tilde{p}$$

其中, $\boldsymbol{V}_1, \boldsymbol{V}_2$ 为流体在冲击作用前后之瞬时速度, $\boldsymbol{I}$ 为瞬时体力, $\tilde{p}$ 为瞬时压力, 此处, $\boldsymbol{I} = 0, \boldsymbol{V}_1 = 0$, 因此

$$\boldsymbol{V}_2 = -\frac{1}{\rho}\nabla\tilde{p}$$

$$u_2\mathrm{d}x + v_2\mathrm{d}y + w_2\mathrm{d}z = -\frac{1}{\rho}\left(\frac{\partial\tilde{p}}{\partial x}\mathrm{d}x + \frac{\partial\tilde{p}}{\partial y}\mathrm{d}y + \frac{\partial\tilde{p}}{\partial z}\mathrm{d}z\right) = -\frac{\mathrm{d}\tilde{p}}{\rho}$$

若 ρ 为常数, 则

$$u_2\mathrm{d}x + v_2\mathrm{d}y + w_2\mathrm{d}z = -\mathrm{d}\left(\frac{\tilde{p}}{\rho}\right) = -\mathrm{d}\varphi$$

令

$$\tilde{p} = \rho\varphi$$

上式表明, 若流体是均匀的, 则运动是无旋的, 另外, $\tilde{p}$ 与 φ 为单值函数, 所以运动是循环的。另外,

$$\frac{1}{2}\rho\int_\tau V^2\mathrm{d}x\mathrm{d}y\mathrm{d}z = -\frac{1}{2}\rho\oint_\sigma \varphi\frac{\partial\varphi}{\partial n}\mathrm{d}\sigma$$

或者

$$\int_\tau V^2\mathrm{d}x\mathrm{d}y\mathrm{d}z = -\oint_\sigma \varphi\frac{\partial\varphi}{\partial n}\mathrm{d}\sigma$$

若在边界处有

$$\frac{\partial\varphi}{\partial n} = 0$$

则在 τ 内任一点必有 $V = 0$, 即流体处于静止。

4.4.6

解.

$$V^2 = u^2 + v^2 = \left(\frac{\partial \phi}{\partial x}\right)^2 + \left(\frac{\partial \phi}{\partial y}\right)^2 \tag{1}$$

且

$$\nabla^2 \phi = \frac{\partial^2 \phi}{\partial x^2} + \frac{\partial^2 \phi}{\partial y^2} = 0 \tag{2}$$

式 (1) 分别对 x, y 求导

$$V\frac{\partial V}{\partial x} = \frac{\partial \phi}{\partial x}\frac{\partial^2 \phi}{\partial x^2} + \frac{\partial \phi}{\partial y}\frac{\partial^2 \phi}{\partial y \partial x} \tag{3}$$

$$V\frac{\partial V}{\partial y} = \frac{\partial \phi}{\partial x}\frac{\partial^2 \phi}{\partial x \partial y} + \frac{\partial \phi}{\partial y}\frac{\partial^2 \phi}{\partial y^2} \tag{4}$$

平方相加

$$V^2\left[\left(\frac{\partial V}{\partial x}\right)^2 + \left(\frac{\partial V}{\partial y}\right)^2\right] = \left(\frac{\partial \phi}{\partial x}\right)^2\left[\left(\frac{\partial^2 \phi}{\partial x^2}\right)^2 + \left(\frac{\partial^2 \phi}{\partial x \partial y}\right)^2\right] + \left(\frac{\partial \phi}{\partial y}\right)^2\left[\left(\frac{\partial^2 \phi}{\partial x \partial y}\right)^2 + \left(\frac{\partial^2 \phi}{\partial y^2}\right)^2\right]$$

$$+ 2\frac{\partial \phi}{\partial x}\cdot\frac{\partial \phi}{\partial y}\cdot\frac{\partial^2 \phi}{\partial x \partial y}\cdot\left[\frac{\partial^2 \phi}{\partial x^2} + \frac{\partial^2 \phi}{\partial y^2}\right]$$

应用式 (2)

$$V^2\left[\left(\frac{\partial V}{\partial x}\right)^2 + \left(\frac{\partial V}{\partial y}\right)^2\right]$$

$$= \left(\frac{\partial \phi}{\partial x}\right)^2\left[\left(\frac{\partial^2 \phi}{\partial x \partial y}\right)^2 + \left(\frac{\partial^2 \phi}{\partial x^2}\right)^2\right] + \left(\frac{\partial \phi}{\partial y}\right)^2\left[\left(\frac{\partial^2 \phi}{\partial x \partial y}\right)^2 + \left(\frac{\partial^2 \phi}{\partial y^2}\right)^2\right]$$

$$= \left(\frac{\partial^2 \phi}{\partial x \partial y}\right)^2\left[\left(\frac{\partial \phi}{\partial x}\right)^2 + \left(\frac{\partial \phi}{\partial y}\right)^2\right] + \left(\frac{\partial^2 \phi}{\partial x^2}\right)^2\left[\left(\frac{\partial \phi}{\partial x}\right)^2 + \left(\frac{\partial \phi}{\partial y}\right)^2\right]$$

$$= V^2\left[\left(\frac{\partial^2 \phi}{\partial x \partial y}\right)^2 + \left(\frac{\partial^2 \phi}{\partial x^2}\right)^2\right]$$

或者

$$\left(\frac{\partial V}{\partial x}\right)^2 + \left(\frac{\partial V}{\partial y}\right)^2 = \left(\frac{\partial^2 \phi}{\partial x \partial y}\right)^2 + \left(\frac{\partial^2 \phi}{\partial x^2}\right)^2 \tag{5}$$

式 (3) 和式 (4) 分别对 x, y 求导

$$V\frac{\partial^2 V}{\partial x^2} + \left(\frac{\partial V}{\partial x}\right)^2 = \left(\frac{\partial^2 \phi}{\partial x^2}\right)^2 + \frac{\partial \phi}{\partial x}\frac{\partial^3 \phi}{\partial x^3} + \left(\frac{\partial^2 \phi}{\partial x \partial y}\right)^2 + \frac{\partial \phi}{\partial y}\frac{\partial^3 \phi}{\partial x^2 \partial y}$$

$$V\frac{\partial^2 V}{\partial y^2} + \left(\frac{\partial V}{\partial y}\right)^2 = \left(\frac{\partial^2 \phi}{\partial x \partial y}\right)^2 + \frac{\partial \phi}{\partial x}\frac{\partial^3 \phi}{\partial y^2 \partial x} + \left(\frac{\partial^2 \phi}{\partial y^2}\right)^2 + \frac{\partial^3 \phi}{\partial y^3}\cdot\frac{\partial \phi}{\partial y}$$

上两式相加

$$V\nabla^2 V + \left[\left(\frac{\partial V}{\partial x}\right)^2 + \left(\frac{\partial V}{\partial y}\right)^2\right]$$

$$= \left[\left(\frac{\partial^2 \phi}{\partial x^2}\right)^2 + \left(\frac{\partial^2 \phi}{\partial y^2}\right)^2\right] + 2\left(\frac{\partial^2 \phi}{\partial x \partial y}\right)^2 + \frac{\partial \phi}{\partial x}\left[\frac{\partial^3 \phi}{\partial x^3} + \frac{\partial^3 \phi}{\partial y^2 \partial x}\right] + \frac{\partial \phi}{\partial y}\left[\frac{\partial^3 \phi}{\partial y^3} + \frac{\partial^3 \phi}{\partial x^2 \partial y}\right] \tag{6}$$

$$\because \nabla^2 \phi = 0 \Rightarrow \frac{\partial^2 \phi}{\partial x^2} = -\frac{\partial^2 \phi}{\partial y^2} \Rightarrow \frac{\partial^3 \phi}{\partial x^3} = -\frac{\partial^3 \phi}{\partial y^2 \partial x}$$

$$\frac{\partial^3 \phi}{\partial x^2 \partial y} = -\frac{\partial^3 \phi}{\partial y^3} \Rightarrow \frac{\partial^3 \phi}{\partial x^3} + \frac{\partial^3 \phi}{\partial y^2 \partial x} = 0, \frac{\partial^3 \phi}{\partial y^3} + \frac{\partial^3 \phi}{\partial x^2 \partial y} = 0$$

所以, 由式 (6) 有

$$V\nabla^2 V + \left[\left(\frac{\partial V}{\partial x}\right)^2 + \left(\frac{\partial V}{\partial y}\right)^2\right] = 2\left[\left(\frac{\partial^2 \phi}{\partial x^2}\right)^2 + \left(\frac{\partial^2 \phi}{\partial x \partial y}\right)^2\right] = 2\left[\left(\frac{\partial V}{\partial x}\right)^2 + \left(\frac{\partial V}{\partial y}\right)^2\right]$$

由式 (5)

$$\left(\frac{\partial V}{\partial x}\right)^2 + \left(\frac{\partial V}{\partial y}\right)^2 = V\nabla^2 V$$

4.4.7

解: 总能量

$$E = 动能 + 势能 + 内能$$

流体为不可压且无黏性, 可令内能 $= 0$, 所以

$$E = \int_\tau \frac{1}{2} V^2 \rho \mathrm{d}\tau + \int_\tau \Pi \rho \mathrm{d}\tau$$

式中, Π 为单位质量流体的势能。

且

$$\frac{\partial \Pi}{\partial t} = 0$$

$$\frac{\partial E}{\partial t} = \frac{1}{2} \int_\tau \frac{\partial V^2}{\partial t} \rho \mathrm{d}\tau + \rho \int_\tau \frac{\partial \Pi}{\partial t} \mathrm{d}\tau = \frac{1}{2} \rho \int_\tau \frac{\partial}{\partial t} (\nabla \phi \cdot \nabla \phi) \mathrm{d}\tau$$

即

$$\frac{\partial E}{\partial t} = \rho \int_\tau (\nabla \phi_t \cdot \nabla \phi) \mathrm{d}\tau$$

其中 $\phi_t = \dfrac{\partial \phi}{\partial t}$

$$\because \nabla \cdot (\phi_t \nabla \phi) = \nabla \phi_t \cdot \nabla \phi + \phi_t \nabla^2 \phi = \nabla \phi_t \cdot \nabla \phi$$

$$\therefore \frac{\partial E}{\partial t} = \rho \int_\tau \nabla \cdot (\phi_t \nabla \phi) \mathrm{d}\tau \overset{O \cdot G}{=\!=\!=} -\rho \oint_\sigma \boldsymbol{n} \cdot (\phi_t \nabla \phi) \mathrm{d}\sigma$$

$$= -\rho \oint_\sigma (\boldsymbol{n} \cdot \nabla \phi) \phi_t \mathrm{d}\sigma = -\rho \oint_\sigma \frac{\partial \phi}{\partial n} \frac{\partial \phi}{\partial t} \mathrm{d}\sigma$$

$\boldsymbol{n}$ 为 $\mathrm{d}\boldsymbol{\sigma}$ 之内法向单位矢。

4.4.8

解: (1) 运动无旋 $\Rightarrow \exists \phi, \boldsymbol{V} = -\nabla \phi$

$$\therefore V^2 = \left(\frac{\partial \phi}{\partial x}\right)^2 + \left(\frac{\partial \phi}{\partial y}\right)^2 + \left(\frac{\partial \phi}{\partial z}\right)^2 = \sum \left(\frac{\partial \phi}{\partial x}\right)^2$$

且

$$\nabla fg = f\nabla g + g\nabla f$$

$$\nabla \cdot (\nabla fg) = \nabla \cdot (f\nabla g) + \nabla \cdot (g\nabla f)$$

或
$$\nabla^2 fg = \left[(\nabla f \cdot \nabla g) + f\nabla^2 g \right] + \left[\nabla g \cdot \nabla f + g\nabla^2 f \right]$$

即
$$\nabla^2 fg = 2\nabla f \cdot \nabla g + g\nabla^2 f + f\nabla^2 g$$
$$\therefore \nabla^2 \left(\frac{\partial \phi}{\partial x} \right)^2 = \nabla^2 \left(\frac{\partial \phi}{\partial x} \right) \cdot \left(\frac{\partial \phi}{\partial x} \right) = 2\frac{\partial \phi}{\partial x}\nabla^2 \left(\frac{\partial \phi}{\partial x} \right) + 2\left(\nabla\frac{\partial \phi}{\partial x} \right) \cdot \left(\nabla\frac{\partial \phi}{\partial x} \right)$$

而
$$\nabla^2 \frac{\partial \phi}{\partial x} = \frac{\partial}{\partial x}\nabla^2 \phi = 0$$

所以
$$\nabla^2 \left(\frac{\partial \phi}{\partial x} \right)^2 = 2\left[\left(\frac{\partial^2 \phi}{\partial x^2} \right)^2 + \left(\frac{\partial^2 \phi}{\partial y\partial x} \right)^2 + \left(\frac{\partial^2 \phi}{\partial z\partial x} \right)^2 \right] > 0$$

所以
$$\nabla^2 \sum \left(\frac{\partial \phi}{\partial x} \right)^2 > 0$$

即
$$\nabla^2 V^2 > 0 \tag{1}$$

由压力方程
$$\frac{p}{\rho} + \frac{1}{2}V^2 + \Pi - \frac{\partial \phi}{\partial t} = f(t)$$
$$\nabla^2 \left(\frac{p}{\rho} \right) + \frac{1}{2}\nabla^2 V^2 + \nabla^2 \Pi - \frac{\partial}{\partial t}\nabla^2 \phi = \nabla^2 f(t)$$
$$\frac{1}{\rho}\nabla^2 p + \frac{1}{2}\nabla^2 V^2 + 0 - 0 = 0$$
$$\therefore \nabla^2 p = -\frac{\rho}{2}\nabla^2 V^2 < 0, \nabla^2 V^2 > 0$$
$$\nabla^2 p < 0 \tag{2}$$

(2) 令 P 为流体内一点, 以 σ 包围 P

$$\nabla^2 V^2 > 0 \Rightarrow \nabla \cdot \nabla V^2 > 0 \Rightarrow \int_{\tau_1} \nabla \cdot \nabla V^2 \mathrm{d}\tau > 0 \Rightarrow \oint_{\sigma_1} \boldsymbol{n} \cdot \nabla V^2 \mathrm{d}\sigma > 0$$

或者
$$\oint_{\sigma_1} \frac{\partial V^2}{\partial n}\mathrm{d}\sigma > 0 \Rightarrow \text{对每一外法向有 } \frac{\partial V^2}{\partial n} > 0 \Rightarrow V^2 \text{ 且 } V \text{ 在一内点上不能是极大值。}$$

$$\nabla^2 p < 0 \Rightarrow \nabla \cdot \nabla p < 0 \Rightarrow \int_{\tau_1} \nabla \cdot \nabla p\mathrm{d}\tau < 0 \Rightarrow \oint_{\sigma_1} \boldsymbol{n} \cdot \nabla p\mathrm{d}\sigma < 0 \Rightarrow \frac{\partial p}{\partial n} < 0$$

所以 p 在一内点上不能是极小值。

4.4.9

解: 令
$$\boldsymbol{V} = u\boldsymbol{i} + v\boldsymbol{j} + w\boldsymbol{k}$$

液体动能为
$$T = \frac{1}{2}\rho \int_{\tau} V^2 \mathrm{d}\tau = \frac{1}{2}\rho \int_{\tau} (u^2 + v^2 + w^2)\mathrm{d}\tau \tag{1}$$

令 $\boldsymbol{n}$ 为液体内任一点 P 之外法向单位矢, 外法向速度为 $\boldsymbol{n} \cdot \boldsymbol{V}$。

已知: (i) T 为极小值, (ii) 在边界处, $\boldsymbol{n} \cdot \boldsymbol{V}$ 为确定值,

$$\therefore \boldsymbol{n} \cdot \boldsymbol{V} = c, \quad \therefore \delta(\boldsymbol{n} \cdot \boldsymbol{V}) = 0$$

由连续性方程

$$\nabla \cdot \boldsymbol{V} = 0 \Rightarrow \nabla \cdot \delta \boldsymbol{V} = 0 \Rightarrow \int_\tau \phi \nabla \cdot (\delta \boldsymbol{V}) \mathrm{d}\tau = 0$$

ϕ 为任一函数, 即

$$\int_\tau [\nabla \cdot (\phi \delta \boldsymbol{V}) - \nabla \phi \cdot \delta \boldsymbol{r}] \mathrm{d}\tau = 0$$

即

$$\int_\tau \nabla \cdot (\phi \delta \boldsymbol{V}) \mathrm{d}\tau - \int_\tau \nabla \phi \cdot (\delta \boldsymbol{V}) \mathrm{d}\tau = 0$$

$$\therefore \oint_\sigma \boldsymbol{n} \cdot \phi \delta \boldsymbol{V} \mathrm{d}\sigma - \int_\tau \nabla \phi \cdot (\delta \boldsymbol{V}) \mathrm{d}\tau = 0$$

而

$$\boldsymbol{n} \cdot \phi \delta \boldsymbol{V} = \phi \boldsymbol{n} \cdot \delta \boldsymbol{V} = \phi \delta(\boldsymbol{n} \cdot \boldsymbol{V}) = \phi \cdot 0 = 0 \ (\text{由 (ii)})$$

$$\therefore \int_\tau \nabla \phi \cdot (\delta \boldsymbol{V}) \mathrm{d}\tau = 0 \tag{2}$$

将式 (1) 代入条件 (i)

$$\frac{1}{2} \rho \int_\tau \delta \boldsymbol{V}^2 \mathrm{d}\tau = 0$$

或

$$\rho \int_\tau \boldsymbol{V} \cdot \delta \boldsymbol{V} = 0, \because \boldsymbol{V}^2 = V^2$$

即

$$\int_\tau \boldsymbol{V} \cdot \delta \boldsymbol{V} \mathrm{d}\tau = 0 \tag{3}$$

$(2) + (3) \Rightarrow \int_\tau (\nabla \phi + \boldsymbol{V}) \cdot \delta \boldsymbol{V} \mathrm{d}\tau = 0 \Rightarrow \nabla \phi + \boldsymbol{V} = 0$

或

$$\boldsymbol{V} = -\nabla \phi$$

$\therefore$ 运动为无旋, ϕ 为速度势。

4.4.10

解: 已知

$$\phi = -\frac{1}{2}(ax^2 + by^2 + cz^2) = \frac{1}{2} \sum ax^2, \quad \Pi = \frac{1}{2}(lx^2 + my^2 + nz^2) = \frac{1}{2} \sum lx^2, \quad a + b + c = 0 \tag{1}$$

连续性方程

$$\nabla^2 \phi = 0 \Rightarrow -(a + b + c) = 0$$

当式 (1) 成立时, 该式为真, 因此满足连续性方程, $\therefore \phi$ 决定可能的流体无旋运动, 伯努利压力方程为

$$\frac{p}{\rho} + \frac{\boldsymbol{V}^2}{2} + \Pi - \frac{\partial \phi}{\partial t} = F(t)$$

$$\frac{p}{\rho} = F(t) + \frac{\partial \phi}{\partial t} - \frac{1}{2}\left[\left(\frac{\partial \phi}{\partial x}\right)^2 + \left(\frac{\partial \phi}{\partial y}\right)^2 + \left(\frac{\partial \phi}{\partial z}\right)^2\right] - \Pi$$

$$=F(t) + \frac{\partial \phi}{\partial t} - \frac{1}{2} \sum \left(\frac{\partial \phi}{\partial x} \right)^2 - \Pi$$

$$=F(t) - \frac{1}{2} \sum \dot{a} x^2 - \frac{1}{2} \sum a^2 x^2 - \frac{1}{2} \sum l x^2$$

$$=F(t) - \frac{1}{2} \sum x^2 (a^2 + \dot{a} + l)$$

由等压面为自由面条件可得

$$p = c \Rightarrow \frac{\mathrm{d}p}{\mathrm{d}t} = 0 \Rightarrow \frac{1}{\rho} \frac{\mathrm{d}p}{\mathrm{d}t} = 0 \Rightarrow \frac{1}{\rho} \left(\frac{\partial}{\partial t} + u \frac{\partial}{\partial x} + v \frac{\partial}{\partial y} + w \frac{\partial}{\partial z} \right) p = 0$$

或

$$\frac{1}{\rho} \left(\frac{\partial}{\partial t} + \sum u \frac{\partial}{\partial x} \right) p = 0$$

即

$$\dot{F}(t) - \frac{1}{2} \sum (\dot{l} + 2a\dot{a} + \ddot{a}) x^2 + \sum (ax) \left(-\frac{1}{2} \right) (l + a^2 + \dot{a}) 2x = 0$$

或者

$$\dot{F}(t) = \frac{1}{2} \sum (\dot{l} + 2a\dot{a} + \ddot{a}) x^2 + \sum a x^2 (l + a^2 + \dot{a})$$

$$\dot{F}(t) = \frac{1}{2} \sum x^2 \left[2a(l + a^2 + \dot{a}) + (\dot{l} + 2a\dot{a} + \ddot{a}) \right]$$

上式成立要求

$$2a(l + a^2 + \dot{a}) + (\dot{l} + 2a\dot{a} + \ddot{a}) = 0$$

$$2b(m + b^2 + \dot{b}) + (\dot{m} + 2b\dot{b} + \ddot{b}) = 0$$

$$2c(n + c^2 + \dot{c}) + (\dot{n} + 2c\dot{c} + \ddot{c}) = 0$$

或

$$2a\mathrm{d}t + \left(\frac{\dot{l} + 2a\dot{a} + \ddot{a}}{l + a^2 + \dot{a}} \right) \mathrm{d}t = 0$$

积分得

$$\int 2a\mathrm{d}t + \ln(l + a^2 + \dot{a}) = \ln C$$

或

$$(l + a^2 + \dot{a}) \mathrm{e}^{2 \int a \mathrm{d}t} = c_1$$

$$(m + b^2 + \dot{b}) \mathrm{e}^{2 \int b \mathrm{d}t} = c_2$$

$$(n + c^2 + \dot{c}) \mathrm{e}^{2 \int c \mathrm{d}t} = c_3$$

4.4.11

解：令 σ 表示中心在原点 O 之球面，其体积为 τ，若 M 为 τ 内均匀流体之动量，则

$$M = \int_\tau V \rho \mathrm{d}\tau$$

设 L 为 M 对 O 点之力矩

$$L = \int r \times (V \rho \mathrm{d}\tau) = \rho \int r \times V \mathrm{d}\tau = -\rho \int r \times \nabla \phi \mathrm{d}\tau$$

运动是无旋的，而

$$\nabla \times (\phi r) = \nabla \phi \times r + \phi \nabla \times r = \nabla \phi \times r (\because \nabla \times r = 0)$$

$$= -r \times \nabla \phi$$

$$\therefore \boldsymbol{L} = \rho \int_{\tau} \nabla \times (\phi \boldsymbol{r}) \mathrm{d}\tau = \rho \oint_{\sigma} \boldsymbol{n} \times (\phi \boldsymbol{r}) \mathrm{d}\sigma$$

$$\therefore \boldsymbol{L} = \rho \oint_{\sigma} \mathrm{d}(\boldsymbol{n} \times \boldsymbol{r}) \mathrm{d}\sigma$$

∵ $\boldsymbol{r}$ 垂直于边界面

∴ $\boldsymbol{n} \parallel \boldsymbol{r}, \therefore \boldsymbol{n} \times r = 0, \boldsymbol{L} = 0$

∴ $\boldsymbol{M}$ 过原点 (球心)。

4.4.12

解:

①
$$\boldsymbol{\Omega} = \nabla \times \boldsymbol{V} = \boldsymbol{k}\left(\frac{\partial v}{\partial x} - \frac{\partial u}{\partial y}\right) = \boldsymbol{k}\left[\frac{-2Ayx}{(x^2+y^2)^2} + \frac{2Ayx}{(x^2+y^2)^2}\right] = 0$$

②
$$\begin{aligned}\boldsymbol{\Omega} &= \nabla \times \boldsymbol{V} = \boldsymbol{k}\left[\frac{1}{r}\frac{\partial(rV_\theta)}{\partial r} - \frac{1}{r}\frac{\partial V_r}{\partial \theta}\right] \\ &= \boldsymbol{k}\left[A\sin\theta\left(\frac{1}{r} + B/r^3\right) + A\sin\theta\left(\frac{1}{r} - B/r^3\right)\right] \\ &= \boldsymbol{k}\left[2A \cdot \sin\theta/r\right]\end{aligned}$$

③
$$\boldsymbol{\Omega} = \nabla \times \boldsymbol{V} = \boldsymbol{k}\left(\frac{\partial v}{\partial x} - \frac{\partial u}{\partial y}\right) = \boldsymbol{k}[2Ay - 2Ay] = 0$$

④
$$\boldsymbol{\Omega} = \nabla \times \boldsymbol{V} = \boldsymbol{k}\left(\frac{\partial v}{\partial x} - \frac{\partial u}{\partial y}\right) = \boldsymbol{k}\left[-Ay^2t - Ax^2t\right] = -At(x^2+y^2)\boldsymbol{k}$$

所以①、③为无旋运动。

4.4.13

解: ϕ 为无旋运动的速度势, 它必须满足拉普拉斯方程和无旋性条件, 故

$$\begin{aligned}\nabla^2\phi &= \frac{\partial^2\phi}{\partial x^2} + \frac{\partial^2\phi}{\partial y^2} + \frac{\partial^2\phi}{\partial z^2} \\ &= \frac{\partial^2}{\partial x^2}\left[\frac{a}{2}(x^2+y^2-2z^2)\right] + \frac{\partial^2}{\partial y^2}\left[\frac{a}{2}(x^2+y^2-2z^2)\right] + \frac{\partial^2}{\partial z^2}\left[\frac{a}{2}(x^2+y^2-2z^2)\right] \\ &= a + a - 2a \\ &= 0\end{aligned}$$

满足了拉普拉斯方程式, 故可绘出无旋的流场, 它的速度场为

$$\boldsymbol{V} = \nabla\phi = ax\boldsymbol{i} + ay\boldsymbol{i} - 2az\boldsymbol{k}$$

易证明它满足无旋性条件 $\nabla \times \boldsymbol{V} = 0$, 所以所给的函数可以表示三维、无旋流动的速度势。

4.4.14

解:

$$\because \nabla \times \boldsymbol{V} = \boldsymbol{k}\left(\frac{\partial u}{\partial y} - \frac{\partial v}{\partial x}\right) = 0$$

表示无旋流动, 则必须满足

$$\frac{\partial u}{\partial y} = \frac{\partial v}{\partial x}$$

①
$$\frac{\partial v}{\partial x} = \frac{\partial u}{\partial y} = -6y$$
$$\therefore v = -6xy + f_1(y)$$

②
$$\frac{\partial u}{\partial y} = \frac{\partial v}{\partial x} = A\mathrm{e}^{-At} \Rightarrow \frac{\partial u}{\partial y} = A\mathrm{e}^{-At}$$
$$u = A\mathrm{e}^{-At}y + f_2(x)$$

③
$$\frac{\partial v}{\partial x} = \frac{\partial u}{\partial y} = -A\sin y + \frac{x}{y} \Rightarrow \frac{\partial v}{\partial x} = -A\sin y + \frac{x}{y}$$
$$v = -A\sin y \cdot x + \frac{x^2}{2y} + f_3(y)$$

④
$$\boldsymbol{\Omega} = \boldsymbol{k}\left(\frac{\partial V_\theta}{\partial r} + \frac{V_\theta}{r} - \frac{1}{r}\frac{\partial V_r}{\partial \theta}\right) = 0$$
$$\frac{\partial V_\theta}{\partial r} = \frac{1}{r}\frac{\partial V_r}{\partial \theta} - \frac{V_\theta}{r} = \frac{1}{2r} \cdot r^{-1/2}\left(-\sin\frac{\theta}{2}\right) \cdot \frac{1}{2} - \frac{V_\theta}{r} = -\frac{1}{4} \cdot r^{-3/2}\sin\frac{\theta}{2} - \frac{V_\theta}{r}$$
$$\Rightarrow \frac{1}{r}\frac{\partial(V_\theta r)}{\partial r} = -\frac{1}{4} \cdot r^{-3/2}\sin\frac{\theta}{2} \Rightarrow V_\theta = -\frac{1}{2}r^{-\frac{1}{2}}\sin\frac{\theta}{2} + \frac{f_4(\theta)}{r}$$

4.5　复势

4.5.1

解：(1)
$$\mathrm{e}^z = \mathrm{e}^{x+\mathrm{i}y} = \mathrm{e}^x(\cos y + \mathrm{i}\sin y)$$
$$\therefore \psi = \mathrm{e}^x\sin y$$
$$\begin{cases} u = -\dfrac{\partial \psi}{\partial y} = -\mathrm{e}^x\cos y \\ v = \dfrac{\partial \psi}{\partial x} = \mathrm{e}^x\sin y \end{cases}$$

流线方程为
$$\mathrm{e}^x\sin y = c$$

(2)
$$\sin z = \sin(x + \mathrm{i}y) = \sin x\cos y + \mathrm{i}\cos x\sin y$$

$$\begin{aligned}
\sin z &= \frac{\mathrm{e}^{\mathrm{i}z} - \mathrm{e}^{-\mathrm{i}z}}{2\mathrm{i}} \\
&= \frac{\mathrm{e}^{\mathrm{i}(x+\mathrm{i}y)} - \mathrm{e}^{-\mathrm{i}(x+\mathrm{i}y)}}{2\mathrm{i}} \\
&= \frac{\mathrm{e}^{-y}(\cos x + \mathrm{i}\sin x) - \mathrm{e}^{y}(\cos x - \mathrm{i}\sin x)}{2\mathrm{i}} \\
&= -\frac{1}{2}\left[\mathrm{e}^{-y}(\mathrm{i}\cos x - \sin x) - \mathrm{e}^{y}(\mathrm{i}\cos x + \sin x)\right]
\end{aligned}$$

$$\psi = \frac{1}{2}\left[\mathrm{e}^y\cos x - \mathrm{e}^{-y}\cos x\right] = \frac{1}{2}\cos x(\mathrm{e}^y - \mathrm{e}^{-y}) = \cos x\,\mathrm{sh}y$$
$$\varphi = \frac{1}{2}\sin x(\mathrm{e}^y + \mathrm{e}^{-y}) = \sin x\,\mathrm{ch}y$$

$$\begin{cases} u = -\dfrac{\partial \psi}{\partial y} = -\dfrac{1}{2}\cos x(\mathrm{e}^y + \mathrm{e}^{-y}) = -\cos x\mathrm{ch}y \\ v = \dfrac{\partial \psi}{\partial x} = -\dfrac{1}{2}\sin x(\mathrm{e}^y - \mathrm{e}^{-y}) = -\sin x\mathrm{sh}y \end{cases}$$

$$\cos z = \frac{1}{2}\left(\mathrm{e}^{\mathrm{i}z} + \mathrm{e}^{-\mathrm{i}z}\right) = \cos x\mathrm{ch}y - \mathrm{i}\sin x\mathrm{sh}y$$

$$\sin z = \frac{1}{2\mathrm{i}}\left(\mathrm{e}^{\mathrm{i}z} - \mathrm{e}^{-\mathrm{i}z}\right) = \sin x\mathrm{ch}y + \mathrm{i}\cos x\mathrm{sh}y$$

$$\cos(\mathrm{i}z) = \mathrm{ch}z, \quad \mathrm{ch}(\mathrm{i}z) = \cos z$$

$$\sin(\mathrm{i}z) = \mathrm{ish}z, \quad \mathrm{sh}(\mathrm{i}z) = \mathrm{i}\sin z$$

$$\mathrm{sh}(x + \mathrm{i}y) = \mathrm{sh}x\cos y + \mathrm{ich}x\sin y$$

$$\mathrm{ch}(x + \mathrm{i}y) = \mathrm{ch}x\cos y + \mathrm{ish}x\sin y$$

$$w = \sin z$$

$$u - \mathrm{i}v = -\frac{\mathrm{d}F}{\mathrm{d}z} = -\cos z = -\cos x\mathrm{ch}y + \mathrm{i}\sin x\mathrm{sh}y$$

$$\begin{cases} u = -\cos x\mathrm{ch}y \\ v = -\sin x\mathrm{sh}y \end{cases}$$

$$w = \sin z = \sin x\mathrm{ch}y + \mathrm{i}\cos x\mathrm{sh}y$$

$$\psi = \cos x\mathrm{sh}y$$

流线方程为

$$\cos x\mathrm{sh}y = c$$

4.5.2

解:

$$(1+\mathrm{i})\ln(z^2+1) = \ln(z^2+1) + \mathrm{i}\ln(z^2+1) = \ln(z+\mathrm{i}) + \ln(z-\mathrm{i}) - \frac{1}{\mathrm{i}}\ln(z+\mathrm{i}) - \frac{1}{\mathrm{i}}\ln(z-\mathrm{i})$$

$$(2-3\mathrm{i})\ln(z^2+4) = 2\ln(z^2+4) + \frac{3}{\mathrm{i}}\ln(z^2+4) = 2\ln(z+2\mathrm{i}) + 2\ln(z-2\mathrm{i}) + \frac{3}{\mathrm{i}}\ln(z+2\mathrm{i}) + \frac{3}{\mathrm{i}}\ln(z-2\mathrm{i})$$

流场有下列基本流型组成:

(1) 分别位于 $-\mathrm{i},\mathrm{i}$ 处强度为 -1 的点汇, $\ln(z+\mathrm{i}), \ln(z-\mathrm{i})$, $m_{11} = m_{12} = -2\pi$

(2) 中心分别位于 $-\mathrm{i},\mathrm{i}$ 处强度为 $1\mathrm{i}$ 的逆时针点涡, $-\dfrac{1}{\mathrm{i}}\ln(z+\mathrm{i}), -\dfrac{1}{\mathrm{i}}\ln(z-\mathrm{i})$, $\varGamma_{11} = \varGamma_{12} = 2\pi$

(3) 分别位于 $-2\mathrm{i},2\mathrm{i}$ 处强度为 -2 的点汇, $2\ln(z+2\mathrm{i}), 2\ln(z-2\mathrm{i})$, $m_{21} = m_{22} = -4\pi$

(4) 中心分别位于 $-2\mathrm{i},2\mathrm{i}$ 处强度为 $-3\mathrm{i}$ 的顺时针点涡, $\dfrac{3}{\mathrm{i}}\ln(z+2\mathrm{i}), \dfrac{3}{\mathrm{i}}\ln(z-2\mathrm{i})$, $\varGamma_{21} = \varGamma_{22} = -6\pi$

(5) 中心位于原点, 偶极矩在 x 轴正向, 极矩为 2π 的偶极子, $\dfrac{1}{z}$。

根据叠加原理

$$\varGamma + \mathrm{i}Q = \oint_c -\frac{\mathrm{d}w}{\mathrm{d}z}\mathrm{d}z = \varGamma_{11} + \varGamma_{12} + \varGamma_{21} + \varGamma_{22} + \mathrm{i}(m_{11} + m_{12} + m_{21} + m_{22}) = -8\pi + \mathrm{i}(-12\pi)$$

$$\begin{cases} \varGamma = -8\pi, \text{“负号” 表示沿顺时针有环流, 流量为 } 8 \\ Q = -12\pi, \text{“负号” 表示流入闭曲线内的流量为 } 12 \end{cases}$$

$$f(z) = -\frac{\mathrm{d}w}{\mathrm{d}z} = (1+\mathrm{i})\frac{2z}{(z-\mathrm{i})(z+\mathrm{i})} - (2-3\mathrm{i})\frac{2z}{(z+2\mathrm{i})(z-2\mathrm{i})} + \frac{1}{z^2}$$

$z = \pm i, \pm 2i, 0$ 为之孤立奇点。

$$\text{res} f(i) = \lim_{z \to i}(z - i)f(z) = -(1 + i)$$

$$\text{res} f(-i) = \lim_{z \to -i}(z + i)f(z) = -(1 + i)$$

$$\text{res} f(2i) = \lim_{z \to 2i}(z - 2i)f(z) = -(2 - 3i)$$

$$\text{res} f(-2i) = \lim_{z \to -2i}(z + 2i)f(z) = -(2 - 3i)$$

$$\text{res} f(0) = \lim_{z \to 0}\frac{1}{(2 - 1)!}\frac{\mathrm{d}}{\mathrm{d}z}\left[z^2 f(z)\right] = 0$$

$$= \lim_{z \to 0}\left[-(1 + i)\frac{6z^2(z^2 + 1) - 2z^3 \cdot 2z}{(z^2 + 1)^2} - (2 - 3i)\frac{6z^2(z^2 + 4) - 2z^3 \cdot 2z}{(z^2 + 4)^2}\right]$$

$$\Gamma + iQ = 2\pi i\sum A_k = 2\pi i\left[-2(1 + i) - 2(2 - 3i)\right] = 2\pi i\left[-6 + 4i\right] = -8\pi - 12\pi i$$

所以

$$\Gamma = -8\pi, \quad Q = -12\pi$$

4.5.3

解:

$$w = m\ln\left(z - \frac{1}{z}\right) = m\ln\frac{1}{z}(z^2 - 1) = -m\ln z + m\ln(z^2 - 1) \qquad \cdot$$

$$= -m\ln z + m\ln(z + 1) + m\ln(z - 1)$$

流场有下列基本流型组成:

(1) 位于原点, 强度为 m 的点源。

(2) 位于 $(-1, 0)$, 强度为 m 的点汇。

(3) 位于 $(1, 0)$, 强度为 m 的点汇。

$$w = -m\left(\ln|z| + i\arg z\right) + m\left[\ln|z^2 - 1| + i\arg(z^2 - 1)\right] = m\ln\left|z - \frac{1}{z}\right| + im\left[\arg(z^2 - 1) - \arg z\right]$$

$$\psi = m\left[\arg(z^2 - 1) - \arg z\right]$$

$$\arg(z^2 - 1) = \arg(x^2 - y^2 - 1 + 2ixy) = \arctan\frac{2xy}{x^2 - y^2 - 1}$$

$$\arg z = \arg(x + iy) = \arctan\frac{y}{x}$$

$$\arctan\frac{2xy}{x^2 - y^2 - 1} - \arctan\frac{y}{x} = \arctan\frac{\dfrac{2xy}{x^2 - y^2 - 1} - \dfrac{y}{x}}{1 + \dfrac{2xy}{x^2 - y^2 - 1}\dfrac{y}{x}} = \arctan\frac{y(x^2 + y^2 + 1)}{x(x^2 + y^2 - 1)}$$

$$\psi = m\arctan\frac{y(x^2 + y^2 + 1)}{x(x^2 + y^2 - 1)}$$

流线

$$y(x^2 + y^2 + 1) = cx(x^2 + y^2 - 1)$$

过 $(0,1)$ $\left(\dfrac{1}{2},0\right)$ 两点连线的流量

$$Q = -\int_{(\frac{1}{2},0)}^{(0,1)} \mathrm{d}\psi = \psi\big|_{\substack{x=0\\y=1}} - \psi\big|_{\substack{x=\frac{1}{2}\\y=0}} = m\arctan\infty - m\arctan 0 = \frac{\pi}{2}m$$

或由流场的对称性可知, 过 AB 段的流量为点源总流量的 $\dfrac{1}{4}$, 即

$$Q = \frac{1}{4}\cdot 2\pi m = \frac{\pi m}{2}$$

4.5.4

解: 复势

$$
\begin{aligned}
F(z) &= -\frac{m}{2\pi}\ln z - \frac{\Gamma}{2\pi\mathrm{i}}\ln z\\
&= -\frac{m}{2\pi}(\ln r + \mathrm{i}\theta) - \frac{\Gamma}{2\pi\mathrm{i}}(\ln r + \mathrm{i}\theta)\\
&= -\frac{1}{2\pi}(m\ln r + \theta\Gamma) - \frac{\mathrm{i}}{2\pi}(m\theta - \Gamma\ln r)
\end{aligned}
$$

$$\psi = -\frac{1}{2\pi}(m\theta - \Gamma\ln r) \tag{1}$$

流线方程

$$\psi = c, r = c\mathrm{e}^{\frac{m}{\Gamma}\theta} \tag{2}$$

$$V^2 = |V^*|^2 = \left|-\frac{\mathrm{d}F(z)}{\mathrm{d}z}\right|^2 = \left|\frac{m}{2\pi}\ln\frac{1}{z} + \frac{\Gamma}{2\pi\mathrm{i}}\ln\frac{1}{z}\right|^2 = \frac{1}{4\pi^2}\left|\frac{m - \mathrm{i}\Gamma}{z}\right|^2 = \frac{m^2 + \Gamma^2}{4\pi^2 r^2} \tag{3}$$

根据伯努利方程

$$\frac{\rho}{2}V^2 + p = \frac{\rho}{2}V_\infty^2 + p_\infty$$

$$p_\infty - p_{(r)} = \frac{\rho}{2}(V_{(r)}^2 - V_\infty^2) = \frac{\rho(m^2 + \Gamma^2)}{8\pi^2 r^2}, \quad V_\infty = 0 \tag{4}$$

4.5.5

解: 因为

$$w(z) = z\ln z - z\ln(z - 3)$$

所以, 它是由强度为 2, 处于原点的汇和处在点 $(3,0)$ 的源而组成。

通过封闭曲线 $x^2 + y^2 = 4$ (即 $|z| = 2$) 的环流和流量为

$$\Gamma + \mathrm{i}Q = \oint_{|z|=2} -\left(\frac{2}{z} - \frac{2}{z - 3}\right)\mathrm{d}z = 2\pi\mathrm{i}\sum A_k = 2\pi\mathrm{i}\,\mathrm{res}f(0)$$

而

$$\mathrm{res}f(0) = \lim_{z\to 0} -z\left(\frac{2}{z} - \frac{2}{z - 3}\right) = -2$$

由留数定理

$$\Gamma + \mathrm{i}Q = -4\pi\mathrm{i}$$

所以

$$\Gamma = 0, Q = -4\pi = m$$

由于 $|z| = 2$ 的圆周包围了处于原点处的汇, 所以通过这一圆周流向外的流量等于汇的强度 m。

4.5.6

解：

$$w(z) = \mathrm{i}c\ln\left(\frac{z+a}{z-a}\right) \tag{1}$$

$$
\begin{aligned}
\psi &= c\ln\left|\frac{z+a}{z-a}\right| = c\left(\ln|z+a| - \ln|z-a|\right) \\
&= \frac{c}{2}\left\{\ln\left[(x+a)^2 + y^2\right] - \ln\left[(x-a)^2 + y^2\right]\right\} \\
&= \frac{c}{2}\ln\frac{(x+a)^2 + y^2}{(x-a)^2 + y^2}
\end{aligned} \tag{2}
$$

流线方程，$\psi = \mathrm{const}$

$$V = |V^*| = \left|-\frac{\mathrm{d}W(z)}{\mathrm{d}z}\right| = \left|\frac{\mathrm{i}c2a}{(z-a)(z+a)}\right| = \frac{2ac}{|z-a||z+a|} \tag{3}$$

在流线上

$$\psi = c\ln\left|\frac{z+a}{z-a}\right| = \mathrm{const}$$

或者

$$|z+a| = c'|z-a|, \quad c' = \mathrm{const}$$

代入式 (3) 得

$$V = \frac{2acc'}{|z+a|^2} = \frac{2ac}{c'|z-a|^2} \tag{4}$$

其中 $|z+a|^2, |z-a|^2$ 分别表示流线上 P 点到 $(-a,0),(a,0)$ 点的距离的平方。

4.5.7

解：

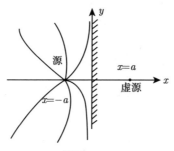

源　$x=a$　虚源　$x=-a$

答图 4.5.7

在 $x=a$ 处有一虚源，总流动的复势

$$F(z) = -\frac{Q}{2\pi}\left(\ln|z+a| + \ln|z-a|\right)$$

$$\bar{F}(z) = -\frac{Q}{2\pi}\left(\ln|\bar{z}+a| + \ln|\bar{z}-a|\right)$$

$$V^2 = \frac{\mathrm{d}F}{\mathrm{d}z}\cdot\frac{\mathrm{d}\bar{F}}{\mathrm{d}z} = \frac{Q^2}{4\pi^2}\left[\frac{1}{z+a} + \frac{1}{z-a}\right]\left[\frac{1}{\bar{z}+a} + \frac{1}{\bar{z}-a}\right]$$

化简后

$$V^2 = \frac{\mathrm{d}F}{\mathrm{d}z}\cdot\frac{\mathrm{d}\bar{F}}{\mathrm{d}z} = \frac{Q^2(x^2+y^2)}{\pi^2\left[(x^2+y^2)^2 - 2a^2(x^2-y^2) + a^4\right]}$$

由伯努利方程

$$\frac{V^2}{2} + \frac{p}{\rho} = \frac{p_D}{\rho}$$

可求得穿过壁的压力差为

$$p - p_D = -\frac{1}{2}V^2\rho$$

单位长度的壁 (垂直纸面向外) 所受的力为

$$F = \int_{-\infty}^{\infty} (p - p_D)|_{x=0}\, \mathrm{d}y = -\frac{1}{2}\rho \int_{-\infty}^{\infty} V^2|_{x=0}\, \mathrm{d}y = -\rho Q^2 \frac{\rho Q^2}{2\pi^2} \int_{-\infty}^{\infty} \frac{y^2}{(y^2+a^2)}\, \mathrm{d}y = -\frac{\rho Q^2}{4\pi a}$$

负号表示力指向左, 即壁被吸向源。

将上述源转化为一汇, 重作此题。

复势是一样的, 除了 Q 现在是负数, 而作用于壁面上之力的表达式中出现的 Q^2 不受 Q 符号的影响, 因而对源或汇的情况, 作用于壁面的力是相同的, 壁面将被源或者汇所吸引。

此结果似乎很奇怪, 实际上在每一种情况中, 靠近壁面处由于压力降低, 速度都是增加的, 因而结果相同。

4.5.8

解:

$$w = \ln\left(z - \frac{a^2}{z}\right) = \ln\frac{(z+a)(z-a)}{z} = \ln(z+a) + \ln(z-a) - \ln z \tag{1}$$

故知 w 表示在 $z = a, z = -a$ 处强度为 -1 的汇以及在原点处强度为 $+1$ 的源所形成的流动。

求流线, 由式 (1) 可得

$$\varphi + \mathrm{i}\psi = \ln(x + \mathrm{i}y + a) + \ln(x + \mathrm{i}y - a) - \ln(x + \mathrm{i}y)$$

$$\begin{aligned}
\psi &= \arctan\frac{y}{x-a} + \arctan\frac{y}{x+a} - \arctan\frac{y}{x} \\
&= \arctan\left[\frac{y/(x-a) + y/(x+a)}{1 - y/(x-a)\cdot y/(x+a)}\right] - \arctan\frac{y}{x} \\
&= \arctan\left(\frac{2xy}{x^2 - a^2 - y^2}\right) - \arctan\frac{y}{x} \\
&= \arctan\left[\frac{2xy/(x^2 - a^2 - y^2) - y/x}{1 + (y/x)\cdot 2xy/(x^2 - a^2 - y^2)}\right] \\
&= \arctan\frac{y(x^2 + a^2 + y^2)}{x\cdot(x^2 - a^2 + y^2)}
\end{aligned}$$

流线为 $\psi = c$, 即

$$\arctan\frac{y(x^2 + a^2 + y^2)}{x\cdot(x^2 - a^2 + y^2)} = c$$

即

$$\frac{y(x^2 + a^2 + y^2)}{x\cdot(x^2 - a^2 + y^2)} = c \tag{2}$$

若 $c = 0$, 则由式 (2) 可得: $y = 0, x^2 + a^2 + y^2 \neq 0$。

若 $c = \infty$, 则由式 (2) 可得: $x\cdot(x^2 - a^2 + y^2) = 0 \Rightarrow x = 0, r^2 = a^2 \Rightarrow x = 0, r = a$。

而 $x = 0$ 代表 y 轴, $r = a$ 代表圆心在原点, 半径为 a 的圆。

所以 y 轴, $r = a$ 为两根特殊的流线, 流线图形如答图 4.5.8 所示。

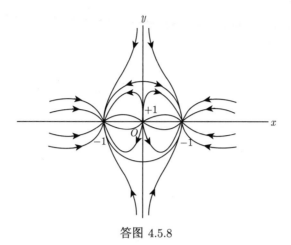

答图 4.5.8

4.5.9

解: 物系包含 A 点处强度为 k 的源,以及 O 点处强度为 $-k$ 的汇,像系为: $OA' = f' = \dfrac{a^2}{f}$

① A 的源 k,以及 O 点处的汇 $-k$;

② 无限远处的汇 $-k$ (原点 O 的反演点) 以及 A 的反演点 A' 点处的源 k;

1. 因此结果物像系由下列组成: A 点的汇 k, A' 点的源 k, O 点处的源 $-k$,无限远处的汇由于其对流体运动没有影响,因而可以忽略不计。

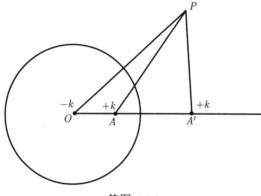

答图 4.5.9

结果复势为

$$w = -k\ln(z - f) - k\ln(z - f') + k\ln z \tag{1}$$

$$\begin{aligned} \varphi &= -k\ln|z - f| - k\ln|z - f'| + k\ln|z| \\ &= -k\ln AP - k\ln A'P + k\ln OP \\ &= -k\ln\frac{AP \cdot A'P}{OP} \end{aligned} \tag{2}$$

2. 由式 (1) 可得

$$\frac{\mathrm{d}w}{\mathrm{d}z} = -\frac{k}{z - f} - \frac{k}{z - f'} + \frac{k}{z}$$

$$\frac{1}{k^2}\left(\frac{\mathrm{d}w}{\mathrm{d}z}\right)^2 = -\frac{1}{(z - f)^2} - \frac{1}{(z - f')^2} + \frac{1}{z^2} + 2\left[\frac{1}{(z - f)(z - f')} - \frac{1}{z(z - f)} - \frac{1}{z(z - f')}\right]$$

在 $r=a$ 的圆 c 内的极点为 $z=0, f$

$$\operatorname{res}f(0) = \lim_{z\to 0}\frac{\mathrm{d}}{\mathrm{d}z}\left(z^2 f(z)\right)$$

$$= \lim_{z\to 0}\frac{\mathrm{d}}{\mathrm{d}z}\left\{\frac{z^2}{(z-f)^2} + \frac{z^2}{(z-f')^2} + 1 + 2\left[\frac{z^2}{(z-f)(z-f')} - \frac{z}{(z-f)} - \frac{z}{(z-f')}\right]\right\}$$

$$= \lim_{z\to 0}\left[\frac{2z(z-f)^2 - 2z^2(z-f)}{(z-f)^4} + \frac{2z(z-f')^2 + 2z^2(z-f')}{(z-f')^4}\right]$$

$$\qquad + 2\frac{2z(z-f')(z-f) - z^2(z-f'-z+f)}{(z-f)^2(z-f')^2} - 2\frac{z-f-z}{(z-f)^2} - 2\frac{z-f'-z}{(z-f')^2}$$

$$= \frac{2f}{f^2} + \frac{2f'}{f'^2} = \frac{2}{f} + \frac{2}{f'}$$

$$\operatorname{res}f(f) = \lim_{z\to f}\frac{\mathrm{d}}{\mathrm{d}z}\left((z-f)^2 f(z)\right)$$

$$= \lim_{z\to f}\frac{\mathrm{d}}{\mathrm{d}z}\left\{1 + \frac{(z-f)^2}{z^2} + \frac{(z-f)^2}{(z-f')^2} + 2\left[\frac{z-f}{z-f'} - \frac{z-f}{z} - \frac{(z-f)^2}{z(z-f')}\right]\right\}$$

$$= \lim_{z\to f}\left[\frac{2(z-f)(z-f')^2 - 2z(z-f)^2(z-f')}{(z-f')^4} + \frac{2(z-f)z^2 - (z-f)^2 \cdot 2z}{z^4}\right]$$

$$\qquad + 2\frac{z-f'-z+f}{(z-f')^2} - \frac{z-z+f}{z^2} - \frac{2(z-f')(z-f) + 2(z-f)z - (z-f)^2(z-f'+z)}{z^2(z-f')^2}$$

$$= \lim_{z\to f}\left(\frac{2}{z-f'} - \frac{2f}{z^2}\right) = \frac{2}{f-f'} - \frac{2}{f}$$

$$\int_c \frac{1}{k^2}\left(\frac{\mathrm{d}w}{\mathrm{d}z}\right)^2 \mathrm{d}z = 2\pi\mathrm{i}\sum A_k = 2\pi\mathrm{i}\left(\frac{2}{f} + \frac{2}{f'} + \frac{2}{f-f'} - \frac{2}{f}\right) = \frac{4\pi f\mathrm{i}}{(f-f')f'}$$

$$X - \mathrm{i}Y = \frac{\mathrm{i}\rho}{2}\int_c\left(\frac{\mathrm{d}w}{\mathrm{d}z}\right)^2 \mathrm{d}z = \frac{\mathrm{i}\rho}{2}\cdot\frac{4\pi f k^2\cdot\mathrm{i}}{(f-f')f'}$$

$$= \frac{2\pi\rho f k^2}{\dfrac{a^2}{f}\left(\dfrac{a^2}{f} - f\right)} = \frac{2\pi\rho f^3}{a^2(a^2-f^2)}\cdot\frac{m^2}{4\pi^2}$$

或者

$$X - \mathrm{i}Y = \frac{\rho f^3 m^2}{2\pi a^2(a^2-f^2)}$$

$$X = \frac{\rho f^3 m^2}{2\pi a^2(a^2-f^2)}, Y = 0$$

作用在边界上的合压力为

$$(X^2 + Y^2)^{\frac{1}{2}} = \frac{\rho f^3 m^2}{2\pi a^2(a^2-f^2)}$$

3. 在圆心 O 的偶极子的速度势

令 $f\to\infty$，即 $A\to\infty$，因此可略去不计，同时 $A'\to 0$。于是在 O 点总有一原来的汇和现有的源，形成以强度为 $\mu = k\left(\dfrac{a^2}{f}\right)$ 的偶极子。

$$w = -k\ln\left(z-f'\right) + k\ln z$$

$$= -k\ln\frac{1}{z}\left(z - \frac{a^2}{f}\right)$$

$$= - k \ln \left(1 - \frac{a^2}{fz} \right)$$

$$= k \left[\frac{a^2}{fz} + \frac{1}{2} \left(\frac{a^2}{fz} \right)^2 + \cdots \right]$$

$$= \frac{ka^2}{fz} (略去高阶项)$$

或者

$$\varphi + \mathrm{i}\psi = \frac{ma^2}{2\pi} \frac{1}{fr\mathrm{e}^{\mathrm{i}\theta}}$$

$$\varphi = \frac{ma^2}{2\pi fr} \cos \theta$$

由式 (1)

$$w = - k \ln (z - f) - k \ln (z - f') + k \ln z$$

$$= - k \ln \left(1 - \frac{f}{z} \right) - k \ln \left(z - \frac{a^2}{f} \right)$$

$$= - k \ln \left(1 - \frac{f}{z} \right) - k \ln \left(1 - \frac{fz}{a^2} \right) \left(-\frac{a^2}{f} \right)$$

$$= - k \ln \left(1 - \frac{f}{z} \right) - k \ln \left(1 - \frac{fz}{a^2} \right) (略去常数)$$

$$= k \left[- \ln \left(1 - \frac{f}{z} \right) - \ln \left(1 - \frac{fz}{a^2} \right) \right]$$

$$= k \left[\left(\frac{f}{z} + \cdots \right) + \left(\frac{fz}{a^2} + \cdots \right) \right]$$

所以

$$w = k \left(\frac{f}{z} + \frac{fz}{a^2} \right)$$

如令 $f \to 0$，则 $\frac{a^2}{f} \to \infty$，于是得在圆心强度为 $\mu = kf$ 的偶极子，即

$$w = \frac{\mu}{z} + \frac{\mu z}{a^2}$$

$$\varphi = \mu \left(\frac{1}{r} + \frac{r}{a^2} \right) \cos \theta$$

4.5.10

解:

令 X, Y 为所需力的分量，故需证明

$$\sqrt{X^2 + Y^2} = \frac{2\pi\rho u^2 a^2}{r(r^2 - a^2)}$$

由此可知 $r > a$。由伯努利定理可知

$$X - \mathrm{i}Y = \frac{\mathrm{i}\rho}{2} \int_c \left(\frac{\mathrm{d}w}{\mathrm{d}z} \right)^2 \mathrm{d}z$$

其中 c 为圆盘的边界。

因为 $2\pi\rho u$ 表示 A 点发射的流体质量, 因此源的强度为 μ, 在 A 点 $(OA = r)$ 处的源 $\pm\mu$ 的像是在反演点 A' 处的源 $\mu(OA \cdot OA' = a^2)$ 及在 O 点之汇 $-\mu$。

$$OA' = a^2/r = r'$$

该体系的复势为

$$w = -\mu\ln(z - r) - \mu\ln(z - r') + \mu\ln z$$

$$\frac{\mathrm{d}w}{\mathrm{d}z} = -\mu\left[\frac{1}{z-r} + \frac{1}{z-r'} - \frac{1}{z}\right]$$

$$\frac{1}{\mu^2}\left(\frac{\mathrm{d}w}{\mathrm{d}z}\right)^2 = \frac{1}{(z-r)^2} + \frac{1}{(z-r')^2} + \frac{1}{z^2} + \frac{2}{(z-r)(z-r')} - \frac{2}{z(z-r')} - \frac{2}{z(z-r)}$$

函数 $\frac{1}{\mu^2}\left(\frac{\mathrm{d}w}{\mathrm{d}z}\right)^2$ 在 c 内有极点 $z = 0, z = r'$

$$\begin{aligned}
\mathrm{res}f(0) &= \lim_{z\to 0}\frac{\mathrm{d}}{\mathrm{d}z}\left(z^2 f(z)\right)\\
&= \lim_{z\to 0}\left[-\frac{2}{z-r'} - \frac{2}{z-r}\right]\\
&= 2\left(\frac{1}{r'} + \frac{1}{r}\right)
\end{aligned}$$

$$\begin{aligned}
\mathrm{res}f(r') &= \lim_{z\to r'}\frac{\mathrm{d}}{\mathrm{d}z}\left((z-r')^2 f(z)\right)\\
&= \lim_{z\to r'}\left[\frac{2(z-r) - 2(z-r')}{(z-r)^2} - \frac{2z - 2(z-r')}{z^2}\right]\\
&= \lim_{z\to r'}\left[\frac{2}{z-r} - \frac{2}{z}\right]\\
&= \frac{2}{r'-r} - \frac{2}{r'}
\end{aligned}$$

$$\sum A_k = \frac{2}{r'-r} - \frac{2}{r'} + \frac{2}{r'} + \frac{2}{r} = \frac{2r'}{(r'-r)r} = \frac{2a^2}{(a^2-r^2)r}$$

$$\int_c \frac{1}{\mu^2}\left(\frac{\mathrm{d}w}{\mathrm{d}z}\right)^2\mathrm{d}z = 2\pi\mathrm{i}\sum A_k = 2\pi\mathrm{i}\frac{2a^2}{(a^2-r^2)r}$$

$$X - \mathrm{i}Y = \frac{\mathrm{i}\rho}{2}\int_c\left(\frac{\mathrm{d}w}{\mathrm{d}z}\right)^2\mathrm{d}z = \frac{\mathrm{i}\rho}{2}\cdot\frac{2\pi\mathrm{i}\cdot 2a^2\mu^2}{(a^2-r^2)r} = \frac{2a^2\pi\mu^2\rho}{r(r^2-a^2)}$$

$$X = \frac{2a^2\pi\mu^2\rho}{r(r^2-a^2)}, Y = 0$$

$$\sqrt{X^2 + Y^2} = \frac{2a^2\pi\mu^2\rho}{r(r^2-a^2)}$$

由此可知力沿 OA 方向, 盘被推沿 OA 移动, 即柱体被吸向源, 即在柱体与源相对的一侧压力较大。

上述问题可叙述为: 放于距圆柱轴线为 c 处的强度为 μ 的源作用于单位长度半径为 a 的圆柱体上的力为 $\frac{2\pi\rho m^2 a^2}{c(c^2-a^2)}$。

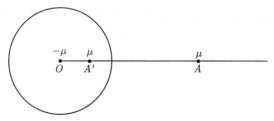

答图 4.5.10

4.5.11

解：考虑变换

$\varsigma = z^2$（将 z 平面之点映射到 ς 平面）

设 $z = re^{i\theta}$，$\varsigma = Re^{i\delta}$，于是

$$\varsigma = z^2 \Rightarrow Re^{i\delta} = r^2 e^{2i\theta} \Rightarrow R = r^2, \delta = 2\theta$$

于是在 z 平面上的边界 $\theta = \pm\dfrac{\pi}{4} \Rightarrow \varsigma$ 平面上为 $\delta = \pm\dfrac{\pi}{2}$，即 η 轴

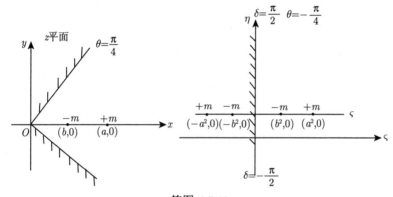

答图 4.5.11

通过这一变换，将 z 平面上的点 $(a,0)$ 及 $(b,0)$ 映射为 ς 平面上的点 $(a^2,0)$ 及 $(b^2,0)$，在 ς 平面上的点 $(a^2,0)$ 及 $(b^2,0)$ 处之源 m 及 $-m$ 对 η 轴之像为在 $(-a^2,0)$ 的源 m 及在 $(-b^2,0)$ 之汇 $-m$。

故该系统之复势为

$$w = -m\ln(\varsigma - a^2) - m\ln(\varsigma + a^2) + m\ln(\varsigma - b^2) + m\ln(\varsigma + b^2)$$
$$= -m\ln(\varsigma^2 - a^4) + m\ln(\varsigma^2 - b^4)$$

或者

$$w = -m\ln(z^4 - a^4) + m\ln(z^4 - b^4)$$
$$= -m\ln(r^4 e^{4i\theta} - a^4) + m\ln(r^4 e^{4i\theta} - b^4) \tag{1}$$

所以

$$\psi = -m\left(\arctan\frac{r^4\sin 4\theta}{r^4\cos 4\theta - a^4} - \arctan\frac{r^4\sin 4\theta}{r^4\cos 4\theta - b^4}\right)$$
$$= -m\arctan\frac{r^4(a^4 - b^4)\sin 4\theta}{r^8 - r^4(a^4 + b^4)\cos 4\theta + a^4 b^4} \tag{2}$$

求 (r,θ) 处的流速: 由式 (1)

$$\frac{\mathrm{d}w}{\mathrm{d}z} = -\frac{m(4z^3)}{z^4 - a^4} + \frac{m(4z^3)}{z^4 - b^4} = -4mz^3 \left[\frac{a^4 - b^4}{(z^4 - a^4)(z^4 - b^4)} \right]$$

$$V = \left| \frac{\mathrm{d}w}{\mathrm{d}z} \right| = \frac{4mr^3(a^4 - b^4)}{|(r^4\mathrm{e}^{\mathrm{i}4\theta} - a^4)(r^4\mathrm{e}^{\mathrm{i}4\theta} - b^4)|}$$

4.5.12

解: 考虑变换

$$\varsigma = z^3$$

令 $z = r\mathrm{e}^{\mathrm{i}\theta}, \varsigma = R\mathrm{e}^{\mathrm{i}\beta}$, 于是

$$R\mathrm{e}^{\mathrm{i}\delta} = r^3\mathrm{e}^{3\mathrm{i}\theta} \Rightarrow$$

$$R = r^3 \tag{1}$$

$$\delta = 3\theta \tag{2}$$

通过该映射, 边界 $\theta = \pm\dfrac{\pi}{6}$ 变换为 $\beta = \pm\dfrac{\pi}{2}$, 即 η 轴。

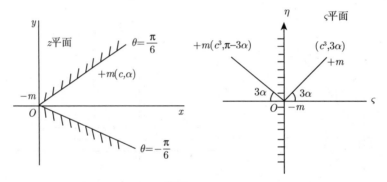

答图 4.5.12

z 平面上的点 (c, α) 及 $(0,0)$ 变换为 ς 平面上的点 $(c^3, 3\alpha)$ 及 $(0,0)$。

物系为: 在点 $(c^3, 3\alpha)$ 处之源 m 及在 $(0,0)$ 处之汇 $-m$。

像系为: 在点 $(c^3, \pi - 3\alpha)$ 处之源 m 及在 $(0,0)$ 处之汇 $-m$。

所以复势为

$$w = -m\ln\left(\varsigma - c^3\mathrm{e}^{3\mathrm{i}\alpha}\right) + m\ln\varsigma - m\ln\left(\varsigma - c^3\mathrm{e}^{\mathrm{i}(\pi - 3\alpha)}\right) + m\ln\left(\varsigma - 0\right)$$

$$= 2m\ln\varsigma - m\ln\left(\varsigma - c^3\mathrm{e}^{3\mathrm{i}\alpha}\right) - m\ln\left(\varsigma + c^3\mathrm{e}^{-\mathrm{i}3\alpha}\right)$$

代入 $\varsigma = z^3$

$$w = 2m\ln z^3 - m\ln\left(z^3 - c^3\mathrm{e}^{3\mathrm{i}\alpha}\right) - m\ln\left(z^3 + c^3\mathrm{e}^{-\mathrm{i}3\alpha}\right)$$

$$= 6m\ln z - m\ln\left(z^6 - c^6 - 2\mathrm{i}z^3c^3\sin 3\alpha\right)$$

$$= 6m\ln r\mathrm{e}^{\mathrm{i}\theta} - m\ln\left(r^6\mathrm{e}^{\mathrm{i}6\theta} - c^6 - 2\mathrm{i}r^3c^3\sin 3\alpha\,\mathrm{e}^{3\mathrm{i}\theta}\right)$$

$$= 6m\ln r\mathrm{e}^{\mathrm{i}\theta} - m\ln\left[\left(r^6\cos 6\theta - c^6 + 2r^3c^3\sin 3\alpha\sin 3\theta\right) + \mathrm{i}\left(r^6\sin 6\theta - 2r^3c^3\sin 3\alpha\cos 3\theta\right)\right]$$

所以

$$\psi = 6m\arctan\frac{r\sin\theta}{r\cos\theta} - \arctan\left(\frac{r^6\sin 6\theta - 2r^3c^3\sin 3\alpha\cos 3\theta}{r^6\cos 6\theta - c^6 + 2r^3c^3\sin 3\alpha\sin 3\theta}\right)$$

流线

$$\psi = c$$

$$6m\theta - \mathrm{marctan}\left(\frac{r^6\sin 6\theta - 2r^3c^3\sin 3\alpha\cos 3\theta}{r^6\cos 6\theta - c^6 + 2r^3c^3\sin 3\alpha\sin 3\theta}\right) = c$$

取 $c = 0$，得流线为

$$6\theta = \arctan\left(\frac{r^6\sin 6\theta - 2r^3c^3\sin 3\alpha\cos 3\theta}{r^6\cos 6\theta - c^6 + 2r^3c^3\sin 3\alpha\sin 3\theta}\right)$$

$$\sin 6\theta\left(r^6\cos 6\theta - c^6 + 2r^3c^3\sin 3\alpha\sin 3\theta\right) = \cos 6\theta\left(r^6\sin 6\theta - 2r^3c^3\sin 3\alpha\cos 3\theta\right)$$

或者

$$-c^6\sin 6\theta + 2r^3c^3\sin 3\alpha\cos(6\theta - 3\theta) = 0$$

即

$$2r^3\sin 3\alpha\cos 3\theta - c^3\sin 6\theta = 0$$

$$2\cos 3\theta\left(r^3\sin 3\alpha - c^3\sin 3\theta\right) = 0$$

所以

$$\cos 3\theta = 0 \tag{3}$$

$$r^3\sin 3\alpha = c^3\sin 3\theta \tag{4}$$

由式 (3) 可得 $\theta = \pm\dfrac{\pi}{6}$，此即所给定边界的流线。式 (4) 即为所求之流线。

4.5.13

解:

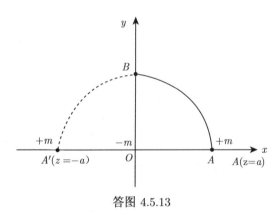

答图 4.5.13

(1) 该物系及其像系包含

(i) 在 $A(z = a)$ 之源 $+m$；(ii) 在 $O(z = 0)$ 之汇 $-m$；(iii) 在 $A'(z = -a)$ 之源 $+m$
故其复势为

$$w = -m\ln(z + a) + m\ln(z) - m\ln(z - a) = -m\ln\frac{z^2 - a^2}{z}$$

(2)

$$\varphi + \mathrm{i}\psi = -m\ln\left(r^2\mathrm{e}^{\mathrm{i}2\theta} - a^2\right) + m\ln r\mathrm{e}^{\mathrm{i}\theta}$$

$$\psi = -\mathrm{marctan}\left(\frac{r^2\sin 2\theta}{r^2\cos 2\theta - a^2}\right) + \mathrm{marctan}\left(\frac{r\sin\theta}{r\cos\theta}\right)$$

$$= -m\left[\arctan\left(\frac{r^2\sin 2\theta}{r^2\cos 2\theta - a^2}\right) - \arctan\left(\frac{r\sin\theta}{r\cos\theta}\right)\right]$$

$$= -m\arctan\left[\frac{r^2\left(\sin 2\theta\cos\theta - \sin\theta\cos 2\theta\right) + a^2\sin\theta}{\left(r^2\cos 2\theta - a^2\right)\cos\theta + r^2\sin 2\theta\sin\theta}\right]$$

其中用到了

$$\arctan a - \arctan b = \arctan\frac{a-b}{1+ab}$$

$$\ln\left(x + \mathrm{i}y\right) = \frac{1}{2}\ln\left(x^2 + y^2\right) + \mathrm{i}\arctan\left(\frac{y}{x}\right)$$

所以

$$\psi = -m\arctan\left[\frac{\left(r^2 + a^2\right)\sin\theta}{\left(r^2 - a^2\right)\cos\theta}\right]$$

若 $r = a$ 或者 $\theta = \dfrac{\pi}{2}$，则 $\psi = -m\dfrac{\pi}{2}$。

若 $\theta = 0$，则 $\psi = 0$，即 OA 为 $\psi = 0$ 的流线，OB 为 $\psi = -m\dfrac{\pi}{2}$ 的流线，由此可知上式决定了该象限 (1/4 圆周内) 的流动。

4.5.14

解:

$$w_1 = m\ln(z - \overline{z}_0) - 4m\ln z + m\ln(z - z_0) + m\ln(-z - \overline{z}_0) + m\ln(-z - z_0)$$

$$= m\ln\frac{(z - \overline{z}_0)(z - z_0)(-z - \overline{z}_0)(-z - z_0)}{z^4}$$

$$= m\ln\frac{\left[z^2 - z(z_0 + \overline{z}_0) + z_0\overline{z}_0\right]\left[z^2 + z(z_0 + \overline{z}_0) + z_0\overline{z}_0\right]}{z^4}$$

$$= m\ln\frac{\left(z^2 - 2z + z\right)\left(z^2 + 2z + z\right)}{z^4}$$

$$= m\ln\frac{\left(z^2 - z\right)\left(z^2 + 3z\right)}{z^4} = m\ln\frac{z^4 + 4}{z^4} = m\ln\left(1 + \frac{4}{z^4}\right)$$

$$w_1 = \frac{m}{2\pi}\ln\left(1 + \frac{4}{z^4}\right) = \frac{m}{2\pi}\ln\frac{r^4\mathrm{e}^{\mathrm{i}4\theta} + 4}{r^4\mathrm{e}^{\mathrm{i}4\theta}} \cdot \frac{\mathrm{e}^{-\mathrm{i}4\theta}}{\mathrm{e}^{-\mathrm{i}4\theta}}$$

$$= \frac{m}{2\pi}\ln\frac{r^4 + 4\mathrm{e}^{-\mathrm{i}4\theta}}{r^4} = \frac{m}{2\pi}\ln\left(1 + \frac{4}{r^4}\mathrm{e}^{-\mathrm{i}4\theta}\right)$$

$$= \frac{m}{2\pi}\ln\left(1 + \frac{4}{r^4}\cos 4\theta - \mathrm{i}\frac{4}{r^4}\sin 4\theta\right)$$

$$\therefore \psi = -\frac{m}{2\pi}\arctan\frac{\dfrac{4}{r^4}\sin 4\theta}{1 + \dfrac{4}{r^4}\cos 4\theta}$$

$$\psi = c$$

则

$$\frac{4}{r^4}\sin 4\theta = c\left(1 + \frac{4}{r^4}\cos 4\theta\right)$$

流线方程

$$\sin 4\theta = c(r^4 + 4\cos 4\theta)$$

$$\frac{\mathrm{d}w}{\mathrm{d}t} = \frac{m}{2\pi}\frac{1}{1 + \dfrac{4}{z^4}} \cdot \frac{4 \times (-4)}{z^5}$$

$$= \frac{m}{2\pi}\frac{z^4}{z^4 + 4} \cdot \frac{4 \times (-4)}{z^5}$$

$$-= \frac{8m}{\pi} \frac{1}{z(z^4+4)}$$

$$z=1, V_1 = \left| \frac{\mathrm{d}w}{\mathrm{d}t} \right| = -\frac{8m}{5\pi}$$

4.6　综合

4.6.1

解: (1) 因为

$$u = -\frac{\partial \psi}{\partial y} = -2x, \quad v = \frac{\partial \psi}{\partial x} = 2y$$

可以证明这两个速度分量同时满足连续性方程和无旋性条件, 所以流动有一速度势存在。所以

$$\frac{\partial \varphi}{\partial x} = \frac{\partial \psi}{\partial y} = 2x$$

所以

$$\varphi = \int 2x \, \partial x = x^2 + f(y) + c$$

及

$$\frac{\partial \varphi}{\partial y} = \frac{\partial f(y)}{\partial y} = -\frac{\partial \psi}{\partial x} = -2y$$

所以

$$\frac{\partial f(y)}{\partial y} = -2y, \quad f(y) = -y^2 + c_2$$

即

$$\varphi = x^2 - y^2 + c, \quad c = c_1 + c_2$$

(2) 此流场的压力梯度可由欧拉方程, $-\nabla p = \rho \left[(\boldsymbol{V} \cdot \nabla)\boldsymbol{V} + \dfrac{\partial \boldsymbol{V}}{\partial t} \right]$ 决定。所以

$$\begin{aligned}
\nabla p &= -\rho(\boldsymbol{V} \cdot \nabla)\boldsymbol{V} \\
&= -\rho \left(u\frac{\partial u}{\partial x} + v\frac{\partial u}{\partial y} \right) \boldsymbol{i} - \rho \left(u\frac{\partial v}{\partial x} + v\frac{\partial v}{\partial y} \right) \boldsymbol{j} \\
&= -4\rho x \boldsymbol{i} - 4\rho y \boldsymbol{j}
\end{aligned}$$

所以在点 $(1,2)$, $\nabla p = -4\rho \boldsymbol{i} - 8\rho \boldsymbol{j}$。

4.6.2

解:

$$u = -\frac{\partial \psi}{\partial y} = 2y, v = \frac{\partial \psi}{\partial x} = 1 + 2x$$

$$V = \sqrt{u^2 + v^2} = \sqrt{4y^2 + (1+2x)^2}$$

因为

$$\frac{V_1^2}{2} + \frac{p_1}{\rho} = \frac{V_2^2}{2} + \frac{p_2}{\rho} \Rightarrow p_2 - p_1 = -\frac{\rho}{2}\left(V_2^2 - V_1^2\right)$$

即

$$\Delta p = -\frac{\rho}{2}\left(V_2^2 - V_1^2\right)$$

所以, $(-2,4)$ 和 $(3,5)$ 间的压力差为

$$\begin{aligned}
\Delta p &= -\frac{\rho}{2}\left(V_{(-2,4)}^2 - V_{(3,5)}^2\right) \\
&= -\frac{\rho}{2}\left\{ \left[4 \times 4^2 + (1 + 2 \times (-2))^2 \right] - \left[4 \times 5^2 + (1 + 2 \times 3)^2 \right] \right\} \\
&= 38\rho
\end{aligned}$$

4.6.3

解: 在运动坐标系中兰姆型的相对运动方程可写为

$$\frac{\partial \boldsymbol{V}_r}{\partial t} + \nabla \frac{1}{2} \boldsymbol{V}_r^2 - (\boldsymbol{V}_r \times \nabla \times \boldsymbol{V}_r) + 2(\boldsymbol{\omega} \times \boldsymbol{V}_r) = \boldsymbol{f} - \frac{1}{\rho}\nabla p - \boldsymbol{\omega}_e \tag{1}$$

其中 $\boldsymbol{\omega}_e$ 为牵连加速度。

又因为

$$\frac{\partial \boldsymbol{V}_e}{\partial t} - \frac{1}{2}\nabla \boldsymbol{V}_e^2 + (\boldsymbol{V}_e \times \nabla \times \boldsymbol{V}_e) + 2(\boldsymbol{\omega} \times \boldsymbol{V}_e) = \boldsymbol{\omega}_e \tag{2}$$

因为对绝对静止的流体 $\boldsymbol{V}_a = 0$, 则 $\boldsymbol{V}_r = -\boldsymbol{V}_e$, 此时在式 (1) 中 $\boldsymbol{f} = 0$, $p = c$, 这样就可解出式 (2) 来。

将式 (1) 和式 (2) 相加有

$$\frac{\partial \boldsymbol{V}_a}{\partial t} + \nabla \frac{1}{2}\left(\boldsymbol{V}_r^2 - \boldsymbol{V}_e^2\right) - (\boldsymbol{V}_r \times \nabla \times \boldsymbol{V}_r) + (\boldsymbol{V}_e \times \nabla \times \boldsymbol{V}_e) + 2(\boldsymbol{\omega} \times \boldsymbol{V}_a) = \boldsymbol{f} - \frac{1}{\rho}\nabla p \tag{3}$$

因为

$$\boldsymbol{V}_r^2 - \boldsymbol{V}_e^2 = (\boldsymbol{V}_a - \boldsymbol{V}_e) \cdot (\boldsymbol{V}_a - \boldsymbol{V}_e) - \boldsymbol{V}_e^2 = \boldsymbol{V}_a^2 - 2\boldsymbol{V}_a\boldsymbol{V}_e$$

$$\nabla \times \boldsymbol{V}_e = \nabla \times (\boldsymbol{\omega} \times \boldsymbol{r}) = 2\boldsymbol{\omega}; \boldsymbol{V}_e \times \nabla \times \boldsymbol{V}_e = 2\boldsymbol{V}_e \times \boldsymbol{\omega}$$

$$\boldsymbol{V}_r \times \nabla \times \boldsymbol{V}_r = \boldsymbol{V}_r \times \nabla \times \boldsymbol{V}_a - \boldsymbol{V}_r \times \nabla \times \boldsymbol{V}_e = (\boldsymbol{V}_a - \boldsymbol{V}_e) \times \nabla \times \boldsymbol{V}_a - 2\boldsymbol{V}_r \times \boldsymbol{\omega}$$

所以式 (3) 变为

$$\frac{\partial \boldsymbol{V}_a}{\partial t} + \nabla\left(\frac{\boldsymbol{V}_a^2}{2} - \boldsymbol{V}_a\boldsymbol{V}_e\right) - (\boldsymbol{V}_a - \boldsymbol{V}_e) \times \nabla \times \boldsymbol{V}_a = \boldsymbol{f} - \frac{1}{\rho}\nabla p \tag{4}$$

对式 (4) 取旋度有

$$\frac{\partial \boldsymbol{\Omega}}{\partial t} - \nabla \times [(\boldsymbol{V}_a - \boldsymbol{V}_e) \times \boldsymbol{\Omega}] = 0$$

$$\frac{\partial \boldsymbol{\Omega}}{\partial t} - \nabla \times [\boldsymbol{V}_r \times \boldsymbol{\Omega}] = 0$$

$$\nabla \times [\boldsymbol{V}_r \times \boldsymbol{\Omega}] = (\boldsymbol{\Omega} \cdot \nabla) \times \boldsymbol{V}_r - (\boldsymbol{V}_r \cdot \nabla) \times \boldsymbol{\Omega} - \boldsymbol{\Omega}(\nabla \cdot \boldsymbol{V}_r) + \boldsymbol{V}_r(\nabla \cdot \boldsymbol{\Omega})$$

$$= (\boldsymbol{\Omega} \cdot \nabla) \times \boldsymbol{V}_r - (\boldsymbol{V}_r \cdot \nabla) \times \boldsymbol{\Omega} - \boldsymbol{\Omega}(\nabla \cdot \boldsymbol{V}_r)$$

因为

$$\boldsymbol{V}_r = \boldsymbol{V} - \boldsymbol{u} - \boldsymbol{\omega} \times \boldsymbol{r}$$

所以

$$(\boldsymbol{\Omega} \cdot \nabla) \times \boldsymbol{V}_r = (\boldsymbol{\Omega} \cdot \nabla) \times \boldsymbol{V} - (\boldsymbol{\Omega} \cdot \nabla)(\boldsymbol{\omega} \times \boldsymbol{r}) = (\boldsymbol{\Omega} \cdot \nabla) \times \boldsymbol{V} - \boldsymbol{\omega} \times \boldsymbol{\Omega}$$

而

$$\boldsymbol{\Omega}(\nabla \cdot \boldsymbol{V}_r) = \boldsymbol{\Omega}\left[\nabla \cdot (\boldsymbol{\omega} \times \boldsymbol{r})\right] = 0$$

所以有

$$\frac{\partial \boldsymbol{\Omega}}{\partial t} + \boldsymbol{\omega} \times \boldsymbol{\Omega} + \left(\frac{\mathrm{d}\boldsymbol{r}}{\mathrm{d}t} \cdot \nabla\right)\boldsymbol{\Omega} = (\boldsymbol{\Omega} \cdot \nabla)\boldsymbol{V}$$

4.6.4

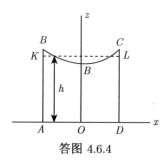

答图 4.6.4

解: (1) 取圆柱轴线为 Oz 轴, 坐标原点取在容器底部中心。根据已知条件可知

$$u = -\omega y, v = \omega x, w = 0, \rho = c$$

由欧拉方程可得

$$\begin{cases} -\omega^2 x = -\dfrac{1}{\rho}\dfrac{\partial p}{\partial x} \\[2mm] -\omega^2 y = -\dfrac{1}{\rho}\dfrac{\partial p}{\partial y} \\[2mm] 0 = -g - \dfrac{1}{\rho}\dfrac{\partial p}{\partial z} \end{cases}$$

此三式分别乘以 $\mathrm{d}x\mathrm{d}y\mathrm{d}z$ 并相加, 可得

$$\mathrm{d}p = \omega^2\rho(x\mathrm{d}x + y\mathrm{d}y) - \rho g\mathrm{d}z = \mathrm{d}\left[\frac{1}{2}\omega^2\rho(x^2+y^2) - \rho gz\right]$$

所以

$$p = \frac{1}{2}\omega^2\rho(x^2+y^2) - \rho gz + c$$

在液面处 $p = 0$, 所以自由面方程为

$$\left.\begin{array}{l} \dfrac{1}{2}\omega^2\rho(x^2+y^2) - \rho gz + c = 0 \\[2mm] x = y = 0, z = h', c = \rho gh' \end{array}\right\} z = \frac{\omega^2}{2g}(x^2+y^2) + h'$$

由于液体是不可压缩的, 故有在静止时及旋转时体积守恒的条件

$$\therefore \pi a^2 h = \int_0^{2\pi}\int_0^a z R\mathrm{d}R\mathrm{d}\theta = \int_0^{2\pi}\int_0^a \left(\frac{\omega^2}{2g}R^2 + h'\right)R\mathrm{d}R\mathrm{d}\theta = \pi a^2\left(h' + \frac{\omega^2}{4g}a^2\right)$$

$$h' = h - \frac{\omega^2}{4g}a^2$$

所以

$$p = \frac{1}{2}\omega^2\rho\left(x^2+y^2 - \frac{1}{2}a^2\right) + \rho g(h-z)$$

(2) 容器底部压力

$$p|_{z=0} = \frac{1}{2}\omega^2\rho\left(x^2+y^2 - \frac{1}{2}a^2\right) + \rho gh$$

$$p|_{z=0} = \int_0^a 2\pi R\mathrm{d}R = \pi a^2\rho gh + \pi\omega^2\rho\int_0^a\left(R^3 - \frac{a^2}{2}R\right)\mathrm{d}R$$

$$= \pi a^2\rho gh$$

即等于静止状态下的总压力。

4.6.5

解:

令 $\boldsymbol{V}(u, v, w), \boldsymbol{V}'(u', v', w')$ 分别为点 $P(x, y, z)$ 及 $P'(x+\xi, y+\eta, z+\varsigma)$ 的流体速度。

已知 $\varphi = \lambda xyz$, 所以

$$u = -\frac{\partial \varphi}{\partial x} = -\lambda yz, v = -\lambda zx, w = -\lambda xy$$

P' 点的 φ 值

$$\varphi = \lambda(x+\xi)(y+\eta)(z+\varsigma)$$

$$u' = -\frac{\partial \varphi}{\partial \xi} = -\lambda(y+\eta)(z+\varsigma) = -\lambda yz - \lambda(\eta z + y\varsigma)$$

$$u' = u - \lambda(\eta z + y\varsigma)$$

类似的有

$$v' = -\frac{\partial \varphi}{\partial \eta} = -\lambda(x+\xi)(z+\zeta) = -\lambda(xz + \xi z + x\zeta)$$

$$v' = v - \lambda(z\xi + x\varsigma)$$

$$w' = w - \lambda(x\eta + y\xi)$$

所以

$$u' - u = -\lambda(\eta z + y\varsigma)$$

$$v' - v = -\lambda(z\xi + x\varsigma)$$

$$w' - w = -\lambda(x\eta + y\xi)$$

所以 P' 相对 P 点的速度为 $(u'-u, v'-v, w'-w)$。

即

$$\boldsymbol{V}' = -\lambda(\eta z + y\varsigma)\boldsymbol{i} - \lambda(z\xi + x\varsigma)\boldsymbol{j} - \lambda(x\eta + y\xi)\boldsymbol{k} \tag{1}$$

今欲证明 $\boldsymbol{V}'$ 与二次曲面正交

$$F = x\eta\varsigma + y\xi\varsigma + z\xi\eta = c$$

为此必须证明 $\boldsymbol{V}'$ 在点 P' 与 ∇F 平行, 而

$$\nabla F = \boldsymbol{i}\frac{\partial F}{\partial \xi} + \boldsymbol{j}\frac{\partial F}{\partial \eta} + \boldsymbol{k}\frac{\partial F}{\partial \varsigma} = \boldsymbol{i}(\eta z + y\varsigma) + \boldsymbol{j}(\xi z + x\varsigma) + \boldsymbol{k}(x\eta + y\xi) \tag{2}$$

所以, 由式 (1) 及式 (2) 可知

$$\boldsymbol{V}' /\!/ \nabla F$$